HISTOIRE DES SCIENCES

LA CHIMIE AU MOYEN ÂGE

1

OEUVRES DE M. BERTHELOT.

OUVRAGES GÉNÉRAUX.

a Synthèse chimique, 6ᵉ édition, 1887, in-8°. Chez Félix Alcan.

ssai de Mécanique chimique, 1879, 2 forts volumes in-8°. Chez Dunod.

ur la force des matières explosives d'après la thermochimie, 3ᵉ édition, 1883, 1 volumes in-8°. Chez Gauthier-Villars.

raité élémentaire de Chimie organique, en commun avec M. Jungfleisch, 3ᵉ édition, 1886, 2 volumes in-8°. Chez Dunod.

cience et Philosophie, 1886, in-8°. Chez Calmann-Lévy.

es Origines de l'Alchimie, 1885, in-8°. Chez Steinheil.

ollection des anciens Alchimistes grecs, texte et traduction, avec la collaboration de M. Ch.-Ém. Ruelle, 1887-1888, 3 volumes in-4°. Chez Steinheil.

ntroduction à l'étude de la Chimie des anciens et du moyen âge, 1889, in-4°. Chez Steinheil.

a Révolution chimique, Lavoisier, 1890, in-8°. Chez Félix Alcan.

raité pratique de Calorimétrie chimique, 1893, in-18. Chez Gauthier-Villars et G. Masson.

LEÇONS PROFESSÉES AU COLLÈGE DE FRANCE.

eçons sur les méthodes générales de Synthèse en Chimie organique, professées en 1864, in-8°. Chez Gauthier-Villars.

eçons sur la thermochimie, professées en 1865. Publiées dans la *Revue des Cours scientifiques*. Chez Germer-Baillière.

ême sujet, en 1880. *Revue scientifique*. Chez Germer-Baillière.

eçons sur la Synthèse organique et la thermochimie, professées en 1881-1882. *Revue scientifique*. Chez Germer-Baillière.

OUVRAGES ÉPUISÉS.

himie organique fondée sur la synthèse, 1860, 2 forts volumes in-8°. Chez Mallet-Bachelier.

eçons sur les principes sucrés, professées devant la Société chimique de Paris en 1862, in-8°. Chez Hachette.

eçons sur l'isomérie, professées devant la Société chimique de Paris en 1863, in-8°. Chez Hachette.

HISTOIRE DES SCIENCES

—

LA CHIMIE AU MOYEN ÂGE

OUVRAGE PUBLIÉ

SOUS LES AUSPICES DU MINISTÈRE DE L'INSTRUCTION PUBLIQUE

PAR M. BERTHELOT

SÉNATEUR, SECRÉTAIRE PERPÉTUEL DE L'ACADÉMIE DES SCIENCES

—◆—

TOME PREMIER

ESSAI SUR LA TRANSMISSION DE LA SCIENCE ANTIQUE

AU MOYEN ÂGE

—

DOCTRINES ET PRATIQUES CHIMIQUES

—

TRADITIONS TECHNIQUES ET TRADUCTIONS ARABICO-LATINES

AVEC PUBLICATION NOUVELLE DU *LIBER IGNIUM* DE MARCUS GRÆCUS
ET IMPRESSION ORIGINALE DU *LIBER SACERDOTUM*

VINGT-CINQ FIGURES D'APPAREILS, TABLE ANALYTIQUE ET INDEX

PARIS

IMPRIMERIE NATIONALE

—·—

M DCCC XCIII

TABLE DES DIVISIONS.

PRÉFACE.

L'histoire de la Chimie est des plus intéressantes pour l'étude du développement de l'esprit scientifique. En effet, c'est par cette voie surtout que la méthode expérimentale a été introduite.

Les sciences mathématiques procèdent par une tout autre méthode : elles sont déductives; les sciences naturelles reposent principalement sur l'observation. Quant à la physique et à la mécanique, jusqu'aux temps modernes, elles ont été envisagées surtout par le côté mathématique, corrigé et rectifié parfois à l'aide de l'observation. En chimie, au contraire, les théories étaient si profondément cachées, qu'il a fallu plus de quinze cents ans pour en découvrir les véritables fondements, et les anciens chimistes, c'est-à-dire les alchimistes, n'ont eu pour se guider qu'un mélange confus de vues basées sur l'analogie, jointes à des imaginations vagues et à des espérances chimériques. Cependant ils ont réussi à constituer peu à peu les données solides de leur science, à l'aide de longues séries d'expériences, systématiquement poursuivies, et encouragées, de temps à autre, par le succès des applications industrielles, dans les arts de l'orfèvrerie, de la teinture, du travail des métaux, de la peinture, de la construction, et dans ceux de la guerre.

La connaissance exacte de ces progrès successifs, de ces méthodes, de ces idées des chimistes, qui constituaient une

IMPRIMERIE NATIONALE.

véritable philosophie naturaliste, connexe avec la philosophie rationnelle et religieuse de leurs contemporains, mérite d'être approfondie. J'ai entrepris cette tâche depuis une dizaine d'années. Je me suis efforcé d'abord de remonter aux origines mêmes de l'alchimie, et pour préciser davantage cette histoire, j'en ai publié, avec le précieux concours de M. Ch. Ém. Ruelle, les matériaux, jusqu'alors inédits, dans ma *Collection des anciens alchimistes grecs*.

On y découvre la source première des idées et des procédés qui ont présidé au développement de l'alchimie, pendant le moyen âge et jusqu'aux temps modernes. Toutefois, entre les alchimistes grecs des premiers siècles de notre ère et les alchimistes latins des ⅩⅣᵉ, ⅩⅤᵉ et ⅩⅥᵉ siècles, il existait jusqu'ici une lacune imparfaitement comblée. En effet, l'alchimie latine n'a pas pris son essor à la suite des Grecs et directement. Elle dérive d'auteurs intermédiaires, et même son point de départ véritable est double.

D'un côté, elle a été chercher ses autorités chez les Arabes, héritiers et traducteurs de la science grecque. Les traités arabes, qui existaient dans les bibliothèques des Musulmans en Espagne, ont été traduits en latin, et ces traductions ont fait foi pour les Occidentaux, en alchimie, aussi bien qu'en médecine, en mathématiques et en philosophie. Je les ai étudiées, en partie dans les manuscrits inédits de la Bibliothèque nationale de Paris, et en partie dans les collections d'ouvrages alchimiques, imprimés du ⅩⅥᵉ au ⅩⅧᵉ siècle, et réunies sous les titres de *Theatrum chemicum*, de *Bibliotheca chemica*, etc. Je montrerai, au cours de la présente publication, comment on retrouve dans ces traductions latines des fragments entiers, restés inaperçus jusqu'à ce jour, des alchimistes grecs, dont les Arabes avaient adopté la doctrine et les pratiques.

Cependant l'alchimie latine a d'autres fondements, plus directs même, quoique jusqu'ici méconnus, et dont j'ai constaté également les traces précises. En effet, les procédés et jusqu'aux idées des alchimistes anciens avaient passé des Grecs aux Latins, dès le temps de l'Empire romain, et ils s'étaient conservés jusqu'à un certain point, à travers la barbarie des premiers siècles médiévaux, par les traditions techniques des arts et métiers, traditions jusqu'ici demeurées presque ignorées ou inaperçues.

Traditions techniques de la chimie, traductions arabico-latines, telles sont les bases de l'étude historique sur la *Transmission de la science antique au moyen âge*, sujet développé dans le *premier volume* de la présente publication.

Il renferme une étude originale sur les traités techniques, tels que les *Compositiones*, la *Mappæ clavicula*, et diverses œuvres analogues, ces dernières manuscrites. On y trouvera en outre une nouvelle publication du *Liber ignium* de Marcus Græcus, d'après les manuscrits de Paris et de Munich, avec traduction et commentaires; et le *Liber sacerdotum*, encore inédit.

Les premiers de ces ouvrages décrivent des procédés d'arts et métiers, qui viennent directement de l'antiquité. Les autres sont, en tout ou en partie, traduits des Arabes. J'ai cru nécessaire d'y joindre l'examen des livres théoriques mélangés de pratique, qui sont réputés traduits des Arabes, tels que la *Turba philosophorum*, l'Alchimie d'Avicenne, les opuscules de chimie et de matière médicale de Rasès, le Traité inédit de Bubacar sur la matière médicale et sur les minéraux, la composition inédite intitulée *Liber de Septuaginta*, etc., et j'en ai rapproché les écrits de Vincent de Beauvais, d'Albert le Grand; j'ai poursuivi dans les traductions arabico-latines, puis dans les auteurs purement occidentaux, les dernières traces des

A.

doctrines et des opinions des alchimistes grecs : étude qui ne
paraîtra peut-être pas sans intérêt pour établir l'origine et la
filiation des idées scientifiques au moyen âge.

Cette étude se termine par celle des ouvrages latins attribués à Géber et dont j'ai été amené à contester complètement
l'authenticité. C'est par la lecture des textes orientaux que j'ai
été conduit à ce résultat. En effet, les doctrines transmises par
l'intermédiaire des traductions arabico-latines, réelles ou prétendues, manquent d'authenticité; elles ont été souvent alté-
rées par des apocryphes; c'est pourquoi il m'a paru nécessaire
d'en établir d'une façon plus approfondie l'origine prochaine,
en remontant aux textes arabes. Or ces textes eux-mêmes, pour
la plupart, ne se rattachent pas immédiatement aux Grecs.

Les Arabes, en effet, n'ont pas connu les Grecs directement,
mais par l'intermédiaire des Syriens, qui avaient les premiers
traduit les philosophes et les savants grecs dans une langue
orientale. Sergius de Resaïna, au vie siècle, avait commencé
cette œuvre de traduction, et son nom est cité par les alchimistes grecs. Les sciences naturelles furent surtout étudiées
aux ixe et xe siècles, dans la célèbre École des médecins syriens
de Bagdad, attirés et protégés par les califes leurs clients.
Dioscoride, Galien, Paul d'Égine furent ainsi traduits du grec
en syriaque, puis en arabe; parfois même traduits directement
dans cette dernière langue.

Il en fut de même des alchimistes, d'après le dire des historiens. Or nous avons eu la bonne fortune de rencontrer au British
Museum et à la Bibliothèque de l'Université de Cambridge des
manuscrits alchimiques syriaques de cette époque, qui se rattachent immédiatement à la tradition grecque. Ils renferment
divers traités, dont les principaux portent les noms de Démocrite et de Zosime. On y trouve des suites de recettes, sem-

blables à celles du papyrus de Leyde. Les signes et symboles des alchimistes grecs figurent à peu près sans changement dans ces manuscrits. L'un d'eux, celui de Cambridge, contient une portion considérable de l'œuvre de Zosime, aujourd'hui perdue en grec. Sous le titre de *Doctrine de Démocrite*, on lit dans ces manuscrits, et principalement dans ceux du British Museum, un ouvrage rédigé avec quelque méthode, à l'aide du traité du Pseudo-Démocrite alchimiste et des livres postérieurs : composition qui semble avoir été arrangée entre le VIIIe et le Xe siècle. Les manuscrits du British Museum contiennent une seconde partie, écrite presque entièrement en arabe par un Syrien arabisant, qui s'est servi de caractères syriaques. Elle offre un caractère différent de la première; car elle ne renferme pas la multitude de mots grecs qui caractérisent celle-ci, et les faits qui y sont présentés rappellent plutôt, par leur mode d'exposition comme par leur nature intrinsèque, les traités de matière médicale arabes, tels que Ibn Beïthar et les opuscules alchimiques descriptifs dont nous possédons des traductions latines, celui qui porte le nom de Bubacar en particulier. Les dernières traductions ayant été écrites vers le XIIe et le XIIIe siècle, et faites d'après des traités arabes, nécessairement un peu antérieurs, nous nous trouvons conduit à attribuer une époque voisine du XIe siècle aux traités eux-mêmes et, par conséquent, à la seconde partie de notre alchimie syriaque. Telles sont les dates probables des deux parties de cette alchimie.

Ayant été conduit à reconnaître l'existence de ces textes d'après de courts fragments, j'ai eu recours à un savant spécial, dont l'autorité est reconnue de tous en cette matière, M. Rubens Duval, membre de la Société asiatique de Paris. Il a eu l'obligeance, avec un grand zèle scientifique, de faire copier,

de collationner, de traduire lui-même littéralement les manuscrits du British Museum, et de faire des extraits très étendus
de celui de Cambridge. J'ai revisé ces traductions, de façon à
leur donner, autant que j'ai pu le faire, un sens intelligible
au point de vue chimique, et corrélatif avec la tradition des
alchimistes grecs : tentative dans laquelle j'ai fait de mon mieux,
sans me flatter d'y avoir toujours complètement réussi.

M. Rubens Duval a bien voulu, d'ailleurs, publier *in extenso*
le texte même des traités contenus dans les deux manuscrits
du British Museum : ce qui assure à notre publication une
importance et une originalité qui n'échapperont à personne.

L'ensemble de ces textes et traductions syriaques, précédé
d'une introduction historique et analytique, forme le *second
volume* de la présente publication, sous le titre de *Traités d'Alchimie syriaque et arabe.*

On y verra, outre les signes alchimiques syriaques, dérivés
des signes grecs, la photogravure des figures d'appareils qui
existent dans les manuscrits.

Un nouvel échelon dans l'histoire de la transmission de la
chimie antique étant ainsi posé, je me suis préoccupé du
suivant, je veux dire de l'alchimie arabe proprement dite.
Cette étude exigeait la lecture des traités alchimiques arabes,
lesquels n'ont été connus jusqu'à présent que par des traductions latines, faites aux xiiᵉ et xiiiᵉ siècles, traductions impar-
faites et remplies d'interpolations et même de falsifications :
de telle sorte que la véritable science alchimique des Arabes
doit être réputée à peu près inconnue. Il fallait remonter aux
textes eux-mêmes. J'ai trouvé ceux-ci dans les manuscrits de
la Bibliothèque nationale de Paris et surtout dans ceux de
la Bibliothèque de l'Université de Leyde, qui renferment les
œuvres de Djâber ou Géber; lesquelles n'ont, comme je le

montrerai, guère de ressemblance avec les auteurs latins apocryphes qui ont usurpé ce nom. Pour faire publier et traduire
ces œuvres et celles de divers autres auteurs arabes très anciens, je me suis adressé à M. Houdas, professeur à l'École des
langues orientales vivantes. Il a bien voulu consacrer à ce travail un temps considérable, et j'ai opéré sur sa traduction le
même travail de revision technique que sur la traduction des
livres syriaques.

Le produit de notre collaboration est représenté par le texte
et la traduction des ouvrages alchimiques arabes les plus anciens, parvenus à notre connaissance. J'ai mis en tête une introduction, complétée à l'aide de la traduction par M. Houdas des
passages du *Kitâb-al-Fihrist* relatifs aux auteurs alchimiques.
Le tout constitue le *troisième volume* de ma publication, sous
le titre de *Traités d'Alchimie arabe*.

L'ensemble des trois volumes renferme les matériaux et le
développement d'une histoire de la chimie au moyen âge jusqu'au xive siècle, c'est-à-dire jusqu'à une époque à partir de
laquelle cette histoire commence à être suffisamment connue,
d'après les publications imprimées des Alchimistes latins. Mais
les périodes antérieures étaient à peu près ignorées.

Cette publication fait suite à ma *Collection des Alchimistes
grecs*, en trois volumes, publiée en 1888-1889, sous les auspices du Ministère de l'instruction publique, et qui contient
les origines mêmes de la science chimique. C'est sous les
mêmes auspices que l'ouvrage actuel est publié.

Le Comité des travaux historiques et scientifiques (Section
des sciences) ayant accepté un Rapport par lequel je lui ex-
posais l'utilité de cette publication, la Commission centrale,
dans sa séance du 19 décembre 1891, a émis un avis favorable

à l'unanimité, et M. Charmes, directeur du secrétariat, a bien
voulu, avec son zèle accoutumé pour la science, proposer
l'adoption de ce projet au Ministre, qui l'a acceptée et a donné
l'ordre d'imprimer à l'Imprimerie nationale. Le lecteur re-
connaîtra dans les textes syriaques, arabes, grecs et latins que
renferment ces ouvrages, le soin et la perfection accoutumés
de ce grand établissement.

Mars 1893.

M. BERTHELOT.

ESSAI

LA TRANSMISSION DE LA SCIENCE ANTIQUE

AU MOYEN ÂGE.

DOCTRINES ET PRATIQUES CHIMIQUES.

NOTICE GÉNÉRALE.

En poursuivant mes recherches sur les sciences du moyen âge et spécialement sur l'alchimie, j'ai été conduit à soumettre à un nouvel examen les voies par lesquelles la doctrine antique s'est transmise en Occident, depuis la chute de l'empire romain, à travers les âges barbares, et jusqu'au moment des croisades, où s'opère un réveil général des esprits; réveil qui commençait à s'accomplir spontanément, mais qui fut surexcité par le contact avec l'Orient musulman.

En effet, les connaissances chimiques au moyen âge ont été propagées par deux voies très différentes : les doctrines alchimiques proprement dites et les traditions techniques des arts industriels, c'est-à-dire les pratiques du travail des métaux, des couleurs et de la céramique, mises en œuvre par les verriers, les métallurgistes, les potiers, les teinturiers, les peintres, les joailliers et les orfèvres; ajoutons-y les médecins, en raison de leurs études sur la matière médicale et la pharmacie.

Ces pratiques étaient liées avec certaines théories scientifiques et mystiques : les unes et les autres ont subsisté sans interruption dans les souvenirs professionnels des arts et métiers, depuis l'empire romain, pendant la période carlovingienne, et au delà. J'ai découvert

ALCHIMIE. — II.   1 des preuves inattendues de ce fait capital; elles vont être exposées dans la *Première partie* du présent essai.

C'est donc à tort que l'étude théorique des traductions des auteurs arabes a été envisagée jusqu'ici comme la forme unique du renouvellement des doctrines scientifiques de l'Occident. Cependant, pour n'avoir pas été exclusive, elle n'en est pas moins réelle. En effet, un certain courant intellectuel, parallèle et connexe avec les traditions des arts et métiers, s'était poursuivi en Orient : non seulement à Constantinople, mais aussi en Syrie et en Mésopotamie, où il a produit la culture dite *arabe*.

Dans des publications antérieures[1], j'ai tâché d'établir la filiation des théories alchimiques, depuis les auteurs gréco-égyptiens, dont les écrits venus jusqu'à nous sont les plus vieux en cette matière, jusqu'aux Byzantins leurs successeurs; je m'occuperai, dans le présent ouvrage, de suivre cette tradition, à travers les Syriens et les Arabes, jusqu'aux écrivains occidentaux latins des XIIe et XIIIe siècles, initiés par l'intermédiaire des Arabes d'Espagne.

La culture arabe, en effet, s'étant propagée en Espagne avec l'islamisme, le contact des chrétiens et des musulmans dans ce pays a donné naissance aux traductions latines des ouvrages arabes de science et de philosophie, traductions bien connues et qui ont joué, dans la restauration des connaissances scientifiques, un rôle incontestable. Celles-ci remontent, je le répète, aux Grecs eux-mêmes en alchimie, aussi bien qu'en médecine et en astronomie : l'alchimie syriaque, que nous avons traduite dans le fascicule précédent, établit dans cet ordre l'origine grecque des connaissances que les Syriens ont transmises aux Arabes. J'ai découvert également et j'exposerai quelles traces indubitables des alchimistes grecs et byzantins subsistent dans les livres alchimiques latins, donnés au moyen âge comme traduits de l'arabe, tels

[1] Papyrus de Leyde, dans mon *Introduction à la Chimie des anciens*, p. 3 à 73, 1889, chez Steinheil.

Collect'on des anciens Alchimistes grecs,

avec la collaboration de Ch.-Ém. Ruelle, 1887-1888, chez Steinheil.

Les origines de l'alchimie, 1885, chez Steinheil.

que Moriénus, Calid et autres, et surtout la compilation dite la *Turba philosophorum;* j'y joindrai enfin l'indication des traces analogues, mais plus vagues, subsistant chez certains auteurs occidentaux désignés nominativement, à savoir Roger Bacon, Arnaud de Villeneuve, le faux Raymond Lulle, etc.

L'examen des traductions latines des ouvrages arabes apporte, à cet égard, des lumières inattendues. Il montre que la discussion du rôle des Arabes dans la transmission des doctrines scientifiques réclame des réserves particulières. En ce qui touche la chimie, ce rôle n'a été apprécié jusqu'ici que d'une façon fort imparfaite, tant au point de vue de l'originalité propre des auteurs arabes, auxquels on a attribué à la fois les connaissances qu'ils avaient empruntées à leurs prédécesseurs, et certaines autres découvertes, faites au contraire postérieurement au sein du monde latin. C'est pourquoi les ouvrages latins réputés traduits des Arabes m'ont paru réclamer un examen nouveau. En effet, on vit encore à cet égard sur les opinions souvent vagues ou inexactes que l'on s'était faites, du XVIe au XVIIIe siècle, relativement à la date et à l'authenticité même de ces traductions, au caractère des auteurs arabes originaux dont elles dérivent, ainsi que sur les rapports de ces auteurs avec les alchimistes grecs, leurs initiateurs. C'est cette revision que je vais tenter de faire, ou plus exactement j'essayerai d'en fixer les bases, dans la *Seconde partie* de la présente étude : elle jettera, je l'espère, quelque jour sur les époques et sur les progrès successifs de la science chimique.

Si l'étude de la chimie au moyen âge est fort mal connue, c'est parce qu'elle repose presque exclusivement sur les publications imprimées du XVIe au XVIIIe siècle, telles que le *Theatrum chemicum,* la *Bibliotheca chemica* de Manget, l'*Artis auriferæ principes,* les prétendus ouvrages de Geber et de Raymond Lulle, etc. Les auteurs de ces publications, imbus des illusions alchimiques, se sont attachés surtout aux théories et doctrines mystiques, de préférence aux faits positifs, et ils ont reproduit, sans aucune critique, les textes qui leur paraissaient faire autorité sous ce rapport; ne se préoccupant guère ni des dates réelles de ces écrits et des découvertes contemporaines qu'ils peuvent effectivement contenir, ni de la réalité des attributions faites à tel ou tel auteur, célèbre dans la tradition. C'est ainsi qu'une multitude d'opinions erronées, sur les personnes et sur les choses, une foule d'ouvrages antidatés ou pseudonymes, ont pris place dans l'histoire de la chimie. La plupart des auteurs qui s'en sont occupés dans le cours du siècle présent se sont bornés à l'examen des ouvrages imprimés, et même des ouvrages écrits en langue latine. Or, pour rétablir cette histoire sur ses véritables bases, il est nécessaire de remonter jusqu'aux auteurs grecs et orientaux, qui ont précédé les Latins; et il convient d'examiner les manuscrits eux-mêmes et de les traiter par les mêmes méthodes critiques que l'on applique aujourd'hui aux textes des auteurs grecs et latins.

Hœfer, l'un des premiers qui aient essayé de relire les vieux manuscrits, n'était malheureusement guère initié à ces méthodes; il ignorait à peu près la chimie. Aussi, non content d'accepter les assertions des premiers éditeurs, a-t-il trop souvent ajouté aux anciennes erreurs de nouvelles interprétations fantaisistes, en s'imaginant retrouver les inventions et les idées modernes relatives aux gaz et à la composition des corps, dans les phrases symboliques des vieux traités.

Pour éviter de semblables mécomptes, il convient, je le répète, d'étudier ces vieux traités sous la forme même qu'ils offrent dans leurs plus anciens manuscrits, et en cherchant à saisir le sens exact qu'ils avaient pour les contemporains, ainsi que les faits réellement connus par ces derniers. En procédant ainsi pas à pas, en plantant, pour ainsi dire, des jalons successifs dans cette difficile étude, on pourra parvenir à la tirer du vague et du charlatanisme, qui l'ont obscurcie jusqu'ici, pour la ramener dans le domaine positif de l'histoire.

PREMIÈRE PARTIE.

LES TRADITIONS TECHNIQUES DES ARTS ET MÉTIERS.

INTRODUCTION.

J'examinerai d'abord les plus anciens traités techniques latins que nous connaissions, tels que les *Compositiones ad tingenda*, dont nous possédons un manuscrit écrit vers la fin du viiie siècle, et la *Mappæ clavicula*, dont le plus vieux manuscrit remonte au xe siècle. Ces deux ouvrages nous ont transmis des traditions et des textes contemporains de la dernière période de l'empire romain; cependant ils n'ont donné lieu jusqu'ici à aucun commentaire. Je rechercherai ensuite les citations de ces traités et les recettes congénères, qui existent dans les manuscrits alchimiques latins de la Bibliothèque nationale de Paris.

Ces collections de recettes, en effet, forment une série ininterrompue, depuis les procédés du papyrus grec de Leyde, jusqu'à ceux des traités latins qui portent le nom de *Compositiones ad tingenda*, etc., de *Mappæ clavicula*, *De Artibus romanorum* du moine Éraclius, *Schedula diversarum artium*, du moine Théophile, *Liber diversarum artium* d'un anonyme (bibliothèque de l'École de médecine de Montpellier), sans oublier les traités publiés par Mrs Merrifield (*Ancient practice of painting*), ni les procédés contenus dans le manuscrit latin 6514 de la Bibliothèque nationale de Paris (fol. 44 à 52), etc.; traités dont la suite se continue aux xvie et xviie siècles par les ouvrages d'Alessio, de Mizaldi, de Porta et de Wecker, intitulés *De Secretis* ou autrement, enfin jusqu'aux traités de teinture, de verrerie et d'orfèvrerie du xviie siècle, et même jusqu'aux Manuels Roret de notre temps. J'ai réussi en effet à constater par des textes positifs la connexité et la filiation de ces recettes d'arts et métiers, depuis le temps de l'Égypte grecque d'abord, jusqu'au cœur du moyen âge, c'est-à-dire jusqu'aux xiie et xiiie siècles, puis jusqu'à notre époque. On pourrait même montrer sur quelques points, tels que la fabrication des pierres précieuses et des perles, le point de jonction entre les connaissances d'ordre pratique des artisans et les idées techniques des alchimistes proprement dits, d'après les termes où elles sont consignées dans les ouvrages authentiques ou pseudo-épigraphes, attribués à Arnaud de Villeneuve, à Raymond Lulle, à saint Thomas d'Aquin et à divers autres.

Après avoir exposé ces résultats dans les trois premiers chapitres, je consacrerai le chapitre IV à un ouvrage très important, au point de vue des arts militaires et des traditions chimiques, le *Livre des feux*, de Marcus Græcus, en en reproduisant le texte correct, accompagné d'une traduction, avec les variantes les plus importantes, tirées des manuscrits de Paris et de Munich.

Dans le chapitre V, j'étudierai la découverte de l'alcool, laquelle marque une étape essentielle dans l'étude des sciences chimiques.

Le chapitre VI présentera la description des appareils alchimiques employés au XIIIe siècle, avec des figures reproduites d'après les manuscrits; le tout accompagné d'un tableau général, résumant l'état des connaissances chimiques à cette époque.

Dans le chapitre VII, on poursuivra cette étude par celle de la balance hydrostatique, des mesures relatives à la densité des métaux et sujets congénères, en s'appuyant sur des textes tirés d'un poème latin *de Ponderibus et Mensuris*, écrit vers la fin de l'empire romain, et en montrant la continuité des procédés techniques fondés sur ces notions dans la pratique de l'orfèvrerie, au temps des Carlovingiens et jusqu'à l'époque des croisades.

Ces divers chapitres ne constituent certes pas une histoire chimique et physique complète des procédés des arts et métiers au moyen âge, sujet trop vaste pour que j'aie voulu entreprendre de le traiter dans toute son étendue; mais ils fourniront des renseignements nouveaux et précis, qui jettent sur cette histoire une lumière nouvelle.

CHAPITRE PREMIER.

SUR DIVERS TRAITÉS TECHNIQUES DU MOYEN ÂGE,
ET SPÉCIALEMENT SUR LES *COMPOSITIONES AD TINGENDA*.

Je parlerai dans le présent chapitre de l'opuscule intitulé : *Compositiones ad tingenda*, lequel est transcrit dans un manuscrit du temps de Charlemagne, et dont le texte a passé entièrement, ou à peu près, dans l'ouvrage ultérieur désigné sous le nom de *Mappæ clavicula*. On en trouve aussi des fragments dans le manuscrit 6514 de Paris (fol. 52). Ces ouvrages n'ont point été jusqu'ici l'objet d'une étude systématique et ils paraissent avoir échappé aux historiens de la chimie, tels que H. Kopp et Hœfer, qui n'en font aucune mention, malgré l'importance des témoignages que l'on peut en tirer. C'est ce qui m'engage à présenter les résultats de mon examen.

Le plus ancien de ces traités se trouve dans un manuscrit de la bibliothèque du chapitre des chanoines de Lucques, écrit, je le répète, au temps de Charlemagne et renfermant divers autres ouvrages[1]. Il a été publié au siècle dernier par Muratori, dans ses *Antiquitates Italicæ* (t. II, p. 364-387, *Dissertatio* XXIV), sous le titre : *Compositiones ad tingenda musiva, pelles et alia, ad deaurandum ferrum, ad mineralia, ad chrysographiam, ad glutina quædam conficienda, aliaque artium documenta* « Recettes pour teindre les mosaïques, les peaux et autres objets, pour dorer le fer, pour l'emploi des matières minérales, pour l'écriture en lettres d'or, pour faire les soudures (et collages), et autres documents techniques ». M. Giry, de l'École des chartes, a col-

---

[1] *Bibliotheca capituli canonicorum Lucensium*, Arm. I. Cod. L.
 ` Ce manuscrit renferme les ouvrages suivants : *Eusebii Chronicon*, *Isidori Chronicon*, *Hieronymus et Gennadius de Scriptoribus Ecclesiasticis*, *Liber de Gestis summorum pontificum*, *Compositiones ad tingenda musiva*.

lationné ce manuscrit sur place, et il a eu l'extrême obligeance de me communiquer sa collation, qui est fort importante.

Les *Compositiones* ne constituent pas un traité méthodique, tel que nos ouvrages modernes sur l'orfèvrerie ou sur la céramique, coordonnés d'après la nature des matières. C'est un cahier de recettes et de documents, rassemblés par un praticien en vue de l'exercice de son art, et destinés à lui fournir à la fois des procédés pour l'exécution de ses fabrications et des renseignements sur l'origine de ses matières premières. Les sujets qui y sont exposés sont les suivants :

Coloration ou teinture des pierres artificielles, destinées à la fabrication des mosaïques; leur dorure et argenture, leur polissage;

Fabrication des verres colorés en vert, en blanc laiteux, en rouge de diverses nuances, en pourpre, en jaune;

Teinture des peaux en pourpre, en vert (*prasinum* et *venetum*), en jaune, en rouges divers et d'après le procédé appelé *pandium*, mot dont le sens est obscur[1]; la teinture des bois, des os et de la corne est aussi signalée;

Liste de minerais, de divers métaux, de terres, d'oxydes métalliques, utilisés en orfèvrerie et en peinture.

L'auteur donne également des articles développés sur certaines préparations, telles que l'extraction du mercure, du plomb, la cuisson du soufre, la préparation de la céruse, du vert-de-gris, de la cadmie, du cinabre, de l'*æs ustum*, de la litharge, de l'orpiment, etc.

Il indique certains alliages, peu nombreux à la vérité, tels que le bronze, le cuivre blanc et le cuivre couleur d'or.

La préparation du parchemin et celle des vernis font l'objet d'articles séparés, ainsi que la préparation des couleurs végétales, à l'usage des peintres et enlumineurs.

Tout un groupe est consacré à la dorure : préparation de la feuille d'or employée pour la dorure, sujet qui se retrouve chez les alchi-

[1] Dans Forcellini, *pandia* désigne une gemme à aspect chatoyant. Mais le sens du mot est plus étendu dans les *Compositiones*.

mistes grecs[1] et qui est traité aussi par Théophile; dorure du verre,
du bois, de la peau, des vêtements, du plomb, de l'étain, du fer; préparation des fils d'or; procédés pour écrire en lettres d'or, sujet très
souvent traité au moyen âge et qui l'est déjà dans le papyrus de
Leyde[2] et chez les alchimistes grecs. J'y reviendrai tout à l'heure.
Puis viennent la feuille d'or et la feuille d'étain, et des procédés pour
réduire l'or et l'argent en poudre (*chysorantista* ou *auri sparsio; argy-
rantista* ou *argenti sparsio*), procédés fondés sur divers artifices, où
figurent l'emploi du mercure et du vert-de-gris.

À la suite, on expose les méthodes pour faire des soudures ou des
collages, désignés sous la dénomination commune de *gluten*, avec les
objets d'or, d'argent, de cuivre, d'étain, de pierre, de bois ordinaire,
ou sculpté.

Tous ces sujets sont traités dans un latin barbare, écrit à une
époque de décadence, avec des diversités très apparentes d'orthographe et de dialectes, ou plutôt de patois et de jargon, que je n'ai
pas la compétence nécessaire pour discuter. Certains ont été écrits
primitivement en grec, puis transcrits en lettres latines, probablement
sous la dictée, par un copiste qui n'entendait rien à ce qu'il écrivait.
Je citerai comme exemple particulier les recettes sur la pulvérisation
de l'or et de l'argent[3]. Ceci accuse l'origine byzantine des recettes.
Constantinople, en effet, était restée le grand centre des arts et des
traditions scientifiques : c'est de là que les orfèvres italiens, qui utili-
saient les procédés des *Compositiones*, tiraient leurs pratiques.

[1] *Collection des anciens Alchimistes grecs*, trad., p. 362.

[2] *Introduct. à l'étude de la Chimie des anciens* p. 51.

[3] On lit dans Muratori, à l'article *Chry-sorantista* : Crisorcatarios sana, megminos, metaydos argiros et chetes, cinion chetis, chete, yspurcorum, ipsincion, ydrosargyros, chetmathi, aut abatctis sccugmasias *dauffira* hexnamixon...... *pulca si buli.* — Ce que je propose de lire, avec l'aide des recettes voisines : Χρυσὸς καθαρὸς ἀναμε-μιγμένος μετὰ ὑδράργυρος καὶ τῆς ... εἰς πυρ... ψιμύθιον, ὑδράργυρος καὶ αἱμα-τίτης, αὐτὰ βάλε τῆς σκευγμασίας dauffira ἐξαναμίξον... ὅτι βούλει. «L'or pur mélé avec le mercure et... chauffez... la cé-ruse, le mercure, l'hématite; mettez-les dans un mélange fait avec la préparation *dauffira*... et faites ce que vous voulez.» La préparation *dauffira* est mentionnée dans d'autres articles.

J'ai classé par groupes les recettes du manuscrit, afin d'en montrer l'étendue; je remarquerai qu'elles ne comprennent pas les formules d'alliage employées dans la fabrication des objets d'or et d'argent à bas titre, celles-là précisément qui ont servi de base aux prétendues pratiques de transmutation[1]. Cependant ces pratiques ont existé réellement chez les orfèvres latins de l'époque carlovingienne, ainsi que je le montrerai tout à l'heure par l'étude de la *Mappæ clavicula*; mais l'opuscule des *Compositiones*, tel qu'il est venu jusqu'à nous, n'en contient aucune trace, sauf peut-être quelques mots sur le cuivre blanc et sur le cuivre couleur d'or. Au contraire, il a conservé un certain nombre de recettes pour la composition du verre et pour la teinture des étoffes, sujets également congénères chez les alchimistes grecs[2]. Mais la fabrication des pierres précieuses artificielles, dont la tradition remonte jusqu'à la vieille Égypte[3] et se retrouve dans Éraclius et dans Théophile, ne figure pas non plus ici.

Je vais maintenant examiner de plus près les *Compositiones*, et j'établirai que cet opuscule résulte de la juxtaposition de plusieurs cahiers séparés, comme le papyrus de Leyde d'ailleurs, et comme les recettes d'artisans en général. En les passant en revue, je relèverai diverses remarques intéressantes pour l'histoire de la minéralogie, de la peinture, et des autres sciences et arts que l'antiquité a transmis au moyen âge.

PREMIÈRE SÉRIE DE RECETTES : *Coloration et teinture du verre.* — L'ouvrage débute[4] par deux recettes sur la matière appelée *cathmia*. Ce nom, qui s'écrivait aussi *cadmia*, désignait chez les anciens et chez les alchimistes grecs deux produits distincts[5], savoir : un mine-

---

[1] *Introduction à la Chimie des anciens et du moyen âge*, p. 53 et suiv.; et surtout p. 62-73.

[2] Voir mes *Origines de l'alchimie*, p. 242-243, 1885.

[3] *Collect. des anciens Alchimistes grecs*, trad., p. 334, 336.

[4] Les onze premiers articles du manuscrit ont été transposés par Muratori, par suite de quelque erreur de copiste. J'ai rétabli l'ordre du manuscrit, d'après la collation faite par M. Giry.

[5] Voir mon *Introduction à la Chimie des anciens et du moyen âge*, p. 239.

rai naturel de zinc servant à fabriquer le laiton, tel que la calamine
moderne, et un produit artificiel, sorte de fumée des métaux, riche
en oxydes de zinc et de cuivre, qui s'attachait aux parois du fourneau où l'on opérait la réduction du métal. Les deux premières recettes des *Compositiones* s'appliquent à la préparation d'un mélange
analogue, obtenu par la cuisson du cuivre et de son minerai avec du
natron et du soufre. Mais les dernières substances sont seules désignées, le cuivre et son minerai n'étant pas même nommés ; quoique
leur omission résulte de la lecture de la recette complète, qui figure
au n° 147 de la *Mappæ clavicula*. De telles indications partielles
et abrégées répondent bien au caractère de recettes d'atelier que je
signale dans les *Compositiones* : il s'agit ici d'un simple *memento*, que
le praticien savait compléter. Cette cadmie, riche en oxyde de cuivre,
servait sans doute à la préparation du verre *prasinum* (vert poireau),
qui suit.

En effet, les recettes ultérieures sont relatives à la teinture ou coloration, tantôt profonde, tantôt superficielle, du verre en vert; en blanc
laiteux (par l'étain); en rouge (par le cinabre, par la litharge, par le
cuivre brûlé[1]); en pourpre (*alithinum*) sans feu, c'est-à-dire à l'aide
d'un vernis de sang-dragon[2], puis en jaune (*melinum*). La série se
termine par la formule compliquée d'un vernis, appelé *antimio de
damia*, composé avec l'*amor aquæ*, sorte d'écume saline, le naphte, le
soufre, la poix, le baume, le jaïet ou un bitume analogue, l'huile
d'olive, la résine, le lait; le tout cuit ensemble avec précaution. Ce
vernis servait sans doute à appliquer certaines couleurs à la surface
du verre.

[1] *Calcoce caumenu*, dans les *Composi-tiones*, c'est-à-dire χαλκὸς κεκαυμένος = *æs ustum*. Le mot et la recette ont passé sans changements notables dans la *Mappæ cla-ricula*, n° 139, dans plusieurs manuscrits al-chimiques latins écrits vers l'an 1300, ainsi que dans le *Liber diversarum artium* de Mont-

pellier (*Catal. des mss. des bibl. des départe-ments*, 1re édit., t. I, p. 739). Le mot grec, usité chez les praticiens, a été conservé dans ces diverses recettes sans être traduit.

[2] On y lit le mot *anamemigmenis*, c'est-à-dire ἀναμεμιγμένης, mot grec transcrit dans la recette latine.

A la suite viennent des recettes connexes, certains verres colorés
étant utilisés pour les mosaïques. La fabrication des mosaïques dorées et argentées, l'emploi de tablettes de plomb, recouvertes d'émeri,
pour le polissage des pierres vitrifiées, sont indiqués.

Puis l'auteur passe à deux sujets liés aux précédents, la fabrication
même du verre et celle du plomb métallique, dont il décrit le minerai[1], d'après un article emprunté à quelque auteur antique : on y voit
apparaître des idées singulières sur le rôle du soleil et de la chaleur,
propre à certaines terres chaudes, pour la production de minerais
doués de vertus correspondantes et capables de produire des étincelles
pendant le traitement à chaud (destiné à les réduire à l'état métallique); tandis qu'une terre froide produit des minerais de faible qualité. Ceci rappelle les théories d'Aristote sur l'exhalaison sèche, opposée à l'exhalaison humide dans la génération des minéraux[2], théories
qui ont joué un grand rôle au moyen âge. On voit qu'elles n'ont pas
cessé d'avoir cours en Occident, même avant les Arabes. L'auteur
distingue un minerai de plomb féminin et léger, opposé à un minerai
masculin et lourd : distinction pareille à celle des minerais d'antimoine mâle et femelle dont parle Pline[3], aux bleus mâle et femelle
de Théophraste[1] et à diverses indications du même genre.

La fabrication du verre est accompagnée par une description sommaire du fourneau des vitriers, laquelle se retrouve avec des développements de plus en plus grands chez les auteurs postérieurs, tels
que Théophile, et plus tard les écrivains techniques et alchimiques de

---

[1] « Nascitur in omni loco, in solanis et
calidis locis. Signum autem loci, herbæ
omnes infirmæ et debiles..... Frigida
enim terra semper metalla debiles facit.
Calida enim principale metallum reddet
fuscum et mundum, et quod virtutem habeat fuscum metallum invenietur. Lapis
enim, qui in ea invenitur, subviridis est,
eo quod virtutem habeat solarem et calidam, per quod metallus ardens scintillas

dimittit. » — J'ai transcrit ce texte littéralement, sans en corriger les fautes grammaticales.

[2] Météor., l. III, chap. xxxvii. — Introduction à la Chimie des anciens et du
moyen âge, p. 247.

[3] Hist. nat., l. XXXIII, chap. xxxii. —
Introd. à la Chimie des anciens et du moyen
âge, p. 238.

[1] Intr. à la Chimie des anciens, p. 245.

la fin du moyen âge : la filiation historique de ces procédés et appareils est ainsi manifeste.

DEUXIÈME SÉRIE DE RECETTES : *Teinture des peaux.* — Ce sujet a occupé beaucoup les anciens et les Byzantins[1] : les Égyptiens étaient déjà fort avancés dans la connaissance des procédés propres à la teinture des étoffes, spécialement en pourpre, comme il résulte des articles de Pline, de certains de ceux du papyrus de Leyde[2], du début du Traité du Pseudo-Démocrite et de divers autres chapitres de la *Collection des Alchimistes grecs*, ainsi que de l'examen direct des tissus retrouvés dans les momies.

Les *Compositiones* décrivent des procédés pour teindre les étoffes en pourpre (*alithinum*), en vert (*prasinum*), en vert bleuâtre (*venetum*), en jaune (*melinum*), en orangé, en rouge cinabre, etc. Les teintures répétées d'une même étoffe, l'emploi d'une méthode de coloration spéciale appelée *pandium* [3], ainsi que la teinture des os, de la corne et du bois, y sont exposés longuement et dans un style barbare, avec l'indication de mots techniques que l'on ne trouve dans aucun dictionnaire.

Puis viennent des articles isolés sur la fabrication du parchemin; sur celle de la céruse, au moyen du plomb et du vinaigre; sur la chalcite[4], minerai de cuivre; sur le *cebellino*, bois noirci par un séjour prolongé sous l'eau.

TROISIÈME SÉRIE : *Traités de drogues et de minerais.* — Elle comprend un recueil de notes, les unes sommaires, les autres plus développées, à l'usage des teinturiers et des fabricants de verre, intitulé :

· *Mémoire de toutes les herbes, bois, pierres, terres, métaux, écumes (amorum aquæ), moisissures (fungi), natron et écume de natron, résine, soufre, matières huileuses.*

Suivent des notices sur les minerais d'or, d'argent, de cuivre, d'ori-

---

[1] Voir les sujets énumérés dans le titre d'un Manuel de chimie byzantine (*Introd. à l'étude de la Chimie des anciens*, etc., p. 277 et 278).

[2] *Introduction à la Chimie des anciens et du moyen âge*, p. 47 à 50.

[3] Voir plus haut, p. 8.

[4] *De salscistis* pour χαλκίτης.

chalque (laiton), de plomb; ensuite il est question du sable des vitriers et du vitriol.

Le nom de *vitriol* apparaît ici pour la première fois, au VIIIe siècle; on ne le faisait remonter jusqu'à présent qu'au traité *De Mineralibus*, attribué à Albert le Grand, au XIIIe siècle. Dans les *Compositiones*, il signifie un produit obtenu par l'évaporation du liquide formé par la décomposition spontanée des pyrites : ce qui fournit en effet un sulfate de fer impur.

L'alun, le soufre, le natron, la chalcite, l'aphronitron (*écume de natron*), la terre sulfureuse, l'hématite sont signalés ensuite. On parle du mercure, sous les deux formes indiquées par Pline [1], savoir le mercure natif et le mercure produit par l'art du métallurgiste (*nascitur in conflationem*). Puis sont signalés l'orpiment, la pierre gagate [2], le *lular*, « composition formée avec la terre et les herbes »; le lapis-lazuli, le bleu, le vert-de-gris (*jarin*), la fleur de cuivre, la céruse, la fleur de plomb, l'ocre, le cuivre brûlé, le cinabre, le siricum, sorte de minium, ou plus généralement de rubrique.

L'auteur présente alors les indications de plantes herbacées et ligneuses, et de leurs produits utilisés en teinture (*hæc omnia tinctioni sunt*) : écorce et fruits du noyer, écorce d'orme, garance, noix de galle, etc.; puis les résines du pin, du sapin, le mastic, la poix, la résine de cèdre, la gomme de cerisier, d'amandier, l'huile d'olive, l'huile de graine de lin.

Après ces produits minéraux et végétaux viennent les produits de la mer : corail, coquillage à pourpre, sel.

Plus loin se trouve une nouvelle énumération, qui semble tirée d'un autre traité de drogues, destinées spécialement à la teinture, traité distinct de celui qui a fourni la liste précédente :

Nous avons désigné toutes ces choses relatives aux teintures et décoctions; nous avons parlé des matières qui y sont employées : pierres, minéraux, salai-

---

[1] Pline, *Histoire naturelle*, l. XXXIII, chap. XXXII-XLII. — *Introd. à la Chimie des anciens*, p. 257.

[2] Pline, *Histoire naturelle*, l. XXXVI, chap. XXXIV. — *Introd. à la Chimie des anciens*, p. 254.

sons, herbes; nous avons dit où elles se trouvent; quel parti on tire des résines, oléorésines, terres; ce que sont le soufre, l'eau noire (encre?), les eaux salées, la glu et tous les produits des plantes sauvages et venues par semence, domestiques et marines; la cire des abeilles, l'axonge, toutes les eaux douces et acides; parmi les bois, le pin, le sapin, le genièvre, le cyprès..., les glands et les figues. On fait des extraits de toutes ces choses avec une eau formée d'urine fermentée et de vinaigre mêlé d'eau pluviale. C'est cette eau dont nous avons parlé.

On lit ici quelques indications de mesures, dont les noms sont défigurés; puis les mots que voici : « On mélange le vinaigre avec l'eau pour la peinture en pourpre. »

J'ai cru utile de transcrire toutes ces énumérations, parce qu'elles caractérisent la nature des connaissances recherchées par l'écrivain des *Compositiones*, et parce qu'elles conservent la trace de traités latins antiques de drogues et minéraux, analogues à ceux de Dioscoride, mais plus spécialement destinés à l'industrie. Par malheur nous n'en avons plus guère ici que des titres et des indications sommaires, pareilles à celles qui figureraient au calepin d'un ouvrier teinturier. Plusieurs des mots spécifiques qui y sont contenus manquent dans les dictionnaires les plus complets, tels que ceux de Forcellini et de Du Cange. Mais il ne m'appartient pas d'insister sur le dernier ordre de considérations, non plus que sur la grammaire étrange de ces textes incorrects, où les accords de genres, de cas, de verbes n'ont plus lieu suivant les règles de la grammaire classique.

Je noterai particulièrement les mots : eaux salées, eaux douces et acides, eau formée d'urine fermentée et de vinaigre, parce que ces mots désignent le commencement de la chimie par voie humide. Ils figurent déjà dans Pline et dans les auteurs anciens, avec les mêmes destinations. Ce sont toujours des liquides naturels, ou les résultats de leur mélange, avant ou après décomposition spontanée, et les extraits de produits végétaux, effectués par leur intermède.

Mais les liquides actifs obtenus par distillation et qui portent le nom d'*eaux divines* ou *sulfureuses* (c'est le même nom en grec), liquides qui jouaient déjà un si grand rôle chez les chimistes gréco-égyptiens

dès le IIIᵉ siècle de notre ère, ne figurent pas dans les pratiques industrielles relatées par les *Compositiones;* je ne sais si l'on trouverait
quelque trace certaine de leur emploi technique par les artisans proprement dits avant le XIIIᵉ siècle.

QUATRIÈME SÉRIE : *Recettes de dorure et analogues.* — Cette série
débute par un long article sur la feuille d'or. La préparation des
feuilles d'or jouait un grand rôle dans les pratiques des orfèvres et
ornemanistes byzantins, pour la décoration par dorure des églises et
des palais. Aussi ce point est-il traité dans la plupart des ouvrages techniques écrits au commencement du moyen âge. Dans la *Collection des
Alchimistes grecs,* il existe un article (traduction, p. 362) sur ce sujet.
Les *Compositiones* décrivent minutieusement la préparation de la feuille
d'or, avec ses phases successives, la dorure du fer[1], la dorure du vê-
tement, etc., ainsi que la préparation des vernis transparents (*lucida*),
destinés sans doute à être employés dans les dorures.

De même la feuille d'argent, la feuille d'étain.

On y lit encore une longue description des procédés employés
pour préparer les fils de l'or[2], etc.

Quatre procédés pour écrire en lettres d'or figurent ici. C'était une
question qui préoccupait déjà les Égyptiens, car il n'existe pas moins
de seize recettes de cet ordre dans le papyrus de Leyde[3]; la *Collection
des Alchimistes grecs* en contient aussi un certain nombre. Il en est de
même dans Éraclius, dans Théophile et dans d'autres auteurs, jusqu'au temps de la Renaissance et de l'imprimerie, qui fit tomber l'art
des miniaturistes en désuétude.

Je relève dans les *Compositiones* la recette suivante, très remarquable
en raison de son identité avec l'une de celles du papyrus de Leyde :

Chélidoine, 3 drachmes; résine fraîche et très claire, 3 drachmes; gomme cou-

---

[1] Cf. *Coll. des Alchim. grecs,* trad.,
p. 375. La recette qui s'y trouve décrite
est plus moderne que les *Compositiones.*

[2] Voir *Collection des Alchimistes grecs,*

trad., p. 316, n° 39; on y lit aussi un article sur les fils d'argent, p. 315, n° 33.

[3] *Introduction à la Chimie des anciens et
du moyen âge,* p. 51.

leur d'or, 3 drachmes; orpiment brillant, 3 drachmes; bile de tortue, 3 drachmes; blanc d'œuf, 5 drachmes. Le tout fait 20 drachmes. Ajoutez 7 drachmes de safran de Cilicie. On écrit ainsi non seulement sur du parchemin ou du papier, mais aussi sur un vase de verre ou de marbre.

Cette recette se trouve *littéralement*, sauf de très légères variantes, dans le papyrus de Leyde[1]. Le safran et la bile de tortue sont aussi mentionnés dans le numéro 36 du papyrus de Leyde[2]. Comme le papyrus de Leyde a été trouvé à Thèbes et extrait probablement d'une momie au commencement du xix° siècle, on a ici la preuve certaine qu'il existait, au temps de l'empire romain, des recettes techniques très répandues, qui se sont transmises dans les ateliers, depuis l'Égypte jusqu'à l'Italie; une partie de celles des *Compositiones* tire de là son origine.

Suit une formule pour donner au cuivre la couleur de l'or, sujet qui intéressait fort les orfèvres, et que les alchimistes grecs ont souvent traité, en passant de là à l'idée de transmutation.

Puis viennent, sous le titre de *Operatio cinnabarim*, une préparation de cinabre, au moyen du soufre et du mercure; une préparation de vert-de-gris (*iarim*), avec le vinaigre et le cuivre; une préparation de céruse, avec le vinaigre et le plomb. Les deux dernières préparations sont effectuées suivant des procédés chimiques qui sont déjà décrits dans Théophraste, dans Dioscoride, dans Pline, comme chez les alchimistes grecs. Mais la préparation du cinabre ne figure pas chez les auteurs grecs et latins ci-dessus, tandis qu'elle existe chez les alchimistes grecs, depuis Zosime, qui en parle avec quelque obscurité[3]; la recette étant au contraire très claire dans des articles anonymes, de date incertaine[4]. Les *Compositiones* ont deux articles différents sur ce

[1] *Introduction à la Chimie des anciens et du moyen âge*, p. 33, recette n° 74.
[2] *Ibid.*, p. 38.
[3] *Coll. des Alchim. grecs*, trad. p. 227, n° 14. — Il convient de rappeler, pour l'intelligence de l'article de Zosime, que

le mot *jaune* est appliqué couramment chez les alchimistes grecs afin de désigner le rouge et surtout le rouge orangé.
[4] *Coll. des Alch. grecs*, trad. p. 39 et 367. — Le premier article est tiré du manuscrit de Saint-Marc, copié au xi° siècle.

sujet, l'un intitulé : *Operatio cinnabarim* (col. 376 du 2ᵉ vol. des *Anti-quitates Italicæ* de Muratori); l'autre, plus développé : *De Compositio cinnabarim* (col. 386); la fabrication artificielle du cinabre a donc été découverte, ou divulguée, postérieurement à l'époque de Dioscoride et de Pline, mais avant le viiiᵉ siècle. Quoi qu'il en soit, les procédés pour préparer la céruse, le vert-de-gris, le cinabre ont été conservés au moyen âge chez les techniciens proprement dits[1] et chez les alchi-mistes, et ce sont des procédés traditionnels suivis jusqu'à nos jours.

D'après l'auteur des *Compositiones*, on broie ensemble les trois pro-duits, on les mêle avec une dissolution de colle de poisson, *et fiet pigmentum pandium.* Ce dernier mot, qui semblerait s'appliquer ici à une couleur orangée, est associé, dans les recettes suivantes, aux mots *porfirus, viridis, cyanus,* c'est-à-dire « pourpre, vert, bleu ».

CɪɴQᴜɪᴇ̀ᴍᴇ sᴇ́ʀɪᴇ : *Recettes pour la peinture.* — L'auteur reprend par la phrase suivante, qui montre bien le caractère de son livre :

Nous avons exposé ces choses, tirées des matières terrestres et maritimes, des fleurs et des herbes; nous en avons montré les vertus et les emplois pour la tein-ture des murs, des bois, des linges, des peaux et de toute chose peinte. Nous rappelons aussi toutes les opérations qui se font sur les murs et le bois, avec des couleurs simplement mêlées avec de la cire (encaustique), et sur des peaux, à l'aide de la colle de poisson.

Sous le titre de *Compositio pis* (*picis*), suit la préparation d'une sorte de bitume. On y lit la description de la matière appelée *amor aquæ* : sorte d'écume formée, ce semble, dans des eaux contenant des sels de fer et autres métaux. Les anciens attachaient une grande im-portance à ce genre de produits et d'efflorescences, tels que : *flos sa-lis, aphronitron,* etc.; mais l'*amor aquæ* n'est signalé nulle part ailleurs que dans les *Compositiones.*

A la suite se trouve une recette pour éteindre avec du sable le

----

[1] La *Mappæ clavicula* reproduit l'ar-ticle des *Compositiones.* — Voir aussi *Liber diversarum artium* de Montpellier, dans le *Catalogue des manuscrits des bibliothèques des départements,* déjà cité (1ʳᵉ édit., t. I, p. 751).

mélange précédent, sans doute dans le cas où il prendrait feu pendant la cuisson : ceci montre bien la destination pratique de nos recettes.

Cependant les deux formules précédentes, qu'elles soient relatives ou non à la fabrication des vernis, ont été extraites d'un traité antique d'un caractère tout différent, car il concernait la balistique incendiaire. Nous en trouvons la preuve dans un groupe de recettes intercalaires de la *Mappæ clavicula*, nᵒˢ 264 à 279, lesquelles roulent sur les sujets suivants : flèches destinées à mettre le feu; flèches empoisonnées; fabrication d'un bélier, artifice pour y mettre le feu; préparation des matières incendiaires, etc. : c'est un chapitre tiré de quelque ouvrage de poliorcétique grec ou romain, comme il en a existé beaucoup. Or les deux recettes précédentes des *Compositiones* sont transcrites littéralement, parmi celles de la *Mappæ clavicula*, comme se rapportant à des procédés de l'ordre ci-dessus. L'auteur des *Compositiones* les avait copiées également sur son cahier, mais à côté de recettes d'une tout autre nature et, ce semble, en vue d'une autre destination.

Suivent des formules de couleurs végétales, *lazuri, lulacin,* vermillon, composées avec diverses fleurs, telles que violette, pavot, lin, lis bleu verdâtre, *caucalis, thapsia;* le tout mélangé de cinabre, d'alun, d'urine fermentée, etc. Ces formules sont remplies de détails spéciaux, intéressants pour l'histoire de la botanique.

Diverses couleurs à base minérale sont décrites ensuite, avec indication d'origine et de traitement.

SIXIÈME SÉRIE : *Autres recettes pour la dorure et la teinture en pourpre.* — Ce sont là deux questions constamment liées chez les alchimistes grecs et, à leur suite, chez les alchimistes latins du moyen âge. Elles l'étaient également dans les pratiques d'atelier; c'est ce que montre, en effet, la liste des recettes actuelles des *Compositiones : conquilium* (coquillage de la pourpre); *de tictio porfire (sic),* c'est-à-dire teinture en pourpre; dorure (sans or); préparation de l'huile de lin, spéciale-

ment pour fixer les feuilles d'or sur les objets de cuir. Un procédé de
dorure, *de inductio exaurationis*, repose sur l'emploi de feuilles d'étain,
recouvertes d'un enduit doré fait avec la chélidoine, le safran et l'orpiment; or ces derniers agents sont précisément ceux que prescrivent
le papyrus de Leyde et le Pseudo-Démocrite pour un objet pareil[1].

On rencontre ensuite un groupe de procédés, destinés soit à
souder les métaux, or, argent, cuivre, étain, et autres matières,
nommément le bois et la pierre, entre eux, soit à faire adhérer ces
substances par l'intermédiaire d'une colle convenable : sujet connexe
au précédent.

Puis viennent quelques indications minéralogiques et autres sur la
cathmia naturelle, la pierre d'aigle (?), la pierre ponce, le cuivre brûlé
(*calcoce caumenum*, c'est-à-dire χαλκὸς κεκαυμένος), la préparation
de l'électrum, la soudure d'or, les deux litharges, celles-ci fabriquées,
l'une avec un minerai de plomb pur, l'autre dans la coupellation de
l'argent[2] : Pline les distinguait également.

Reparaît un groupe de recettes pour dorer le fer, le verre, la
pierre, le bois. Ces répétitions montrent que le copiste a mis bout
à bout des indications puisées dans des auteurs, ou dans des cahiers
d'atelier différents, telles qu'il les a rencontrées et sans se préoccuper de les disposer suivant un ordre méthodique. J'ai déjà signalé
un mode de composition, ou plutôt de transcription, analogue dans
le papyrus de Leyde. C'est là une nouvelle preuve de l'origine et de
l'emploi purement technique de ces formules. On voit revenir également plusieurs recettes pour écrire en lettres d'or, l'une avec la fleur
de safran, l'autre avec un amalgame d'or. Des recettes semblables,
mais avec une rédaction un peu différente, existent dans le papyrus
de Leyde[3].

La cuisson du soufre, la préparation de la *cathmia artificielle* et de
l'*aphronitron*, se retrouvent de nouveau ici.

---

[1] *Introduction à la Chimie des anciens et du moyen âge*, p. 59. — [2] *Ibid*, p. 266. —
[3] *Ibid.*, p. 52.

Là aussi je rencontre la plus vieille mention connue jusqu'à présent du nom du bronze :

De compositio brandisii : æramen, partes II; plumbi parte I; stagni parte I. « Composition du bronze : cuivre, 2 parties; plomb, 1 partie; étain, 1 partie. » Suit une seconde formule analogue. Ces indications sont très frappantes, car elles confirment les conjectures que j'ai présentées précédemment[1] sur l'origine du nom du bronze, en tant que rattachée à un métal fabriqué à Brindes du temps de Pline, pour l'industrie des miroirs. On trouve à cet égard une preuve plus décisive encore dans un texte de la *Mappæ clavicula* (xe siècle), texte que voici : *Brundisini speculi tusi et cribellati* « métal à miroirs de Brindes, broyé et criblé ».

A la suite, les *Compositiones* décrivent en détail une préparation du cinabre, en en indiquant les phases successives et les appareils; puis vient celle du vert-de-gris. C'est encore une répétition, qui reproduit des recettes signalées plus haut dans la 4e série (p. 17), quoique avec une rédaction différente; recettes semblables, mais tirées de recueils distincts. Le *lulax*, le *ficarim*, la pourpre reparaissent encore.

Puis vient un groupe de recettes sur la réduction de l'or (et de l'argent) en poudre, *auri sparsio* ou *chrysorantista;* recettes caractérisées par l'étrange jargon, mélange de mots grecs et de mots latins, dans lequel elles sont écrites (voir plus haut la note 2 de la page 9) : cette poudre d'or ou d'argent, obtenue par amalgamation, était employée ensuite dans les opérations de dorure et d'argenture. On s'en servait aussi pour faire passer l'or et l'argent d'un pays dans un autre, malgré l'interdiction de l'exportation des métaux précieux, interdiction qui a régné pendant si longtemps au moyen âge et dans les États modernes.

A la suite, dans les *Compositiones*, on lit la description de l'émeri et des terres dites *de Lemnos*, puis *focaria, fissos, gagatis, trachias* (ou *thracias*), terres dont quelques-unes figurent aussi dans Pline[2] et dans Dioscoride[3].

---

[1] *Introduction à la Chimie des anciens et du moyen âge*, p. 275-279.

[2] *Histoire naturelle*, l. XXXV, ch. LIII et suivants, et l. XXXVI, ch. XXXIV, etc.

[3] Dioscoride, *Matière médicale*, l. V, ch. CXL à CLXXX.

Telle est la collection de formules, recettes et descriptions industrielles, intitulée *Compositiones*. Le manuscrit qui les contient remonte,
je le répète, au VIIIe siècle; il fournit les renseignements les plus curieux sur la pratique des arts au commencement du moyen âge et dans
l'antiquité. Il complète et développe à cet égard les descriptions de
Dioscoride, de Pline et d'Isidore de Séville, en nous apportant toutes
sortes de connaissances nouvelles. En les rapprochant des formules
du papyrus de Leyde et de celles des alchimistes grecs, on y trouve
de précieux points de repère pour l'histoire des sciences et des industries relatives aux métaux, étoffes, verres, peintures et mosaïques. La
Mappæ clavicula, collection un peu plus moderne, mais plus étendue
et plus méthodique que les *Compositiones*, les traités d'Éraclius, de
Théophile, le *Liber diversarum artium* et les opuscules réunis et publiés
par Mrs Merrifield dans les deux volumes intitulés : *Ancient practice
of painting*, permettent, comme je vais le montrer tout à l'heure,
d'étendre davantage le cercle de nos connaissances à cet égard et de
préciser plus complètement la filiation des faits et notions transmises,
dans le cours des temps et par l'intermédiaire des recettes d'atelier,
depuis les Gréco-Égyptiens jusqu'au milieu du moyen âge.

CHAPITRE II.

SUR LA TRADITION DES PROCÉDÉS MÉTALLURGIQUES ET TECHNIQUES,
D'APRÈS UN TRAITÉ INTITULÉ :
MAPPÆ CLAVICULA « LA CLEF DE LA PEINTURE ».

L'histoire des sciences physiques dans l'antiquité ne nous est connue que fort imparfaitement; il n'existait pas alors de traités méthodiques destinés à l'enseignement, tels que ceux qui paraissent chaque jour en France, en Allemagne, en Angleterre, aux États-Unis et dans les principaux États civilisés. Aussi, à l'exception des sciences médicales, étudiées de tout temps avec empressement, ne possédons-nous que des notions fort incomplètes sur les pratiques usitées dans les arts et métiers des anciens.

La méthode expérimentale des modernes a relié ces pratiques en corps de doctrine et elle en a montré les relations étroites avec les théories, auxquelles elles servent de base et de confirmation. Mais cette méthode était à peu près ignorée des anciens, sinon en fait, du moins comme principe général de connaissances scientifiques. Leurs industries n'étaient guère rattachées à des théories, si ce n'est pour les mesures de longueur, de surface ou de volume, qui se déduisent immédiatement de la géométrie, et pour les recettes de l'orfèvrerie, origine des théories, en partie réelles, en partie imaginaires de l'alchimie. On s'est demandé même si ces recettes n'étaient pas conservées autrefois par voie de tradition purement orale et soigneusement réservées aux initiés. Quelques bribes de cette tradition auraient été transcrites, dans les notes qui ont servi à composer l'*Histoire naturelle* de Pline et les ouvrages de Vitruve et d'Isidore de Séville, non sans un mélange considérable de fables et d'erreurs; mais la masse principale de ces connaissances aurait été perdue.

Cependant un examen plus approfondi des ouvrages qui nous sont

venus de l'antiquité, une étude plus attentive de manuscrits d'abord
négligés, parce qu'ils ne se rapportent ni aux études littéraires ou
théologiques, ni aux études historiques, permet d'affirmer qu'il n'en
a pas été ainsi : chaque jour nous découvrons des documents nouveaux et considérables, propres à établir que les procédés de l'antiquité étaient, alors comme aujourd'hui, inscrits dans des cahiers ou
manuels techniques, destinés à l'usage des gens du métier, et que
ceux-ci se sont transmis de main en main, depuis les temps reculés
de la vieille Égypte et de l'Égypte alexandrine, jusqu'à ceux de l'empire romain et du moyen âge.

La découverte de ces cahiers offre d'autant plus d'intérêt que
l'emploi des métaux précieux chez les peuples civilisés remonte à la
plus haute antiquité; mais la pratique des industries des orfèvres et
des joailliers anciens ne nous est révélée tout d'abord que par l'examen
même des objets parvenus jusqu'à nous. Les premiers textes précis et
détaillés qui décrivent leurs procédés sont contenus dans un papyrus
égyptien, trouvé à Thèbes et qui est actuellement au musée de Leyde.

Ce papyrus date du III⁰ siècle de notre ère; il est écrit en langue
grecque. Je l'ai traduit, il y a quelques années [1], et je l'ai rapproché,
d'une part, de quelques phrases contenues dans Vitruve, dans Pline
et divers autres auteurs, sur les mêmes sujets; et, d'autre part, des écrits
alchimiques grecs, datant en partie du IV⁰ et du V⁰ siècle, et dont j'ai
fait également la publication [2], en en signalant à la fois la signification
technique et positive, et les prétentions théoriques et philosophiques.

Ces pratiques et ces théories avaient une portée bien plus grande
encore. En effet, les industries des métaux précieux étaient liées à
cette époque avec celles de la teinture des étoffes, de la coloration des
verres et de l'imitation des pierres précieuses, et mises en œuvre par
les mêmes opérateurs.

J'ai montré à cette occasion comment l'alchimie et l'espérance

---

[1] *Introduction à la Chimie des anciens
et du moyen âge*, p. 3 à 73; in-8°, chez
Steinheil; 1889.

[2] *Collection des Alchimistes grecs*, texte
et traduction; in-4°, chez Steinheil; 1887-
1888.

chimérique de faire de l'or sont nées des pratiques techniques des
orfèvres, et comment les prétendus procédés de transmutation qui
ont eu cours pendant tout le moyen âge n'étaient, à l'origine, que
des procédés pour préparer des alliages à bas titre, c'est-à-dire pour
imiter et falsifier les métaux précieux[1]. Mais, par une attraction
presque invincible, les industriels livrés à ces pratiques ne tardèrent
pas à s'imaginer que l'on pouvait passer de l'imitation de l'or à sa
formation effective, surtout avec le concours des puissances surnatu-
relles, évoquées par des formules magiques[2]. Par ces études, j'ai re-
constitué toute une science, jusque-là méconnue et incomprise, parce
qu'elle était constituée par un mélange de faits réels, de vues théoriques profondes et d'imaginations mystiques et chimériques.

Quoi qu'il en soit, on n'a pas bien su jusqu'ici comment ces pratiques et ces théories ont passé de l'Égypte, où elles florissaient vers
la fin de l'empire romain, jusqu'à notre Occident, où nous les retrouvons en plein développement, à partir des XIIIe et XIVe siècles, dans les
écrits des alchimistes latins et dans les usages des orfèvres, des teinturiers et des fabricants de vitraux colorés. Or, en poursuivant cette
étude, j'ai rencontré, dans l'examen des ouvrages latins du moyen âge,
certains traités techniques des arts et métiers, qui se rattachent de la
façon la plus directe à la tradition métallurgique des alchimistes et
orfèvres gréco-égyptiens. Je me propose d'établir ici cette corrélation,
que personne n'avait soupçonnée jusqu'à présent : l'existence des
traités mêmes, quoique imprimés, étant demeurée ignorée des historiens de la chimie.

Quant à la persistance des industries proprement dites, elle est
facile à constater en Occident, au XIIe siècle, à la fois par les monuments conservés dans les musées et par la lecture de deux traités qui
ont été imprimés à diverses reprises, savoir : la *Schedula diversarum
artium*, du moine Théophile[3], et l'ouvrage intitulé *De coloribus et*

---

[1] *Introduction à l'étude de la Chimie des
anciens*, p. 20, 53, 62 (sur l'*asem*), etc.
[2] *Ibid.*, p. 73.

[3] *Sources de l'histoire de l'art et de sa
technique au moyen âge*, éditées sous la
direction des professeurs Eitelberger et

artibus Romanorum, par Eraclius[1]. Ces deux traités sont relatifs à la
fabrication des couleurs destinées aux peintres, aux orfèvres, aux
copistes de manuscrits; à celle des verres colorés et émaux, ainsi que
des vases, ornements d'église et métaux divers, principalement au
point de vue des objets destinés au culte. Je rappellerai également le
Liber diversarum artium, relaté plus haut[2] et les opuscules publiés
dans *Ancient practice of painting*, par Mrs Merrifield. Quoique les plus
anciens se rattachent à une filiation italo-byzantine, ces divers traités
ne présentent dans leur rédaction presque aucune relation directe avec
les vieilles traditions égyptiennes et grecques que je viens de rappeler.

Au contraire, les traces les plus claires de ces mêmes traditions
existent dans deux autres traités, plus vieux que les précédents, à
savoir : les *Compositiones*, étudiées dans le chapitre précédent, et la
Mappæ clavicula, dont il va être question maintenant.

En effet, le groupe de recettes transmis par les *Compositiones* a été
reproduit dans une collection plus étendue, intitulée *Mappæ clavicula*
(c'est-à-dire *Clef de la peinture*), publiée en 1847, par M. A. Way,
d'après un manuscrit du XIIe siècle, appartenant à Sir Thom. Phillips,
dans le recueil intitulé : *Archæologia*, recueil de la Société des anti-
quaires de Londres, t. XXXII, où il occupe 62 pages grand in-4°
(p. 183-244).

Il existe du dernier traité un manuscrit plus ancien encore, car
il date du Xe siècle. Ce manuscrit se trouve dans la bibliothèque de
Schlestadt, où il a été signalé par M. Giry[3], qui l'a collationné avec
soin et qui a bien voulu me confier sa précieuse collation.

Edelberg, Vienne. — L'ouvrage même de
Théophile a été publié dans ce recueil par
Ilg, avec une traduction allemande, t. VII,
1874.

[1] *Sources de l'histoire de l'art*, etc., t. IV,
1873. Le traité d'Eraclius se trouve aussi
dans le tome Ier de *Ancient practice of painting*, by Mrs Merrifield, London, 1849.
Voir encore la Notice sur ce traité, rédigée

par M. Giry, dans le 35e fascicule de la *Bibliothèque de l'École des hautes études*, 1878.

[2] Publié dans le *Catal. des mss. des bi-
blioth. des départements*, 1re édition, t. Ier,
d'après un manuscrit de la bibliothèque de
l'École de médecine de Montpellier.

[3] Dans le 35e fascicule de la *Bibliothèque de l'École des hautes études*, p. 209-
217; 1878.

Un certain nombre de recettes de ce traité sont transcrites d'ailleurs dans les ouvrages d'Éraclius et de Théophile et on en rencontre quelques-unes éparses dans d'autres manuscrits de la Bibliothèque nationale (notamment dans le n° 6514, fol. 52) et dans d'autres collections, dont quelques-unes remontent aussi jusqu'au x° siècle ; ce qui montre comment les procédés pratiques formaient un fonds commun et connu plus ou moins complètement des industriels adonnés à une même profession dans les pays latins : ajoutons même, dans les pays de culture grecque, car je signalerai plusieurs de ces recettes chez les alchimistes grecs.

Exposons d'abord le contenu de la *Mappæ clavicula*, d'une manière générale.

Elle se compose de deux parties principales, savoir :

1° Un traité sur les métaux précieux, du n° 1 au n° 100 de l'*Archæologia;* traité qui comportait en réalité une étendue à peu près double, d'après une vieille table conservée dans le manuscrit de Schlestadt : mais la moitié environ de l'ouvrage proprement dit est aujourd'hui perdue.

2° Un autre traité relatif à des recettes de teinture : ce dernier reproduit presque entièrement, quoique dans un ordre parfois un peu différent, la suite des recettes des *Compositiones.* Cette reproduction commence au n° 105 de l'*Archæologia* et se poursuit, avec de légères variantes et interversions, jusqu'au n° 193. Le n° 194 est relatif à la balance hydrostatique, employée par les orfèvres pour reconnaître le titre des métaux. Puis vient une nouvelle série de recettes d'orfèvrerie du n° 195 au n° 212. Les n°s 195 à 200 renferment des mots arabes; mais ce petit groupe de recettes manque dans l'ancien manuscrit de Schlestadt, aussi bien que dans les *Compositiones :* il paraît donc avoir été intercalé à une époque postérieure, sans doute vers le xıı° siècle [1], dans le manuscrit de l'*Archæologia,* exempt à

----

[1] Il en est de même des n°s 190 et 191, qui renferment deux mots de vieil anglais. Ces numéros n'existent pas dans le plus ancien manuscrit et ils ont été ajoutés après coup, probablement au xıı° siècle.

l'origine de toute trace d'influence arabe, ainsi qu'il résulte de l'examen des autres articles.

A la suite, on lit un article (n° 213) sur la mesure des hauteurs,
intercalé là on ne sait pourquoi, mais connexe avec divers articles
relatifs à l'architecture qui figurent un peu plus loin (n°s 251, 254,
255), articles isolés et copiés de Vitruve, ou de ses continuateurs.
Les recettes des *Compositiones* relatives aux minéraux, aux métaux, à
la teinture, à la dorure, etc., reprennent jusqu'au n° 250 et elles
cessent à ce moment, sauf deux numéros isolés (*Confectio picis*, n° 276,
et *Remedium ad extinguendum*, n° 279), dont je parlerai ailleurs.

Cependant des formules analogues à celles des *Compositiones*, quoique
d'une rédaction différente, sur la fabrication des verres colorés, sur les
métaux, sur les soudures métalliques, etc., continuent jusqu'au n° 263.

On peut admettre que tout cela était compris dans le second traité,
qui a servi de base à la *Mappæ*; peut-être quelques articles consécutifs à ce traité y ont été adjoints par voie d'analogie.

Jusque-là la publication de l'*Archæologia* et le manuscrit de Schlestadt coïncident d'une manière générale, à l'exception d'une vieille
table, sur laquelle je vais revenir, et de diverses lacunes existant dans
le dernier manuscrit.

Mais les articles proprement dits du manuscrit de Schlestadt s'ar-
rêtent au point où nous sommes arrivés; tandis que le manuscrit publié dans l'*Archæologia* comprend encore une trentaine de numéros
additionnels, qui paraissent tirés de sources différentes.

Poursuivons-en l'énumération. Ces numéros renferment d'abord
seize articles de balistique militaire et spécialement incendiaire, formant un groupe particulier (n° 254 à 279); puis viennent des recettes
industrielles, sur le savon, l'amidon, le sucre, etc., sur les couleurs,
pour couper ou mouler le verre, sur l'ivoire (n° 293) avec intercalation de divers alphabets chiffrés, d'une table de Pythagore, de la
description du mode de suspension qui porte aujourd'hui le nom de
Cardan, puis de paroles et recettes magiques, etc.; tout cela ajouté
comme au hasard à la fin du cahier.

Le manuscrit de Schlestadt débute aussi par de courts articles additionnels, dont plusieurs relatifs aux poids et mesures, à la densité des métaux. Il se termine par des formules musicales, le tout inscrit après coup sur les premières et les dernières feuilles du cahier, comme il arrive souvent dans ce genre d'ouvrages.

Telle est la disposition générale des deux manuscrits de la *Mappæ clavicula*. Sans en développer davantage la comparaison, ce qui rentrerait dans la tâche d'un nouvel éditeur de ce curieux ouvrage, tâche que M. Giry a d'ailleurs l'intention de remplir, il m'a paru nécessaire d'en donner le plan et en quelque sorte l'orientation, avant de signaler les portions qui me paraissent les plus remarquables pour l'histoire des sciences.

J'ai parlé, dans le chapitre précédent, de celles qui figurent dans les *Compositiones,* mais il semble utile de nous arrêter maintenant sur le traité d'orfèvrerie qui les précède.

Ce traité relatif aux métaux précieux offre un grand intérêt, tant en soi que parce qu'il présente de frappantes analogies avec le papyrus égyptien de Leyde, trouvé à Thèbes, ainsi qu'avec divers opuscules antiques, tels que la *Chimie,* dite *de Moïse,* renfermés dans la *Collection des Alchimistes grecs* (trad., p. 287). Plusieurs des recettes de la *Mappæ clavicula* sont, comme je le montrerai, non seulement imitées, mais traduites littéralement de celles du papyrus et de celles de la *Collection des Alchimistes grecs;* identité qui prouve la conservation continue des pratiques alchimiques, y compris celles de la transmutation, depuis l'Égypte jusque chez les artisans de l'Occident latin. Les théories proprement dites, au contraire, n'ont reparu en Occident que vers la fin du XIIe siècle, après avoir passé par les Syriens et par les Arabes. Mais la connaissance des procédés alchimiques eux-mêmes n'avait jamais été perdue. C'est la démonstration de ce fait capital que je vais présenter, en reproduisant un certain nombre de textes de la *Mappæ clavicula,* et en en faisant suivre la reproduction des explications nécessaires.

Je me bornerai d'ailleurs à transcrire ici les recettes les plus carac-

téristiques; la reproduction complète du traité exigerait une étendue
trop considérable, sans ajouter grand'chose à la démonstration. En
effet, l'ouvrage complet de la *Mappæ clavicula* occupe 58 pages grand
in-4°, dans l'*Archæologia*, et les recettes métallurgiques remplissent
la moitié de cet espace environ. Je donnerai seulement *in extenso* les
articles susceptibles d'être rapprochés de ceux du papyrus de Leyde
et de la *Collection des Alchimistes grecs;* beaucoup de recettes se répètent avec des variantes peu importantes et d'autres sont sans intérêt.
Je relèverai également et de préférence ceux de ces textes qui permettent de préciser le degré des connaissances auxquelles les anciens
étaient parvenus, dans la préparation des alliages et dans leur coloration : ils fournissent sur les alliages eux-mêmes des renseignements
peu connus des chimistes d'aujourd'hui.

Commençons par la série des recettes relatives aux alliages destinés à imiter et à falsifier l'or, recettes d'ordre alchimique; car on y
trouve aussi la prétention de le fabriquer; puis on parlera des recettes
de chrysographie, c'est-à-dire de l'écriture en lettres d'or; on expo-
sera une troisième série, relative au travail des autres métaux et du
verre et on terminera par une quatrième série, comprenant des articles additionnels et intercalaires, traitant de toutes sortes de sujets
propres à montrer l'état des sciences au moyen âge.

PREMIÈRE SÉRIE.

ALLIAGES D'OR ET CONGÉNÈRES.

1. *Pour augmenter l'or*[1] : aurum plurimum facere.

Prenez mercure, 8 p.; limaille d'or, 4 p.; bon argent en limaille, 5 p.; limaille de laiton [2], 5 p.; alun lamelleux [3] et fleur de cuivre appelée par les Grecs *chalcantum* [4], 12 p.; orpiment doré, 6 p.; électrum [5], 12 p. Mélangez toutes les limailles avec le mercure, en consistance cireuse; ajoutez l'électrum et l'orpiment; puis ajoutez le vitriol et l'alun; placez le tout dans un plat sur des charbons: faites cuire doucement, en aspergeant à la main avec du safran [6] infusé dans du vinaigre, et un peu de natron; on emploie 4 p. de safran. On asperge peu à peu, jusqu'à ce qu'il se dissolve; laissez-le s'imbiber. Quand la masse sera solidifiée, enlevez-la et vous aurez de l'or, avec augmentation. Vous ajouterez aux espèces précédentes un peu de pierre de lune, qui se dit en grec *Afroselinum* [7].

On voit qu'il s'agit d'une recette compliquée, dans laquelle interviennent l'or, l'argent, le cuivre, le laiton, le mercure, additionnés de sulfure d'arsenic; ce dernier étant destiné à unifier l'amalgame et

[1] Les numéros sont ceux donnés par l'éditeur, dans l'*Archæologia*. Cette recette se trouve aussi au fol. 49 du ms. 6514 de Paris.

[2] Désigné sous le nom d'*orichalque*.

[3] Voir *Introduction à l'étude de la Chimie*, p. 237.

[4] Sulfate de cuivre plus ou moins basique (*ibid.*, p. 241).

[5] Alliage d'or et d'argent : c'est l'*Asem* égyptien. Il est désigné dans le texte actuel sous le nom d'*Elidrium*, lequel s'applique également à la chélidoine (recette n° 72), désignation qui existe aussi dans les Alchimistes grecs et dans le papyrus de Leyde; il y signifie à la fois une plante et un produit minéral jaune, assimilé à la plante,

suivant l'habitude symbolique de ces vieux auteurs. Dans le texte de la *Mappæ*, il offre pareillement les deux sens, le produit métallique étant d'ailleurs, comme je viens de le dire, l'électrum ou Asem des anciens.

[6] Matière métallique jaune, assimilée au safran végétal et probablement identique avec un sulfure d'arsenic de teinte orangée. (*Introd.*, etc., p. 287.) On distinguait spécialement le safran de Cilicie, qui dans la *Mappæ clavicula* est devenu, par suite de diverses erreurs de copiste, le safran de Lycie et même de Sicile.

[7] Sélénite, nom qui a été appliqué à la fois au sulfate de chaux, au mica et au feldspath transparent (*Introduction*, etc., p. 267).

à lui donner l'apparence de l'or. L'intercalation des noms grecs trahit l'origine de la recette. C'est, en somme, un procédé de falsification. L'intervention des sulfures d'arsenic dans ce genre de fabrication est caractéristique : elle rappelle les procédés de *diplosis*[1] donnés sous le nom de Moïse[2] et d'Eugénius[3], ainsi que les recettes plus générales de la *Chrysopée* du Pseudo-Démocrite[4]. L'arsenic, ou plutôt l'orpiment, figure également, même de nos jours, dans les soudures d'orfèvres[5]. L'essai pour fabriquer l'or avec de l'orpiment, exécuté par Caligula et rapporté par Pline[6], appartient au même ordre d'idées. Il existait donc toute une chimie spéciale, abandonnée aujourd'hui, mais qui jouait un grand rôle dans les pratiques et dans les prétentions des alchimistes. Au cours de ces derniers temps, un inventeur[7] a pris un brevet pour fabriquer un alliage de cuivre et d'antimoine renfermant 6 centièmes du dernier métal, et qui offre la plupart des propriétés apparentes de l'or. L'or alchimique appartenait à une famille d'alliages analogues.

2. Faire de l'or : aurum facere.

Argent, une livre; cuivre, une demi-livre; or, une livre. Fondre, etc.

La recette s'arrête là dans le manuscrit de Schlestadt et elle est suivie d'un blanc. Puis vient une recette toute différente, qui parait se rapporter au durcissement du plomb[8], et qui a été confondue avec la précédente dans le manuscrit de Way.

On voit qu'il s'agit simplement de fabriquer de l'or à bas titre, en

[1] *Collect. des anciens Alchimistes grecs*, trad., p. 40; dans cette collection, *Chimie de Moïse*, p. 291, n° 24; p. 294, n° 32, etc. Voir aussi *Introduction à l'étude de la Chimie des anciens et du moyen âge*, p. 67.
[2] *Introduction à la Chimie des anciens*, p. 61.
[3] *Ibid.*, p. 62.

[4] *Coll. des Alch. grecs*, p. 46 et 47.
[5] *Introduction à la Chimie des anciens*, p. 61.
[6] *Hist. nat.*, liv. XXXIII, chap. IV. Voir mes *Origines de l'alchimie*, p. 69.
[7] *Dingler Polyt. Journal*, 1891, p. 119.
[8] Sujet traité aussi dans le papyrus de Leyde : *Introduction à la Chimie des anciens*, etc., p. 28.

préparant un alliage d'or et d'argent, teinté au moyen du cuivre. Mais l'orfèvre cherchait à le faire passer pour de l'or pur, comme le montrent le titre de l'article actuel et les détails de quelques-uns des suivants : cette fraude est d'ailleurs fréquente, même de notre temps, dans les pays où la surveillance légale est imparfaite. Le procédé de Jamblique[1] doit être aussi rappelé ici.

3. *Item.*

On opère avec un mélange de cuivre, d'argent et d'or; après diverses opérations rendues obscures par l'emploi de mots qui ne figurent ni dans les dictionnaires latins, ni dans les dictionnaires grecs, l'auteur termine par ces mots : « Enlevez ; vous aurez un or excellent. »

4. *Item.*

Argent, 4 p.; misy[2] de Chypre, 4 p.; électrum broyé et criblé, 7 p.; sandaraque[3], 4 p.; mêlez; fondez l'argent; aspergez avec les espèces ci-dessus; fondez à un feu violent, en remuant tout ensemble, jusqu'à ce que vous voyiez la couleur de l'or. Enlevez et éteignez avec de l'eau froide, dans un bassin où l'on verse la préparation faite avec ce mélange.

Puis suit une variante :

Misy de Chypre et électrum, parties égales ; faites-en une masse molle et grasse ; fondez l'argent et, quand il est encore chaud, versez-le dans cette masse pâteuse.

5. *Fabrication d'un or augmenté :* auri plurimi confectio.

Prenez la limaille du cuivre préparé à chaud. Broyez dans l'eau, avec 2 parties d'orpiment cru, jusqu'à consistance de colle grasse; cuisez dans une marmite pendant six heures; le produit noircira. Enlevez, lavez, mettez parties égales de sel et broyez ensemble; puis faites cuire la matière dans la marmite et voyez ce

[1] *Collection des Alchimistes grecs*, trad., p. 276, n° 6.
[2] Produit de l'altération spontanée des pyrites (*Introduction à la Chimie des anciens*, etc., p. 14 et 15 : notes; et p. 242).
[3] Sulfure d'arsenic rouge.

qu'elle devient. Si elle est blanche, ajoutez de l'argent; si elle est jaune, ajoutez de l'or par parties égales, et vous obtiendrez une chose merveilleuse.

On voit dans ces derniers mots apparaître l'idée qu'un même agent [1], suivant le degré de la cuisson, peut multiplier tantôt l'or, tantôt l'argent; idée qui joue un grand rôle chez les alchimistes dans leur théorie de la pierre philosophale. Le point de départ est toujours dans la fabrication d'alliages à bas titre, avec le concours des agents arsenicaux.

Les mêmes procédés étaient encore usités chez les alchimistes latins proprement dits, ainsi qu'on peut en juger par divers textes [2].

6, 7. *Fabrication de l'or :* auri confectio.

Prenez : bile de bouc, 2 p.; bile de taureau, 1 p., et un poids de chélidoine triple de celui de ces espèces.

Suit une recette longue et compliquée, où interviennent successivement trois compositions obtenues avec le vinaigre, le safran de Lycie (c'est-à-dire de Cilicie) broyé pendant les jours caniculaires, le cuivre, l'or divisé, l'argent, le sel, des fusions successives, etc.

Cette recette rappelle l'une de celles du Pseudo-Démocrite [3]. Mais dans le dernier auteur il paraît s'agir simplement d'un vernis couleur d'or. De même dans le papyrus de Leyde [4], les biles servent à faire tantôt un vernis, tantôt une encre d'or [5]. De cette coloration le praticien, guidé par une analogie mystique, a passé à l'idée de transmutation, chez le Pseudo-Démocrite : elle est plus nette encore dans la *Mappæ clavicula.*

[1] Cf. *Chimie de Moïse* (Coll. des Alch. grecs, trad., p. 294, n° 33, fin). — Le Pseudo-Démocrite, même collection, p.48, n° 8. — C'est la théorie courante des alchimistes latins au moyen âge.
[2] Par exemple, *Guidonis Magni de Monte Tractatulus, Theatrum chemicum*, t. VI, p. 562. Le mercure rouge, dans ce texte, paraît désigner un sulfure d'arsenic, l'arsenic étant pour les alchimistes un second mercure (*Introduction à la Chimie des anciens*, p. 299).
[3] *Coll. des Alch. grecs*, trad., p. 48.
[4] *Introduction à la Chimie des anciens*, p. 43 et 75.
[5] *Ibid.*, p. 40, n° 63, et p. 43, n° 74.

8. *Même sujet.*

Avec de l'argent pur, faites plusieurs lames, placez au-dessous la préparation qui suit, et aspergez par-dessus (avec la même matière); fondez jusqu'à réunion en une masse unique. — Voici cette préparation, que l'on appelle le *gâteau.* Prenez 4 scrupules d'or, 1 livre de soudure de Macédoine [1], 1 l. de soufre vif, 2 l. de natron, 1 l. de minium d'Espagne, une bile de renard tout entière, 1 demie (?) livre d'électrum, 1 demie (?) de safran de Lycie (Cilicie). Préparez un vase de fer, où vous mettez toutes ces choses, la préparation au-dessus, les lames au-dessous, et vous aspergez par en dessus : pour une livre d'argent, une demie de la préparation. Fondez, et ce sera de l'or.

On colore ici et l'on dore de l'argent par cémentation, comme dans certains procédés fondés sur l'emploi de la kérotakis [2].

10. *Item.*

Pyrite, 2 p.; plomb de bonne qualité, 1 p. On fond la pyrite jusqu'à ce qu'elle coule comme de l'eau. Ajoutez du plomb dans le fourneau jusqu'à mélange parfait. Reprenez; broyez 3 p. de ce mélange et 1 p. de chalcite [3], et cuisez jusqu'à ce que la matière jaunisse; fondez de l'airain purifié à l'avance, ajoutez-y de la préparation, suivant l'estime. Vous obtiendrez de l'or.

C'est un simple alliage, sorte de bronze à base de plomb, d'une teinte dorée.

11. *Augmentation de l'or.*

On prend de l'or, du cuivre, du mercure; on prépare un amalgame; puis interviennent le soufre, la sandaraque, l'orpiment, la bile de vautour, etc., et l'auteur conclut :

Tu trouveras un secret sacré et digne d'éloges.

[1] Chrysocolle (c'est-à-dire soudure d'or) de Macédoine, dans le Pseudo-Démocrite (*Coll. des Alch. grecs*, trad., p. 50).

[2] *Introduction à la Chimie des anciens*, p. 144.

[3] Minerai de cuivre.

13. Coloration de l'or avec le cuivre de trompettes (recette qu'il faut cacher).

Cuivre, 1 p.; bile de taureau, 1 p.; misy cuit, 1 p. Broyez, chauffez, et vous trouverez.

C'est du cuivre coloré en jaune d'or par un vernis, comme au début des recettes 6 et 7, et dans certaines du papyrus de Leyde. (Voir plus haut, p. 34.)

L'idée de cacher les procédés était courante chez les alchimistes : c'est la même qui préside aujourd'hui aux secrets de fabrique.

14. Coloration de l'or, qui est infaillible.

Orpiment lamelleux, 1 p.; sandaraque rousse pure, 4 p.; corps de la magnésie, 4 p.; noir de Scythie, 1 p.; natron grec, pareil au natron d'Occident, 6 p. Broyez l'orpiment en poudre impalpable, mélangez le tout, ajoutez du vinaigre d'Égypte très fort et de la bile de taureau. Broyez ensemble en consistance boueuse, et séchez au soleil pendant trois jours, etc.

On fond de l'or; on le met dans cette matière ; il verdit et devient susceptible d'être broyé. On ajoute le produit à poids égal avec l'argent, on fond et on trouve de l'or...

De l'or excellent et à l'épreuve... Cache ce secret sacré, qui ne doit être livré à personne, ni donné à aucun prophète.

Ce texte est remarquable, parce qu'il décèle en divers endroits l'origine des recettes d'atelier, que les praticiens se transmettaient secrètement les uns aux autres. On y rencontre d'abord le nom du *corps de la magnésie*, sorte d'amalgame mercuriel d'un usage courant chez les alchimistes grecs, où il apparaît dès le vieux Traité du Pseudo-Démocrite [1] et se retrouve ensuite continuellement.

[1] *Coll. des Alch. grecs*, trad., p. 46, 188.

La première moitié de la recette est celle d'un vernis doré; mais dans la seconde on passe à la fabrication de l'or, et, suivant une formule qui se retrouve sans cesse dans le papyrus de Leyde et chez tous les alchimistes, il s'agit d'un or prétendu excellent et à l'épreuve [1]. C'était une formule destinée à rassurer le client, sinon l'opérateur.

Enfin l'auteur termine, suivant l'usage traditionnel, en recommandant de cacher le procédé [2], et il ajoute la mention singulière des « prophètes ». Il s'agit évidemment des scribes sacerdotaux et prêtres égyptiens, qui portaient, en effet, le nom de *prophètes* [3] : ce qui montre que la recette a une origine égyptienne; le nom du vinaigre d'Égypte est également conforme à cette indication. Mais le rapprochement entre le natron grec et le natron d'Occident semblerait indiquer que l'écrivain de la recette présente résidait en Occident, sans doute en Italie, et qu'il a traduit sa recette d'après un texte grec. Du reste, le fait de la traduction résulte d'un grand nombre d'autres indications analogues, par exemple, celles de la première recette (p. 31) relative à la fleur de cuivre (*flos æris*), « que les Grecs appellent *Chalcantum* », et à la pierre de lune (*terra lunaris*), « qui se dit en grec *Afroselinum* »; celle encore de la huitième recette (p. 35) concernant la soudure de Macédoine (*glutinis Macedonici*), mot employé comme synonyme de la chrysocolle (soudure d'or) du même pays; celle du misy de Chypre, du safran de Cilicie, de la sinopis (minium), etc. Mais la démonstration peut être poussée plus loin encore, plusieurs des recettes désignées dans la *Mappæ clavicula* étant identiques avec celles d'un vieux traité gréco-égyptien, la *Chimie du Pseudo-Moïse*, qui fait partie de la *Collection des Alchimistes grecs*; c'est ce que j'établirai bientôt, et je montrerai des identités analogues pour les recettes mêmes du papyrus de Leyde.

Introduction à la Chimie des anciens, p. 40, au bas; Papyrus de Leyde, n° 57.
[2] *Origines de l'Alchimie*, p. 22, 24.

[3] *Introduction à la Chimie des anciens*, p. 28. — *Origines de l'Alchimie*, p. 41, 128, 219, etc.

15. *Autre fabrication d'or* [1].

Cuivre, 4 p.; argent, 1 p.; fondez ensemble; ajoutez orpiment non brûlé, 4 p. Chauffez fortement; laissez refroidir et mettez dans un plat. Lutez avec de l'argile et cuisez, jusqu'à ce que le produit ait pris l'apparence de la cire. Fondez et vous trouverez de l'argent. Si l'on fait cuire beaucoup, c'est de l'électrum. Avec addition d'une partie d'or, c'est de l'or excellent.

C'est là une recette voisine du numéro 5 précédent, ainsi que du numéro 8 du Pseudo-Démocrite [2].

La recette 16 indique comment on donne à l'or précédent la couleur convenable.

Prenez l'or ainsi préparé; mettez-le en lames de l'épaisseur de l'ongle; prenez sinopis (minium) d'Égypte, 1 p.; sel, 2 p. — Mêlez, couvrez-en la lame. Fermez (le vase) avec de l'argile et cuisez trois heures. — Enlevez, vous trouverez de l'or excellent et sans défaut.

Le numéro 17 de la *Mappæ* porte un titre erroné : Verdir l'or avec ou sans fusion.

Voici le texte correspondant à ce numéro :

Alun liquide, 1 p.; amome de Canope (celui employé par les orfèvres), 1 p.; or, 2 p.; fondez tout cela et vous verrez.

Le nom de *Canope* est égyptien et l'indication de l'amome serait celle d'une résine balsamique. Mais en réalité c'est une recette défigurée par le traducteur, ou par le copiste, et que l'on trouve sous sa forme vraie et avec son sens original, qui est celui d'un essai de la pureté du métal, dans la *Chimie de Moïse*, n° 48 [3].

Vérification de l'or. — Prenant de l'alun, 1 p.; du sel ammoniac de Canope (celui qu'emploient les orfèvres), 1 p. Après que l'or est fondu, on mélange.

La même recette figure au folio 49 du manuscrit latin 6514.

---

[1] Répétée au n° 83. La même recette se lit avec variantes dans le ms. latin 6514, (fol. 47 v°), sous le titre *Ad clidrium*.

[2] *Collection des Alchimistes grecs*, trad., p. 48.

[3] *Ibid.*, p. 297.

18. *Faire de l'or à l'épreuve :* aurum probatum facere.

Armenium (carbonate de cuivre), 2 p.; cadmie zonitis[1], 1 p. Broyez ensemble ; ajoutez une 4ᵉ partie de colle de bœuf; cadmie, partie égale. Fondez, l'or deviendra plus lourd. — On peut aussi opérer avec le cuivre.

Ce produit, loin d'être de l'or pur, est un alliage d'or et de laiton, comme dans le papyrus de Leyde[2].

20. *Fabrication de l'or.*

Rouille de fer, 5 p.; pierre d'aimant, 5 p.; alun exotique, 3 p.; myrrhe, 2 p.; un peu d'or. Broyez avec du vin. C'est très utile : il y a des gens qui ne savent pas combien les liquides sont utiles; ce sont ceux qui n'en font pas l'épreuve eux-mêmes. Il faut que les opérateurs attendent tout des merveilles divines[3]. On doit opérer ainsi sur le mélange rendu bien intime, placé dans un fourneau d'orfèvre. Avec le secours du soufflet, on en connaîtra la nature.

Cette recette exige évidemment un complément, l'indication du métal, l'argent sans doute, que le mélange était destiné à teindre. Mais son principal intérêt réside dans l'identité de la recette et du texte avec la recette et le numéro 25 de la *Chimie de Moïse*[1], sauf quelques variantes. Voici, en effet, le texte de la *Chimie de Moïse*, ouvrage alexandrin congénère du Pseudo-Démocrite et probablement à peu près contemporain, c'est-à-dire remontant aux premiers siècles de l'ère chrétienne.

Comment il faut fabriquer l'or à l'épreuve.

Prenant de la pierre magnétique, 2 drachmes; du bleu vrai, 2 drachmes; de la myrrhe, 8 drachmes; de l'alun exotique, 2 drachmes ; on broie avec de

[1] *Introduction à la Chimie des anciens,* p. 239.
[2] *Ibid.,* p. 32.
[3] Merveilles des dieux, d'après le ms. de Schlestadt.
[1] *Coll. des Alch. grecs,* trad., p. 292.

l'or [1] et un vin excellent [2]. — Il y a certaines personnes qui, ne croyant pas à l'utilité du liquide [3], ne font pas les démonstrations nécessaires. Les soufres ont des effets merveilleux lorsqu'il s'agit d'amollir. Après avoir fait un mélange intime, on fond le tout ensemble sur un fourneau d'orfèvre, on souffle et on recueille l'alliage qui en provient.

La seule différence essentielle entre la recette de l'alchimiste grec et celle de la *Mappæ clavicula*, c'est que le traducteur latin a modifié un peu les doses et qu'il a fait un contresens, très caractéristique d'ailleurs; car il résulte de la double signification du mot grec Θεῖον, qui veut dire à la fois *soufre* et *divin*. Au lieu de parler des effets merveilleux du soufre, il a traduit « les merveilles divines », et le copiste du manuscrit de Schlestadt a même remplacé « divines » par « des dieux », en faisant probablement allusion aux formules magiques que l'opérateur récitait pour déterminer la transmutation (*Introd. à la Chimie des anciens*, p. 21, 73, et surtout 152, 153). En tout cas, nous avons ici la démonstration rigoureuse de l'identité de source des recettes de la *Mappæ clavicula*, ou tout au moins de certaines d'entre elles, avec celle des alchimistes grecs.

21. *Rendre l'or plus pesant :* aurum gravius facere.

Opération faite avec l'or. Le travail et la peine ne sont pas perdus; mais il y a profit, et l'on tire bon parti du mélange.

Le procédé consiste à incorporer à l'or fondu une certaine quantité de fer, lequel s'y dissout effectivement, comme le savent les chimistes.

La facilité avec laquelle le fer s'unit à l'or était donc connue des anciens orfèvres.

---

[1] J'avais traduit d'abord le texte grec par les mots « au soleil », étant induit en erreur par l'identité du signe de l'or avec celui du soleil.

[2] Le mot *vin* signifie probablement un liquide ou un sulfure fusible, coloré en rouge, suivant un symbolisme alchimique fort usité.

[3] Cf. le Pseudo-Démocrite (*Coll. des Alch. grecs*, trad., p. 50), où la même discussion se retrouve, mais plus développée.

23. *Fusion de l'or :* auri conflatio.

Or, 2 p.; argent, 2 p.; lame de cuivre, 1 p. Fondez.

Comparez la recette n° 2, ainsi que celle du papyrus de Leyde [1].

24. *Pour préparer de l'or à l'épreuve* [2].

Limaille d'argent, 4 p.; cadmie, minium [3] de Sinope et cuivre brûlé [4], parties égales. Broyez le tout ensemble; lavez avec du vin, et quand le mélange est purifié, faites un gâteau; chauffez-le pour le rendre homogène [5]. Fondez avec 4 p. d'or.

Cette recette, destinée à faire un alliage de faussaire, renfermant du laiton et du plomb, est donnée également dans le papyrus de Leyde [6] avec cette indication sincère, à l'usage du fabricant : *Fraude de l'or.*

26. *Doublement de l'or :* auri duplicatio.

Or, 4 p.; misy, 5 p.; minium de Sinope, 5 p.

Préparation : Fondez l'or jusqu'à ce qu'il devienne d'une belle teinte, ajoutez le misy et le minium dans la masse fondue, et enlevez.

Ce texte est une variante du numéro 23; mais il présente un intérêt particulier, d'abord par son titre : *Auri duplicatio,* qui répond à la δίπλωσις des alchimistes grecs. On voit par là combien était erronée l'opinion des critiques qui ont supposé *a priori* interpolé le vers de Manilius, poète latin du 1er siècle de notre ère [7] :

Materiamque manu certa duplicarier arte.

Ce vers, en effet, est d'accord avec le vieux texte de la *Mappæ cla-*

---

[1] *Introduction à la Chimie des anciens,* p. 40, n° 56.

[2] *Auri probationem,* pour *aurum probatum.*

[3] *Misii,* pour *minii.*

[4] *Æs ustum* (*Introd. à la Chimie des anciens,* p. 233).

[5] *Inunctum,* pour *junctum.*

[6] *Introd. à la Chimie des anciens,* p. 32.

[7] *Origines de l'Alchimie,* p. 70.

ricula, comme avec le papyrus de Leyde, pour établir que les orfèvres au temps de l'empire romain, et déjà de Tibère, pratiquaient
l'opération du doublement, c'est-à-dire la fabrication de l'or à bas
titre.

Mais il y a plus, le texte précédent est la transcription à peu près
littérale de l'une des recettes du papyrus de Leyde [1].

Misy et minium de Sinope, parties égales pour 1 partie d'or. Après qu'on
aura jeté l'or dans le fourneau et qu'il sera devenu d'une belle teinte, jetez-y ces
deux ingrédients, et, enlevant la matière, laissez refroidir, et l'or est doublé.

Non seulement les deux textes sont pareils, mais on y trouve, pour
définir l'aspect de l'or fondu, une expression caractéristique, la
même dans le texte grec : χαὶ γένηται ἱλαρός, et dans le texte latin :
donec hilare fiat. C'est en quelque sorte un cachet qui décèle l'origine commune des deux recettes techniques. Le mot même répond à
une expression analogue, que je trouve dans un ouvrage d'orfèvrerie
moderne : « faire fondre l'or et lorsqu'il sera dans un bel œil. . . ».

La même recette exactement, avec des variantes de style un peu
plus marquées, mais toujours avec le mot γενωμένῳ ἱλαρῶς, se retrouve une seconde fois dans le papyrus de Leyde [2].

Évidemment, ceci ne veut pas dire que le texte transcrit dans la
Mappæ clavicula ait été traduit originairement sur le papyrus même
que nous possédons, attendu que ce papyrus a été trouvé seulement
au XIXᵉ siècle, à Thèbes, en Égypte. Mais la coïncidence des textes
prouve qu'il existait des cahiers de recettes secrètes d'orfèvrerie,
transmis de main en main par les gens du métier, depuis l'Égypte
jusqu'à l'Occident latin, lesquels ont subsisté pendant le moyen âge et
dont la *Mappæ clavicula* nous a transmis un exemplaire. L'identité de
certaines de ces recettes avec celles de la *Collection des Alchimistes
grecs*, d'une part, avec celles du papyrus de Leyde, d'autre part, est
tellement décisive, qu'il m'a paru utile d'en développer la démonstration.

---

[1] *Introduction à la Chimie des anciens*, p. 32, n° 17. — [2] *Ibid.*, p. 46, n° 88.

27. *Autre.*

Or, 1 p.; argent, 1 p.; cuivre 1 p.; faites une lame de l'épaisseur de l'ongle; placez dessus et dessous une teinture de misy cuit, 1 p. Cuisez deux heures; enlevez et vous trouverez l'or doublé.

C'est une *diplosis*, à laquelle concourent à la fois les métaux sur-ajoutés, comme dans le n° 2, et le misy, qui paraît destiné à donner à l'alliage une coloration convenable et à l'affiner par cémentation superficielle. Il a le même rôle dans le papyrus de Leyde [1].

28. *Autre.*

Orichalque de première qualité en limaille, 1 p.; pour rendre la fusion facile, cadmie de Samos, 8 mines (poids); misy cuit, 8 p., c'est-à-dire 12 mines; faites le mélange et fondez soigneusement avec ce mélange.

L'or destiné à être accru en poids n'est pas nommé dans la re-cette; mais elle est suffisamment claire. C'est une falsification, ana-logue à celle du n° 26, dans laquelle on ajoute du laiton en nature, en même temps que son minerai (cadmie).

Les articles qui suivent sont relatifs à l'écriture en lettres d'or et à la dorure; j'y reviendrai tout à l'heure.

Une nouvelle série de recettes pour accroître le poids de l'or, pro-venant sans doute d'une collection ancienne, différente de celle qui a fourni les précédentes au compilateur de la *Mappæ clavicula*, est si-gnalée par ses titres, aux n°s 65, 66, 67, avec de brèves indications:

Accroître l'or : cuivre, 7 p.; orpiment doré, 6 p.
Fabriquer l'or : cuivre, 6 p.
Doublement de l'or : limaille d'argent, 1 p.

Voici maintenant une recette qui semble avoir pour objet de falsifier

[1] *Introduction à la Chimie des anciens*, p. 31, n° 15.

6.

l'argent, en préparant un alliage de ce métal avec le cuivre, puis en le décapant et en lui donnant la teinte par une préparation appropriée.

73. Fabrication de l'argent.

Cuivre de Chypre, 2 p.; argent, 1 p.; sel ammoniac, 4 scrupules (?). Alun lamelleux et liquide[1], autant. Fondez le tout. — Si vous voulez travailler avec, prenez le suc exprimé du citron et du raisin broyé demi-sec[2]; mettez-en plein le creux de la main dans un vase; cuisez beaucoup; enlevez et travaillez au feu. On teint avec la préparation qui vient d'être cuite.

74. [Préparation du laiton[3].]

Prenez du cuivre ductile, celui que l'on appelle « cuivre à chaudron », ou bien du cuivre passé au feu et battu, faites-en des lames que vous couvrez par-dessus et par-dessous, avec de la cadmie blanche, broyée avec soin. C'est celle de Dalmatie dont se servent les fabricants de cuivre. Lutez avec soin le fourneau au moyen de l'argile, de façon que l'air n'y pénètre pas. Chauffez pendant un jour. Ouvrez ensuite le fourneau et si le métal se comporte bien, mettez-le en œuvre; sinon faites cuire de nouveau avec la cadmie, comme ci-dessus. Si l'on a bien réussi, le cuivre de chaudron se mêle avec l'or.

C'est une préparation de laiton, susceptible d'être employé à falsifier l'or.

La rédaction même de cette recette est identique avec les huit premières lignes du n° 22 de la *Chimie de Moïse*[4], sauf de petites variantes qui décèlent une transmission indirecte.

On y lit en effet :

Fabrication du cuivre jaune. — Prenant du cuivre ductile à chaud, fais-en des lames, dépose sur les faces supérieures et inférieures de la cadmie blanche broyée avec soin, celle qui est produite en Dalmatie et dont se servent les ouvriers du cuivre. Après avoir luté, fais fondre pendant un jour, en évitant soi-

---

[1] *Introduction à la Chimie des anciens,* p. 237.

[2] *Uram passam,* passerilles.

[3] Le titre donné dans le manuscrit : *Blanchir le cuivre,* est inexact.

[4] *Coll. des Alch. grecs,* trad., p. 292.

gneusement qu'elle ne s'évapore. Après avoir ouvert le vase, si le métal est en
bon état, emploie-le; sinon fais chauffer une seconde fois avec la cadmie, comme
ci-dessus. Si le résultat est bon avec le cuivre de Chypre ductile à chaud, on
mêle au cuivre couleur d'or ainsi obtenu, etc.

La recette continue, avec une signification technique positive dans
la *Chimie de Moïse;* tandis qu'elle a été mutilée dans la *Mappæ clavicula* par quelque copiste ignorant, qui l'a arrêtée à moitié chemin,
en la prenant pour un procédé de transmutation.

75. *Blanchir le cuivre.*

Quand il commence à fondre, ajoutez de l'orpiment, non celui qui a subi un
traitement, mais celui qui est verdâtre.

Ce procédé, qui rappelle la fabrication du tombac, est à peu près
le même que celui du papyrus de Leyde[1].
La même recette est décrite aussi dans Olympiodore[2] et dans le
Pseudo-Démocrite[3].
La recette suivante de la *Mappæ clavicula,* congénère des nᵒˢ 5
et 15, montre l'emploi de ce cuivre blanchi dans la fabrication de l'or,
transmutation ou falsification.

Après fusion du cuivre, ajoutez de l'orpiment, non traité à l'avance. Il blanchit
et devient fragile. Lavez à plusieurs reprises avec de l'eau, jusqu'à ce que le
métal soit purifié; enlevez-le et vous le trouverez jauni. Lavez de nouveau avec
de l'eau et vous trouverez le cuivre couleur de sang. Ajoutez de l'argent dans
le fourneau et l'argent devient pareil à du corail. Mêlez une partie de ce produit
et 2 parties d'or et vous faites merveille.

Le nᵒ 85 est composé de trois formules successives, dont les deux
dernières rappellent celles du papyrus de Leyde[4] pour fabriquer

[1] *Introduction à la Chimie des anciens,*
p. 34, nᵒ 23.
[2] *Ibid.,* p. 67.
[3] *Coll. des Alch. grecs,* trad., p. 53.

[4] *Introduction à la Chimie des anciens,*
p. 28, 29, nᵒˢ 2, 3, 4 et 8, où l'intention de fraude est déclarée explicite-
ment.

l'asem, c'est-à-dire pour simuler ou falsifier l'argent. Voici celles de la *Mappæ clavicula* :

Cuivre de Chypre, 1 p.; étain, 1 p.; on les fond ensemble dans le moule à monnaie[1].

Argent, 2 p.; étain purifié, 2 p. On purifie l'étain comme il suit : on le fond avec addition de poix et de bitume[2]. Enlevez ensuite, mêlez et faites ce que vous voudrez.

Le n° 93 de la *Mappæ* comprend une suite de recettes, dont la suivante :

Prenez étain blanc et divisez; purifiez quatre fois; puis prenez 4 parties d'argent : vous fondrez. Alors battez avec soin et fabriquez ce que vous voudrez, soit des coupes, soit ce qui vous plaira : ce sera pareil à de l'argent de première qualité, qui trompera[3] même les ouvriers.

Or on lit pareillement dans le papyrus de Leyde[4] :

Fabrication de l'asem. — Prenez étain blanc très divisé, purifiez-le quatre fois; puis prenez-en 4 p. et le quart de cuivre blanc pur et 1 p. d'asem. Fondez; lorsque le mélange aura été fondu, aspergez-le de sel le plus possible, et fabriquez ce que vous voudrez, soit des coupes, soit ce qui vous plaira. Le métal sera pareil à l'asem initial, de façon à tromper même les ouvriers.

Résumons maintenant les recettes pour écrire en lettres d'or (chrysographie). Elles donnent lieu à des rapprochements non moins décisifs.

DEUXIÈME SÉRIE.

RECETTES DE CHRYSOGRAPHIE ET AUTRES.

L'écriture en lettres d'or ou d'argent, sur papyrus, pierre ou métal, préoccupait déjà les scribes égyptiens. Le papyrus de Leyde contient

[1] Fabrication de fausse monnaie ?

[2] *Introduction à la Chimie des anciens et du moyen âge*, p. 28; Papyrus de Leyde, n° 2.

[3] On lit dans l'*Archæologia* : *fiunt*, par erreur, pour *fallit*.

[4] *Introd. à la Chimie des anciens*, etc., p. 38, n° 40.

quinze ou seize formules qui y sont relatives[1]. La *Collection des Alchimistes grecs* en renferme également plusieurs. Cette écriture n'a pas cessé d'être pratiquée pendant tout le moyen âge. Or la *Mappæ clavicula* expose un grand nombre de recettes à cet égard, ainsi que les Traités d'Éraclius et de Théophile. Plusieurs des dernières, dont la copie est postérieure à la *Mappæ clavicula*, existent déjà dans ce recueil, et certaines de celles de la *Mappæ* sont traduites littéralement, les unes de la *Chimie de Moïse*, les autres du papyrus de Leyde, ainsi que je vais l'établir.

Recettes de chrysographie avec de l'or en poudre,
d'après la Mappæ clavicula.

30. Minium, sable, limaille d'or et alun. Broyer et cuire avec du vinaigre dans un vase de cuivre.

31. *Procédé pour faire un sceau.* — Natron roux[2] (ou jaune), 3 p.; minium, 3 p. Mêlez, broyez avec du vinaigre; ajoutez un peu d'alun et laissez sécher. Ensuite broyez et laissez reposer. Prenez de la limaille d'or, une demi-obole, et orpiment couleur d'or, 1 p. Mélangez le tout; broyez, versez dessus de la gomme infusée dans l'eau; prenez et mettez le sceau sur ce que vous voudrez, lettre ou tablette; abandonnez deux jours, et le sceau durcit.

Or on lit dans la *Chimie de Moïse*[3] :

Après avoir mélangé : natron roux, 2 drachmes, cinabre[4], 3 drachmes, délaye dans le vinaigre; ajoute un peu d'alun et laisse sécher; puis, après avoir broyé, mets à part. Prends de l'or une demi-obole, de l'arsenic couleur d'or, 1 drachme: mêle le tout, délaye en ajoutant de la gomme pure, arrosée d'eau; reprends, applique le sceau que tu voudras; laisse deux jours : l'empreinte sera fixée.

C'est la même recette. Revenons à la *Mappæ clavicula.*

[1] *Introduction à la Chimie des anciens,* p. 51.

[2] Substance mal connue, mais dont il est question dans le papyrus de Leyde (p. 39), dans la *Collection* des *Alchimistes grecs* (trad., p. 298, etc.) et dans Pline (*Hist. nat.*, liv. XXXI, chap. XLVI).

[3] *Collection des Alchimistes grecs*, trad., p. 298, n° 52.

[4] Les mots *minium* et *cinabre* sont employés souvent comme synonymes, pour désigner tout oxyde ou sulfure métallique rouge d'apparence pareille (*Introd. à la Chimie des anciens*, p. 244 et 261).

33. Limaille d'or, broyée dans un mortier d'ophite ou de porphyre rugueux, avec du vinaigre, etc.; on ajoute du sel, de la gomme, etc. On polit l'écriture avec une coquille, ou une dent de sanglier[1].

34. Orpiment, or, mercure et vinaigre, puis gomme, etc.

38. A l'or broyé on ajoute de la bile de taureau, etc. Préparation pour écrire et pour peindre sur verre, marbre, figurines.

39. Or et mercure, puis misy et cuivre. Sert pour écrire au pinceau.

40. Mercure et or, rendu fragile en le versant fondu dans l'eau où l'on a éteint préalablement à diverses reprises du plomb fondu[2].

41. Or délayé dans du sang-dragon[3]; on écrit avec la résine mise en fusion.

49. Minerai d'or et bile de taureau, etc.

50. Or broyé avec de la rouille. — Addition de mercure et de lait de femme.

Recettes de chrysographie sans or.

37. Étain fondu avec du mercure; l'amalgame est broyé avec de l'alun la-melleux et de l'urine d'enfant. — Sur la première écriture, on récrit avec du safran de Cilicie et de la colle, etc.

43. Chélidoine, 1 p.; résine, 1 p.; partie aqueuse de cinq œufs; gomme, 1 p.; orpiment doré, 1 p.; bile de tortue, 1 p.; limaille de cuivre (?), 1 p. Prenez-en 20 parties, ajoutez 2 parties de safran. Cela sert non seulement sur papier et parchemin, mais encore sur marbre et sur verre.

Cette recette se retrouve littéralement, sauf de légères variantes, dans le papyrus de Leyde[4].

Écrire en lettres d'or sans or. — Chélidoine, 1 p.; résine pure, 1 p.; arsenic

---

[1] Voir *Introd.*, etc., p. 41, n° 58; Pline, *Histoire naturelle*, liv. XIII, chap. xxv. — La recette est à peu près la même que celle de Théophile, liv. I, chap. xxxvii.

[2] Même recette, Théophile, liv. I, chap. xxxvii.

[3] Même recette, Théophile, liv. I, chap. xxxvii. — Sur l'emploi moderne du sang-dragon comme vernis doré, voir *Introd. à la Chimie des anciens*, p. 60.

[4] *Introduction à la Chimie des anciens*, p. 43, n° 74.

couleur d'or, 1 p., de celui qui est fragile; gomme pure, bile de tortue, 1 p., partie liquide des œufs, 3 p. Prenez de toutes ces matières sèches le poids de 20 statères, puis ajoutez-y 4 statères de safran de Cilicie. On emploie non seulement sur papier ou parchemin, mais aussi sur marbre bien poli.

C'est là une nouvelle démonstration de l'origine et de la filiation des recettes de la *Mappæ clavicula*. Le safran et la bile de tortue sont aussi mentionnés dans le n° 37 du papyrus de Leyde (p. 38).

44. Soufre vif, écorce de grenade, partie intérieure des figues, un peu d'alun lamelleux; mêlez avec de la gomme; ajoutez un peu de safran.

45. 3 jaunes d'œufs et un blanc; gomme, 4 p.; safran, 1 p.; verre en poudre, 1 p.; orpiment doré, 7 p., etc.

C'est très sensiblement la même formule que le n° 58 du papyrus de Leyde [1].

46. Variante réunissant 43 et 44.

48. Natron jaune et sel, comme dans la recette 49 du papyrus de Leyde [2].

La recette n° 48 du papyrus de Leyde se retrouve également dans le cours du n° 86 de la *Mappæ clavicula*.

L'orpiment forme la base de certaines recettes compliquées, difficiles à résumer (52, 53).

81. *Écriture en lettres d'argent.*

Écume d'argent [3], 4 p.; broyez avec fiente de colombe et vinaigre; écrivez avec un stylet passé au feu.

Cette recette est identique avec le n° 79 du papyrus de Leyde [4].
La *Mappæ clavicula* renferme encore des recettes pour dorer et pour argenter, avec ou sans or et argent, et des recettes pour souder

[1] *Introduction à la Chimie des anciens,* p. 41.
[2] *Ibid.,* p. 39.
[3] Litharge de coupellation. (*Introd. à la Chimie des anciens,* p. 266.)
[4] *Introd. à la Chimie des anciens,* p. 44.

l'or, l'argent, le cuivre, etc.; ainsi que des procédés pour teindre le verre, c'est-à-dire fabriquer les verres colorés; pour teindre les étoffes, le bois, etc.; d'autres procédés pour préparer les couleurs des peintres et des enlumineurs; on y trouve également des notices sur un certain nombre de minéraux employés dans l'industrie des couleurs. Je me bornerai à signaler ces divers articles, dont l'examen nous entraînerait trop loin de l'objet du présent chapitre.

Les recettes et procédés que l'on vient d'exposer jettent un grand jour sur les alliages et sur les pratiques des orfèvres au commencement du moyen âge, et elles montrent comment ces pratiques dérivaient directement de celles des orfèvres gréco-égyptiens, qui ont écrit le papyrus de Leyde et les vieux traités du Pseudo-Démocrite, du Pseudo-Moïse, d'Olympiodore et de Zosime.

On peut pousser plus loin encore la démonstration, à l'aide d'une table qui figure en tête du manuscrit de Schlestadt, écrit au xe siècle, et dont M. Giry a bien voulu me donner communication. Cette table renferme à peu près les mêmes titres que ceux des articles ci-dessus, du numéro 1 au numéro 100; mais, à partir de là, les articles consécutifs de la *Mappæ clavicula* publiés dans l'*Archæologia* n'y sont plus relatés, si ce n'est par de rares coïncidences. Les titres de la vieille table se rapportent à des articles perdus, et qui faisaient suite plus directement à la première partie; car ils constituent une série spéciale, traitant successivement du travail du cuivre, du fer, de l'étain, etc., chez les orfèvres, sujets qui ne figurent pas dans les copies actuelles de la *Mappæ clavicula*. L'indication de leur existence fournit une nouvelle lumière sur les alliages métalliques et sur les recettes usitées autrefois, avec la prétention d'opérer la multiplication (alliages à bas titre) et la transmutation de l'or et de l'argent. Malheureusement, nous ne possédons que les titres de cet ordre de recettes, le texte étant perdu; mais ces titres sont très significatifs : les voici.

TROISIÈME SÉRIE.

TRAVAIL DES MÉTAUX ET DU VERRE.

Dans la *Mappæ clavicula*, cette série comprend dix groupes d'articles, dont les huit premiers semblent se rapporter à un véritable traité d'orfèvrerie, traitant des métaux : cuivre, fer, plomb, étain, verres, perles, et terminé par une formule magique et par une liste des signes. Les titres seuls, je le répète, ont été conservés. On peut comparer avec ces articles ceux du papyrus de Leyde, ceux de la *Chimie de Moïse*[1] et ceux de la *très précieuse et célèbre orfèvrerie*[2]. C'est la même tradition.

1° *Articles sur le travail du cuivre*[3].

Rendre le cuivre pareil à l'argent.

Traitement du cuivre. — Donner au cuivre la teinte du corail. — Denier de cuivre ou statère[4].

Écrire sur le cuivre des lettres vertes. — Donner une couleur noire à un vase de cuivre. — Souder le cuivre au fer. — Mélange du cuivre noir. — Écrire en cuivre rouge. — Sur un vase de cuivre, écrire des lettres moins indélébiles. — Verdir le cuivre. — Rendre le cuivre mou comme de la cire[5]. — Rendre le cuivre plus mou que le plomb, sans le fondre, puis le fondre rapidement. — Argenter les vases de cuivre. — Donner au cuivre la teinte du saphir. — Écrire sur le cuivre. — Peindre des figures sur un vase de cuivre. — Écrire en lettres cuivrées. — Faire des figures de cuivre.

On obtient comme il suit du cuivre sans ombre, pour tout objet qui l'exige. — Ce qui produit la teinte.

Fabrication du cuivre de Chypre. — Fabrication du cuivre poli.

Comment on enlève (prépare?) le corps de la magnésie.

---

[1] *Collection des Alchimistes grecs*, trad., p. 287 à 302.

[2] *Ibid.*, p. 307 à 322.

[3] On donnera ici tous les titres signalés dans le manuscrit du x° siècle, même ceux relatifs à l'écriture et aux soudures, qui répondent à des sujets traités ailleurs pour ce qui concerne l'or.

[4] *Introd. à la Chimie des anciens*, p. 83; papyrus de Leyde, n° 20.

[5] *Ibid.*, p. 42; papyrus de Leyde, n° 68.

Comment on enlève la teinte sombre,

Comment on prépare le soufre pour la teinte,

Traitement de la sandaraque,

Préparation de la pyrite pour les teintes.

Cette liste de recettes diverses présente la plus grande analogie avec celles qui existent dans le papyrus de Leyde, dans la *Chimie de Moïse* et dans plusieurs autres traités des alchimistes grecs; elle atteste de nouveau la continuité des traditions techniques depuis les Égyptiens jusqu'aux Grecs, puis aux Latins. Sans entrer à cet égard dans plus de détail, je me bornerai aux références données dans la note et je remarquerai spécialement la mention du *corps de la magnésie*, expression fort employée par les alchimistes[1] et déjà rencontrée plus haut (p. 36); ainsi que celle de l'*ombre du cuivre*, couleur sombre ou surface oxydée, et des procédés par lesquels on l'enlève; ce sont là aussi des questions courantes chez les auteurs grecs[2].

L'emploi du soufre, de la sandaraque et de la pyrite, pour teindre le cuivre, était également dans leurs pratiques[3].

2° *Articles sur le travail du fer.*

Donner au fer une teinte dorée; — une teinte argentée. — Écrire en lettres dorées sur le fer. — Dorure du fer.

3° *Articles sur le travail du plomb.*

Blanchir le plomb. — Teindre le plomb. — Plomber les objets de cuivre (ou cuivrer les objets de plomb?). — Durcir le plomb[4]. — Verdir le plomb. — Emploi de la pyrite.

---

[1] *Collection des Alchimistes grecs*, traduction, p. 46 (Pseudo-Démocrite); p. 174 (Zosime), p. 188, et *passim*.

[2] Même recueil, p. 46 et p. 6, et *passim*.

[3] Voir notamment : *Sur la diversité du cuivre brûlé* (*Collection des Alchim. grecs*, trad., p. 154).

[4] *Introduction à la Chimie des anciens*, p. 28; papyrus de Leyde, n° 1.

4° *Articles sur le travail de l'étain.*

Blanchir l'étain. — Rendre l'étain pareil à l'argent[1].

5° *Articles sur les verres colorés.*

Puis viennent des titres de préparations de verres colorés, dont les analogues se retrouvent en détail dans la *Mappæ clavicula*, telle que nous la possédons. Voici les titres donnés par la vieille table.

Fabrication du bleu. — Autre, couleur de feu. — Peindre sur le verre ce qui ne puisse s'effacer.
Fabriquer du verre incassable.

Ce dernier titre de recette est très remarquable et mérite de nous arrêter, à cause des légendes et traditions qui s'y rattachent et qui se sont perpétuées pendant tout le moyen âge et jusqu'à notre époque. Le verre incassable (*fialam vitream quæ non frangebatur*, Pétrone) paraît avoir réellement été découvert sous Tibère, et il a donné lieu à une légende qui en amplifiait les propriétés et en faisait du verre malléable : légende rapportée par Pétrone, Pline, Dion Cassius, Isidore de Séville [2], et transmise aux auteurs du moyen âge. Suivant le dire de Pline, Tibère fit détruire la fabrique, de peur que cette invention ne diminuât la valeur de l'or et de l'argent. « *Si scitum esset, aurum pro luto haberemus* (Pétrone). » D'après Dion Cassius, il fit tuer l'auteur. Pétrone, reproduit par Isidore de Séville, par Jean de Salisbury et par Éraclius, prétend aussi qu'il le fit décapiter, et il ajoute cette phrase caractéristique, qui s'applique également au verre incassable : *Si vasa vitrea non frangerentur, meliora essent quam aurum et*

[1] *Introd. à la Chimie des anciens*, p. 28 et 41; papyrus de Leyde, n° 3 et 61.
[2] Pétrone, *Satyricon*, chap. LI; — Pline, *Histoire naturelle*, liv. XXXVI, chap. XVI; — Dion Cassius, liv. LVII, chap. XXI; — Isidore de Séville, *Étym.*, liv. XVI, chap. XVI; — Éraclius, liv. III, chap. VI.

argentum « Si les vases de verre n'étaient pas fragiles, ils seraient préférables aux vases d'or et d'argent ».

Ces récits se rapportent évidemment à un même fait historique, plus ou moins défiguré par la légende : l'invention aurait été supprimée, par la crainte de ses conséquences économiques. Il est curieux de la retrouver signalée dans les recettes d'orfèvres du moyen âge, comme si la tradition secrète s'en fût conservée dans les ateliers. En effet, il existe dans la *Mappæ clavicula*, au n° 69, une formule obscure, ou plutôt chimérique, où entre le sang-dragon, et qui paraît se rapporter au même sujet : *Sicque factum scias vitrum fragile in naturam fortioris metalli formari* « Sache que le verre fragile, après avoir subi cette préparation, acquiert la nature d'un métal plus résistant ». C'est peut-être la recette même qui devait figurer sous le titre indiqué plus haut. J'ai rencontré quelques autres indices des mêmes souvenirs dans des auteurs plus modernes, tels que le faux Raymond Lulle et les autres alchimistes du moyen âge, qui s'en sont fort préoccupés[1]. On sait que le procédé du verre incassable a été découvert de nouveau de notre temps, et cette fois sous une forme positive, sans équivoque et d'une façon définitive.

Il existe d'ailleurs, au n° 20 de la *Mappæ clavicula*, un article *Ad cristallum comprimendum in figuram*. Or on a décrit, dans ces dernières années[2], certains procédés industriels de laminage et de moulage du verre, fondés sur l'état plastique et la malléabilité que le verre possède à une température voisine de sa fusion.

Ce sont ces propriétés réelles, aperçues sans doute dès l'antiquité[3] et conservées à l'état de secret de fabrication, qui ont donné lieu à la légende.

---

[1] *Theatrum chemicum*, t. IV, p. 170; *Bibliotheca chemica*, t. I, p. 849; Guldonis Magni de Monte, *Theatr. chem.*, t. VI, p. 561 : « Hac ratione vitrum malleabile et ductile reddi et in metallum converti potest, etc. »

[2] Voir entre autres : *Société des ingénieurs civils*, séance du 21 novembre 1890, le procédé de M. Appert.

[3] Pline, édition de Franzius (d'après Hardouin), Leipsick, 1788, t. IX, p. 780, note *f*.

Mais poursuivons l'énumération des titres de recettes du vieux manuscrit relatives aux métaux, couleurs, etc.

Fabrication du callaïnum[1]. — Dorure du verre.
Tracer des arbres et des fruits de toute couleur sur un flacon.
Souder le verre.
Peindre en or sur bois, sur verre ou tout autre vase.
Peindre sur verre d'une façon indélébile.

6° *Articles sur la fabrication des perles.*

C'est un autre sujet, qui est traité longuement dans la *Collection des Alchimistes grecs*. Il forme trois titres d'articles (perdus) dans la vieille Table de la *Mappæ clavicula*.

7° *Incantation.*

Nous revenons ensuite dans cette Table à des procédés de transmutation tout à fait caractérisés : il n'y manque même pas l'indication d'une incantation, qui accompagnait les opérations, conformément à la vieille pratique des Égyptiens et des Alchimistes grecs, la magie étant liée alors aux opérations industrielles et médicales[2].

Fabrication de l'or. — Prière que vous récitez pendant la fabrication, ou la fusion consécutive, afin que l'or soit réussi.

8° *Les signes.*

Suit le titre d'un article sur les signes, article qu'il eût été fort intéressant de comparer avec les Lexiques et les listes actuelles de

[1] Le mot *callaïnum* se trouve reproduit dans plusieurs articles sous la forme inexacte *calamo;* il s'agit en réalité d'un cristal coloré en vert (voir plus loin l'article consacré à ce sujet dans le présent volume).

[2] *Origines de l'Alchimie,* p. 12, 15, 19, 62, 84, etc.

signes et de noms, tels qu'ils figurent en tête des manuscrits alchimiques grecs [1] :

Interprétation des mots et des signes.

Quoi qu'il en soit, ce titre montre que des listes analogues existaient en latin dès le xᵉ siècle.

9° *Articles sur les couleurs.*

Reparaissent les recettes de couleurs, empruntées sans doute à une
collection de recettes, différentes de celles qui constituent le traité
précédent.

Fabrication de (verres) blancs. — Fabrication de (verres) verts. — Fabrication de (verres) couleur hyacinthe. — Délayer le cristal. — Couleur bois (?). —
Des espèces tinctoriales. — Comment on broie la magnésie.

10° *Travail de l'or.*

Coloration de l'or. — Purification du cuivre de trompettes. — Fabrication de
l'or (4 articles). — Multiplier l'or. — Fabrication de l'or (2 articles). — Admirable fabrication de l'or.

Telle est cette curieuse Table d'articles perdus, inscrite dans le
manuscrit de Schlestadt. Jointe aux notions développées que j'ai traduites plus haut, elle confirme l'étroite parenté qui existait entre les
recettes du manuel d'orfèvrerie, dont elles ont été tirées, et celles du
papyrus égyptien de Leyde, ainsi que celles des écrits gréco-égyptiens
du Pseudo-Démocrite, du Pseudo-Moïse, de Jamblique et auteurs
congénères

Il existe même certaines indications, propres à montrer que plusieurs des articles reproduits par la *Mappæ clavicula* ont été non
seulement traduits du grec, comme je l'ai rappelé, mais écrits par

[1] *Introduction à la Chimie des anciens*, p. 92 et suivantes.

des païens. En effet, l'article 54 de ce recueil parle des *images des dieux;* en voici la traduction, qui offre des détails techniques intéressants :

Préparer de l'or vert : prenez or, 4 p.; argent, 2 p.; fondez ensemble......, tracez ici la figure d'homme que vous voudrez; elle aura une couleur verte, qui sera agréable et décorative, avec l'apparence et la vivacité des personnes vivantes. — Si vous désirez faire de l'or rouge, vous ajouterez 1 p. de cuivre; fondez du cuivre de première qualité à plusieurs reprises, jusqu'à ce qu'il prenne une apparence de terre cuite, et fondez-le avec les poids ci-dessus (d'or et d'argent). — Pour faire l'image d'une femme, prenez-en une partie et 4 p. d'argent; vous aurez un alliage qui reproduira un corps de femme éclatant, après qu'on l'aura nettoyé. — Plus tard on a imaginé de faire les images des dieux noires, avec un alliage d'or, d'argent, de cuivre et d'autres produits mélangés. Le mélange et la fabrication seront exposés dans ce qui suit.

Sans nous arrêter à ce procédé, fort curieux au point de vue artistique, nous noterons seulement l'indication de la représentation des dieux. Elle se trouvait encore signalée dans un autre article, dont la vieille Table du manuscrit de Schlestadt indique le sujet dans les termes suivants :

En mélangeant l'or vrai avec une autre substance, on fabrique des images de dieux, qui paraissent pour ainsi dire corporelles.

D'après cette indication réitérée et quelques autres, il paraît donc établi que certains articles, au moins dans leur rédaction primitive, remonteraient à l'époque païenne, c'est-à-dire qu'ils seraient contemporains du papyrus de Leyde. Les synonymes de mots grecs traduits en latin, qui s'y trouvent cités à plusieurs reprises, sont conformes à cette opinion, le texte latin étant, dès sa première rédaction, traduit d'un texte grec plus ancien.

Elle nous ramènerait, je le répète, jusqu'au doublement des métaux relaté dans Manilius, et jusqu'à l'essai de Caligula, exécuté avec l'orpiment dans le but de préparer de l'or, essai que relate Pline [1],

----

[1] *Origines de l'Alchimie*, p. 69.

sans en donner autrement le détail; d'après le nom de l'orpiment, cet
essai répondrait peut-être à quelque recette du papyrus de Leyde ou
du texte présent, mettant en jeu les composés arsenicaux.

QUATRIÈME SÉRIE.

RECETTES DIVERSES.

Il convient d'approfondir encore davantage la source et le mode
de composition de la *Mappæ clavicula,* en examinant certains articles
de diverse nature, que renferme cette collection, lesquels jettent un
jour fort étendu sur le caractère de la science au moyen âge.

Parmi les recettes publiées dans l'*Archæologia,* on observe une
intercalation remarquable, signalée au début de ce chapitre, à partir
du n° 194 jusqu'au n° 212, c'est-à-dire faisant suite à la reproduction
des *Compositiones* (n°ˢ 105 à 193), lesquelles reprennent, de nouveau,
à partir du n° 219 jusqu'au n° 250. Aucun des numéros intercalés
ici ne figure d'ailleurs dans le manuscrit de Schlestadt, lequel reprend seulement au n° 214. Cette intercalation mérite d'être étudiée
de plus près.

1ᵉʳ GROUPE : *Balance hydrostatique.* — Elle débute par un n° 194,
intitulé *De auri pondere* et relatif à l'analyse d'un alliage d'or et d'argent (problème d'Hiéron) au moyen de la balance hydrostatique. Ce
numéro est très intéressant pour l'histoire de la physique; je le reproduirai plus loin avec commentaire, dans un autre chapitre spécialement consacré à cet ordre de connaissances. Je dirai seulement que
le texte actuel existe également au premier folio du manuscrit 12292
de la Bibliothèque nationale, manuscrit écrit au xᵉ siècle : date qui
suffit à prouver que le procédé n'est pas traduit des Arabes, mais
qu'il vient directement de la tradition antique, sinon d'Archimède
lui-même. Le procédé figure aussi, dans d'autres termes, au poème
Sur les poids et mesures, attribué tantôt à Priscien, tantôt à Q. Remnius Fannius Palemo, poème écrit vers le ivᵉ ou vᵉ siècle de notre

ère [1]. C'était un procédé technique, à l'usage des orfèvres et dont l'emploi s'est perpétué jusqu'au temps de Galilée.

2ᵉ GROUPE : *Recettes d'origine arabe.* — Les numéros suivants sont également intercalaires, et comme ils ne figurent ni dans les *Compositiones* (viiiᵉ siècle), ni dans le manuscrit de Schlestadt (xᵉ siècle), ils ne peuvent être reportés avec certitude à une date antérieure à celle même de la transcription du manuscrit de l'*Archæologia*, c'est-à-dire au xiiᵉ siècle : or, à cette époque, l'influence arabe avait commencé à s'exercer sur les sciences et les arts de l'Occident latin. Les numéros actuels portent, en effet, la trace certaine de cette influence, car ils renferment des mots arabes, et ce sont les seuls dans ce cas parmi les articles de la *Mappæ clavicula*.

Nº 195. *Compositio nigelli ad aurum.* — Prenez 2 parties d'*almenbuz*, c'est-à-dire d'argent, 1 troisième partie de cuivre et 1 partie seulement d'*alquibriz*, c'est-à-dire de soufre. Puis vient l'*atincar*, c'est-à-dire le borax, etc.

Le nº 196 indique l'*alquibriz* et l'*arrasgaz*, c'est-à-dire le plomb ; le nº 199 signale l'*alcazir*, c'est-à-dire l'étain. De même le nº 200 parle de l'*almenbuz* (argent) ; puis il n'y a plus de mots arabes.

Les articles du second groupe forment un ensemble à part ; en effet, les articles qui précèdent le nº 195 et ceux qui suivent le nº 200 ne manifestent ni mots arabes, ni trace d'influence arabe ; ce qui s'explique, si l'on observe qu'ils sont déjà contenus dans un manuscrit plus ancien, datant d'une époque antérieure à cette influence.

3ᵉ GROUPE : *Recettes d'origine anglaise.* — Signalons une autre intercalation, faite entre les nᵒˢ 189 et 192, tous deux tirés des *Compositiones.* Au contraire, les nᵒˢ 190 et 191 n'existent ni dans les *Compositiones* ni dans le manuscrit de Schlestadt ; mais ils sont tran-

[1] Hultsch, *Metrol. reliquiæ*, t. II, p. 95.

scrits seulement dans le manuscrit postérieur qui a été publié par l'*Archæologia*. Or ils offrent cette particularité, unique parmi tous les numéros de la *Mappæ clavicula*, de contenir chacun un mot de vieil anglais.

N° 190. *Compositio viridi incausti* (vert à l'encaustique). — Prenez des graines mûres de l'arbre appelé *chèvrefeuille*, c'est-à-dire en anglais « gatetriu », etc. (*goat tree*).

N° 191. Pour tempérer le vert (*ivired*), prenez l'herbe qui se nomme *greningperl*, etc. (*grening wert*).

Les dernières indications ont fait penser à l'éditeur, M. Philipps, que l'auteur de la *Clavicula* était un Anglais : opinion qui pourrait être fondée en effet, si on l'appliquait, non à l'auteur lui-même du traité, mais à son dernier copiste. En effet, le manuscrit de Schlestadt, écrit au x° siècle, ne contient pas ces indications, mais elles ont été ajoutées plus tard, ainsi que les textes traduits de l'arabe, par un copiste du xii° siècle, désireux probablement de mettre son manuel au courant : c'est ainsi que les prescriptions, alors récentes, des praticiens arabes et anglais ont été introduites dans la copie d'un texte plus ancien [1].

4° GROUPE : *Métaux.* — Ce sont des recettes relatives à la soudure des métaux, l'opération étant désignée par quatre mots différents : *connexio, conjunctio, gluten, solidatura;* ce qui accuse peut-être des sources différentes. Le n° 209 (*aurum probatum facere*) reproduit la recette n° 15, donnée plus haut, comme si elle avait été tirée cette fois d'un autre cahier. Tout le groupe est congénère d'ailleurs avec certaines recettes des *Compositiones;* le n° 208 (*Tinctio stagni petalæ*) y figure même.

---

[1] Ce qui vient encore à l'appui d'une telle opinion, c'est que les deux numéros en question se trouvent reproduits isolément, sous les chiffres 199 et 201, dans l'ouvrage de Petrus S. Audemar : *De coloribus*, publié d'après un manuscrit de la fin du xiii° siècle par Mrs Merrifield (*Ancient pratice of painting*, t. I°, p. 159).

5ᵉ GROUPE : *Alcool.* — Le nᵒ 212, compris sous un titre tout différent, se termine par une phrase énigmatique, que j'ai réussi à déchiffrer. La voici :

De commixtione puri et fortissimi xknk cum III qbsuf tbmkt cocta in ejus negocii vasis fit aqua quæ accensa flammam incumbustam servat materiam.

Les mots énigmatiques sont faciles à interpréter, d'après une convention dont le *Livre d'Hermès* (voir le chapitre suivant) offre l'exemple et dont on rencontre de temps à autre des applications dans les manuscrits du moyen âge. Il suffit en général de remplacer chacune des lettres du mot par celle qui la précède dans l'alphabet[1]. On trouve ainsi :

> xknk = vini ;
> qbsuf = parte ;
> tbmkt = salis.

et le passage peut être traduit (en rectifiant quelques fautes grammaticales du copiste) de la manière suivante :

En mêlant un vin pur et très fort avec 3 parties de sel et en le chauffant dans les vases destinés à cet usage, on obtient une eau inflammable, qui se consume sans brûler la matière (sur laquelle elle est déposée).

Il s'agit de l'alcool; la propriété qu'il possède de brûler à la surface des corps sans les enflammer avait frappé beaucoup les premiers observateurs. La plupart d'entre eux la signalent. Je reviendrai d'ailleurs sur ce sujet plus loin, en parlant de la découverte de l'alcool. L'article précédent de la *Mappæ clavicula* se trouve seulement dans le manuscrit le plus récent, celui du XIIᵉ siècle : c'est le plus vieux texte connu où il soit question de la distillation de l'alcool.

6ᵉ GROUPE : *Architecture.* — Les articles de ce groupe, d'un carac-

---

[1] Dans d'autres cas, la substitution avait lieu seulement pour les voyelles, chacune étant remplacée par la consonne qui la suit : *phlp* pour *palo.* Ce système était déjà usité au Xᵉ siècle. Plusieurs systèmes analogues ont été employés au moyen âge.

tère différent, débutent par un n° 213 intercalaire, qui expose un procédé géométrique bien connu pour mesurer la hauteur d'un objet dont le pied est accessible. Ce numéro manque dans le manuscrit de Schlestadt. Les articles congénères se poursuivent plus loin, par divers paragraphes techniques, relatifs à la construction des bâtiments, tels que le n° 254 : « sur la chaux et le sable », et le n° 255 : « sur les murs de briques »; ces paragraphes ont été intercalés là on ne sait pourquoi. Ils sont tirés d'auteurs latins anciens, tels que Vitruve ou Palladius; car il y est question du *saxum Tiburtinum*, c'est-à-dire du travertin, pierre de Tivoli, et d'une construction *in pretorio* « dans le prétoire ». Ils existent aussi dans le manuscrit de Schlestadt.

Je ne m'arrêterai pas aux articles suivants, qui reproduisent ceux des *Compositiones*.

7ᵉ ɢʀᴏᴜᴘᴇ : *Balistique incendiaire.* — Le groupe le plus intéressant peut-être, parmi les additions qui figurent seulement dans le dernier manuscrit, est relatif à des recettes militaires, principalement de balistique, comprises entre le n° 264 et le n° 279. Voici les titres et sujets de ces articles :

Flèche de plomb destinée à incendier ;

Poison pour empoisonner les flèches [1] ;

Flèche (creuse) pour mettre le feu, avec indication de la préparation de la matière incendiaire [ce sujet est exposé dans quatre articles successifs] ;

Fabrication du bélier destiné à battre les murs ;

Procédé pour mettre le feu au bélier ;

Formules diverses et mélanges de résines, huiles, naphtes, etc., destinés à cet objet ;

[1] Voir Julius Africanus dans *Veteres mathematici*, recette 37, p. 301 (1693) : recette pour préparer des traits empoisonnés.

Enfin, procédé pour éteindre le feu avec du sable et de la terre[1], avec addition d'urine s'il est besoin.

Ces formules rappellent le traité si connu de Marcus Græcus : *Liber ignium*. Elles sont empruntées, sans aucun doute, à quelque auteur d'ouvrages militaires, grec ou latin, tels que nous en possédons un certain nombre; car les anciens avaient beaucoup écrit sur ce sujet. Des flèches incendiaires du même ordre sont décrites, entre autres, dans l'*Histoire* d'Ammien Marcellin (liv. XXIII, chap. IV). Les formules actuelles de la *Mappæ clavicula* paraissent d'ailleurs antérieures à l'invention du feu grégeois; car il n'y est pas fait mention du salpêtre, constituant fondamental de ce feu [2].

8e GROUPE : *Recettes magiques.* — Quelques mots relatifs à ces recettes ne sont pas sans intérêt, pour achever de caractériser l'ouvrage que nous analysons et pour en établir plus complètement encore la filiation historique. Ces recettes font suite au n° 288.

On lit d'abord une formule d'alliage, destinée sans doute à la transmutation.

Étain, une demi-partie; cuivre, 9; argent, 0.

Suivent les énoncés magiques.

Par la figure arragab[3]. (Par elle) tu pourras faire couler ou arrêter la source à ta volonté. — La coupe retiendra ou abandonnera sa liqueur. — Par elle, le tonneau se videra, etc. — Par sa vertu, appliquée à la lanterne ou à l'huile..., un fantôme sortira de la maison et y rentrera... Par sa vertu, les soldats sortiront du camp privés de leur lance, ou bien ils y rentreront la lance en arrêt, etc.

---

[1] Le texte dit *sulfure*; il faut lire *pulvere*. Ce procédé est cité par un grand nombre d'auteurs anciens.

[2] Voir mon ouvrage *Sur la force des matières explosives*, t. II, p. 357. — *Revue des Deux-Mondes*, t. CVI, p. 787; 1891.

[3] Dessin d'une figurine de plomb (voir p. 59, n° 196) [?]. — Le dessin a été enlevé. Sa mention rappelle la figure magique d'un papyrus de Leyde (*Introduction à la Chimie des anciens et du moyen âge*, p. 9 et 18).

Puis vient une description des cercles concentriques de Cardan, dans lesquels un vase suspendu ne se renverse jamais.

En somme, ce sont là des formules tirées de quelque livre de magicien-prestidigitateur, profession connexe autrefois avec celle des artisans en métaux précieux et des faussaires qui pratiquaient la prétendue transmutation.

9ᵉ GROUPE. — Il comprend des articles industriels, ou relatifs à des drogues diverses, tels que la fabrication du savon, l'amidon, le sucre;

La préparation des couleurs blanches, bleu verdâtre (*venetum*), celle de l'azur;

Des procédés pour couper et pour mouler le verre, recettes chimériques reposant sur l'emploi du sang et de l'urine de bouc et qui existent aussi dans Éraclius (livre III, ch. x, et livre IV, ch. vi);

Des alphabets cryptographiques, des formules isolées sur la dorure du fer et sur l'ivoire;

Enfin des notes sur les relations entre la longueur des tuyaux sonores et la gamme musicale.

Le tout offre le caractère de notes additionnelles, inscrites par le copiste ou par le propriétaire sur les dernières feuilles blanches de son manuscrit.

Les détails dans lesquels je viens d'entrer caractérisent la composition des manuscrits qui renferment la *Mappæ clavicula*. Cet ouvrage est un recueil de recettes, principalement destiné aux orfèvres, et qui a été enrichi par des additions et intercalations successives des copistes, jusqu'à la rédaction parvenue jusqu'à nous. Le manuscrit de Schlestadt représente une rédaction plus ancienne que celui de l'*Archæologia*.

Il résulte de l'ensemble des données que je viens d'exposer que la connaissance de l'alchimie, venue d'Égypte, serait parvenue à Rome dès les premiers siècles de l'Empire romain : résultat conforme aux indications que j'ai développées ailleurs [1] sur l'École démocritaine,

_____

[1] *Origines de l'Alchimie*, p. 156-160.

déjà connue de Sénèque, de Pline, d'Aulu-Gelle et même de Vitruve.

Les pratiques réelles et les imaginations des vieux métallurgistes et orfèvres égyptiens, dont la date initiale se perd dans la nuit des temps, ont donc été transmises de bonne heure aux artisans italiens; elles ont été traduites en latin, sans doute vers le même temps que les traités d'astrologie de Manilius (au 1ᵉʳ siècle) et de Julius Firmicus (au IVᵉ siècle de notre ère), et que le poème *De ponderibus et mensuris*, où l'on trouve décrits la balance hydrostatique, l'aréomètre et divers procédés se rattachant à la physique antique. Le petit ouvrage de Marcus Græcus, *Liber ignium*, est un autre reste de ces mêmes traditions, plus éloigné à la vérité de leur origine. Pratiques et procédés se sont perpétués dans les ateliers de l'Occident, principalement en Italie et en France, à travers les temps barbares de l'époque carolingienne, jusqu'aux VIIIᵉ et Xᵉ siècles, époque de la transcription des manuscrits de Lucques et de Schlestadt. Ces pratiques, ainsi transmises directement, se sont rejointes, deux siècles après, avec les théories des alchimistes grecs, revenues en Occident par l'intermédiaire des Arabes.

CHAPITRE III.

TRADITIONS TECHNIQUES DE LA CHIMIE ANTIQUE
CHEZ LES ALCHIMISTES LATINS PROPREMENT DITS DU MOYEN ÂGE.

Les traditions de la chimie antique se sont transmises, je le répète, au moyen âge par deux sources très différentes, l'une théorique, l'autre pratique. D'un côté, les idées théoriques des alchimistes grecs ont passé aux Arabes, par l'intermédiaire des Grecs d'Alexandrie et des Syriens, au temps des premiers califes en Mésopotamie; elles ont été transportées par les Arabes en Espagne, traduites parfois de nouveau dans la langue hébraïque, ou bien dans les langues castillane (*Lapidarium* d'Alphonse X), catalane ou provençale [1], et simultanément dans la langue latine, en Italie et en France, vers la fin du XIIᵉ siècle et pendant le cours du XIIIᵉ. Ces dernières traductions ont été faites en même temps que celles des philosophes et des médecins, bien connues des historiens. J'examinerai tout à l'heure quelques-unes des plus anciennes traductions latines d'auteurs alchimistes arabes : je me bornerai à dire dès à présent que j'y ai retrouvé, spécialement dans la *Turba philosophorum* et dans *Rosinus*, les idées et les textes mêmes des alchimistes grecs.

Cependant la description des pratiques des métallurgistes, des orfèvres, des peintres, des scribes, des architectes, des céramistes et fabricants de verre, etc., usitées en Égypte, en Orient, chez les Grecs et les Romains, — description faite d'abord en grec par les auteurs helléniques, puis traduite en latin au temps de l'Empire

----

[1] Il existe une alchimie provençale manuscrite à la Bibliothèque nationale. Dans les ouvrages alchimiques les plus anciens attribués à R. Lulle, on lit aussi des citations détaillées d'un ouvrage écrit dans la même langue. J'y reviendrai plus loin.

romain, — a été connue pendant la période carolingienne et plus tard; sans qu'il y ait jamais eu solution de continuité dans ces divers ordres de connaissances, maintenues par leurs applications industrielles.

C'est ce que j'ai établi en particulier dans le chapitre précédent pour les alliages métalliques : les recettes grecques du papyrus de Leyde et de la Chimie dite *de Moïse* se retrouvant dans les *Compositiones*, au VIIIᵉ siècle, et dans la *Mappæ clavicula*, au Xᵉ. J'ai même signalé l'identité de plusieurs de ces recettes avec celles des traités connus d'Éraclius et de Théophile : ouvrages postérieurs, compilés au XIᵉ ou XIIᵉ siècle; ce qui montre bien la continuité des traditions techniques chez les orfèvres, les peintres, les scribes et les céramistes.

On sait que les règles et recettes de thérapeutique et de matière médicale se sont conservées pareillement par la pratique, qui n'a jamais pu cesser, dans des Réceptaires et autres traités latins : ces traités, traduits du grec dès l'époque de l'Empire romain et compilés du Iᵉʳ au VIIᵉ siècle de notre ère, ont été transmis de main en main et recopiés fréquemment pendant les débuts du moyen âge. La transmission des arts militaires et celle des formules incendiaires, en particulier, ont été poursuivies également, depuis les Grecs et les Romains, à travers les âges barbares. Bref, la nécessité des applications a partout fait subsister une certaine tradition expérimentale des arts de la civilisation antique.

En poursuivant cette étude, j'ai reconnu que les deux modes de transmission précédents ne sont pas restés isolés et indépendants l'un de l'autre, mais qu'ils ont concouru tous les deux à la formation des grands recueils alchimiques latins du XIIIᵉ siècle, conservés dans les plus vieux manuscrits; les théories se trouvant surtout exposées dans les traductions latines des auteurs arabes qui s'y trouvent, et les pratiques, dans des groupes de petits articles intercalaires. Je vais établir par des faits précis cette association des deux sources traditionnelles.

Les manuscrits alchimiques latins les plus anciens et les plus étendus que nous possédions à la Bibliothèque nationale de Paris portent les numéros 6514 et 7156; ils sont de la fin du xiii° siècle ou du commencement du xiv°, d'après l'opinion des paléographes; M. Ch.-V. Langlois, dont on connaît la compétence spéciale, serait porté à en faire remonter la date au dernier quart du xiii° siècle. On ne peut pas, d'ailleurs, aller plus haut, les deux manuscrits renfermant le traité d'Albert le Grand *De mineralibus;* or Albert le Grand est mort en 1280. Disons enfin que j'ai retrouvé dans les manuscrits mêmes, ainsi qu'il sera expliqué plus loin, certains noms de personnages contemporains des copistes et qui ont vécu vers 1288 et 1302, ce qui confirme les appréciations précédentes.

Donnons d'abord quelques renseignements sur la composition générale de ces deux manuscrits; elle est fort analogue, car ils sont consacrés principalement à des traductions d'auteurs arabes : plusieurs, tels que Rasès [1], Geber, Avicenne, Bubacar, communs aux deux manuscrits; d'autres, tels que la *Turba philosophorum,* Morienus, Hermès (Pseudo-), Alphidius, Alpharabi, Alchid Bechil, etc., spéciaux à chacun d'eux. Sans nous étendre sur ces traductions, qui seront examinées ailleurs, présentons l'analyse sommaire de certains ouvrages caractéristiques contenus dans les manuscrits.

Le manuscrit 6514 débute par le livre d'Hermès, titre banal au moyen âge, lequel rappelle la tradition égyptienne. En fait, la traduction de l'ouvrage, mis sous ce nom dans notre manuscrit, est des plus anciennes parmi les œuvres alchimiques latines; car cette traduction porte la mention [2] : *Ab omni latinitate intentata* « ouvrage que l'on n'a pas encore essayé de traduire en latin »; mention qui rappelle une phrase semblable de Robert Castrensis, traducteur de Calid et de Morienus à la fin du xii° siècle : *Quid sit Alchymia... nondum vestra cognovit latinitas* « Votre monde latin n'a pas encore connu l'alchimie [3] ».

Au commencement des manuscrits, on rencontre de petits vocabulaires arabico-latins (fol. 8 et 40).

---

[1] Traité *Lumen luminum,* dans les deux manuscrits, et traité *De aluminibus et salibus,* dans 6514.

[2] Ms. 6514, fol. 39.

[3] *Bibliotheca chemica* de Manget, t. I, p. 509.

Voici maintenant un souvenir des Grecs. On lit dans le ms. 6514 (fol. 133) : *Hic est liber methcaurorum* (sic) *Alphidii Philosophi.* L'auteur s'adresse à un personnage nommé Théophile : « *O Theophile,* » nom qui semblerait indiquer une origine grecque ou syrienne du traité.

Le titre de « Livre des météores » répond aux Météorologiques d'Aristote et est commun à plusieurs auteurs arabes. En particulier, on peut citer le livre d'Avicenne : *de Mineralibus, qui vulgo quartus meteorum Aristotelis appellatur*[1]. De même : *Aristoteles, in libro meteorum de sulfure et mercurio*[2]. On voit ici l'une des origines du Pseudo-Aristote alchimiste, je veux dire les commentaires arabes ajoutés à la suite de ses Météorologiques, commentaires qui ont fini par être confondus avec le texte lui-même.

Je citerai maintenant, dans les présents manuscrits, des titres qui paraissent d'origine orientale, tels que : le *Livre des soixante-dix* (chapitres) de Jean[3], le *Livre des trente paroles*, le *Livre des douze eaux*, etc.

Liber de septuaginta Johannis translatus a magistro Renaldo Cremonensi « le Livre des soixante-dix, de Jean, traduit par maître Renaud de Crémone ». Il s'agit de soixante-dix chapitres, désignés aussi sous le nom de *libri*. Le nom de Jean n'est pas arabe et rappelle celui de *Jean l'Archiprêtre*, l'alchimiste grec[4]. C'est le nom d'un chrétien, peut-être d'un Syrien. Dans les œuvres arabes de Geber, cet auteur dit précisément avoir écrit un Livre des soixante-dix. Est-ce le même? En tout cas, le traité actuel paraît traduit de l'arabe. Dans le ms. 6514, il est question seulement de quelques recettes tirées de ce traité (fol. 45 à 51); mais le traité lui-même est beaucoup plus étendu. La plus grande partie se trouve dans le ms. 7156 (fol. 66 à 83), ainsi que sa division en chapitres (ou livres), ayant chacun un titre distinct, quoique avec des lacunes considérables. Je citerai entre

[1] *Theatr. chem.*, t. I, p. 143. — [2] *Ibid.*, t. III, p. 187. — [3] Le manuscrit porte *Joh.*, qui est l'abrégé de *Johannes*. — [4] *Coll. des Alch. grecs*, trad., p. 252 et 476.

autres : liber I, *Divinitatis*; lib. V, *Ducatus*; lib. X, *Fiduciæ*; lib. XII,
Judicum; lib. XIII, *Applicationis*; lib. XXIV, *Ludorum*; lib. XXVI,
Coronæ; lib. XXVII, *Evasionis*; lib. XXIX, *Cupiditatis*; lib. XXXII,
Fornacis; lib. XXXIII. *Claritatis*; lib. XXXIV, *Reprehensionis*; plu-
sieurs livres sans numéros, etc.; enfin lib. LXX et dernier (fol. 83).

La dispute entre l'or et le mercure[1], qui se trouve dans Vincent
de Beauvais et chez plusieurs alchimistes, est exposée au folio 79 v°.

Quoiqu'une portion de l'ouvrage de Jean ait été perdue, la majeure
partie en est donc venue jusqu'à nous; mais les recettes pratiques
qu'il contenait ont été relevées surtout dans le ms. 6514, tandis
qu'elles ne figurent guère dans le ms. 7153. Les titres singuliers
donnés par ce dernier rappellent à la fois les Alexandrins, tels que
Zosime (*Sur la Vertu* et *l'Interprétation*, *Livre du Compte final*, etc.),
et les Arabes. L'ouvrage de Jean mériterait une étude spéciale.

Le *Livre des douze eaux* a été souvent cité, et même attribué à Raymond Lulle : on voit qu'il est antérieur aux prétendues œuvres alchimiques de cet auteur. Ce titre d'ailleurs paraît avoir été appliqué
dans le cours des temps à des opuscules différents, comme le montre
la comparaison entre les textes des mss. 6514 (fol. 40), 7156
(fol. 145 v°) et ceux du *Theatrum chemicum*, t. III, p. 104. L'indication
des douze eaux n'est pas rigoureusement exacte ; il s'agit en réalité
de douze préparations, dont plusieurs s'exécutaient avec des matériaux
solides et par voie sèche. En voici la liste, d'après l'ouvrage transcrit
dans le ms. 6514 (fol. 40 v°), liste qui donne une idée des prépa-
ra:'ons usitées à cette époque :

I, *De aqua rubicunda*; II, *De comburendo cramine*; III, *De rubigine*;
IV, *De croceo ferro*; V, *De rubicundo lapide*; VI, *De aqua sulfurea*;
VII, *De aqua cineris*; VIII, *De gummi rubeo*; IX, *De aqua penetrativa*;
X, *De aqua marcasitæ in argenti dissolucione*; XI, *De aqua vitrea*; XII,
De fermento.

La plupart de ces liqueurs représentent des solutions alcalines.

⁽¹⁾ *Introduction à la Chimie des anciens*, p. 258.

acides, sulfureuses, arsenicales, etc., d'après la lecture que j'ai faite
du texte.

On trouve aussi dans ces manuscrits des *Traités sur les pierres précieuses* et sur leurs propriétés mystiques, sujet fort en honneur au
moyen âge, mais qui remontait à l'antiquité, comme on peut le voir
dans Pline et dans d'autres auteurs. C'est ainsi qu'on lit une copie
du poëme bien connu de Marbod (*Evax rex Arabum*, etc.), dans
le ms. 6514, et un ouvrage en prose sur le même sujet, dans le
ms. 7156.

Le *Liber ignium*, de Marcus Græcus, figure aussi dans le dernier
manuscrit : il appartient, en effet, à cette série d'opuscules techniques
d'origine antique, sur laquelle je me propose de revenir tout à l'heure ;
mais il sera étudié dans un chapitre à part.

Les ouvrages de chimie et d'alchimie dus à des auteurs latins occidentaux, nécessairement plus modernes, sont, au contraire, peu
nombreux dans ces manuscrits, et plusieurs portent de fausses attributions. Je citerai d'abord le livre *De Mineralibus* d'Albert le Grand.
J'y ai relevé également (ms. 7156, fol. 138) un opuscule de Jacobus
Theotonicus, opuscule d'une science positive et purement pratique,
où sont décrites avec détail les opérations de la chimie d'alors, avec
figures au trait, telles que distillation (et filtration), congélation, c'est-
à-dire solidification et cristallisation, sublimation (et grillage), fixation, calcination, solution, etc. Le nom de Theotonicus semble
synonyme de Teutonicus (l'Allemand) ; il a été aussi donné avec des
prénoms différents (Pierre, Albert) à un auteur dont nous possédons
un traité en langue grecque, que j'ai reconnu être traduit de l'alchimie
latine attribuée à Albert le Grand : la traduction a été faite sans doute
vers la même époque où Planude a traduit en grec divers auteurs
latins. J'ai examiné ailleurs [1] ce dernier traité alchimique grec et il
me paraît inutile d'y revenir : je me bornerai à dire qu'il est tout à
fait différent de l'ouvrage actuel de Jacobus Theotonicus, ouvrage

_____

[1] *Introduction à la Chimie des anciens*, p. 207.

sérieux et important pour l'histoire de la science : j'en reproduirai les figures dans un chapitre ultérieur, avec commentaire technique.

Parmi les noms d'auteurs que l'on trouve signalés, dans les tables initiales et dans le corps même des manuscrits, sont ceux de Roger Bacon et de Martin Ortholanus ; mais ces attributions paraissent dues à des erreurs de copiste. On lit, en effet, au folio 129, 1re colonne, du ms. 6514, les mots suivants, écrits à l'encre rouge : *Explicit liber fratris Rogerii Bachonis;* mais ces mots sont inscrits à la fin d'un traité de Razès, débutant, au folio 125, par les mots : *Incipit liber Rasis de aluminibus et salibus.* La citation du nom de Roger Bacon à cette époque, où il n'avait pas la réputation qu'il acquit plus tard, mériterait attention ; mais il paraît avoir été inséré ici après coup et par méprise, peut-être par suite de l'assimilation de quelque recette qui lui était attribuée avec celles de l'ouvrage qui porte le nom de Rasès [1].

Dans le ms. 7156, au folio 146, 2e colonne, commence un traité sans titre, qui débute ainsi : *Morienus de opere capillorum loquens,* et se termine au folio 148, 2e colonne [2], par les mots : *aliquid in una die fit.* Tout ce traité est de la même écriture et de la même époque (vers 1300) que le reste du volume. Cependant une main étrangère a ajouté en marge, au début, les mots : *Tractatus Martini Ortholani.* Or ce traité ne saurait être de Martin Ortholan, qui a vécu au milieu du XIVe siècle, cinquante ou soixante ans après l'époque où le manuscrit a été copié. D'après M. Ch.-V. Langlois, l'écriture de la marge qui le mentionne est en effet postérieure au texte et elle aurait été inscrite vers la fin du XIVe siècle. A la fin du traité, une autre main a ajouté, d'une écriture plus moderne encore : *Explicit Martinus Ortolanus.* Ces indications postérieures au texte sont évidemment inexactes. L'ouvrage lui-même a le même caractère général que les traités appartenant à la tradition, ou à l'imitation arabe, qui le précèdent et qui

___

[1] On lit à la dernière ligne du folio 128 v° : *Apud nos Gallicos,* expression due évidemment à une intercalation. — [2] Le folio 147 manque.

le suivent (*Liber duodecim aquarum* et *Liber lilium*). Peut-être le nom d'*Ortholanus* a-t-il été introduit ici, par suite d'une confusion avec un certain *Galienus de Orto*, qui a vécu vers 1302 et qui sera signalé plus loin (p. 77) comme répondant vraisemblablement à l'un des alchimistes cités nominativement dans nos manuscrits.

Ces détails montrent que la tradition des grands maîtres, réels ou prétendus, de l'alchimie latine n'avait pas encore pris son autorité, au moment où ont été écrits les manuscrits alchimiques que j'examine en ce moment. En effet, on n'y lit ni le nom d'Arnaud de Villeneuve, ni celui de Raymond Lulle, quoiqu'ils fussent contemporains des copistes de nos manuscrits.

Les signes alchimiques symboliques, si développés aux XVᵉ et XVIᵉ siècles chez les Latins, ne figurent pas non plus dans ces manuscrits, qui ne reproduisent même pas les signes planétaires des métaux, autrefois d'un usage courant chez les alchimistes grecs, mais qui n'apparaissent que par une rare exception dans les manuscrits arabes [1]. On y trouve bien les noms du Soleil appliqué à l'or, de la Lune à l'argent, de Vénus au cuivre, de Mars au fer, etc.; mais non les signes de ces astres, substitués aux noms écrits des métaux correspondants. Le seul indice de ce genre que j'aie rencontré existe à la marge du folio 89 (ms. 6514); or il est d'une écriture plus moderne (fin du XIVᵉ siècle?), tout à fait isolé et d'un caractère plus général, car il s'applique aux éléments. Disons cependant qu'on y voit ce qui suit :

Figura ignis, un cercle avec un point central, signe qui avait un sens tout différent chez les Grecs [2] comme chez les astrologues [3];

---

[1] Je n'en connais qu'un seul exemple, tiré d'un manuscrit de Leyde : je l'ai reproduit dans le 1ᵉʳ fascic. du présent ouvrage.

[2] *Introduction à la Chimie des anciens*, p. 122.

[3] Ce signe existe dans le manuscrit de Paris 7158, fol. 129; mais là aussi il est d'une écriture plus moderne, et il en est de même des signes de l'argent (signe couché) et du mercure, au fol. 147 v°. — Les lecteurs successifs des manuscrits y ont ajouté leurs notes, à différentes époques.

IMPRIMERIE NATIONALE.

Figura aeris, un triangle :

Figura aquæ, un carré ;

Figura terræ, deux triangles équilatéraux entrelacés, formant un polygone étoilé régulier.

On pourrait rapprocher de ces dessins les figures géométriques reproduites à la page 160 (fig. 36) de mon *Introduction à la Chimie des anciens et du moyen âge;* mais ces dernières répondent au texte du Chrétien [1] et elles y offrent un sens bien différent, les éléments n'ayant pas de signe représentatif propre dans les listes de symboles des alchimistes grecs. Au contraire, à partir de la fin du xivᵉ siècle, de tels signes deviennent courants pour les éléments anciens des philosophes et pour les éléments nouveaux des alchimistes. C'est donc à cette dernière époque, et non à celle de la copie initiale des manuscrits, que les figures actuelles paraissent devoir être rapportées.

On rencontre çà et là dans nos manuscrits des suites de lettres, dénuées de sens apparent et destinées à représenter pour les seuls initiés certains mots et certaines préparations. Par exemple, on lit dans le ms. 6514, fol. 39 : *Incipit liber Hermetis de blchkmkb :* on doit traduire le dernier mot par *alchimia,* un certain nombre de lettres, les voyelles, étant remplacées par les consonnes qui suivent dans l'alphabet, l'*a* par le *b* et l'*i* par le *k.* J'ai trouvé dans la *Mappæ clavicula* un symbolisme analogue, appliqué à l'alcool [2]. Mais il est plus difficile d'interpréter les signes suivants : *De preparando ad oπyiδbo;* de même au folio 51 : *Tolle lapidem Pharaonis,* etc.; puis viennent les mots λγtropo et plus loin *bhpγco,* plus loin encore *vopopo,* etc. Ces dernières désignations cryptographiques reposaient sur des conventions individuelles, indéchiffrables pour nous. Cependant il convient d'ajouter qu'ils rappellent les lettres transposées par lesquelles Roger Bacon, à la même époque, désignait la formule de la poudre à canon.

L'alchimie était, dès le xiiᵉ siècle, très cultivée en Occident, non seulement dans les livres, mais dans la pratique : c'est ce qu'atteste le

[1] *Coll. des Alchim. grecs,* trad., p. 397 et 398. — [2] Voir plus haut, p. 61, note 1.

traité de Jacobus Theotonicus, cité plus haut (p. 71); c'est ce que prouvent aussi les indications que je vais relever. En effet, à la suite des traités méthodiques traduits de l'arabe, on trouve dans les manuscrits des séries de recettes techniques caractéristiques. Mais, avant d'en faire l'analyse, une remarque très intéressante se présente, qui permet de préciser la date et le lieu d'origine de nos manuscrits, car il est question dans ces recettes de personnages contemporains du copiste.

Les uns sont cités avec mention individuelle, comme des praticiens connus de lui. Au folio 55 v° du ms. 6514, on lit par exemple :

Frater Pasinus Parvus de Briscia habet alkimiam et scit extinguere mercurium cum corallo et credo quod sit ille frater predicator de Mantua quem Cabrielus quod dicebat quod errat quidam frater minor; ut dicebat Lanfrancus de Verceis. « Le frère Pasinus Petit de Brescia possède un livre d'alchimie et sait éteindre le mercure avec le corail[1], et je crois que c'était le frère prêcheur de Mantoue dont parlait Gabriel, en disant : il y a un frère mineur qui est dans l'erreur; comme le disait (aussi) Lanfranc de Verceil. »

Et plus loin :

Magister Joannes de actionibus habet librum duodecim aquarum qui est duo foliorum. « Maître Jean possède, pour les opérations, le Livre des douze eaux, qui occupe deux folios. » Ce Livre des douze eaux se trouve d'ailleurs dans nos manuscrits[2]. Il était assez répandu, car le copiste ajoute :

Ricardus de Pulia habet similiter librum XII aquarum.

Et encore (fol. 56) :

Cortonellus, filius quondam magistri Bonaventure de Ysco, habet unum

---

[1] Chrysocorail ou coquille d'or? (Voir *Collection des Alchimistes grecs*, trad., p. 46.) — [2] Voir plus haut, p. 70.

librum alchemie. « Cortonellus, fils de feu maître Bonaventure de Yseo, possède un livre d'alchimie. »

Magister Johannes dixit quod omnis forma potest fieri in ferro calido. « Maître Jean dit qu'on peut donner toute espèce de figure au fer chaud. » Il s'agit évidemment du travail du fer au marteau.

Petrus Tentenus dicit quod est quædam vena alba ad modum cristalli. « Pierre Tentenus parle d'une veine de minerai blanc, pareille à du cristal », etc.

Et plus loin (fol. 58) :

Frater Michael Cremonensis de ordine Eremitano est alkimista et dixit Ambrosio Cremonensi, etc. « Frère Michel de Crémone, de l'ordre des Ermites, est alchimiste et il a dit à Ambroise de Crémone... »

Item dixit Ambrosius quod de terra quæ calcatur cum pedibus potest fieri bonum azurum. « Ambroise a dit que l'on peut fabriquer de bon azur avec la terre que l'on foule aux pieds. »

Ce genre de contraste entre le caractère vil de la matière première et la grande valeur du produit fabriqué est courant chez les alchimistes [1].

Magister Galienus scriptor qui utitur in Episcopatu est alkimista et scit albificare cramen, ita quod est album ut argentum commune. « Maître Galien, le scribe de l'évêché, est alchimiste et sait blanchir le cuivre et le rendre pareil à l'argent ordinaire. »

Dans le ms. 7156, fol. 141 v°, vers la fin de la *Practica* de Jacobus Theotonicus, on lit une indication analogue, plus vague à la vérité :

Primo dicam capitulum cujusdam archiepiscopi qui valde fuit expertus in opere alkimie. « J'exposerai d'abord le chapitre d'un archevêque très habile dans l'œuvre alchimique. »

Je rappellerai que dans ce même manuscrit (fol. 66 v°) figure le

---

[1] *Collection des Alchimistes grecs,* trad., p. 38, note.

Liber de Septuaginta Johannis translatus a magistro Renaldo Cremonensi de lapide naturali. « Livre des soixante-dix (chapitres) de Jean, traduit par maître Renaud de Crémone, sur la pierre naturelle. » J'en ai indiqué plus haut quelques chapitres; je le cite ici, seulement à cause du nom du traducteur, maître Renaud de Crémone (p. 69).

Au folio 169 : *Capitulum magistri Marci de Secã* (ou *Sicilia*) *in Neapoli* « Chapitre de maître Marc *de Secã* (ou de Sicile) à Naples »; et encore au folio 170, en marge : *Magistri Marci* « de maître Marc »[1]. De même au folio 169 v° : *Capitulum Domini Petri*[2] « Chapitre du sieur Pierre ». Au folio 162 : *hic incipit Magister Villelmus* « ici commence maître Guillaume ». Chacun avait ainsi son chapitre, son procédé, ou sa doctrine, et était cité individuellement; précisément comme les auteurs de mémoires ou d'ouvrages de chimie de notre temps.

J'ai relevé ces citations avec d'autant plus de soin qu'elles attestent au XIIIᵉ siècle l'existence d'une petite confrérie d'alchimistes, inconnus de l'histoire; personnages d'ailleurs suspects d'erreur, c'est-à-dire d'hérésie, aux yeux de leurs contemporains, comme l'ont toujours été les alchimistes.

J'ai recherché s'il existait quelque trace de ces personnages dans les *Annales des frères Mineurs* et dans les *Scriptores ordinis Predicatorum* de Quétif et Échard; j'y ai rencontré en effet deux auteurs de l'époque, qui pourraient être les mêmes que deux de nos alchimistes ci-nommés, savoir : un Galienus de Orto[3], qui a vécu vers 1302-1306, et un Marcus de Naples, Sicilien[4], abréviateur de saint Thomas d'Aquin, qui vivait vers 1288[5].

[1] On lit la même indication dans le manuscrit latin 7158 de Paris, fol. 59 v°, à la marge. — On lit encore, fol. 60 v°, à la marge : *Marcus ad fixandum cinabrium sic processit.* — Fol. 77 : *in libro Paulini et Marchi.* Ce Marcus de Naples, écrivain de la fin du XIIIᵉ siècle, ne doit pas être confondu avec le *Marcus Græcus*, auteur du *Liber ignium*, qui est plus ancien.

[2] Est-ce maître Pierre, le célèbre maître de Roger Bacon ?

[3] Quétif et Échard, ouvrage cité, t. I. p. 406.

[4] Idem, t. I, p. 504.

[5] Rappelons l'alchimie apocryphe, attribuée à saint Thomas d'Aquin; or nous trouvons ici un alchimiste qui est son disciple.

D'après les prénoms des alchimistes cités plus haut, la plupart seraient originaires des villes de la haute Italie : Crémone, Brescia,
Verceil, Iseo, etc. On sait que Gérard, l'un des traducteurs arabisants
les plus célèbres du xɪɪᵉ siècle, était aussi de Crémone. Les noms actuels étant cités par les copistes mêmes de nos manuscrits, lesquels
renferment également des traductions d'ouvrages arabes, on voit que
ces copistes ont dû appartenir à la Lombardie : ce serait donc là le
lieu d'origine des manuscrits, et la date en serait très voisine de
l'an 1300.

Il résulte encore de ces textes que, non seulement les moines précités possédaient des livres d'alchimie; mais ils en pratiquaient l'art,
les uns pour teindre et altérer les métaux, les autres pour se livrer
à des préparations industrielles.

Les fabrications d'alliages composés en vue de la transmutation,
telles qu'elles sont décrites dans les manuscrits, sont fondées, comme
toujours, sur l'emploi des composés arsenicaux. Parmi les recettes
isolées qui ne figurent pas dans des traités proprement dits, j'en
relèverai quelques-unes très caractéristiques, parce qu'elles viennent
de la tradition grecque sans avoir passé par les Arabes. On lit, par
exemple (ms. 6514, fol. 47) :

1° « Pour augmenter le poids de l'or. Or, 1 partie, et cadmie;
fondez. » C'est la recette 16 du papyrus de Leyde[1].

2° « Or, rouge de Sinope et misy; fondez ensemble, et vous ferez
(fiat). » C'est la recette 17 du même papyrus abrégée.

3° « Compositio electri (fol. 48 v°). Electrum componitur sic : accipe
partes duas argenti et craminis unam et auri tertiam, et conflа. « Composition de l'électrum. L'électrum se compose ainsi : prenez 2 parties
d'argent, 1 de cuivre et une 3ᵉ partie d'or et fondez. » Cette recette se
trouve aussi dans la Mappæ clavicula, n° 140[2].

[1] Introduction à la Chimie des anciens,   [2] Voir aussi ce volume, p. 41, n° 23;
p. 32.   p. 43, n. 27, etc.

4° « *Ad clidrium* (fol. 48 v°). Pour faire de l'électrum, prenez cuivre, 4 parties; argent, 1 partie; orpiment, 2 parties; fondez;... après avoir beaucoup chauffé, laissez refroidir, vous trouverez de l'argent... Mettez dans un plat luté avec de l'argile et cuisez jusqu'à ce que le produit ait la consistance cireuse; fondez et vous trouverez de l'argent (*lunam*). En cuisant beaucoup, vous aurez de l'électrum; en ajoutant 1 partie d'or (*solis*), il se produira de l'or (*sol*) excellent. »

La même recette se trouve dans le ms. 7156, fol. 136 v°, avec cette variante finale : « il se produira une belle image de l'or (*solis*). » L'idée d'imitation semble percer ici, tandis que dans le premier texte, il s'agit d'identité. Quoi qu'il en soit, cette recette est imitée des nᵒˢ 4 et 8 du Pseudo-Démocrite [1], dont elle reproduit textuellement les dernières lignes, et elle est identique, sauf les variantes inévitables, avec la recette 15 de la *Mappæ clavicula*, qui figure dans le manuscrit de Schlestadt écrit au xᵉ siècle [2], c'est-à-dire à une époque antérieure à l'influence arabe. Nous allons retrouver tout à l'heure d'autres textes, communs à nos manuscrits alchimiques et à la *Mappæ clavicula*.

5° La recette suivante (16) de la *Mappæ clavicula* : « Prenez l'or ainsi préparé, mettez-le en lame de l'épaisseur de l'ongle, etc., vous trouverez de l'or excellent et sans défaut », se lit également dans le ms. 7516 à la même feuille [3].

6° On lit encore ceci dans le même manuscrit : « Prenez orpiment et sel ammoniac, étain, coquilles d'œuf; placez dans une marmite. Le couvercle sera percé d'un petit trou... Quand elle sera rouge en dessous, ratissez, mélangez la raclure avec de l'argent fondu, jusqu'à ce que l'argent prenne la couleur d'un or excellent. » Cette recette, où l'on teint l'argent au moyen d'un composé arsenical sublimé, appartient aux alchimistes grecs et se retrouve en substance dans les traités de

[1] *Collection des Alchimistes grecs*, trad., p. 46 et 48.
[2] Cf. le chapitre précédent, p. 38.
[3] Voir ce volume, p. 38.

Zosime [1] et de Cosmas [2]; mais l'identité des textes est moins complète que pour les précédentes.

7° « Pour augmenter l'or » (ms. 6514, fol. 49). Longue recette avec du mercure, de la limaille d'or, d'argent, de laiton, etc., identique avec la recette n° 1 de la *Mappæ clavicula* [3] et se terminant de même par ces mots : « Ajoutez aux espèces précédentes un peu de pierre de lune, que les Grecs appellent *afroselinum.* »

Les contes relatifs à la sélénite, qui avaient cours chez les alchimistes grecs [4], se retrouvent également dans nos textes [5].

8° Puis vient la recette suivante : « Augmenter le poids de l'or. Alun liquide, 1 partie; amome de Canope dont se servent les orfèvres, 1 partie; or, 2 parties; fondez le tout avec de l'or et il deviendra plus pesant. » Cette recette se trouve aussi dans la *Chimie de Moïse* [6] et dans la *Mappæ clavicula*, n° 17 [7]; mais, circonstance singulière, elle est donnée pour un objet différent dans chacun des trois ouvrages.

Dans le ms. 6514, c'est un procédé pour augmenter le poids de l'or, comme on vient de le voir. Dans la *Mappæ clavicula*, il se termine par les mots : « Fondez tout cela et vous verrez », et il est proposé pour verdir l'or. Tandis que dans le plus ancien texte, celui de l'alchimie de Mésie, le mot *amome* est remplacé par le mot *sel ammoniac*, et le procédé est indiqué pour faire l'épreuve de l'or, ce qui me paraît être en effet sa véritable signification. Mais les copistes en ont changé plus tard le sens, dans leur préoccupation perpétuelle de transmutation.

Ceci montre, en outre, que les trois textes ne dérivent pas d'une

---

[1] *Collection des Alchimistes grecs*, trad., p. 142 et 230.

[2] *Ibid.*, p. 418 et 419.

[3] Voir ce volume, p. 31.

[4] *Collection des Alchimistes grecs*, trad., p. 131 à 133.

[5] *Afroselina in Egypto invenitur*,.... *os celestis precipitatus ad lunæ claritatem in speciem lapidis quem specularem vocant*

et coagulatus colligitur. « L'afroselinum (écume lunaire) se trouve en Égypte... On recueille la rosée céleste, précipitée à la lumière de la lune sous la forme de la pierre dite *speculaire* et durcie. » (Ms. 7156, fol. 40.)

[6] *Collection des Alchimistes grecs*, trad., p. 297, n° 48.

[7] Voir le présent volume, p. 38.

même copie; ce sont des recettes techniques, transmises par la tradition des artisans, et qui sont parvenues jusqu'au xiiiᵉ siècle, en suivant des voies différentes, indépendantes d'ailleurs de la tradition arabe.

Les procédés pour durcir le plomb, pour blanchir le plomb, puis *quomodo stagnum album et durum fiat* « comment l'étain devient blanc et dur, de façon à rendre un son clair et sec », *sonos claros et siccos*, c'est-à-dire de façon à avoir perdu sa mollesse et son cri, se rattachent aussi aux vieux alchimistes grecs[1]. Mais la filiation est ici plus difficile à établir, la rédaction des procédés n'étant pas exactement la même.

Attachons-nous de préférence à l'examen de certaines indications techniques, qui se rencontrent dans les vieux manuscrits latins; tels sont les procédés tirés du Livre de Jean, qui se terminent au folio 51 du ms. 6514 : *Finitus est hic liber Johannis*; tels ceux du Livre des Prêtres et d'un autre ouvrage sans titre connu, reproduit en partie ici et qui a été mis aussi à contribution dans les *Compositiones* (viiiᵉ siècle) et dans la *Mappæ clavicula* (xᵉ siècle). Parlons d'abord du Livre des Prêtres.

Au folio 41 vᵒ du présent manuscrit, on lit :

Incipit liber Sacerdotum : Ut ex antiquorum scientia philosophorum percipitur, de colorum genus et mineralia principales duæ origines. « Ici commence le Livre des Prêtres. D'après la science des anciens philosophes, les diverses couleurs et leurs minéraux ont deux origines principales, » etc. Ce Livre des Prêtres est également cité dans l'*Artis auriferæ quam Chemiam vocant*, etc. (Bâle, 1593), t. I, p. 244. En effet, dans le traité qui a pour titre *Aurora resurgens*, se trouvent les mots : *In charta sacerdotum traditur* « On rapporte dans le manuscrit des prêtres », en tête de diverses recettes relatives à la préparation des pierres précieuses artificielles.

---

[1] *Introduction à la Chimie des anciens et du moyen âge*, Papyrus de Leyde, p. 28, 35, 41, 44; — *Origines de l'Alchimie*, p. 208, 230 et 280.

Tout ceci rappelle de très près le « Livre tiré du sanctuaire des temples », cité chez les alchimistes grecs[1], livre relatif à la coloration des pierres précieuses artificielles. Ce dernier nous est parvenu sous une forme plus moderne sans doute, mais il contient de très vieilles formules : c'est un ouvrage technique, qui renferme à la fois des fragments tirés des anciens traités mis sous les noms de Marie, de Démocrite, de Moïse, et des citations d'auteurs arabes. Le « Livre des pierres », qui faisait partie des quatre livres attribués à Démocrite, se rattache à la même tradition.

Le traité latin que nous examinons en ce moment mélange aussi la tradition antique et la tradition arabe; il annonce qu'il parlera d'abord des métaux : or, argent, cuivre, plomb, étain, puis de l'orpiment, du cinabre[2], du mercure, du soufre, du nitre, du sel ammoniac[3] (*almiçadir*), des pierres, telles que l'aimant, l'hématite, le corail, le cristal, etc.; enfin il annonce la préparation de matières colorantes, telles que le vermillon, le cuivre brûlé désigné sous le nom grec altéré de *calco cecumenon* (χαλχὸς κεκαυμένος, *æs ustum*), désignation technique que nous rencontrons déjà dans les *Compositiones*, dans la *Mappæ clavicula*, et qui se lit en maints endroits des mss. 6514 et 7156, ainsi que dans certains traités de peinture et de médecine du moyen âge. Il figure notamment au folio 48 du ms. 6514, dans un petit lexique rempli de mots arabes, à côté de l'*atincar* ou borax[4], sel destiné aux soudures; de l'*alkitran*, poix, résine fossile, ou bitume; du *duenez* ou vitriol, de l'*almiçadar* ou sel ammoniac, etc. Ce mélange

---

[1] Voir la *Collection des anciens Alchimistes grecs*, trad. (1887-1888), p. 334 et note.

[2] Désigné par erreur sous le nom d'*azur*, par suite d'une confusion due à la similitude des noms arabes du cinabre : *açifar, uzenzar*, etc., et qui a été l'origine de bien des contresens chez les auteurs modernes.

[3] Appelé dans un autre endroit *aquila*,

mot qui était synonyme de matière sublimée en général.

[4] Le mot *borax* avait alors un sens générique; ce n'est que depuis un siècle ou deux qu'il a été spécialisé et limité à la substance que nous désignons aujourd'hui sous ce nom. Ce changement de signification du mot *borax* a donné lieu à de grandes confusions et erreurs parmi les personnes qui ont cité les anciens textes.

de mots grecs et de mots arabes atteste, je le répète, l'association intime des deux traditions.

Quoi qu'il en soit, les recettes comprises entre l'indication initiale du Livre des Prêtres (ms. 6514, fol. 41 v°) et l'indication finale du Livre de Jean (fol. 51) sont des recettes techniques, tout à fait congénères de celles des *Compositiones* et de la *Mappæ clavicula*, quoique généralement non identiques. Les unes sont purement latines, les autres mélangées de mots arabes, le compilateur ayant recueilli le tout ensemble dans une intention pratique. Voici les titres de quelques-unes, que l'on peut rapprocher des titres analogues des *Compositiones*, de la *Mappæ clavicula*, ainsi que des traités d'Éraclius et de Théophile. Elles se rattachent pour la plupart à la tradition antique, mais avec certaines innovations, pour les émaux par exemple.

1° Procédés de soudure : *Gluten veneris; Gluten æraminis.* Soudure du cuivre ; soudure de l'airain. Scorie de l'or, scorie de l'argent.

2° Procédés de dorure : *Ad cuprum deaurandum,* pour dorer le cuivre ; *ad latonem deaurandum,* pour dorer le laiton.

C'est la plus vieille citation que je connaisse du mot *laiton,* employé comme synonyme de l'aurichalque, que l'on retrouve d'ailleurs dénommé concurremment (fol. 50 v°). Le mot *lato* lui-même, substitué à *aurichalque,* est une variante du mot *electrum,* comme Ducange l'admettait et comme le démontre le passage suivant de Vincent de Beauvais[1], lequel met en même temps à nu l'artifice ordinaire des prétendus transmutateurs : *Quod ex urina pueri et auricalco fit aurum optimum : quod intelligendum est in colore, non in substantia; hoc auricalcum frequentis scripturæ vocatur electrum.* « Avec l'urine d'enfant et l'aurichalque, on prépare de l'or excellent : il faut entendre par là quant à la couleur mais non quant à la substance. Cet aurichalque est souvent appelé *electrum.* »

3° Procédés de peinture. *Ad pingendum vitreum vas,* pour peindre

____

[1] *Speculum naturale,* liv. VIII, chap. XXXVI.

sur verre. — *De colore argenteo*, couleur argentée. — *Aliud quod in colorem plombi*, couleur de plomb. — *Aliud quod modicum fulget*, ce qui brille d'un éclat doux. — *De rubicunda tinctura*, de la coloration en rouge. — *Aliud speciosum*, autre belle coloration. — *De viridi colore*, sur la couleur verte. — *Aliud viridissimum*. — *De azurino colore*, sur la couleur de cinabre[1]. — *Aliud color violaceus*, autre couleur violette. — *De nigro colore*, couleur noire. — *Aliud quod incausto*, pour l'encaustique.

Les couleurs sur émail figurent de même dans le ms. 7156, fol. 157 v°. *De ysmalto albo fiunt omnes alii colores ysmaltorum cum admixtis, ut supra diximus.* « Avec l'émail blanc, on obtient toutes les autres couleurs d'émail par des mélanges, comme nous l'avons dit plus haut. »

À la suite de ces recettes, destinées aux peintres et aux miniaturistes, on trouve dans le ms. 6514 les procédés de transmutation, *ad elidrium*, transcrits plus haut (p. 78) et qui existent aussi littéralement dans la *Mappæ clavicula*. Puis vient (fol. 49) une formule analogue, se terminant par les mots : *donec fiat pandius*, expression qui n'avait été notée jusqu'ici que dans les procédés de teinture des *Compositiones* et de la *Mappæ clavicula* (p. 8). Ces formules d'alliages se terminent par celles de l'aurichalque (fol. 50 v°) et d'une encre verte (fol. 51). Suit l'indication de la « fin du Livre de Jean »; mais les recettes continuent.

4° *Ut ferrum molle in bonum ferrum mutetur.* — Préparation d'un alliage susceptible d'être travaillé au tour. — l'azur (cinabre) se prépare ainsi; — pour blanchir le plomb; — pour donner à ce que vous voudrez la couleur dorée. — Préparation du cuivre brûlé, appelé d'abord *æs ustum*, puis *calco cecumenon* : c'est le procédé de Dioscoride; — vert-de-gris et *flos æris*.

5° Au fol. 48 v°, on trouve des préparations de cinabre, de vert-de-gris, de céruse, produits déjà décrits dans Théophraste[2], dans Dios-

---

[1] Voir page 82, note 2.
[2] *De lapidibus*, VIII, p. 348; édition Didot, 1866. Théophraste signale la préparation de la céruse et du verdet.

coride [1], dans Pline et sur lesquelles les alchimistes grecs et latins reviennent sans cesse [2].

6° Les recettes modernes de nos alchimistes latins sont plus incertaines et plus obscures. Les procédés pour blanchir le cuivre à l'aide de l'acide arsénieux sublimé, comme dans Olympiodore [3], pour jaunir l'argent par des compositions dérivées du soufre et de l'arsenic, viennent également des Grecs, par l'intermédiaire des Arabes.

7° Signalons l'emploi des polysulfures alcalins pour teindre les métaux. Cet emploi est nettement indiqué sous le nom d'eau de soufre, dans le papyrus de Leyde [4]; Zosime en parle d'une façon plus obscure. Or nous le retrouvons dans le Livre des douze eaux, sous le titre (fol. 41) : De aqua sulfurea. L'auteur se sert d'un sulfure (arsenical probablement) désigné sous le nom de crocei sulfuris. Dans la recette suivante, il emploie l'orpiment rouge, la chaux vive, puis l'eau, c'est-à-dire un sulfarsénite.

Toutes ces matières solides et liqueurs sont colorées en rouge ou en orangé. Elles sont désignées dans d'autres textes sous les noms de vin ou de sang, à cause de leur teinte. L'auteur s'en sert pour colorer l'argent en or, dans une intention avérée de falsification. Dans le ms. 6514, on teint ainsi denarium aut annulum « une pièce de monnaie ou un anneau ». Dans le ms. 7156, fol. 66 v°, il s'agit seulement d'une monnaie appelée nummus : variante qui montre que les deux textes n'ont pas été copiés littéralement l'un sur l'autre. Mais l'auteur a soin d'ajouter, au sujet de cette teinture dorée, qu'elle n'est pas durable : non tamen durabit. L'intention du faussaire est ici manifeste, comme d'ailleurs dans les articles du papyrus de Leyde [5].

---

[1] Vert-de-gris, ærugo rasilis, lòs ἑνστός. Mat. méd., livre V, chap. xci, t. I, p. 754; — Céruse, ibid., livre V, chap. ciii, t. I, p. 769; — Cinabre, ibid., livre V, chap. cix, t. I, p. 775.

[1] Voir page 17.

[2] Collect. des Alch. grecs, trad., p. 81.

[3] Introduction à la Chimie des anciens, p. 46, n° 89.

[4] Ibid., p. 32 et 33, n° 17 et 20.

Ce procédé de coloration s'est conservé jusque dans Porta[1] au xvi° siècle : d'après cet auteur, pour accroître le poids d'un vase d'or, on le frotte avec du mercure, puis on teint l'amalgame au moyen du polysulfure de calcium[2].

Plus loin, dans le ms. 6514, nous trouvons des articles, *ad lunam faciendam*, pour préparer l'argent : c'est un procédé pour blanchir le cuivre avec une préparation arsenicale, toujours conformément à la tradition grecque. Le mot *antimonium*, si rare chez les premiers alchimistes[3], se trouve au folio 82.

Ces recettes techniques sont, je le répète, congénères des *Compositiones* et de la *Mappæ clavicula;* mais les rapprochements peuvent être poussés plus loin. En effet, j'ai trouvé dans le ms. 6514 une série de textes identiques avec les énumérations de minéraux et de drogues des *Compositiones*[4], énumérations reproduites (sauf variantes insignifiantes) dans la *Mappæ clavicula*. Entrons dans quelques détails à cet égard, à cause de l'intérêt que présente le rapprochement des trois manuscrits, si différents d'ailleurs.

Viennent d'abord des indications isolées sur les minerais d'or et d'argent :

Fol. 46 (n° 6514). *De metallo argenti et coctione. Prasinus est terra viridis ex quo metallo manat argentum,* etc.

Fol. 48. *De adamante : Lapis adamas nascitur ex cathmia,* etc.

Ce sont les numéros 124, 125, 126 de la *Mappæ clavicula*, qui figurent ainsi, à l'état tronqué, dans le ms. 6514.

Mais le morceau le plus long et le plus important, extrait des *Compositiones* et de la *Mappæ clavicula*, se trouve au folio 52 : *Primum metallum ex quo fit aurum terra rufa,* etc. *Nascitur in solanis locis.* Puis viennent

---

[1] *Magia naturalis*, p. 259. Lugduni Batavorum, 1644.

[2] « Validum paratum lixivium ex sulfure et calce viva. »

[3] Voir mon *Introduction à l'étude de la Chimie des anciens et du moyen âge*, p. 279.

[4] Ce volume, p. 13 à 15.

les minerais d'argent, de cuivre, *quam dum percutis cum pirello ignem emittit;* puis les minerais de l'aurichalque, du plomb, du verre. En résumé, c'est le numéro 192 de la *Mappœ clavicula*, tout au long et sauf légères variantes. Suivent le *Capitulum* [1] *herbarum et lignorum,* l'indication des matières propres à la teinture, celle des encres, résines, huiles, bref tout le numéro 193 de la *Mappœ clavicula,* se terminant par ces mots : *sal ex mari fit* [2]. Cela fait encore deux longues colonnes, près de quatre pages de nos textes in-8°, qui sont tirées littéralement de la *Mappœ clavicula,* laquelle les a empruntées elle-même aux *Compositiones* [3]. La conservation directe et traditionnelle des procédés et recettes techniques dans l'Occident est ainsi démontrée; mais ils sont associés dans nos manuscrits avec d'autres recettes venues par les Arabes, comme l'atteste le mélange de mots de cette langue, ainsi que l'article suivant (fol. 51 v°) sur les tuties (minerais de zinc) :

« Il y a trois tuties, l'une est une pierre blanche, en lames minces (?), tachées de jaune, froide et sèche. Une autre, la tutie marine, est une pierre verte, rugueuse, percée de trous; elle vient de l'Asie. Une autre est apportée de Syrie et d'Afrique; elle est blanche et tachetée, pesante. C'est avec elle que le cuivre rouge est teint en jaune. »

Le mot *tutie* paraît accuser l'origine arabe de cet article [1]; il a dû être emprunté à quelque ouvrage arabe de minéralogie, dont les recettes ont été mises à profit, en même temps que celles de la tradition directe gréco-latine, par les alchimistes latins du XIIIe siècle.

Il m'a paru intéressant de signaler ces textes, qui montrent comment la science alchimique du moyen âge, origine de nos sciences

---

[1] Au lieu de *Compositio* (*Mappœ clavicula*).

[2] Dans le ms. 6514, il y a encore trois lignes ajoutées sur le molybdène (minerai de plomb), sur la sandaraque (couleur rouge végétale) tirée du pavot, etc., et ces mots singuliers : *Calcoce cumenon idem cum*

ustum [*œs*] *quod orbi* (*Arabes?*) *vocant chadidi carcuso.*

[3] Ce volume, p. 14 et 27.

[4] Cependant ce mot pourrait remonter jusqu'aux alchimistes gréco-égyptiens. (Voir *Coll. des Alchim. grecs,* trad., p. 406, note 3.)

chimiques modernes, s'est constituée par la conjonction en Occident de plusieurs ordres de traditions.

La constatation de ces traditions et la comparaison des ouvrages où elles sont relatées offrent un intérêt historique spécial. En effet, dans l'histoire de l'alchimie, flottante jusqu'ici entre tant de pseudonymes et de faussaires, tels que les auteurs qui ont pris dans le cours des siècles les noms vénérés d'Hermès, d'Ostanès, de Démocrite, d'Aristote, de Geber, de saint Thomas, de Raymond Lulle, et obscurcie par tant d'attributions erronées, fantaisistes ou charlatanesques, il est essentiel de déterminer un certain nombre de points fixes, précisés par des données historiques certaines. C'est seulement en suivant une telle voie lente et minutieuse que l'on peut espérer débrouiller peu à peu cette histoire, si intéressante pour l'étude des progrès philosophiques et scientifiques de notre civilisation.

CHAPITRE IV.

LE *LIVRE DES FEUX* DE MARCUS GRÆCUS.

Le petit ouvrage de Marcus Græcus, intitulé *Liber ignium ad comburendos hostes*, est un des plus anciens écrits latins où il soit question du feu grégeois, et il renferme beaucoup de détails techniques de tout genre, très propres à nous éclairer sur les connaissances exactes, aussi bien que sur les opinions et préjugés des anciens et des gens du moyen âge. C'est ce qui m'engage à donner une nouvelle édition de ce traité : texte, traduction et commentaire. J'y joindrai des variantes importantes, tirées de manuscrits inédits, ainsi que certains détails nouveaux, que j'ai eu occasion de réunir sur les manuscrits, la date et les origines de ce livre.

Le nom de l'auteur, Marcus Græcus, c'est-à-dire Marcus le Grec, n'est pas connu dans l'histoire de l'alchimie ancienne et ne figure pas dans les textes de la *Collection des Alchimistes grecs*. Mais les auteurs arabes mentionnent parmi les alchimistes arrivés à leur connaissance un certain Marcouch, (prétendu) roi d'Égypte, appelé aussi Marcouch, qui pourrait bien être notre personnage. Il est cité à la fois dans les ouvrages arabes proprement dits et dans les traductions latines du moyen âge, par exemple dans le traité de l'auteur appelé *Senior Zadith*, fils de Hamuel. Ce dernier auteur semble un juif espagnol, du xiie ou xiiie siècle. C'est dans son ouvrage intitulé : *Tabula chimica*[1] que j'ai trouvé les indications les plus développées sur Marcos, désigné comme alchimiste. Il est signalé, par exemple, dans un dialogue entre Hermès et Calid[2]. A la page 240, le *rex Marchos* est nommé plusieurs fois, à propos d'une chasse au Lion symbolique. On lit encore,

---

[1] *Theatrum chemicum*, t. V, p. 219 à 266. — [2] *Ibid.*, p. 222.

page 242 : « Marcos dit au roi Théodore » (page 243), dernier nom
qui nous ramène à la tradition des Grecs. — La page 224 renferme
tout un discours de Marcos. — Hermès et Aros (Horus) reparaissent
à la page suivante, comme signes de la vieille tradition. Puis l'auteur
cite l'Arabe Averroes et, de nouveau, Marcos (p. 246); ensuite Avicenne, Platon, Salomon, etc. ; singulier mélange de noms empruntés
aux Arabes, aux Grecs et aux Juifs. — Enfin, dans un commentaire
sur la *Turba philosophfrum*, écrit au xive siècle[1], le roi Marcus est cité
parmi divers auteurs alchimiques anciens et modernes, tels que Senior, Geber, Arnaud de Villeneuve, etc. Voilà tout ce que j'ai trouvé
sur Marcos ou Marcus, dans les textes alchimiques en langue latine.
Ces passages arabes et latins montrent qu'il a existé sous le nom de
cet auteur, chez les Arabes, un ouvrage alchimique de quelque autorité et qui se rattachait à une tradition grecque.

Quant au titre de roi, sous lequel il est désigné, c'est une de ces
appellations honorifiques que les alchimistes avaient coutume de se
prodiguer les uns aux autres, telles que Petasius, roi d'Arménie, chez
les Grecs; Geber, roi de l'Inde, au moyen âge, etc. [2].

Malheureusement aucun écrit, aucune phrase même, ne nous est
parvenu, qui permette d'avoir quelque idée plus approfondie sur le
personnage appelé Marcus. Était-ce, en même temps que l'auteur d'ouvrages alchimiques, celui d'une vieille compilation grecque, qui aurait
été le noyau du traité latin actuel, grossie par des additions byzantines
et arabes, dont les dernières ne remontent probablement pas au delà
du xiiie siècle? Nous ne saurions le décider.

En tout cas, je dois dire que c'est par erreur qu'on a cru pouvoir
trouver une citation du nom de cet auteur dans le médecin arabe
Mesué. Cette erreur a été accréditée par Dutens, au début du siècle
présent, dans la dernière édition d'un ouvrage paradoxal, où il prétendait attribuer aux anciens la plupart des découvertes modernes.
Elle a été reproduite depuis par Hœfer, contestée à juste titre par

[1] *Theatrum chemicum*, t. V, p. 61. — [2] *Origines de l'Alchimie*, p. 139.

M. L. Lalanne, et cependant répétée par la plupart des auteurs, sans qu'on se soit donné la peine de vérifier la citation. Or la voici, d'après l'édition même de Mesué, citée par les auteurs ci-dessus[1]. Elle est contenue dans un traité de matière médicale : *De Simplicibus*; à l'article *Arthanita*, on lit: *Et dicit Græcus: succus ejus cum mellicrato aut secaniabin... est medicina experta ad icteritiam citrinam*. On voit qu'il s'agit du suc d'une plante employée contre l'ictère par un auteur grec, désigné simplement, suivant un usage courant chez les Arabes, sous le nom générique de *Græcus*, le Grec : ce qui n'a rien de commun avec l'auteur particulier du *Liber ignium*.

En dehors de l'ouvrage du *Senior Zadith*, nous n'avons pour fixer la date du *Livre des feux* aucun document autre que l'examen du livre lui-même et de ses copies. Commençons par ces dernières.

C'est par les manuscrits 7156, écrit vers la fin du XIIIᵉ siècle ou au commencement du XIVᵉ, et 7158, écrit au XVᵉ siècle, manuscrits de la Bibliothèque nationale de Paris, que le *Liber ignium* est surtout connu : le texte contenu dans le second paraît d'ailleurs copié sur le premier. Je les ai collationnés et j'ai eu en main également deux manuscrits importants, appartenant à la Bibliothèque royale de Munich : l'un, le n° 267, est contemporain du n° 7156 et ne s'en écarte pas sensiblement (il est d'ailleurs incomplet); l'autre, le n° 197, écrit vers 1438, offre une rédaction très différente et sur laquelle je reviendrai tout à l'heure.

Il existe en Angleterre un manuscrit de Marcus Græcus, qui a appartenu à M. Richard Mead; peut-être y en a-t-il d'autres encore dans les bibliothèques d'Europe, mais je n'en ai pas connaissance.

Ces textes de Marcus Græcus ont été connus dès le XIVᵉ siècle, comme le prouve l'existence d'une série d'articles qui leur sont communs avec le traité *De mirabilibus*, écrit lui-même au XIVᵉ siècle par un élève d'Albert le Grand.

Cardan, Scaliger, qui a lu des auteurs arabes et catalans ana-

[1] Mesué, *Opera medica*, p. 85, col. 1. Venise, 1581.

logues [1], Porta, dans sa *Magie naturelle* [2], Biringuccio, dans sa *Pyrotechnie* [3], ouvrages d'abord imprimés au XVIᵉ siècle, citent nominativement Marcus Græcus; on lit également son nom chez plusieurs
écrivains du XVIIIᵉ siècle. Les recettes mêmes de son livre ont été
reproduites et amplifiées dans l'ouvrage de Porta, indiqué plus haut,
dans le *Livre de can nnerie et artifice du feu*, anonyme [4], et dans divers
autres. Cependant jusqu'au XIXᵉ siècle le traité était demeuré inédit.

La première publication imprimée du texte de l'ouvrage de Marcus
Græcus a été exécutée par La Porte du Theil, en 1804, sur l'invitation
du Ministre de l'intérieur, pour répondre à un désir de Napoléon, qui
avait entendu parler de l'existence des recettes du légendaire feu grégeois. Elle fait l'objet d'une brochure in-4°, tirée à un petit nombre
d'exemplaires et non mise en librairie; mais cette brochure se trouve
dans les bibliothèques publiques. Hœfer, dans son *Histoire de la chimie* [5],
a cru devoir donner une nouvelle impression du traité, d'après une
copie des manuscrits, très incorrecte et remplie de mauvaises lectures. Cette copie, fort inférieure à celle de La Porte du Theil, a malheureusement servi de base à une traduction publiée dans la *Revue
scientifique*, en 1891. Dans ces conditions, il m'a paru utile de faire
une nouvelle publication de cet ouvrage intéressant, d'après le texte de
La Porte du Theil, et après en avoir vérifié la conformité avec celui
des manuscrits de Paris. J'en reproduirai les variantes, surtout d'après
cet auteur, sauf quelques-unes que j'ai relevées moi-même; j'y joindrai
celles qui m'ont paru les plus intéressantes dans le manuscrit 267 de
Munich, et je donnerai l'analyse complète du texte du manuscrit 197
de Munich, qui est très différent.

Tâchons maintenant de préciser la date, — sinon de l'ouvrage

---

[1] *De Subtilitate*, *Exerc.* XIII, p. 71,
72. Francfort, 1592.

[2] *Magia naturalis*, livre XII, chap. x,
p. 479. Lugduni Batavorum, 164 .

[3] Cité dans l'ouvrage du *Feu grégeois*
de Reinaud et Favé, p. 88.

[4] Paris, 1561. — Cité dans l'ouvrage
du *Feu grégeois* de Reinaud et Favé, p. 132
(1845). Le traité même existe à la Bibliothèque nationale de Paris; j'en ai vérifié les citations.

[5] Tome I, p. 517-524, 2ᵉ édition.

originaire de Marcus, dont nous ne possédons ni le texte grec (à supposer qu'il ait existé), ni le texte arabe, — mais du moins celle de la traduction latine que nous avons, et surtout la date de ses copies.

Or le livre, dans la forme de sa rédaction latine actuelle, ne peut guère être assigné à une époque plus reculée que le xiiᵉ siècle. En effet, il renferme un certain nombre de mots arabes. On sait que les traductions latines de textes chimiques arabes n'apparaissent pas avant la fin du xiiᵉ siècle et sont pour la plupart du xiiiᵉ siècle. C'est ici le lieu d'observer que le manuscrit 7156, où se trouve le *Liber ignium*, est rempli de traductions latines d'auteurs arabes[1]. C'est l'un des plus vieux manuscrits alchimiques latins qui existent, et il répond aux débuts de l'alchimie en Occident, sous la forme spéciale où elle a été importée par les Arabes. Le texte latin de Marcus Græcus relève de la même origine et de la même tradition, et la date n'en saurait être réputée antérieure à cette importation. L'examen du contenu de l'ouvrage s'accorde avec l'indication précédente.

En effet, c'est vers la même époque que nous ramènent les mentions relatives au feu grégeois et à la poudre à canon, mentions qui paraissent tirées d'auteurs arabes, — peut-être les mêmes que ceux dont parle Scaliger[2], — et analogues, sinon identiques, à ceux qui ont été publiés en 1845 par MM. Reinaud et Favé, dans leur livre célèbre sur *Le feu grégeois et les origines de la poudre à canon*[3]. Tel est le *Traité des machines de guerre* de Hassan Al-Rammah, écrit vers la fin du xiiiᵉ siècle, avec figures coloriées, manuscrit traduit par Reinaud et dont le livre sur *Le feu grégeois* contient de nombreuses citations[4]. Reinaud cite aussi un autre manuscrit plus petit.

[1] Voir le chapitre précédent, p. 68.
[2] *De Subtilitate*, Exerc. XIII, p. 71. Francfort, 1592. — Il cite une recette du fils d'Amram, relative à un feu qui détruit le fer. Il parle aussi d'un ouvrage sur le même sujet en langue catalane. — Le fils d'Amram et Al-Rammah désignent probablement le même auteur.
[3] Cf. mon ouvrage *Sur la force des matières explosives*, 3ᵉ édit., t. II, p. 353, 1883; et mon article *Sur les compositions incendiaires des anciens* (*Revue des Deux-Mondes*, 1891, t. CVI, p. 787).
[4] *Le feu grégeois et les origines de la poudre à canon*, p. 5, 20 et suivantes, jusqu'à 50.

Pour nous borner aux auteurs latins, il convient d'observer que les
indications relatives aux matières incendiaires apparaissent à la fois,
avec un caractère semblable et des formules pareilles, dans Marcus
Græcus, dans Roger Bacon et dans l'écrivain du traité *De mirabilibus*.
Or les ouvrages latins authentiques des derniers auteurs doivent être
regardés comme à peu près contemporains, et il en est sans doute de
même de la rédaction latine de Marcus Græcus. Ajoutons enfin que
les indications dont il s'agit semblent copiées les unes sur les autres,
ou tirées de sources communes. La description de l'eau ardente, ou
alcool, indique aussi un auteur latin du xiiie siècle; car c'est à cette
époque que l'alcool apparaît dans la *Mappæ clavicula*[1] et dans les
écrits d'Arnaud de Villeneuve, qui en avait sans doute emprunté la
notion aux Arabes. Enfin les légendes relatives à Aristote, envisagé
comme une sorte de magicien, et à Ptolémée, assimilé à Hermès pour
une œuvre alchimique, sont aussi d'origine arabe.

Bref, le *Liber ignium* paraît être une traduction latine, faite au
xiie ou xiiie siècle, de l'un de ces traités techniques de recettes,
transmis et remaniés sans cesse depuis l'antiquité, à travers l'Orient
arabe et l'Occident latin, et dont les écrits alchimiques, la *Mappæ clavicula* et les ouvrages d'Éraclius et de Théophile (mis également sous
des noms grecs), offrent des exemples bien connus.

Quant aux recettes elles-mêmes de Marcus Græcus, elles appartiennent à plusieurs groupes principaux, tels que :

Les recettes incendiaires proprement dites;
Les matières phosphorescentes;
Les compositions de feu grégeois;
Enfin les compositions de fusées et de pétards à base de salpêtre.

Chacun de ces groupes a été probablement, à l'origine, tiré d'un
ou de plusieurs ouvrages différents. Entrons dans quelques détails à
cet égard.

[1] Voir le présent volume, p. 61.

Les recettes incendiaires proprement dites, autres que celles de matières explosives, viennent incontestablement des Grecs ; nous possédons, en effet, de nombreux traités grecs sur la matière, depuis Énée le Tacticien (IVe siècle avant notre ère), jusqu'à Julius Africanus (IIIe siècle après), et jusqu'aux Byzantins. On rencontre même dans Africanus ces recettes singulières, reproduites par Marcus Græcus, de mélanges formés de soufre, de chaux vive, ou de polysulfures alcalins, et de matières organiques, qui, prétendent ces auteurs, s'enflammeraient par l'addition de l'eau, ou par l'action du soleil. Tite Live en parle déjà dans un passage relatif aux Bacchanales [1] : *Matronas Baccharum habitu... cum ardentibus facibus decurrere ad Tiberim demissasque in aquam faces, quia vivum sulfur cum calce insit, integra flamma efferre.* « Les matrones, en habit de Bacchantes, couraient au Tibre avec des torches ardentes, les plongeaient dans l'eau, et les retiraient enflammées, parce que celles-ci renfermaient du soufre et de la chaux vive. » Cette description semble erronée sur quelques points : il est probable que les torches n'étaient pas allumées à l'avance, mais qu'elles s'enflammaient à la suite d'une immersion rapide dans l'eau. En tout cas, l'emploi du soufre et de la chaux est ici nettement signalé, et le texte cité établit l'existence, dès l'an 186 avant J.-C., des recettes incendiaires fondées sur cet emploi, recettes faciles à reproduire pour la chimie d'aujourd'hui.

En raison de l'importance historique du sujet, je crois devoir reproduire également ici la traduction de l'article de Julius Africanus [2] :

« *Feu qui s'embrase spontanément.* — On le prépare comme il suit : soufre apyre, sel de montagne [3], cendre, pierre de foudre, pyrite, parties égales. Délayez dans un mortier noir, à l'heure de midi. Mêlez avec le suc du mûrier noir et du bitume de Zacynthe, naturellement

---

[1] Livre XXXIX, 13.

[2] Κεστοί β, n° 44. — Dans *Veteres mathematici*, 1693, p. 303 (avec les corrections signalées à la fin du volume, à la page 253). Voir aussi le même texte dans *Meursius*, t. VII, p. 954 : Florence, 1746.

[3] Salpêtre ?

fluide, chacun à parties égales, jusqu'à une consistance pâteuse. On
y ajoute avec soin un peu de chaux vive. On broie avec précaution, à
l'heure de midi. Prenez garde à votre visage; car la matière s'embrase
subitement. Renfermez-la dans une boîte de cuivre, munie d'un couvercle; conservez-la et ne l'exposez pas au soleil. Si vous voulez em-
braser les armes des ennemis, oignez-les le soir en secret avec ce
produit. Au soleil levant, tout brûlera. »

On ne saurait ni identifier précisément les matières signalées dans
cette recette, ni affirmer l'exactitude complète des assertions de l'auteur. Athénée [1] parle plus brièvement d'un prestidigitateur qui savait
produire un feu s'allumant spontanément.

Toutes ces assertions semblent reposer sur des faits réels, tels que
ceux dont parle Tite Live. Peut-être avait-on, dès lors, la recette de
certains pyrophores, analogues à ceux que fabriquent aujourd'hui les
chimistes. Mais il est certain, comme je viens de le dire, que l'on
connaissait ces mélanges renfermant du soufre et de la chaux vive,
associés à des matières organiques, qui prennent feu au contact de
l'eau. Les incendies spontanés produits par la fermentation de certains
fumiers paraissent aussi avoir été observés par les anciens, si l'on
ajoute foi à une citation attribuée à Galien par Porta [2].

En tout cas, ce sont là des traditions antiques, reproduites chez
les Arabes et chez les Latins du moyen âge. Certaines des recettes de
Marcus Græcus sont, je le rappelle, traduites à peu près littéralement
des vieux auteurs. On retrouve aussi quelques recettes analogues,
parmi les articles du même genre de la *Mappæ clavicula* que j'ai relevés
(p. 62). Mais l'intervention de plusieurs mots arabes, jointe aux indications de toute nature signalées plus haut, montre que le texte de
Marcus Græcus n'a pas été transmis des Grecs aux Latins du moyen

---

[1] Porta connaissait aussi le fait (*Magia naturalis*, livre XII, chap. 1, p. 463.
Lugduni Batavorum). — Scaliger (*De
Subtilitate*, p. 72. Francfort, 1592) parle
également de certaines compositions qui

s'enflammaient en crachant dessus. « Compositions, ajoute-t-il, employées par les
voleurs. »

[2] *Magia naturalis*, livre XII, chap. x,
p. 480.

âge par une voie directe. Les textes grecs primitifs ont été sans doute, comme la plupart des ouvrages scientifiques, traduits d'abord en arabe vers le xe siècle, non sans additions et remaniements, puis retraduits en latin au xiiie siècle.

Les matières phosphorescentes, particulièrement celles qui sont tirées de la bile des poissons et des reptiles, relèvent également de pratiques très anciennes. Dans la *Collection des Alchimistes grecs*, que j'ai publiée en collaboration avec M. Ruelle, on trouve des textes de ce genre [1], tirés d'Ostanès et de Marie, auteurs gréco-égyptiens de l'époque alexandrine. Mais dans Marcus Græcus, il y a un mot arabe montrant encore l'origine prochaine du texte qu'il reproduit.

Les procédés propres à rendre incombustibles les choses et même les hommes, procédés congénères des précédents, remontent aussi à l'antiquité. Déjà Aulu-Gelle a signalé un exemple de cette espèce pour la protection des machines de guerre, lors du siège d'Athènes par Sylla. Julius Africanus parle également de ce genre d'enduit [2]. Si leur application aux personnes n'est pas indiquée par les auteurs anciens [3], cependant il convient de rappeler ce prêtre persan du culte de Zoroastre, qui fit verser sur son corps dix-huit livres de cuivre en fusion, au temps de Sapor, en 241, à titre de miracle. Ces pratiques sont aujourd'hui bien connues; mais c'étaient autrefois de merveilleux secrets.

Les Arabes possédaient des recettes analogues : on lit en effet ce qui suit dans le *Livre des Balances* de Geber, dans un manuscrit arabe existant à Leyde : « Le feu n'exerce aucune action sur le corps de l'homme frotté avec du talc, de la guimauve, ou de la terre de Sinope. C'est là le meilleur moyen employé par les gens qui manient le feu grégeois pour s'en préserver. » De même dans le manuscrit de Hassan Al-Rammah [4] : « Moyen d'enduire les corps, les armes, les navires et les chevaux de manière à les préserver du feu... Tu prendras une livre de

[1] *Coll. des Alch. grecs*, trad., p. 336.
[2] *Veteres mathematici*, etc., p. 302.
[3] Scaliger (*De Subtilitate*, etc., Exerc., XIII), parle du suc de mercuriale et de

pourpier; la main frottée avec ces matières peut, dit-il, toucher impunément le plomb fondu.
[4] *Du feu grégeois*, etc., p. 46.

tale, une livre de gomme d'Arabie, quatre livres d'argile rouge, et la quantité que tu voudras de farine blanche du Hauran et de blanc d'œuf, avec dix livres d'urine, etc. » — On broie les poudres, on les crible, on ajoute du vinaigre de vin et on pétrit... « Tu enduiras avec ce que tu voudras... Une pièce de bois ainsi enduite et jetée dans le feu ne brûle pas. »

L'origine des recettes d'incombustibilité de Marcus Græcus devient par là évidente.

Quant aux recettes de matières salpêtrées, bases du feu grégeois, du pétard et de la fusée, elles sont plus modernes : en effet, le salpêtre n'a jamais été signalé d'une façon expresse par les auteurs anciens, qui en ignoraient les propriétés comburantes et qui désignaient sous le nom de *nitrum* des sels tout différents[1]. Les Byzantins, au contraire, ont connu assurément le salpêtre, car il formait précisément la base du feu grégeois; mais ils n'en parlent pas, dans leur désir de tenir secrète la composition de ce feu. Ce sont les Arabes qui ont indiqué les premiers le salpêtre d'une manière explicite. Mais les doutes trop légitimes qui règnent sur l'authenticité des ouvrages latins mis sous le nom de Geber ne permettent pas de faire remonter la description positive du salpêtre avant le xiie ou xiiie siècle. C'est à la suite des Arabes que les auteurs latins du moyen âge emploient pour la première fois, vers la fin du xiiie siècle et au commencement du xive, le nom de *sal petrosum*, dont nous avons fait « salpêtre ».

Relevons encore la description d'une lampe entretenue par un réservoir à écoulement lent, qui appartient au même groupe d'appareils — fondés sur les principes physiques des Grecs — que la balance hydrostatique (décrite dans l'un des chapitres suivants) : c'était là sans doute un instrument originaire de l'antiquité.

Les auteurs cités sont Aristote, Hermès et Ptolémée, tous trois Grecs, mais ayant passé par la tradition arabe et devenus des personnages mythiques, le premier même changé en magicien.

[1] *Introduction à la Chimie des anciens*, p. 263.

Tous ces détails, si minutieux qu'ils paraissent, sont essentiels pour établir la filiation réelle des découvertes scientifiques, fort obscurcie par l'incertitude qui règne sur la date véritable des textes arabes et de leurs traductions : on n'a guère appliqué jusqu'ici à ces questions les méthodes exactes de la critique historique moderne. Nous vivons encore à cet égard, comme pour toute l'histoire des premiers alchimistes, sur les affirmations et les traditions prétendues des écrivains du XVIIᵉ et du XVIIIᵉ siècle, tels que Borrichius, Lenglet du Fresnoy, etc., reproduits en grande partie par Hœfer.

LIBER IGNIUM AD COMBURENDOS HOSTES[1].

———

Incipit Liber ignium, a Marco Græco descriptus, cujus virtus et efficacia ad comburendos hostes, tam in mari quam in terra, plurimum efficax reperitur, quorum primus hic est.

1. R[2]. Sandaracæ puræ, l. 1; armoniaci[3] liquidi, l. 1[4]; hæc simul pista et in vase fictili vitrato et luto sapiæ[5] diligenter obturato dimitte; donec liquescat ignis subponatur. Liquoris vero istius hæc sunt signa : ut ligno[6] intromisso ad modum butiri videatur. Postea vero iii libras de alki-

———

[1] D'après le ms. 7156. Les numéros des paragraphes ne sont pas dans le manuscrit. — Je désignerai les manuscrits par les lettres suivantes :

$$7156 = A.$$
$$7158 = B.$$
$$276 \ Munich = M.$$

[2] Recipe. — [3] B. Amoniaci. — [4] B. Ana. — [5] M. Prudentie. — [6] M. ajoute per foramen.

————————————————————————————

·LIVRE DES FEUX POUR BRÛLER LES ENNEMIS.

———

Ici commence le Livre des feux, écrit par Marcus Græcus, renfermant des procédés d'une vertu éprouvée pour brûler les ennemis, tant sur terre que sur mer; et voici le premier :

1. R. sandaraque[1] pure, 1 livre; gomme ammoniaque[2] fondue, 1 livre; broyez ensemble, mettez dans un vase de terre verni, bouché avec soin au moyen du lut des philosophes. Placez du feu au-dessous, jusqu'à fusion. Voici le signe de cette matière fusible : le produit offre la consistance

———

[1] Chez les Grecs, ce mot désigne le réalgar; mais chez les Arabes le mot avait déjà pris le sens moderne et désignait une résine. — [2] Ce mot désigne ici une résine, la gomme ammoniaque.

tran græco superfundas. Hæc autem sub tecto fieri prohibentur, quoniam periculum immineret.

Cum autem in mari ex ipso operari volueris, de pelle caprina accipies utrem, et in ipsum de hujus oleo l. ii, si hostes prope fuerint intromittes; si vero remoti fuerint plus mittes. Postea vero utrem ad veru ferreum ligabis, lignum adversus veru grossitudinem faciens, ipsum veru inferius sepo perungens. Lignum prædictum in ripa succendens et sub utre locabis. Tunc vero oleum super veru et super lignum distillans accensum super aquas discurret, et quidquid obviam fuerit concremabit.

2. Item sequitur alia species ignis, qui comburit domos inimicorum, in montibus sitas aut in aliis locis similibus.

R. Balsami sive petrolei, l. ii; medullæ cannæ ferulæ, l. se[1]; sulphuris,

[1] *Semissem?* ou *sex?*

---

du beurre, au contact d'un morceau de bois. Alors ajoutez-y 4 livres de poix[1] grecque.

Il est interdit de faire cette opération sous un toit, à cause du danger.

Si vous voulez opérer sur mer (avec cette composition), prenez une outre de peau de chèvre; mettez-y 2 livres de cette huile, si l'ennemi est proche; davantage, s'il est loin. Puis attachez l'outre à une broche de fer, disposez un morceau de bois de grandeur proportionnée à la broche. Cette dernière doit être frottée de suif à sa partie inférieure[2]. Vous mettrez le feu au morceau de bois sur le rivage et vous poserez dessus l'outre. La matière oléagineuse, coulant sur la broche et le bois, s'enflammera, coulera sur l'eau, et l'appareil (en mouvement) incendiera tout ce qu'il rencontrera.

2. Voici une autre espèce de feu pour brûler les maisons des ennemis, situées dans les montagnes et autres lieux.

R. Baume ou pétrole, 2 livres; moelle de ferule[3] une demi-livre;

[1] *Alkitran*, mot arabe qui veut dire « poix » ou « bitume » ou « résine liquide ». — [2] C'est-à-dire en dehors de l'outre. — [3] Plante résineuse (Pline, *Hist. nat.*, liv. XIII, chap. xxii).

I. 1; pinguedinis arietinæ liquefactæ, I. 1, vel oleum terebentinæ, sive de
lateribus, vel anetarum : omnibus simul collectis, sagittam quadrifidam[1]
faciens de confectione[2] prædicta replebis. Igne autem intus reposito, in
aere cum arcu dimittes. Ibi enim sepo liquefacto et confectione succensa,
quocumque loco ceciderit, comburet illum, et si aqua superjecta fuerit,
augmentabitur flamma ignis.

3. Alius modus ignis ad comburendos hostes ubicunque sitos.

R. Basiliscum, al. Balsamum, oleum Ethiopiæ, alkitran et oleum sulphuris. Hæc quidem omnia in vase fictili reposita in fimo diebus xv subfodias. Quo inde extracto corvos eodem perungens ad hostilia loca super ten-

[1] M. Ce mot manque. — [2] M. *Combustione*.

---

soufre, 1 livre; graisse de mouton fondue, 1 livre; (ajoutez) soit de l'huile
de térébenthine, soit de l'huile de briques[1], soit de l'huile d'anis. Tout
étant mélangé, préparez une flèche pourvue de quatre fentes[2] et remplissez-
la avec la composition ci-dessus. Mettez le feu à l'intérieur et lancez en l'air
avec un arc. En effet, le suif étant fondu et la composition allumée, partout où elle tombera, elle mettra le feu. Si l'on verse de l'eau dessus, elle
ne fait qu'augmenter la flamme.

3. Autre genre de feu pour brûler les ennemis, quelle que soit leur
position.

R. Baume, huile d'Éthiopie; poix[3] et huile de soufre[4]. Faites digérer
ces matières dans un vase de terre enfoui dans du fumier[5] pendant
quinze jours. Retirez et frottez-en des projectiles[6] destinés à être lancés

[1] Huile dans laquelle on a éteint des briques
rougies (voir plus loin).

[2] Cet engin n'est autre que le *malleolus*
décrit en détail par Ammien Marcellin (livre XXIII, chap. IV). La tradition en remonte
jusqu'à Énée le tacticien : voir le commentaire
exposé à la page 270, dans l'édition de ce dernier auteur, par Orelli. Leipsick, 1818.

[3] On a traduit *alkitran* par «poix»; mais

ce mot signifiait aussi «bitume», d'après les
lexiques arabico-latins des manuscrits du temps.

[4] Obtenue en chauffant du soufre avec de
l'huile (voir plus loin).

[5] Procédé pour obtenir une douce chaleur
longtemps soutenue. Les alchimistes l'em-
ployaient continuellement dans leurs opérations.

[6] Appelés *corbeaux*. A moins que l'on ne

toria destinabis. Oriente enim sole, ubicunque id liquefactum fuerit accendetur. Verum semper ante solis ortum, aut post occasum ipsos precipimus
esse mittendos.

4. Oleum vero sulphuris sic fit.

R. Sulfuris, l. III; quibus in marmoreo lapide[1] contritis, et in pulverem redactis oleum juniperi, l. III admisces; et in caldario pone, ut lento
igne supposito distillare incipiat.

5. Modus autem alius ad idem.

R. Sulfuris splendidi, l. III; vitella ovorum quinquaginta bene contrita,
et in patella ferrea lento igne coquantur; et cum ardere inceperit, in altera

[1] B. *Mortario lapideo.*

---

sur les tentes des ennemis. En effet, au lever du soleil, dès que la chaleur
l'aura fait fondre, ce mélange s'enflammera. Mais nous prescrivons de faire
le lancement avant le lever du soleil, ou après son coucher[1].

4. Voici comment on prépare l'huile de soufre.

R. Soufre, 4 parties; broyez dans un mortier de marbre, mêlez avec la
poudre 4 parties d'huile de genièvre; mettez dans un chaudron sur un feu
doux, jusqu'à ce que le produit commence à couler goutte à goutte.

5. Autre procédé pour la même opération.

R. Soufre brillant, 4 parties; 50 jaunes d'œufs bien broyés; faites cuire
à petit feu dans une poêle en fer. Dès que le feu commence à devenir plus

---

suppose que l'auteur prescrive d'induire avec
cette huile des corbeaux véritables : sens ad-
missible pour une recette évidemment chimérique.

[1] Cette recette est imaginaire; mais elle a
une origine antique. Julius Africanus décrit
une composition analogue (voir p. 95) et on
en trouve de pareilles dans Porta et dans les

livres de Secrets du XVIe siècle. Ces recettes
dérivaient peut-être à l'origine de quelque préparation pyrophorique, susceptible de prendre
feu spontanément au contact de l'air; tel est le
pyrophore que nous savons préparer aujour-
d'hui avec l'alun calciné et le noir de fumée.
Mais les compilateurs des livres de Secrets et
de recettes en auront exagéré les effets.

parte patellæ declinans, quod liquidius emanabit, ipsum est quod quæris, oleum scilicet sulfurinum.

6. Sequitur alia species ignis, cum qua si prius ignem subjicias, hostiles domos vicinas...

R. Alkitran, boni olei ovorum, sulfuris quod leviter frangitur ana, l. 1; quæquidem omnia commisceantur, pista et ad prunas appone. Cum autem commixti ad collectionem totius confectionis quartam partem ceræ novæ[1] adicies, ut in modum cataplasmatis convertatur. Cum autem operari volueris, vesicam bovis vento repletam accipies, et foramen in ea faciens, cera supposita ipsam obturabis. Vesica tamen præscripta sæpissime oleo peruncta, cum ligno marubii, quod ad hos invenitur aptius, accenso ac semel imposito foramen operies[2]; ea enim accensa, et a filtro quo involuta fuerit extracta, in ventosa de nocte sub lecto vel tecto inimici tui sub-

----

[1] A. Novæ sous-ponctué. — B. Ceræ novæ retranchés. — [2] B. Aperies.

----

vif, inclinant la poêle, faites-y couler au bas la partie la plus liquide : c'est ce que vous cherchez, c'est-à-dire l'huile de soufre.

6. Suit une autre espèce de matière incendiaire avec laquelle, en y mettant le feu, vous pouvez brûler les maisons ennemies voisines.

R. Roix, huile d'œuf de bonne qualité, soufre facile à rompre, parties égales; mélangez le tout, broyez, placez sur des charbons allumés. Le tout bien mélangé, pour rassembler et rendre homogène, ajoutez un quart de cire neuve, de façon à en faire une masse emplastique. Lorsque vous voudrez opérer, prenez une vessie de bœuf gonflée d'air, faites-y un trou, puis bouchez le trou[1] avec de la cire. La vessie ayant été ointe avec de l'huile à plusieurs reprises, prenez du bois de Marrube, lequel est fort propre à cet usage, allumez-le et servez-vous-en pour ouvrir le trou. La vessie ainsi allumée, et tirée du feutre qui l'enveloppait, est placée pendant une nuit où il fait du vent, sous le lit ou sous le toit de votre ennemi. Partout où soufflera

----

[1] L'auteur ne dit pas s'il faut opérer avec une vessie remplie du mélange précédent, ou bien avec une vessie pleine d'air et simplement frottée avec cette matière.

ponatur; quocumque enim ventus eam sufflaverit, quicquid propinquum fuerit, comburetur, et si aqua projecta fuerit, letales procreabit[1] flammas. Sub pacis namque specie missis quandoque nunciis ad loca hostilia, baculos gerentes concavos hac materia repletos et confectione, qui jam prope hostes fuerint quo fungebuntur ignem jam per domos et vias fundantes, dum calor solis supervenerit, omnia incendio comburentur.

7. R. Sandaraca... hora attinet[2], l. 1, in vase vero fictili ore concluso liquescat. Cum autem liquefactum fuerit, medietatem libræ olei lini et sulfuri super adicies. Quæ quidem omnia in eodem vase tribus mensibus in fimo ovino reponantur, veruntamen fimum ter in mense innovando.

8. Ignis quem invenit Aristoteles, quando cum Alexandro rege ad ob-

:1) B. *Procreat.* — (2) B. *Hora tattanet.*

le vent, les objets voisins prendront feu, et si l'on jette de l'eau dessus, elle produira des flammes mortelles.

Sous prétexte de traiter de la paix, envoyez chez les ennemis des messagers, porteurs de bâtons creux remplis avec cette matière et composition. Quand ils seront au voisinage des ennemis, ils répandront dans les chemins et les maisons le feu qu'ils ont apporté, et, lorsque le soleil fera sentir sa chaleur, tout prendra feu[1].

7. R. Sandaraque[2]..., poix(?), 1 livre; fondez dans un vase de terre verni[3], dont l'ouverture soit bouchée. Le mélange étant fondu, versez dessus une demi-livre d'huile de lin et de soufre. Laissez digérer le tout pendant trois mois dans le même vase, entouré de fumier de brebis, en ayant soin de renouveler le fumier trois fois par mois.

8. Feu inventé par Aristote quand il voyageait avec le roi Alexandre

:1) Cette finale reproduit à peu près la recette n° 3 et donne lieu aux mêmes observations, spécialement en ce qui touche le rapprochement avec le passage d'Africanus.

(1. Deux mots illisibles. Le second semble être *alchitran.* (Voir la recette n° 1.)

(3) *l'ero* pour *vitreato*, comme plus haut, p. 100,

scura loca iter ageret, volens in eo per mensem fieri illud quod sol in anno[1] præparat, ut in spera de auricalco.

R. Æris rubicundi, l. 1, stagni et plumbi, limaturæ ferri, singulorum medietatem libræ, quibus pariter liquefactis, ad modum astrolabii lamina informetur lata et rotunda, ipsam eodem igne perunctam x diebus siccabis, vii iterando; per annum namque integrum ignis idem[2] succensus nullatenus deficiet. Quod si inunctio hæc xiii[3] transcendet numerum, ultra annum durabit. Si vero locum quempiam inungere libeat, eo dessicato scintilla qualibet diffusa ardebit continue; nec aqua extingui poterit. Et hæc est ignis prædicti compositio.

R. Alkitran, colofoniam sulfuris crocei, olei ovorum sulfurinum. Sulfur in marmore teratur; quo facto... oleum superponas. Deinde tectoris limaginem[1] ad omne pondus acceptam insimul pista et inunge.

[1] B. Autumno.
[2] B. Inde.
[3] B. xiv.
[4] M. *Textoris lanuginem.*

---

dans des régions ténébreuses[1], voulant y produire en un mois ce que le soleil accomplit en un an, comme il arrive dans la sphère de laiton[2].

R. Cuivre rouge, 1 livre; étain et plomb, limaille de fer, une demi-livre de chaque. Fondez ensemble, faites-en une lame large et ronde en forme d'astrolabe. Enduisez-la avec le combustible suivant, séchez pendant 10 jours, et répétez douze fois l'onction. Ce combustible une fois allumé brûle pendant une année entière sans s'arrêter. Si l'on enduit plus de treize fois, il dure plus d'un an. Si vous enduisez avec un lieu quelconque, et que vous laissiez sécher, puis qu'une étincelle tombe dessus, le mélange brûlera d'une manière continue et ne pourra être éteint par l'eau.

Voici la composition du combustible susdit :

R. Poix, colophane[3] constituée par du soufre couleur de safran, huile d'œuf, huile de soufre. Le soufre devra être broyé sur un marbre; cela fait, on ajoute l'huile, puis du crépi de badigeonneur, à poids égal, avec la masse totale; broyez ensemble et enduisez.

[1] Ce voyage d'Alexandre et d'Aristote était rapporté sans doute dans quelque roman analogue aux écrits du Pseudo Callisthène.

[2] Il s'agit sans doute de l'œuf philosophique.

[3] Il s'agit probablement de l'orpiment.

9. Sequitur alia species ignis quo Aristoteles[1] domos in montibus sitas destruxit incendio, ut et mons ipse subsideret[2].

R. Balsami, l. I; alchitran, l. V; oleum ovorum et calcis non extinctæ, ana l. X. Calcem teras cum oleo, donec una fiat massa. Deinde inungas lapides ex ipso et herbas ac renascentias quaslibet, in diebus canicularibus, et sub fimo ejusdem regionis sub fossa dimittes; primo namque autumnalis pluviæ dilapsu succendetur terra et indigenas comburet igne. Aristoteles namque hujus ignem annis IX durare[3] asserit.

10. Compositio inextinguibilis, facilis et experta.

R. Sulfur vivum, colofoniam, aspaltum, classam, tartarum, piculam

---

[1] M. *Quo Alexander urbes Agarenorum in montibus...* Ce passage a été reproduit à plusieurs reprises par les auteurs du XVIe siècle, avec des variantes importantes et caractéristiques, telles que : *Samaritanorum*, ou *Agarenorum*, après le mot *domos*. Ces mots semblent indiquer un souvenir lointain des sièges de Tyr et de Gaza.

Dans le *Livre de la canonnerie*, on lit à la page 135 : « Alexandre brûla la terre des Samaritains (1561). » — Le nom même des Agaréniens, au lieu des Arabes, paraît d'origine byzantine : il est employé par Constantin Porphyrogénète, au Xe siècle.

[2] B. *Succenderet.*
[3] B. *Durasse.*

---

9. Autre espèce de feu avec lequel Aristote a incendié des maisons situées dans les montagnes et brûlé la montagne elle-même.

R. Baume, 1 livre; poix, 5 livres; huile d'œuf et chaux vive, à parties égales (en tout), 10 livres. Broyez la chaux avec l'huile, de façon à les réduire en une seule masse. Puis oignez avec ce mélange les pierres, les herbes, les jeunes plantes, pendant les jours caniculaires. Enfouissez-les sur place dans du fumier. À la première chute des pluies d'automne, la terre prend feu et son feu brûle les habitants. Aristote assure que cette combustion dure neuf ans[1].

10. Composition inextinguible, facile et éprouvée. R. Soufre vif, colophane, bitume, *classa*[2], tartre, poix navale, fumier de brebis ou de pigeon.

---

[1] Ce récit fantastique paraît reposer sur un fait réel, l'inflammation d'un mélange de chaux vive, de corps gras et de matières organiques desséchées, par l'action de l'eau,

dans certaines conditions. (Voir page 96.)
[2] Ce mot paraît désigner quelque matière résineuse; mais je n'ai pu en découvrir le sens précis.

navalem, fimum ovinum aut columbinum. Hæc pulverizata subtiliter dissolve petroleo; post in ampulla reponendo vitrea, orificio bene clauso, per
dies xv in fimo calido equino subhumetur. Extracta vero ampulla, distillabis
oleum in cucurbita, lento igne ac cinere mediante, calidissime et subtile,
in quo si bombax intincta fuerit ac incensa, omnia, super quæ arcu vel balista projecta fuerit, incendio concremabit.

11. Nota quod omnis ignis inextinguibilis, nu rebus extingui vel suffo-
cari poterit. Videlicet, cum aceto acuto [1], aut cum urina antiqua, vel arena,
sive filtro ter in aceto imbibito et tociens dessicato, ignem jam dictum
suffocat.

12. Nota quod ignis volatilis in aere duplex est compositio. Quorum
primus est.

R. Partem unam colofoniæ, et tantum sulfuris vivi, partes vero salis
petrosi [2], et in oleo lineoso vel lauri, quod est melius, dissolvantur bene

---

Pulvérisez finement ces matières, délayez-les dans du pétrole, puis mettez-les
dans une fiole de verre, bien bouchée, et enterrez pendant quinze jours dans
du fumier chaud, de cheval. La fiole étant retirée, vous distillerez [1] l'huile
dans un alambic, à feu doux et sur des cendres fines et brûlantes. Si vous y
trempez un roseau et si vous y mettez le feu, il incendiera tous les objets sur
lesquels il aura été lancé avec un arc ou une baliste.

11. Notez. Tout feu inextinguible (par l'eau) peut être éteint ou étouffé
par les quatre choses suivantes : du vinaigre fort, ou de la vieille urine,
ou du sable, ou du feutre trempé à trois reprises dans du vinaigre et séché
chaque fois : il étouffe le feu susdit.

12. Notez. Il y a deux compositions de fusée. Voici la première :
R. Une partie de colophane, autant de soufre vif, six (?) parties de sal-

[1] C'est-à-dire vous ferez fondre et décanter goutte à goutte; car je ne pense pas qu'il s'agisse
ici d'un produit volatil.

pulverizata et oleo liquefacta. Post in canna, vel ligno concavo reponatur
et accendatur. Evolat enim subito ad quemcumque [1] locum volueris et
omnia incendio concremabit.

13. Secundus modus ignis volatilis hoc modo conficitur [2].
R. Acc. l. 1. Sulfuris vivi, l. 11 carbonum tiliæ vel cilie [3], vi l. salis petrosi, quæ tria subtilissime terantur [4] in lapide marmoreo [5]. Postea [6] pulverem ad libitum in tunica reponatis volatili, vel tonitruum facientem.

Nota. Tunica ad volandum debet esse gracilis et longa et cum prædicto
pulvere optime conculcato repleta. Tunica vero tonitruum faciens debet
esse brevis et grossa, et prædicto pulvere semiplena, et ab utraque parte
fortissime [7] filo ferreo bene ligata.

[1] M. : «locum cannam direxeris memora-
tum. Aut si volueris totum telum intingens
in prædicta confectione et accensum jacta ad
quem locum volueris, omnia incendio concremabit.»

[2] Ce qui suit se trouve aussi dans le traité
De Mirabilibus mundi.

[3] Ce mot manque dans B. — Dans le De
Mirab. : salicis.

[4] B. Pulverizantur.

[5] M., aut porfirico.

[6] Dans le De Mirab. mundi, après postea,
on lit : «Aliquid posterius ad libitum in tunica de papyro volanti vel tonitruum faciente
ponatur.

«Tunica ad volandum... brevis, grossa et
semiplena.»

[7] M. : parte filo fortissimo bene clausa.

pêtre. Après avoir bien pulvérisé et imbibé d'huile, délayez dans l'huile de
lin, ou plutôt dans l'huile de laurier.

Ensuite introduisez dans un jonc ou dans un bâton creux et allumez.
Il s'envole soudain vers l'endroit que vous voulez et incendie tout.

13. La seconde espèce de fusée se fabrique ainsi :
R. 1 livre de soufre vif, 2 livres de charbon de tilleul ou de saule.
6 livres de salpêtre. Ces trois choses seront pulvérisées très finement sur un
marbre. Puis vous mettrez la poudre à volonté, dans une enveloppe de fusée
ou de pétard.

Notez. L'enveloppe de fusée doit être mince et longue et remplie avec
de la poudre bien tassée.

L'enveloppe de pétard doit être courte et épaisse, remplie à moitié de
poudre et fortement liée par un fil de fer aux deux extrémités.

Nota, quod in qualibet tunica parvum foramen faciendum est, ut tenta imposita accendatur, quæ tenta in extremitatibus fit gracilis, in medio vero lata et prædicto pulvere repleta.

Nota, quod ad volandum tunica plicaturas ad libitum habere potest; tonitruum vero faciens, quam plurimas plicaturas.

Nota, quod duplex poteris tonitruum atque duplex volatile instrumentum : videlicet tunicam includendo.

14. Nota, quod sal petrosum est minera terræ, et reperitur in scrophulis contra lapides. Hæc terra dissolvitur in aqua bulliente, postea depurata et distillata per filtrum, et permittatur per diem et noctem integram decoqui, et invenies in fundo laminas salis conjelatas cristallinas.

15. Candela quæ, si semel accensa fuerit, amplius non extinguetur; si vero aqua irrorata fuerit, majus parabit[1] incendium. Formetur spera de

[1] B. *Præstat.*

NOTEZ. Dans l'une et l'autre enveloppe, on doit pratiquer une petite ouverture, où l'on place une mèche pour mettre le feu. Cette mèche sera mince aux extrémités, au milieu large et remplie de la poudre ci-dessus.

NOTEZ. L'enveloppe de la fusée peut avoir plusieurs tours, celle du pétard, le plus possible.

NOTEZ. On peut faire un double pétard et une double fusée, en les emboîtant l'un dans l'autre.

14. NOTEZ. Le salpêtre est un minéral; on le trouve sous forme d'efflorescence sur les pierres. Cette terre se dissout dans l'eau bouillante, puis on décante la liqueur, on la passe au filtre, on la laisse chauffer un jour et une nuit, et vous trouverez au fond (du vase) des lamelles de sel solidifiées et transparentes.

15. Lumière qui, une fois allumée, ne s'éteindra plus. Si on l'arrose avec de l'eau, le feu augmentera. Faites une sphère avec de l'airain d'Italie[1],

[1] Bronze. (Voir ce volume, p. 21.) — *Introd. à la Chim. des anciens*, p. 275.

æro ytalico; deinde accipies calcis vivi partem 1, galbani mediam, et cum felle tortucæ ad pondus galbani sumpto conficies. Postea cantarides quot volueris accipies, capitibus et alis abscissis, cum æquali parte olei zambac teres, et in vase fictili reposita, lx diebus sub fimo reponatur equino, de quinto in quintum diem renovando. Sic olei fetidi et crocei speciem assumit, de quo speram illinias; qua siccata, sero inungatur, post igne accendatur.

16. Alia candela quæ continuum præstat incendium. Vermes noctilicas cum oleo zambac puro teres et in rotunda vitrea ponas, orificio lutato cerugi [1] et sale combusto bene recluso, et in fimo, ut jam dictum est, equino reponendo; quo soluto speram de ferro Judaïco vel auricalco undique cum penna illinias, quæ bis inuncta et desiccata igne succendatur, et nunquam deficiet; si vero attingat pluvia, majus præstat incendii incrementum.

[1] B. *Cera lutato.*

---

puis prenez une partie de chaux vive, une demie de galbanum, un poids de bile de tortue égal à ce dernier, et mélangez. Puis prenez des cantharides à volonté, auxquelles vous aurez ôté la tête et les ailes, broyez-les avec parties égales d'huile de zambac [1], mettez dans un vase de terre, faites digérer lx jours, sous une couche de fumier de cheval que l'on change tous les cinq jours. La matière prend ainsi l'apparence d'une huile fétide et jaunâtre. Frottez-en la sphère. Lorsqu'elle sera sèche, oignez-la de suif, puis mettez-y le feu.

16. Autre lumière qui fournit un feu continu. Écrasez des vers luisants avec de l'huile de zambac pure; mettez-les dans un ballon de verre, dont l'orifice soit luté avec de la cire et bien clos, avec du sel calciné, placez comme il a été dit dans du fumier de cheval. Après avoir débouché, enduisez partout (avec ce produit), au moyen d'une plume, une sphère de fer judaïque [2] ou de laiton. Après deux onctions et dessiccations, mettez le feu et il ne s'éteindra pas. La pluie augmente l'incendie.

[1] On a traduit par «huile de jasmin», sens qui me paraît très douteux.

[2] Ce fer est cité par d'autres auteurs alchimiques.

17. Alia quæ semel accensa diuturnum præstat incendium sive lumen.

R. Noctilucas quando incipiunt volare, et cum æquali parte olei zambac commista xLIII diebus sub fimo fodias equino, quo inde extracto ad quartam partem istius assumas fella [1] testudinis, ad sex vero fella mustelæ, ad medietatem fel furonis. In fimo repone, ut jam dictum est, deinde extrahe; in quolibet grosso vase lichinum [2] cujuscunque generis pone de ligno [3], aut latone, vel de ferro, vel de ære. Ea tandem hoc oleo permixta, et accensa, diuturnum præstat incendium. Hæc autem opera prodigiosa et admiranda Hermes et Tholomeus [4] asserunt.

18. Hoc autem genus candelæ, nec in domo clausa, nec aperta, nec in aqua extingui poterit, quod est.

R. Fel tortuginis, fel marini leporis sive lupi aquatici, de cujus pelle [5]

[1] B. De felle.
[2] B. Lichinium.
[3] M. Pone de fimo aut alloton aut de ere aut ferro.
[4] B. Ptolomæus. — M. Phtolomeus.

[5] Le copiste du ms. A. avait écrit d'abord felle, puis il a récrit pelle et rayé (à tort) le mot felle. — M. porte aussi pelle, suivi d'un mot illisible : tyrathece? Le copiste ne comprenait pas ce qu'il écrivait.

17. Autre préparation qui, une fois allumée, produit un feu ou éclairage durable.

R. Prenez des insectes lumineux, quand ils commencent à voler; incorporez-les avec partie égale d'huile de zambac; enfouissez pendant xLIII jours sous une couche de fumier de cheval. Retirez la matière, ajoutez-y un quart de bile de tortue, un sixième de bile de belette, moitié de bile de furet. Replacez dans le fumier comme il a été dit, puis retirez. Dans un grand vase quelconque mettez une lampe de bois, ou de laiton, ou de fer, ou de cuivre. En la garnissant avec cette huile et en l'allumant, elle fournit un feu de longue durée. Tel est le prodige, la merveille affirmée par Hermès et Ptolémée.

18. Cet autre genre de lumière ne s'éteindra ni dans une maison fermée ou ouverte, ni dans l'eau. Le voici :

R. Bile de tortue, bile de lièvre marin [1] ou de loup d'eau, avec laquelle

[1] Mollusque.

tyriaca [1] fit; quibus insimul collectis quadrupliciter noctulicarum capitibus
ac alis præscisis [2] adiciens, totumque in vase plumbeo vel vitreo repositum
in fimo subfodias equino, ut dictum est, quod extractum quidem oleum
recipies... Verumtamen denuo [3] æquali parte prædictorum fellium, et
æquali noctilucarum admiscens, sub fimo XL. diebus subfodias per singulas
ebdomadas fimum renovando [4]; quo jam extracto de radice herbæ, quæ cyrogaleo [5] nomine, et nocte lucet, pabulum factum et [6] hoc liquore [7] perunc-
tum et crucibolo erreo [8] vel lapideo loto de aqua ab herba extracta, et de
hoc liquore modicum superfundas. Quæ si volueris, omnia repone in vase
vitreo, et eodem ordine fit. In quolibet enim loco repositum fuerit continuum præstat incendium.

19. Candela [9] quæ in domo relucet ut argentum.

[1] B. *Tiriaca.*	[6] B. *Ex.*
[2] B. *Abscisis.*	[7] B. Il manque seize mots, depuis *per-unctum* jusqu'à *liquore.*
[3] B. *De uno.*	
[4] B. *Removendo.*	[8] C'est-à-dire *ferreo* ou *erco.*
[5] B. *Tirogaleo.*	[9] On lit dans *De Mirabilibus,* etc.: «Lichi-

---

on teint la peau en pourpre [1]. Mêlez-les avec quatre fois (leur poids) d'insectes lumineux, privés de têtes et d'ailes; placez le tout dans un vase de
plomb ou de verre, que vous enfouirez dans du fumier de cheval, ainsi
qu'il a été dit. Recueillez cette huile.....

Mêlez enfin parties égales des biles susdites et d'insectes lumineux, enfouissez dans du fumier pendant XL jours, en renouvelant le fumier chaque
semaine. Retirez, vous mettrez en pâte avec la racine de l'herbe appelée
cyrogaleo, qui luit aussi la nuit, et vous imbiberez avec cette liqueur. Prenez
un vase carré de pierre ou de fer, lavez avec l'eau extraite de cette herbe,
et versez-y un peu de la liqueur précédente. Ou bien, si vous préférez,
mettez le tout dans un vase de verre, et continuez comme ci-dessus. En
plaçant le vase n'importe où, il fournit une lumière continue.

19. Lumière qui brille comme de l'argent dans une maison.

[1] *Tyriaca*, c'est-à-dire la couleur tyrienne, la pourpre, suivant un sens classique dans l'antiquité. Ce mot a été pris quelquefois par erreur pour celui de thériaque, qui n'a rien à voir ici.

IMPRIMERIE NATIONALE.

R. Lacertam nigram vel viridem, cujus caudam amputa et desica, nam in cauda humorem argento vivo similem reperies. Deinde quodcumque lichinium in illo illinitum [1] ac involutum in lampade vitrea aut ferrea, qua accensa mox domus argentum indicet colorem et quidquid in domo illa erit, ad modum argenti relucebit.

20. Ut domus quælibet viridem induat colorem et aviculæ coloris ejusdem volando.

R. Cerebrum aviculæ in panno tentam involvens, et baculum inde faciens vel pabulum, et in lapide viridi novo cum [2] oleo olivarum accendatur.

21. Ut ignem [3] manibus gestare possis sine ulla lesione; cum aqua fabarum calida calx dissolvatur; modicum terre [4] de Michna, dico messine;

<table>
<tr><td>

nium pulchrum, quod cum accenditur, omnia videntur alba et argentea : accipe lacertam et abscinde caudam ejus et accipe quod exit, quia est simile argenti vivi. Deinde accipe lichinium, et madefac cum oleo, et pone ipsum in lampade nova et accende : domus ejus

</td><td>

videbitur splendida et alba vel deargentata.»

[1] B. *Intinctam.*

[2] B. Ce mot manque.

[3] *De Mirabilibus:* «Ut ignem illæsus portare possis. Cum aqua fabarum, etc.»

[4] *De Mirab.:* «rubeæ de Messina.»

</td></tr>
</table>

R. Lézard noir ou vert; coupez-lui la queue et séchez-la, car vous trouverez dans la queue un liquide, pareil au vif-argent. Enduisez avec ce liquide une mèche et placez-la dans une lampe de verre ou de fer. Si on l'allume, la maison prendra bientôt un aspect argenté et tout ce qui sera dans la maison luira comme de l'argent.

20. Pour faire paraître une maison verte ainsi que les oiseaux volants.
R. Cervelle d'oiseau, enveloppée d'un linge en guise de mèche; disposez celui-ci en forme de baguette, ou faites-en une pâte; (déposez) sur une pierre verte avec de l'huile d'olive nouvelle, puis mettez le feu.

21. Pour tenir le feu dans les mains sans être blessé. Délayez de la chaux dans de l'eau de fèves chaudes, ajoutez-y un peu de terre de Michna, je

post partem malvevisci al [1] adicies. Quibus insimul commistis palmam illinias et desiccari permittas [2]. Sic enim est.

22. Ut aliquis sine læsione comburi videatur. Alteam [3] cum albumine ovorum confice et corpus perunge et desiccari permitte. Deinde decoque cum vitellis [4] ovorum iterum commiscens terendo super pannum lineum. Post sulphur pulverisatum superaspergens accende.

23. Candela [5] contra quam si manus apertas tenueris tam cito extinguetur; si vero clauseris, ignis subito revertetur; et hæc millies, si vis, poteris facere.

R. Nucem indicam vel castaneam, eamque cum aqua canforæ conficias et manus cum eo inunge, et fiet confestim.

----

[1] B. At.

[2] De Mirab. : «et sic cum ignem quolibet illæsus portare poteris.»

Autre article De Mirab. «Si vis in manu tua portare ignem, ut non offendat, accipe calcem dissolutam eum aqua fabarum calida et aliquantulum magranculis et aliquantulum malavisci et permisce illud cum eo bene, et deinde liue cum eo palmam tuam et fac siccari, et pone in ea ignem et non nocebit.»

[3] M. Malvensem.

[4] Le ms. M. est interrompu à cet endroit.

[5] De Mirab. mundi. Même sujet avec rédaction un peu différente : «Speciem quæ dicitur spuma Indiæ», au lieu de : «Nucem indicam vel cast.», etc.

----

dis de Messine, puis ajoutez une partie de glu tirée de la mauve (?). Mêlez ces choses, oignez-en la paume de votre main, et laissez sécher. Tel est le procédé.

22. Pour qu'une personne paraisse brûler sans être blessée. Mêlez de la mauve avec du blanc d'œuf, oignez le corps et laissez sécher. Puis faites cuire (la matière) avec du jaune d'œuf, mélangez de nouveau, en écrasant sur de la toile de lin. Aspergez avec du soufre en poudre et allumez.

23. Lumière qui s'éteint lorsqu'on la tient les mains ouvertes, et se rallume si on les ferme; on peut reproduire cet effet un millier de fois, à volonté.

R. Noix de l'Inde ou châtaigne, broyez avec de l'eau (huile?) de camphre, frottez les mains avec et l'effet se produira aussitôt.

24. Confectio vini est quum si aqua projecta fuerit accendetur ex toto.

R. Calcem vivam, eamque cum modico gummi arabici et oleo in vase candido cum sulfure confice, ex quo factum vinum et aqua aspersa accendetur. Hac vero confectione domus qualibet adveniente pluvia accendetur.

25. Lapis qui dicitur petra solis [1] in domo locandus est, et appositus lapidi qui dicitur albacarinum; lapis quidem ingens est et rotundus, candidus vero habens notas; ex quo vero lux solaris serenissimus procedit radius; quem si in domo dimiseris, non minor quam ex quatuor cereis splendor procedit. Hic in loco sublimi positus et aqua compositus relucet valde.

26. Ignem [2] græcum tali modo facies.

R. Sulfur vivum, tartarum, sarcocollam et picolam, sal coctum, oleum

[1] B. Salis.

[2] De Mirabilibus mundi. Même texte sensiblement jusqu'à bene, puis : « et si quid imponitur in eo accenditur, sive lignum, sive ferrum, et non extinguitur nisi urina, aceto vel arena. »

---

24. Préparation d'un vin [1] que l'affusion de l'eau allume entièrement.

R. Chaux vive, mêlée avec un peu de gomme arabique et d'huile dans un vase blanc, ainsi qu'avec du soufre. Ce vin s'allume par une aspersion d'eau. Cette préparation étant placée dans un lieu habité, la pluie survenant y mettra le feu.

25. Pierre dite *pierre solaire*, qu'il convient de placer dans une maison vis-à-vis de la pierre dite *albacarine* [2]. C'est une pierre grande et ronde, avec des taches blanches. Il en émane une lumière brillante comme le soleil. Mise dans une maison, elle a au moins l'éclat de quatre bougies de cire. Étant placée sur un lieu élevé et mouillée, elle brille fortement.

26. Vous préparerez le feu grégeois comme il suit. R. Soufre vif, tartre,

[1] Substance rouge ou jaune, constituée par un polysulfure de calcium, mêlé de matière organique. La chaleur dégagée par l'hydratation de la chaux enflamme le mélange. On remarquera le mot *vin* appliqué à une composition solide.

[2] Pierre lunaire? opposée à la pierre solaire. Il s'agit de minéraux phosphorescents.

petroleum [1] et oleum commune. Facias bullire invicem omnia ista bene. Postea impone stupas et accende. Quod si volueris extrahere poteris per embotum [2] ut supra diximus. Post illumina et non extinguetur, nisi cum urina, vel aceto, vel arena.

27. Aquam ardentem sic facies.

R. Vinum nigrum, spissum et vetus; et in una quarta ipsius distemperatis s. ıı sulfuris vivi subtilissime pulverizati; l. vel p. ıı tartari extracta a bono vino albo, et s. ıı salis communis grossi; et supradicta ponas in cucurbita bene plumbata, et alembico superposito distillabis aquam ardentem, quam servare debes in vase vitreo clauso.

28. Experimentum mirabile [3], quod facit homines ire in igne sine læsione, vel et portare ignem vel ferrum calidum in manu.

[1] B. *Petrolei*. — [2] B. *Ambotam*. — [3] Se lit aussi dans le *De Mirabilibus*.

---

sarcocolle et poix, sel cuit [1]; huile de pétrole et huile commune. Faites bien bouillir toutes ces choses ensemble. Puis plongez-y des étoupes et mettez le feu. Vous pourrez, si vous voulez, faire couler par un entonnoir, comme nous avons dit plus haut [2]. Ensuite allumez et le feu ne s'éteindra pas, si ce n'est au moyen de l'urine, du vinaigre, ou du sable.

27. Vous préparerez ainsi l'eau ardente [3]. R. Vin noir, épais, vieux. Pour un quart de livre ajoutez deux scrupules de soufre vif, en poudre très fine; une ou 2 livres (?) de tartre extrait d'un bon vin blanc, et 2 scrupules de sel commun en gros fragments. Placez le tout dans un bon alambic de plomb, mettez le chapiteau au-dessus et vous distillerez l'eau ardente; vous la garderez dans un vase de verre bien fermé.

28. Expérience admirable qui permet aux hommes d'aller dans le feu sans être blessés, ou bien de porter du feu ou un fer chaud à la main.

[1] Ces mots signifient «le salpêtre». Ils se trouvent reproduits fidèlement, avec toute la recette, dans les auteurs du xvıᵉ siècle.

[2] Ce renvoi indique que la recette est tirée d'un autre traité, aujourd'hui perdu.

[3] Alcool.

R. Succum bismalvæ et albumen ovi, et semen psillii et calcem; et pulveriza et confice cum albumine succum zapini et commisce. Et ex hac confectione illinias corpus tuum, vel manum, et dimitte desiccare, et post iterum illinias; et tunc poteris audacter sustinere sine nocumento.

29. Si autem velis[1] ut videatur ardere illud illinitum vino[2] bene pulverizato, et videbitur comburi, tantum accendetur sulphur, nec nocebit ei.

30. Candela accensa[3], quæ tantam reddit flammam, quod crines vel vestes tenentis eam comburit.

R. Terebentinam et distilla per alembicum sicut aquam ardentem, quam impones in vino cui applicatur candela, et ardebit ipsa.

[1] *De Mirabilibus mundi* : «Asperge de sulphure vero bene pulverizato, et videbitur comburi, cum accendetur sulphur, et nihil ei nocebit.»

[2] B. *Imbicio.*

[3] *De Mirab.*: «Si flammam candelæ, quam quis tenet in manu, colophoniam vel picem græcam insufflaveris subtilissime tritam, mirabiliter auget ignem et usque ad domum porrigit flammam.»

R. Suc de mauve double et blanc d'œuf, graine de persil (?) et chaux, broyez. Préparez avec le blanc d'œuf mélangé de sève de sapin. Avec cette composition, oignez votre corps ou votre main, laissez sécher. Répétez l'onction et alors vous pourrez affronter l'épreuve sans dommage.

20. Si vous voulez paraître en feu, projetez sur la partie ainsi enduite la matière rouge précédente[1], réduite en poudre, et elle paraîtra brûler; mais le soufre seul se consumera sans nuire.

30. Lumière allumée, produisant une flamme si grande, qu'elle brûle les cheveux et les vêtements de celui qui la tient.

R. Térébenthine, distillez dans un alambic, comme pour l'eau ardente[2], ajoutez-la à la matière précédente[3], employée dans la préparation de la lumière, et le produit brûlera pour son propre compte.

[1] *Vinum* de la recette 24. Voir aussi la recette 22. — [2] On obtient ainsi de l'essence de térébenthine. — [3] *Vinum* de la recette 24.

31. R. Coloph. 1, picem græcam et ibi subtilissime tunicam proicies in ignem vel in flammam candela.

32. Ignis volantis in aere triplex est compositio; quorum primus fit de sale petroso[1] et sulphure, et oleo lini, quibus tribus insimul distemperatis, et in canna positis et accensis, protinus in aere sublimetur.

33. Alius ignis volans in aere fit ex sale petroso et sulphure vivo, et ex carbonibus vitis vel salicis; quibus insimul mistis et in tenta de papyro facta positis et accensis, mox in aerem volat. Et nota, quod respectu sulphuris debes ponere tres partes de carbonibus, et respectu carbonum tres partes salis petrosi.

34. Carbunculum [2] continue lumen præstantem sic facies.

[1] B. Salepetro.
[2] De Mirab.: «Si vis facere carbunculum, vel rem lucentem in nocte. R. etc... quam repones vase de cristallo aut vitro. Tantam enim

---

31. R. Colophane, 1 ; poix grecque (1 p.); le tout, réduit en poudre très fine, est placé dans une enveloppe que l'on jette dans le feu, ou dans la flamme de la lumière[1]. . . .

32. Il y a trois compositions de la fusée[2]; la première avec le salpêtre, le soufre et l'huile de lin, mêlés ensemble; on les met dans un roseau; en allumant, la fusée monte aussitôt en l'air.

33. Une autre fusée se prépare avec le salpêtre, le soufre vif et le charbon de vigne ou de saule. On mêle les matières, on les dispose dans une enveloppe de papier et on allume. Elle s'élève bientôt en l'air.

Notez que pour 1 partie de soufre, il faut 111 parties de charbon, et pour 1 partie de charbon, 11 parties de salpêtre.

34. Pour préparer une escarboucle qui luise d'une manière continue.

[1] Il semble que ce soit là une variante de l'expérience bien connue, que l'on exécute aujourd'hui avec la poudre de lycopode.

[2] L'auteur n'en donne que deux. Les numéros 32 et 33 répètent en partie les numéros 12 et 13.

R. Noctilucas quam plurimas; ipsas contritas in ampulla vitrea et in fimo equino calido sepelias et permitte permorari per xv dies; post ipsas remotas distillabis per alembicum, et ipsam aquam in cristallo concavo reponas.

35. Candela durabilis hoc modo ingeniose fit. Fiat archa plumbea vel ænea, oleo plena intus, et in fundo locetur canale gracile tendens ad candelabrum, et præstabit lumen continuum oleo durante.

præstat claritatem, quod in loco obscuro quilibet potest legere et scribere. Quidam faciant hanc aquam ex noctililucis, felle testudinis, felle mustelæ, felle furonis, et canis aquatici; sepeliunt in fimo et distillant ex eis aquam. (Voir les recettes n° 17, 18.)

R. Insectes luisants, le plus possible, écrasez-les, mettez-les dans une bouteille de verre, enterrez-la dans du fumier de cheval pendant quinze jours. Retirez la matière, distillez-la dans un alambic et recueillez le liquide obtenu dans un récipient de verre.

35. Une lumière durable s'obtient par ce procédé ingénieux. Fabriquez un récipient de plomb, ou de bronze, que l'on remplit d'huile; disposez au fond un tuyau fin, dirigé vers un candélabre; il fournira une lumière aussi longtemps que l'huile durera.

Présentons maintenant l'analyse du texte spécial du *Liber ignium*, contenu dans le manuscrit latin 197 de Munich, en en donnant complètement quelques-uns des articles. Ce manuscrit est consacré principalement à reproduire des figures relatives aux arts mécaniques et à l'artillerie. C'est dans sa seconde partie, écrite vers 1438[1], que se trouve le traité de Marcus Græcus, aux folios 74 et 75. Le nom même de Marcus Græcus n'est pas prononcé dans le titre; mais il figure à la fin d'une série d'articles, numérotés de A à Z et terminés par les mots : *Explicit liber ignium a Marcho Græco compositus.*

Puis viennent d'autres articles, situés en dehors du traité dans ce manuscrit, quoique certains en fassent au contraire partie dans les manuscrits précédents, tandis que certains autres y sont également étrangers. Mais ces derniers se retrouvent dans les livres de Secrets du moyen âge et dans ceux du XVIᵉ siècle : quelques-uns existent déjà dans les traités arabes de pyrotechnie, traduits partiellement par Reinaud.

Les articles A à V sont, en substance, les mêmes que ci-dessus, quoique dans un ordre différent et avec de fortes variantes, la plupart plus abrégés. Les derniers, de X à Z, sont nouveaux; je les transcrirai. Donnons d'abord l'énumération de l'ensemble de ces articles, sans en développer d'ailleurs les variantes de détail, qui ne touchent pas au fond du sujet.

A. C'est la recette incendiaire nº 1 donnée plus haut (p. 100.)

B. Recette nº 2.

C. Recette nº 3.

D. Recette nº 6.

E. Recette nº 8, attribuée à Aristote voyageant avec Alexandre dans des lieux ténébreux, etc.

F. Recette nº 9, sous le titre suivant : « Alia ignis compositio quâ Alexander urbes Aggarenorum in montibus sitas, » etc. Variante semblable à celle du ms. 267 de Munich. (Voir la note du texte, p. 107.)

[1] Voir mon mémoire sur ce manuscrit et la reproduction en photogravure des figures les plus importantes, dans les *Annales de chimie et de physique*, 6ᵉ série, tome XXIV, page 433 à 521, décembre 1891.

G. Recettes n°ˢ 10 et 11. Feux inextinguibles.

H. Recette n° 12 (sans les mots : *Nota quod*). Fusées.

J. Recettes n°ˢ 13 et 14. Fusée, pétard, salpêtre.

K. Recette n° 15. Lumière inextinguible (phosphorescence).

L. Recette n° 16. Autre semblable.

M. Recette n° 17. Autre. Terminée par les mots : Ptolemeus asserit.

N. Recette n° 18.

O. Recette n° 19. Lumière argentée.

P. Recette n° 20. Lumière verte.

Q. Recette n° 21. Pour tenir le feu dans la main, etc.

R. Recette nouvelle. Ut forma in igne projecta non comburatur. Adde adipes piscis, simul cum aceto commisce, etc. Et attende et fiat quod dixi. « Pour qu'une figure jetée dans le feu ne brûle pas, ajoute de la graisse de poisson mêlée de vinaigre... fais attention, et il arrivera comme j'ai dit. »

S. Recette n° 23. Lumière phosphorescente.

T. Recette n° 24. Composition appelée *vin* (chaux vive, soufre, etc.).

V. Recette n° 25. Pierre solaire.

X. Feu grégeois. Le titre est le même que celui de la recette n° 26, mais la rédaction est toute différente. Je vais la donner tout à l'heure.

Y. Préparation d'essence de térébenthine. — Recette nouvelle, mais qui peut être regardée comme signalée dans la recette n° 30.

Z. Huile de soufre. Recette nouvelle.

> Huile de briques. Recette nouvelle.

Puis vient l'indication de la fin du Livre des feux de Marcus Græcus. Mais ce n'est pas la fin des recettes. On lit en effet, à la suite :

1. Aqua ardens ita fit. Vinum antiquum optimum, etc.

C'est une préparation d'alcool, analogue à la recette n° 27, mais plus développée. Elle sera donnée *in extenso* dans l'un des chapitres suivants. On voit par là que la préparation de l'alcool ne faisait probablement pas partie intégrante du texte primitif de Marcus Græcus.

2. Autre préparation d'alcool. — Je la donnerai aussi plus loin.

3. Eau qui éclaire une maison obscure.

4. Lumière qui fait apparaître des serpents.

5. Lanterne qui fait paraître noirs les hommes.

6. Eau acide blanchissant tous les métaux.

Aqua acuta omne metallum dealbans. Accipe de sale ammoniaco comato (?), sale communi cum albumine[1], æquali pondere, et pone in vase acetum album continenti, in quo fac aliquantulum bullire vas metallicum et recipiet[2] albedinem. Lava postea et terge cum panno lineo et postea frica sabulo.

« Eau acide blanchissant tout métal :

« Prenez sel ammoniac en aiguilles, sel commun et alun, à parties égales ; mettez dans un vase contenant du vinaigre blanc ; faites-y bouillir un moment le vase de métal et il reprendra sa blancheur. Lavez ensuite, essuyez avec une étoffe de lin, puis frottez avec du sable. »

Des recettes analogues se trouvent déjà dans le papyrus de Leyde[3], mais sous des formes plus élémentaires. On les lit aussi, de plus en plus compliquées, dans les articles alchimiques des plus vieux manuscrits latins. On emploie, même aujourd'hui, des procédés semblables pour nettoyer et décaper les vases métalliques.

7. Noix muscade, etc.

8. Pour écrire en lettres d'or ou d'argent.

Nous rentrons ici dans les vieilles recettes de chrysographie (ce volume, p. 46), qui figurent déjà au papyrus de Leyde.

9. Pour allumer du feu au soleil, disposez un miroir, etc.

C'est l'expérience de physique bien connue et que les auteurs anciens décrivent déjà.

10. Pour rendre blanc le vin rouge.

[1] Pour *alumine*.
[2] Pour *recuperat*.

[3] *Introduction à la Chimie des anciens*, p. 39, nos 46 et 48.

11. Feu inextinguible. Prenez 1 partie de limaille d'aiguilles et 2 parties de soufre vif; mettez en pâte avec du vinaigre fort, laissez sécher, puis allumez. Le produit ne peut être éteint.

12. Pour rassembler les serpents. On prend une marmite percée de trous, on y place un serpent, on fait un feu léger autour. Le serpent se met à siffler et tous les autres en l'entendant se rassemblent.

13. Pour rassembler les poissons. L'auteur indique de mettre une lumière sous l'eau, ou simplement d'y plonger un bâton de métal que l'on agite. — Ce sont des procédés encore usités aujourd'hui (pêche à la cuiller), etc.

Donnons en détail les recettes X, Y, Z, attribuées à Marcus Græcus dans ce manuscrit :

X. Ignis græcus ita componitur.

Accipe classam et galbanum, serapinum et opponacum æqualiter, in mortario subtilissime terre. Deinde in potto misce habente longum et strictum orificium et lento igne liqua ; quibus fusis adde sulfur vivum, kekabie et picem navalem et fimi columbini dupli primi pulveris. Incorpora simul cum spatulâ cupri et deinde oleum laterinum, terebentinum dissiliatum [1], alkitran et oleum et sulforis liquefacto et calida æquali mensurâ super infunde et optime incorpora cum spatula agitando, donec fiat ad imo dum vernicis. Infundatum in ampulla pone vitrea orificio deinde clauso quam in fimo equino bene calido septem per dies ita ut simul dissolvatur et liquidum fiat ad modum unguenti; fimum de die in diem revolvendo : postea distilla in cucurbita vitrea vel vitrata alembico superposito et clausis juncturis cum luto tenacissimo et sic separabis oleum à pulveribus, veluti aquam rosarum, igne lente carbonum.

Cum que hoc uti volueris habeas sagittam quadratam cum foraminibus perforatam, interius concavam et pone tentas de papyro oleo predicto intinctas et accensas. Protinus jacta quo volueris cum arcu vel balista. Qui siquidem ignis extingui non potest nisi cum quatuor rebus supradictis; aqua vero super aspersa magis inflammat ipsum.

In petroleo pone pulverem (?) sulfuris minutissimi intra phialam vi-

_____
[1] Distillatum.

tream et appone si vis ignem et projice ignem, quia solo motu accenditur et hic est ignis græcus.

« X. Voici la composition du feu grégeois :

« Prenez de la classa[1] et du galbanum, de la résine de sapin et de l'opoponax à parties égales; broyez finement dans un mortier. Mettez ensuite dans un pot à col long et étroit; faites fondre sur un feu doux. Après fusion, ajoutez du soufre vif..... et de la poix navale, ainsi que du fumier de pigeon en poids double de la première poudre. Incorporez avec une spatule de cuivre. Puis ajoutez de l'huile de briques, de l'huile de térébenthine distillée, de la poix liquide et de l'huile de soufre. Versez-les à proportion égale sur la matière liquéfiée par la chaleur et incorporez bien avec la spatule, en remuant, jusqu'à ce que le tout prenne l'aspect d'un vernis. Faites couler dans une fiole de verre, bouchez-la, déposez-la dans du fumier de cheval bien chaud pendant sept jours, de façon que le tout se délaye et se liquéfie à la façon d'un onguent; on retourne le fumier chaque jour.

« Ensuite distillez dans une cucurbite de verre ou de terre vernie, en plaçant au-dessus un chapiteau (dit *alambic*) et en lutant les joints avec un lut très tenace; ainsi vous séparerez l'huile du résidu pulvérulent, comme on opère pour l'eau de rose, en opérant sur un feu doux de charbon.

« Quand vous voudrez vous servir du produit, ayez une flèche quadrangulaire percée de trous, creusée intérieurement; mettez-y des mèches de papier trempées dans l'huile ci-dessus et allumées. Lancez aussitôt où vous voudrez avec un arc ou une baliste.

« Ce feu ne peut être éteint qu'avec les quatre choses susdites. L'allusion de l'eau augmente l'inflammation.

« Introduisez dans le pétrole du soufre en poudre très fine, dans l'intérieur d'une fiole de verre, mettez-y le feu à votre volonté et lancez. Ce feu s'active par le mouvement même. Et c'est là le feu grégeois. »

———

Y. Oleum terebentinum hoc modo fit.

Pone terebentinam in cucurbita interdum vitreata et dissolve ad ignem lentum et sit currens sicut æqua et superfunde de linoleo ad pondus suum

[1] Résine ou bitume. (Voir recette n° 10, p. 104.)

et simul incorpora cum spatula. Superpone alembic et luta bene cum tritici farina ovorum albumine confecta et cum lento igne distilla ejus oleum clarum et purum sicut aqua. De quo si vis scintilla posterius [1] et candelam ardentem applicaveris; mox flammam maximam provocabit, aut si in ampullis super vinum posueris et sic demum et accendis in tabula ignem magnum provocabis, aut si volueris in testa crema(re) sulfur vivum et per ipsum cum... jacta oleum predictum... per ignem jacta et mittet flammam maximam et horribilem valde.

« Y. Voici comment on prépare l'huile de térébenthine :

« Mettez la térébenthine dans une chaudière vernie intérieurement ; fondez sur un feu doux ; quand le produit est fluide comme de l'eau, versez-y poids égal d'huile de lin et incorporez avec une spatule. Placez dessus l'alambic ; lutez bien avec un mélange de farine de froment et de blancs d'œufs et distillez à un feu doux l'huile qui coule claire et pure comme de l'eau. Si vous en approchez une étincelle, ou si vous mettez en contact une lumière allumée, vous déterminerez une grande flamme. Si vous mettez des fioles qui en soient remplies, (en contact) avec la matière inflammable décrite plus haut sous le nom de *vin* [2], puis que vous allumiez sur une planche, vous déterminerez un feu violent. Si vous placez dans une assiette du soufre vif, que vous y mettiez l'huile susdite, et que vous jetiez le tout dans un feu, il s'élèvera une flamme énorme et effroyable. »

Z. Oleum sulfuris ita fit.

Ova quam plurimum decoquantur in aqua donec dura fiant et eorum vitellis diligenter in mortario tere donec fiant sicut butyrum. Tunc sulfur vivum bene contritum valde misce et optime cum malaxando incorpora; pone in cucurbita; positum distilla et quod distillabitur oleum sulfuris dicitur a philosophis..... Vel aliter fieri potest. Accipe oleum juniperi et cum eo sulfur bene contritum incorpora, donec fiat ad modum unguenti. Postea distilla in cucurbita et alambic bene clauso; sic distillasti. At est ratio quod predicti olei distillatio prohibetur propter ejus etorem et incendium, quia si in altum ascenderet periculum immineret [3].

> Oleum laterinum ita fit.

Tegulas rubras quas aqua non tetigerit in partes minutas confrange, sic... ignitas igne forti in linoleo extingue aut nucum aut cannabinum. Tunc aliquantulum contere. In cucurbita forti et bene vitreata et clausa distilla, sicut supradictum est. Hoc enim oleum est philosophorum dicitur, clarum et rubeum. Quod si in manu portaveris sublato pertransibit et cum card (amomi?) balsamo confortans nervos valet contra guttam frigidam. De quo si piscator se unxerit, piscibus abundabit. Quod si oleum fuerit (unctum?) calorem mirabiliter augmentabit.

Explicit liber Ignium a Marcho Græco compositus.

« Z. L'huile de soufre se prépare comme il suit :

« Faites cuire plusieurs œufs dans l'eau, jusqu'à ce qu'ils durcissent; broyez les jaunes dans un mortier jusqu'à ce qu'ils aient la consistance du beurre. Prenez alors du soufre vif bien pulvérisé, mêlez, et en malaxant avec soin, incorporez. Mettez dans une chaudière, distillez; le produit distillé est appelé par les philosophes *huile de soufre.*

« Autre procédé. Prenez de l'huile de genièvres, incorporez-y du soufre bien pulvérisé, jusqu'à consistance d'onguent. Puis distillez dans une chaudière munie d'un alambic bien clos. Il faut distiller ainsi, car la distillation de cette huile est interdite à cause de l'odeur et du risque d'incendie. Si la flamme s'élevait, il y aurait danger.

« > L'huile de briques se prépare ainsi :

« Prenez des tuiles rouges que l'eau n'ait pas touchées; cassez-les en petits morceaux, faites-les chauffer à grand feu, éteignez dans l'huile de lin, de noix ou de chanvre. Alors concassez-les un peu. Mettez dans un alambic bien verni et clos, et distillez comme ci-dessus. C'est là ce qu'on appelle l'*huile des philosophes.* Elle est transparente et rouge. Si vous la mettez dans votre main en élevant celle-ci, elle coulera le long; jointe au baume de cardamome qui réconforte les nerfs, elle est bonne contre la goutte. Un pêcheur enduit avec cette huile prend des poissons en quantité. Celui qui s'en frotte se réchauffe d'une façon merveilleuse.

« Fin du Livre des feux composé par Marcus Græcus. »

L'huile de briques est aussi décrite dans les termes suivants, par un manuscrit de la Bibliothèque de Paris, écrit vers l'an 1300 (ms. 6514, fol. 45 v°) :

Sur l'huile de briques, très efficace. Prenez de très vieilles briques, cassez-les en très petits morceaux, du poids de 2, 3 ou 4 drachmes. Placez-les dans un fourneau de forgeron, avec du charbon allumé par-dessus, jusqu'à ce qu'elles blanchissent par l'action de la chaleur. Ayez d'autre part de l'huile d'olive pure et nette; éteignez-les dedans et laissez-les séjourner quelque temps. Après qu'elles auront été refroidies et bien broyées, placez dans un alambic et distillez sur le feu.

D'après ces articles, il s'agissait d'une huile volatile empyreumatique.

Les textes que je viens de transcrire et de traduire mettent en évidence le caractère véritable du Livre des feux de Marcus Græcus. C'est une compilation d'origine grecque, traduite depuis en arabe et de l'arabe en latin; elle a été modifiée probablement, à chaque traduction, par des additions successives et constituée par la réunion de plusieurs petits traités ou groupes de formules, appartenant à des époques différentes, depuis l'antiquité jusqu'au XIIIe siècle. Il n'est pas difficile de distinguer ces groupes et d'en opérer l'énumération, ainsi que je vais l'établir.

I. 1er GROUPE : *Recettes incendiaires.* — Un premier groupe de recettes, qui a formé sans doute le noyau de la rédaction primitive, avait été tiré de quelque auteur grec d'une basse époque, analogue à Africanus. Il comprenait des recettes de matières incendiaires, telles que les nos 1, 2, 3, 6, 7 et 10, destinées à être lancées contre les ennemis sur terre, au moyen de flèches, ou sur mer, au moyen de brûlots. Le n° 10 est dit *inextinguible* (par l'eau s'entend); les nos 3 et 7 en particulier donnent des recettes de mélanges qui s'enflammaient soidisant au soleil, précisément comme l'une de celles d'Africanus (voir p. 95); ce résultat n'est pas impossible à reproduire. Cependant, il est probable qu'il y a là une exagération de l'écrivain, et que l'effet

réel a été confondu avec celui d'autres compositions inflammables par
la seule action de l'air (pyrophores), ou de l'air et de l'eau simultanément (chaux vive, soufre et matières organiques).

Les indications relatives au lut de la sagesse ou des philosophes,
à l'huile de briques, à l'huile de soufre (4ᵉ et 5ᵉ recettes) paraissent
être des gloses, dues à l'intervention des alchimistes et qui ont passé
plus tard dans le texte. De même les digestions prolongées dans des
vases enterrés au milieu du fumier. Le nº 11, qui indique quatre procédés pour éteindre la composition nº 10, est aussi une glose, probablement d'origine antique. Observons ici que le mot *alkitran* « poix »
est arabe; il a du être introduit à un certain moment, par un traducteur écrivant en cette langue.

II. 2ᵉ GROUPE : *Recettes attribuées à Aristote.* — A ce premier groupe
de recettes, il en succède un second, congénère (nᵒˢ 8 et 9), dont
l'invention est attribuée à Aristote; lesquelles forment une catégorie
spéciale : elles rentrent dans les légendes auxquelles donna lieu l'histoire d'Alexandre, chez le Pseudo-Callisthène et ses continuateurs.
Ces légendes avaient passé chez les Arabes, ainsi que le montre un
texte du xiiiᵉ siècle cité par Reinaud, d'après lequel la ville de Tyr
fut brûlée par Alexandre, à l'aide d'une composition lancée par un
mangonneau[1]. Quoi qu'il en soit, dans les recettes 8 et 9, nous
voyons apparaître les mélanges renfermant du soufre et de la chaux
vive que l'eau allume, mélanges qui figurent aussi dans Africanus.
On doit signaler encore une autre composition analogue dans la recette 24, mélange désigné sous le nom de *vin,* sans doute en raison
de sa couleur rouge; mais cette recette semble avoir été ajoutée plus
tard dans notre petit traité, car elle n'est liée ni à celles qui la précèdent ni à celles qui la suivent. Cependant elle sera citée ici pour
compléter la série des matières incendiaires, autres que le feu grégeois
et connues avant lui.

[1] *Du feu grégeois,* par Reinaud et Favé, p. 48; 1845.

En résumé, les deux groupes de recettes qui finissent au n° 9 sont antiques et indépendants des autres.

III. 3ᵉ ɢʀᴏᴜᴘᴇ : *Fusée et pétard*. — Les numéros consécutifs représentent des formules de fusée et de pétard (n°ˢ 12, 13, 14), avec leurs commentaires; ce sont des formules beaucoup plus modernes et qui ne remontent peut-être pas au delà du xiiiᵉ, ou tout au plus du xiiᵉ siècle. Elles sont d'ailleurs positives, et ne renferment ni légendes ni exagérations, par opposition à celles des premier et second groupes. L'exécution en est facile. Leur principal intérêt consiste dans ce que l'on y trouve les premières mentions connues du salpêtre et de la poudre à canon.

Les n°ˢ 32 et 33 appartiennent au même groupe; mais ils sont séparés des précédents par toute une série de compositions phosphorescentes et ils n'existent pas dans le ms. 197 de Munich : double circonstance qui indique sans doute une addition faite après coup, au milieu d'un cahier qui contenait déjà toutes les autres formules.

IV. 4ᵉ ɢʀᴏᴜᴘᴇ : *Matières phosphorescentes*. — Au n° 15 commence une série toute différente (n°ˢ 15, 16, 17, 18), consacrée à la production des compositions phosphorescentes, source de prestiges et d'illusions fort usités parmi les magiciens. Cet ordre de préparations est antique. Des recettes analogues sont déjà mentionnées chez les alchimistes gréco-égyptiens [1]; elles étaient décrites dans les ouvrages pseudo-épigraphes d'Ostanès et de Marie. Les noms de Ptolémée et d'Hermès sont une réminiscence de ces origines. Au surplus, tout cela semble remonter à des traditions sacerdotales d'une antiquité très reculée.

Les formules du *Liber ignium*, à côté des biles de tortue et autres animaux signalées dans les ouvrages précités, font une mention nouvelle, celle des vers luisants et insectes phosphorescents; elles décrivent

[1] *Collection des Alch. grecs*, trad., p. 334-338.

la préparation de sphères métalliques lumineuses, enduites avec des matières extraites de ces insectes.

La recette 34 relative à l'escarboucle est du même ordre, congénère aussi de celles des alchimistes grecs[1]; et elle se rapporte à un ordre de préjugés sur cette pierre précieuse, qui ont été très répandus au moyen âge. Elle est en hors rang et elle ne figure pas dans le ms. 197 de Munich : ce qui paraît indiquer une addition, faite postérieurement au cahier initial.

Observons que le mot *incendium*, dans ces préparations, passe du sens de combustion véritable à celui de lumière produite dans l'obscurité. Les procédés plus ou moins imaginaires, pour développer une lueur verte ou argentée (nos 19, 20), se rattachent au même ordre d'idées, ainsi que la recette de la pierre solaire (n° 25). On doit enfin y joindre les recettes additionnelles 3, 4, 5 du ms. 197 de Munich, recettes qui sont en dehors du *Liber ignium*, mais qui appartiennent toujours à la même tradition : l'une est destinée à éclairer une maison obscure, l'autre à faire paraître les hommes noirs, — phénomènes purement physiques, — l'autre à faire apparaître des serpents, — ce qui rentre dans la magie. Ce sont là de vieilles formules, reproduites dans les livres de Secrets du xvie siècle. Or les analogues existent dans les traités arabes[2] et elles remontent sans doute à l'antiquité. Elles montrent quels liens existaient au moyen âge entre les compositions purement scientifiques de matières incendiaires, ou phosphorescentes, et les préparations des prestidigitateurs et magiciens.

V. 5e GROUPE : *Recettes protectrices et prestiges.* — A côté des formules de matières phosphorescentes, on lit dans le *Liber ignium*, en deux endroits différents, d'autres recettes congénères, d'un caractère équivoque (nos 21, 22) : ce sont celles qui étaient destinées, soit à

---

[1] *Collect. des Alchim. grecs*, trad., p. 336.

[2] *Du feu grégeois*, par Reinaud et Favé, p. 47. Recette qui fait paraître les assistants ensanglantés. — Recette qui fait paraître les figures noires, etc. — Porta, *Magia naturalis*, livre XX, chap. IX, p. 668. Lugduni Batavorum, 1644.

permettre de prendre avec les mains du feu, ou un fer rouge, soit encore à faire paraître une personne couverte de feu (voir p. 97).

Dans le premier cas (n° 21), il s'agit d'un enduit calcaire protecteur. Une formule analogue et plus développée se trouve dans le traité arabe du XIII° siècle, étudié par Reinaud[1]. Geber, dans ses œuvres arabes, en parle également (voir le présent volume, p. 97). Ces formules avaient un grand prix, à une époque où de telles épreuves étaient admises comme décisives dans les jugements. Mais leur efficacité ne devait être que fort relative et de peu de durée.

On doit en rapprocher la formule 28, destinée à permettre de traverser le feu, et de porter à la main un objet en feu, ou bien un fer rouge. Mais cette dernière formule résulte d'une addition postérieure, car elle n'existe pas dans le ms. 197 de Munich.

D'après la formule n° 22, il s'agit d'une apparence et d'une illusion : en effet on opère avec le même enduit en employant comme agent combustible, non une matière enflammée développant beaucoup de chaleur, et quelconque, mais du soufre en poudre, lequel brûle à basse température et était employé en petite quantité. Le même artifice s'applique à la recette 29; recette additionnelle d'ailleurs, car elle ne figure pas non plus au ms. 197 de Munich.

La formule 23, qui s'applique aussi à un prestige, est trop sommaire pour être intelligible; si elle répondait à un fait réel, ce serait celle d'une lueur phosphorescente disparaissant rapidement à l'air libre, mais se régénérant dans un espace confiné : il ne serait pas difficile aujourd'hui de produire de semblables effets.

VI. 1ᵉʳ GROUPE : *Feu grégeois*. — La formule 26 constitue à elle seule une série propre, relative au feu grégeois. C'est celle qui a le plus attiré l'attention sur le livre de Marcus Græcus. Elle constitue en effet la plus ancienne formule de ce feu, en langue latine, formule reproduite par plusieurs auteurs d'ouvrages imprimés au XVI° siècle.

---

[1] *Du feu grégeois*, etc., p. 46.

Observons d'ailleurs qu'il s'agit d'une première publication en langue
latine. En effet les textes arabes traduits par Reinaud[1] nous reportent
à une date à peu près contemporaine et ils sont congénères de celui
de Marcus Græcus; il est même probable que ce dernier aura été
traduit sur un texte arabe du même ordre.

On doit rapprocher cette formule 25 des formules de feu inextinguible, n°s 8, 9, 10, 11, dont elle représente en quelque sorte une
variante. Toutefois le nom de *feu grégeois* indique une tradition historique différente, et sans doute plus moderne.

La formule mise sous le même titre et au même rang dans le
ms. 197 de Munich est beaucoup plus développée et le salpêtre n'y
figure pas. Par contre, elle reproduit en substance la formule 2,
dont elle représente une rédaction plus étendue. Enfin la formule du
manuscrit de Munich appelle comme conséquence et commentaire
deux autres préparations, qui font défaut à cette place dans la rédaction ordinaire du *Liber ignium*, tandis qu'elles constituent une partie
intégrante de l'ouvrage, dans le ms. 297 de Munich. Ce sont : Y, la
préparation de l'essence de térébenthine; et Z, la préparation de
l'huile de soufre, signalée brièvement dans la recette n° 4, mais qui
est ici développée et spécifiée, comme celle d'un produit distillé. Le
danger de l'opération est signalé, comme dans la recette n° 1.

La préparation de l'huile de briques, dont l'existence était indiquée dans la recette n° 2, se trouve décrite ici en détail : c'est une
huile distillée, empyreumatique. L'auteur en indique diverses autres
applications, soit à la médecine, soit à la pêche, applications encore
usitées de notre temps. On connaît en effet l'emploi de l'huile de
cade, produit analogue, dans les affections rhumatismales. J'ajouterai
que le pétrole et les essences sont employés, même aujourd'hui, dans
certaines pêches, par exemple pour mouiller les appâts destinés à
attirer les écrevisses.

Ces recettes développées, propres au ms. 197 de Munich, semblent

[1] *Du feu grégeois,* etc., p. 4; manuscrit de Hassan Alrammah; p. 50, *et passim.*

être des commentaires ou gloses, qui se sont introduits à un certain moment dans le texte; comme il est souvent arrivé pour les copies des manuscrits, dans l'antiquité et au moyen âge. On mettait à la suite, ou en marge de l'ouvrage, des formules analogues, qui finissaient par prendre place dans le texte. Tel est le cas de celles qui suivent et qui sont en dehors des six groupes que je viens de caractériser.

Citons d'abord la formule de l'eau ardente (alcool), formule n° 27 du *Liber ignium*. Sans examiner ici le détail de cette préparation, sur laquelle je reviendrai, je remarque seulement qu'elle ne fait pas partie du *Liber ignium* dans le ms. 197 de Munich; elle y figure à la suite, et la description en est différente de celle des autres manuscrits, et plus développée, précisément comme celle de l'huile de soufre. Elle paraît d'ailleurs, à l'origine, avoir été associée à celles de l'huile de térébenthine et des huiles empyreumatiques de soufre et de briques : non seulement parce que tous ces liquides inflammables étaient obtenus de même par distillation; mais en outre ils servaient, par leur addition, à augmenter l'effet des matières incendiaires, effet très recherché et qui se réalisait également par l'emploi de résines pulvérulentes contenues dans une enveloppe (n°s 30, 31).

Parmi ces recettes isolées et additionnelles, on doit une attention particulière à la dernière de celles du *Liber ignium* des vieux manuscrits, recette qui manque dans le 197 de Munich. Ici il s'agit d'une lampe entretenue par un réservoir, avec lequel elle communique par un tube étroit, ce qui permet à la combustion d'avoir une longue durée. Quelques personnes y ont vu le prototype de la lampe à niveau constant; mais c'est là une idée qui n'est pas indiquée avec précision dans le texte. Au contraire, la notion d'une flamme permanente hantait les imaginations d'autrefois, comme en témoignent les récits relatifs aux lampes éternelles des sépulcres, les légendes sur les incendies inextinguibles qui dévorent les objets pendant plusieurs années (recette n° 9) et les indications de matières phosphorescentes, dont la lueur se manifeste pendant une durée très prolongée.

Dans le ms. 197 de Munich, les formules mises à la suite du *Liber ignium*, sans y être pourtant intercalées, sont plus multipliées que dans les autres manuscrits et elles touchent à toutes sortes de sujets : l'eau acide qui blanchit les métaux, l'écriture en lettres d'or et d'argent; le feu allumé au moyen d'un miroir au soleil; un procédé pour décolorer le vin rouge; la préparation d'un sulfure de fer combustible; des procédés pour rassembler les serpents, les poissons, etc. Le copiste ou le propriétaire du manuscrit actuel, ou plutôt du prototype sur lequel celui-ci a été copié, avait inscrit à la suite tous les secrets qui l'intéressaient.

Mais je n'insiste pas, si ce n'est pour rappeler comment ces additions manifestent le caractère véritable de la composition de ces manuscrits et livres de recettes, déjà répandus dans l'antiquité et dont les formules sont venues jusqu'au XVIIIe siècle, parfois même jusqu'à notre temps. Le *Liber ignium* en est un exemple, et l'analyse précédente montre bien comme il a été composé avec des matériaux de dates multiples, les uns remontant à l'antiquité, les autres ajoutés à diverses époques, dont les dernières étaient contemporaines, ou très voisines de celle de la transcription de chaque manuscrit.

CHAPITRE V.

SUR LA DÉCOUVERTE DE L'ALCOOL.

———

Je me propose de réunir ici quelques textes relatifs à la découverte de l'alcool, afin de montrer quels sont les noms originaires de cette substance, quels faits en ont suggéré la découverte et à quelle époque on la trouve constatée avec précision dans des auteurs de date certaine; ces divers points ayant donné lieu autrefois à des confusions et à des erreurs, qui se sont répétées depuis.

Les noms originaires sont importants à définir d'abord pour l'intelligence des textes. Or le nom même de l'*alcool*, en tant que réservé aux produits de la distillation du vin, est moderne. Jusqu'à la fin du xviiie siècle, ce mot, d'origine arabe, signifiait un principe quelconque, atténué par pulvérisation extrême ou par sublimation. Par exemple, il s'appliquait non seulement à notre alcool, mais aussi à la poudre de sulfure d'antimoine, employée pour noircir les cils, et à diverses autres substances.

Au xiiie siècle, et même au xive siècle, je n'ai trouvé aucun auteur qui appliquât le mot d'*alcool* au produit de la distillation du vin.

Le mot d'*esprit-de-vin*, ou *esprit ardent*, quoique plus ancien, n'était pas non plus connu au xiiie siècle; car on réservait à cette époque le nom d'*esprit* aux seuls agents volatils capables d'agir sur les métaux pour en modifier la couleur et les propriétés.

Quant à la dénomination *eau-de-vie*, ce mot était appliqué pendant les xiiie et xive siècles à l'élixir de longue vie; et il a été énoncé par Arnaud de Villeneuve, pour la première fois, je crois, dans le but de désigner le produit de la distillation du vin; encore l'a-t-il employé, non comme nom spécifique, mais pour marquer l'assimilation qu'il faisait de ce produit avec le prétendu élixir de longue vie. Je donnerai tout à l'heure des détails circonstanciés sur ce point, qui a occasionné plus d'une erreur chez les historiens de la science.

En réalité, c'est sous la dénomination d'*eau ardente*[1], c'est-à-dire inflammable, que notre alcool apparaît d'abord.

Tâchons de préciser, d'après les auteurs anciens et ceux du moyen âge, l'origine même de la découverte de l'alcool.

Que le vin pût fournir quelque chose d'inflammable, c'est ce que les anciens en effet avaient déjà observé. On lit dans Aristote (*Météorologiques*, édition Didot, t. III, p. 622, l. 23) : « Le vin ordinaire possède une légère exhalaison; c'est pourquoi il émet une flamme[2]. » Le sens du mot qui est traduit ici par flamme est admis par les traducteurs latins; et il est confirmé par la signification que ce mot présente dans les lignes suivantes du texte, où il s'applique à des substances combustibles.

On lit de même dans Théophraste, le disciple immédiat d'Aristote (*De Igne*, 67) :

« Le vin versé sur le feu, comme pour des libations, jette un éclat » (ἐκλάμπει), c'est-à-dire produit une flamme brillante.

Pline renferme une phrase plus décisive encore; il nous apprend (*Hist. nat.*, l. XIV, ch. vi) que le vin de Falerne produit par le champ Faustien « est le seul vin qui puisse être allumé au contact d'une flamme » : *solo vinorum flamma accenditur*. Ce qui arrive en effet pour certains vins très riches en alcool.

Au même genre d'essais s'applique le texte suivant, que j'ai rencontré dans le manuscrit latin 197 de la Bibliothèque royale de Munich, manuscrit écrit vers l'an 1438, mais qui renferme des ouvrages plus anciens. Le texte actuel fait immédiatement suite à une copie du *Liber ignium* de Marcus Græcus, composé au xiiᵉ ou xiiiᵉ siècle (voir le chapitre précédent), et c'est la variante d'une recette sur l'eau

---

[1] Ce nom était également donné à l'essence de térébenthine. — [2] Ὁ τυχὼν δ'οἶνος μικρὰν ἔχει θυμίασιν· διὸ ἀνίησι φλόγα.

ardente, qui est incorporée dans les plus vieilles transcriptions de ce traité [1].

Vinum in potto ardens fit hoc modo : vinum optimum rubeum vel album, in potto aliquo pono, habente caput aliquantulum elevatum cum coperculo in medio perforato. Cumque calefieri et bullire inceperit et per foramen vapor egrediatur ac candela accensa applicatur et statim vapor ille accenditur et tamdia durabit quandiu vaporis egressio et est eadem cum aqua ardente.

« On peut faire brûler du vin dans un pot, comme il suit : mettez dans un pot du vin blanc ou rouge, le sommet du pot étant élevé et pourvu d'un couvercle percé au milieu. Quand le vin aura été échauffé, qu'il entrera en ébullition et que la vapeur sortira par le trou, approchez une lumière : aussitôt la vapeur prend feu et la flamme dure tant que la vapeur sort. Elle est identique avec l'eau ardente. » (Ms. latin 197 de Munich, fol. 75 v°.)

Malgré la connaissance de ces faits, l'alcool ne fut pas isolé par les anciens, quoiqu'ils sussent déjà condenser certains liquides vaporisés. Ainsi, dans les *Météorologiques* d'Aristote (l. III, ch. III) on lit : « L'expérience nous a appris que l'eau de mer réduite en vapeur devient potable, et le produit vaporisé, une fois condensé, ne reproduit pas l'eau de mer... Le vin et tous les liquides, une fois vaporisés, deviennent eau. » Il semblait donc que l'évaporation changeât la nature du corps vaporisé.

Ces indications doivent d'ailleurs se rapporter à la condensation du liquide échauffé dans un vase; la condensation étant opérée, soit à la surface d'un couvercle superposé, procédé relaté par Dioscoride (au Ier siècle de l'ère chrétienne) pour condenser la vapeur du mercure, et par Alexandre d'Aphrodisie pour la vapeur d'eau [2]; soit dans des flocons de laine, comme Pline l'indique pour l'essence de térébenthine. Mais nous ne connaissons aucun texte analogue pour le vin.

Les appareils distillatoires proprement dits ont été inventés en

[1] Voir p. 114, n° 27 du présent volume.

[2] Voir aussi Aristote, *Météorol.*, l. IV, ch. VII.

Égypte, au cours des premiers siècles de l'ère chrétienne, et décrits dans les traités de deux femmes alchimistes, appelées Cléopâtre et Marie. J'ai reproduit ailleurs les dessins de ces appareils (*Introduct. à la Chimie des anciens*, p. 132 et suivantes), appareils qui ont conduit, par leurs transformations, à la découverte de l'alambic, décrit dès la fin du ivᵉ siècle de notre ère, par Synésius (*Introduct.*, etc., p. 164).

Mais nous ne trouvons chez les alchimistes grecs aucune indication précise qui soit attribuable à l'alcool. Les Arabes, en tant qu'ils nous sont connus par des textes traduits en latin, n'en font non plus aucune mention, contrairement à diverses assertions erronées que je referai, telles que celles dont je parlerai bientôt. C'est à tort qu'on en a fait remonter la découverte à Rasès, ou à Abul Casim et autres auteurs aussi anciens; du moins les textes vérifiés avec précision ne m'ont fourni aucune indication de ce genre.

En effet Rasès (xᵉ siècle), dans les passages cités à l'appui de cette opinion, parle seulement des *vina falsa ex saccaro, melle et riço*, c'est-à-dire des liquides vineux (vins prétendus) obtenus par la fermentation du sucre, du miel et du riz; liquides dont certains, l'hydromel par exemple, étaient connus des anciens. Mais il n'est pas question de les distiller, ni surtout d'en extraire un principe plus actif, dans les passages de Rasès dont j'ai eu connaissance. Quant à Albucasis ou Abul Casim, médecin espagnol de Cordoue, mort en 1107, on trouve dans les ouvrages de pharmacie qui lui sont attribués (p. 246-247) un appareil distillatoire destiné à préparer l'eau de rose, appareil qui ne diffère pas, en principe, de ceux des vieux alchimistes grecs.

Établissons d'abord cette identité, qui mérite attention. Elle résulte des phrases suivantes (p. 247 desdits ouvrages), qu'il est utile de donner *in extenso* :

Accipias ollam ex ære, sicut est illa tinctorum, et pone post parietem et pone super eam coopertorium discrete factum, cum foraminibus in quibus ventres ponuntur et pone in ea ventres cum sagacitate.

« Prenez une marmite d'airain, pareille à celle des teinturiers; placez-la derrière la muraille et placez dessus un couvercle fabriqué avec précaution, avec des tubulures[1] auxquelles on ajoute des récipients; disposez d'une façon intelligente. »

Pone cucurbitas, sive ventres, et sunt vasa distillatoria in foraminibus berchilis; et stringe cum panno lini discreto, ita quod bene sedeant in foraminibus suis et vapor aquæ non egrediatur extra. Similiter et capita corum stringes cum panno lini.

« Disposez des cucurbites, ou ventres (récipients). Ce sont des vases distillatoires, ajustés aux tubulures du chapiteau. Attachez-les soigneusement à l'aide d'un linge, de façon à les bien fixer sur leurs tubulures, sans que la vapeur d'eau s'échappe. Serrez de même le haut des tubulures avec un linge. »

Et encore :

Accipe ollam ex ære et imple eam aquam... Et pone super os ejus coopertorium perforatum foraminibus duobus vel tribus, vel pluribus aut paucioribus ventribus, secundum quod poterit capere coopertorium ollæ. Et sint ventres ex vitro.

« Prenez une marmite d'airain, remplissez-la d'eau... Posez sur son orifice un couvercle, percé de (trous ajustés à) deux ou trois tubulures, avec des récipients, en nombre plus ou moins grand, selon ce qu'en pourra recevoir le couvercle de la marmite. Les récipients sont en verre. »

Cette description s'applique fort exactement aux alambics à deux et trois becs, appelés *dibicos* et *tribicos*, de la Chrysopée de Cléopâtre, de Zosime et des alchimistes alexandrins, alambics dont j'ai reproduit les photogravures dans l'*Introduction à la Chimie des anciens*, p. 132, 138, 139, et qui répondent d'ailleurs aux descriptions de Zosime[2], faites d'après Marie, la femme alchimiste.

Ainsi les Arabes, au commencement du XIIᵉ siècle, se servaient encore des appareils distillatoires compliqués des alchimistes gréco-égyptiens. On voit combien est grande l'erreur des historiens qui leur ont attribué la découverte de la distillation : sur ce point, comme sur tant d'autres,

[1] *Foramen* avait déjà le sens de *fistula*, dans des textes antiques cités par Forcellini.

[2] *Coll. des Alch. grecs*, trad., p. 217, 5, et p. 228, 1.

ils ne faisaient guère que suivre fidèlement les traditions de la science grecque.

C'est à l'aide de ces appareils qu'Abul Casim prescrit de distiller l'eau de rose, le vinaigre et le vin :

Secundum hanc disciplinam potest distillare vinum, qui vult ipsum distillatum.

« D'après cette méthode, celui qui désire du vin distillé, peut le distiller. »

On voit qu'il s'agit simplement de distiller le vin, sans aucune distinction entre les produits successifs d'une distillation fractionnée. Cependant on s'était aperçu dès lors que le vin distillé n'était pas identique à l'eau, contrairement à la vieille opinion d'Aristote; mais notre auteur ne parle pas de l'alcool, quoique la connaissance de ce corps dût résulter presque immédiatement de l'étude des liquides distillés fournis par le vin.

Le plus ancien manuscrit qui renferme une indication précise à cet égard est celui de la *Mappæ clavicula*, écrit au XIIᵉ siècle. Elle se trouve au nº 212; passage où les ingrédients de la préparation sont signalés d'une façon cryptographique (voir p. 61 du présent volume). Aussi était-il demeuré inaperçu; mais j'ai réussi à l'interpréter. Rappelons ce texte :

En mêlant un vin pur et très fort avec 3 parties de sel et en le chauffant dans les vases destinés à cet usage, on obtient une eau inflammable qui se consume sans brûler la matière (sur laquelle elle est déposée).

Une autre indication plus explicite est contenue dans le Livre des feux de Marcus Græcus, livre dont les manuscrits ne remontent pas au delà de l'an 1300 (Recette nº 27, p. 117). Je crois utile de la reproduire :

Préparation de l'eau ardente. — Prenez vin noir, épais, vieux. Pour un quart de livre, ajouter 2 scrupules de soufre vif, en poudre très fine, une ou deux livres de tartre extrait d'un bon vin blanc, et 2 scrupules de sel commun en gros fragments. Placez le tout dans un bon alambic de plomb; mettez le chapiteau au-dessus, et vous distillerez l'eau ardente. Vous la conserverez dans un vase de verre bien fermé.

Toutefois la recette de l'eau ardente paraît postérieure à la première composition du Livre des feux, et incorporée après coup; car elle n'en fait pas partie dans le manuscrit latin 197 de Munich, s'y trouvant en dehors de l'ouvrage, et à la suite (fol. 75 v°). Voici le texte donné par le manuscrit, avec sa traduction :

Aqua ardens ita fit. Vinum antiquum optimum, cujuscunque coloris in cucurbita et alembic juncturis bene lutatis lento igne distilla et quod distillabitur aqua ardens nuncupatur. Ejus virtus et propriet as ita fit : ut si pannum lini in ea madefeceris et accenderis, flammam magnam præstabit. Qua consumpta remanebit pannus integer, sicut prius fuerit; si vero digitum in ea introduxeris et accenderis, ardebit ad modum candelæ sine lesione. Si vero candelam accensam sub ipsa aqua tenueris, non extinguetur. Et nota quod illa quæ primo egreditur est bona et ardens, postrema vero est utilis medicinæ. De prima etiam mirabile fit collirium ad maculam vel pannum oculorum.

« L'eau ardente se prépare ainsi. Prenez du vin vieux et bon, de n'importe quelle couleur; distillez-le dans une cucurbite et un alambic, à jointures bien lutées, sur un feu doux. Le produit distillé s'appelle *eau ardente*. En voici la vertu et la propriété. Mouillez avec un chiffon de lin et allumez : il se produira une grande flamme. Quand elle est éteinte, le chiffon demeure intact, tel qu'il était auparavant. Si vous trempez le doigt dans cette eau et si vous y mettez le feu, il brûlera comme une chandelle, sans éprouver de lésion. Si vous trempez dans cette eau une chandelle allumée, elle ne s'éteindra pas.

« Notez que l'eau qui distille la première est surtout active et inflammable; la dernière, utile à la médecine. Avec la première on fait un excellent collyre, pour les maladies des yeux. »

Cette recette est suivie d'une autre, que j'ai donnée tout à l'heure, et qui relate seulement l'émission d'une vapeur inflammable par le vin bouillant : les faits qui ont conduit à la découverte sont ainsi clairement établis.

Dans la première recette de Marcus Græcus, il y a une indication
singulière, celle de l'addition du soufre avant la distillation. Cette
indication existe aussi dans le *Liber Alpharabii* (ms. 7156 de Paris,
fol. 47 v°). Elle n'est pas accidentelle; car elle résulte d'une idée
théorique, exposée tout au long dans les manuscrits 7156 et 7158
(fol. 126 de ce dernier). Les chimistes d'alors pensaient que la grande
humidité du vin s'oppose à son inflammabilité, et c'était pour combattre la première que l'on ajoutait soit des sels, soit du soufre, dont
la siccité, disait-on, accroît les propriétés combustibles. Le dernier
auteur cite à l'appui de sa théorie, le bois sec ou vert, inégalement
combustible, suivant la saison où il a été coupé et la dose d'humidité
qu'il renferme.

Rappelons encore que la volatilité et la combustibilité étaient alors
confondues et désignées sous le nom de *sulfuréité*, désignation qui était
encore appliquée dans ce sens au temps de Stahl, au commencement
du xviiie siècle. Ces idées remontent même aux alchimistes grecs, qui
appelaient tout liquide volatil et tout sublimé émis de bas en haut du
nom d'*eau sulfureuse* ou *eau divine* [1].

On voit, par là, l'origine de ces préparations si compliquées et si
difficiles à comprendre aujourd'hui, usitées chez les anciens chimistes.
Ils s'efforçaient de communiquer aux corps les qualités qui leur man-
quaient, en y ajoutant des matières dans lesquelles ces propriétés
étaient supposées concentrées. Ainsi du soufre était ajouté au vin, pour
rendre plus facile, croyait-on, la manifestation de son principe inflammable.

Le premier auteur, connu nominativement, qui ait parlé de l'alcool
est de date postérieure à la composition des écrits qui précèdent : c'est
Arnaud de Villeneuve. On le donne d'ordinaire comme l'auteur de
la découverte, prétention qu'il n'a jamais élevée lui-même. Il s'est
borné à parler de l'alcool, comme d'une préparation connue de son
temps et qui l'émerveillait au plus haut degré. C'est dans son ouvrage

[1] Voir notamment *Coll. des Alchimistes grecs*, trad., p. 173, 2.

intitulé : *De conservanda juventute;* ouvrage écrit vers 1309, d'après M. Hauréau (*Hist. littéraire de la France*, t. XXVIII).

Voici les textes, tels qu'ils sont imprimés dans les *Opera omnia Arnaldi Villanovani* (Bâle, 1585), p. 1699, E. : « On extrait par distillation du vin, ou de sa lie, le vin ardent, dénommé aussi eau-de-vie. C'est la portion la plus subtile du vin. »

Ailleurs (p. 832), il en exalte les vertus : « Discours sur l'eau-de-vie. Quelques-uns l'appellent *eau-de-vie.* Certains modernes disent que c'est l'eau permanente[1], ou bien l'eau d'or, à cause du caractère sublime de sa préparation. Ses vertus sont bien connues. » Il énumère ensuite les maladies qu'elle guérit. Puis : « Elle prolonge la vie et voilà pourquoi elle mérite d'être appelée *eau-de-vie*. On doit la conserver dans un vase d'or; tous les autres vases, ceux de verre exceptés, laissent suspecter une altération. . . En raison de sa simplicité, elle reçoit toute impression de goût, d'odeur et autre propriété. . . Quand on lui a communiqué les vertus du romarin et de la sauge, elle exerce une influence favorable sur les nerfs, etc. »

Le Pseudo-Raymond Lulle, auteur plus moderne qu'Arnaud de Villeneuve, parle avec le même enthousiasme de l'alcool (*Theatrum chemicum*, t. IV, p. 334). Il décrit la distillation de l'eau ardente, tirée du vin, et ses rectifications, répétées au besoin sept fois, jusqu'à ce que le produit brûle sans laisser de trace d'eau. « On l'appelle, ajoute-t-il, *mercure végétal.* »

On voit que les alchimistes, au début du XIVe siècle, furent saisis d'une telle admiration par la découverte de l'alcool qu'ils l'assimilèrent à l'élixir de longue vie et au mercure des philosophes. Mais il faudrait se garder de prendre tout texte où il est question de ce mercure, ou de cet élixir, comme applicable à l'alcool.

L'élixir de longue vie est un rêve de l'ancienne Égypte. Diodore de Sicile (I, 25) le désigne sous le nom de Ἀθανασίας φάρμακον « re-

[1] C'est-à-dire qui ne peut être solidifiée ou fixée. On trouve aussi le nom d'*eau éternelle* chez les alchimistes. Pline appelle déjà le mercure : *liquor aeternus.*

mède d'immortalité », dont l'invention était attribuée à Isis. Galien
(cité par H. Étienne, *Thesaurus*, édition Didot) en donne même la formule. Ce fut aussi l'espoir de tout le moyen âge. Cet élixir de longue
vie était en même temps réputé susceptible de changer l'argent en
or[1].

À cet ordre d'idées se rattache un texte, de date incertaine d'ailleurs,
que l'on rencontre dans les traductions latines de certains ouvrages
arabes, attribués[2] tantôt à Rasès (ms. 6514, fol. 124 r°), tantôt à
Aristote (*De perfecto magisterio, Theatrum chemicum*, t. III, p. 104; et
de nouveau, avec plus de détails, p. 124). Ce texte, dont je connais
trois versions un peu différentes, ne parle pas du vin : il emploie le
mot *fermentari*, qui s'appliquait alors à toute réaction chimique lente.
En voici la traduction[3] :

« *Préparation de l'eau-de-vie simple.* — Prends de la pierre secrète[1],
ce que tu voudras; broie fortement, en consistance de moelle; laisse
fermenter pendant un jour et une nuit. Mets alors dans un vase distillatoire bien luté et distille, au moyen d'un bain d'eau et de cendres.
Cohobe l'eau distillée, ou son résidu, et répète ces distillations trois
fois. Dans plusieurs livres, on ne parle pas de redistiller sur le résidu, mais seulement de distiller deux fois et ce sera fait[5]. Alors
distillera une eau blanche comme du lait; garde-la pour l'usage. »

[1] *Guidonis Magni de Monte Tractatulus* (*Th. chem.*, t. VI).
«Tu pourras aussi préparer le grand élixir de vie; car je veux que tu saches qu'en prenant le mercure rouge et en y ajoutant du mercure fixé et qui a été passé sur la tutie et le vitriol, de façon à le rougir et à le rendre huileux, tu ne perdras pas ton travail. En effet, une lame d'argent, rougie au feu et éteinte dans cette liqueur, devient jaune.»

[2] L'attribution de ce texte à Aristote est évidemment fausse. Les ouvrages alchimiques du prétendu Aristote arabe ne remontent probablement pas au delà du XIII° siècle, ou tout au plus du XII° siècle. L'attribution à Rasès est tout aussi incertaine. La seule date sûre est celle du manuscrit lui-même, écrit vers l'an 1300.

[3] D'après le *Theatrum chemicum*, t. III, p. 104. Le texte du ms. 6514 n'en diffère pas sensiblement.

[4] La version de la page 124 (*Th. chem.*, t. III) ajoute après *lapidis occulti*, le mot *elixati*, c'est-à-dire lessivée, ou bouillie avec de l'eau.

[5] Toute cette phrase manque dans le ms. 6514.

C'est là ce qu'on appelait (*Th. chem.*, t. III, p. 124) eau des philosophes, sel ammoniac, vif-argent, lait virginal, eau-de-vie, eau péné-
trante, calmante, qui éclaire la maison (phosphorescente), etc.

Ces textes, amplifiés par l'esprit déclamatoire et symbolique des
alchimistes, sont trop vagues pour qu'on puisse dire exactement quelle
substance ils désignent. En réalité, il n'y est nullement question de
vin, je le répète, ni d'eau ardente, mais d'un liquide laiteux, analogue
à l'eau blanche de Zosime[1], laquelle était dérivée d'un polysulfure et
capable de teindre superficiellement les métaux. Hœfer a cru y voir
une première mention de l'alcool; mais cette opinion me paraît avoir
peu de solidité, et elle repose sur une confusion résultant des sens
multiples du mot *eau-de-vie*.

On voit par ces détails combien les problèmes relatifs à l'origine des
découvertes chimiques sont délicats, en raison des acceptions diverses
des mots, et aussi parce que les découvertes ont souvent eu lieu peu
à peu, et par des changements insensibles dans les détails d'exécution
et dans l'interprétation des opérations.

[1] *Coll. des Alchimistes grecs*, trad., p. 144 et p. 165, n° 16.

CHAPITRE VI.

APPAREILS ALCHIMIQUES EMPLOYÉS AU XIII° SIÈCLE
ET ÉTAT RÉEL DES CONNAISSANCES CHIMIQUES À CETTE ÉPOQUE.

Il paraît opportun de donner ici les figures des appareils alchimiques les plus anciens, non d'après les ouvrages imprimés au XVI° et au XVII° siècle, mais d'après les manuscrits : ces figures en apprennent souvent bien davantage que les textes eux-mêmes, sur l'état des connaissances de leurs auteurs. Si les figures concordent exactement avec les textes correspondants, elles doivent être regardées comme contemporaines de la rédaction elle-même. En tout cas, la limite ultime de leur date est celle où le manuscrit a été copié : c'est entre ces deux limites extrêmes, date de la rédaction et date de la copie, que l'on se trouve renfermé en cette matière, pour les renseignements relatifs à l'histoire de la science. J'ai déjà publié les figures des appareils des alchimistes grecs et montré les changements qu'elles ont éprouvés dans la suite des âges, changements manifestés par l'examen des manuscrits de date différente, relatifs à un même texte[1]. Je publie également dans le présent ouvrage les figures d'une alchimie syriaque et je donnerai aussi les rares figures qui se trouvent dans les manuscrits des alchimistes arabes.

Venons aux figures tirées des auteurs latins. Celles que je vais reproduire sont contenues dans deux des manuscrits alchimiques les plus vieux de la Bibliothèque nationale, manuscrits dont la date peut être approximativement fixée vers l'an 1300, d'après les paléographes, et d'après les indications précises de certains personnages que j'y ai trouvés mentionnés[2]. Ces manuscrits comptent chacun près de

---

[1] *Introd. à la Chimie des anciens*, p. 127-173. — [2] Voir le présent volume, p. 75-78.

200 folios et renferment un grand nombre de traités d'auteurs variés : la plupart traduits de l'arabe; d'autres, en petit nombre, dus à des écrivains latins, dont les plus modernes sont tout au plus contemporains d'Arnaud de Villeneuve. Aucun de ces manuscrits ne contient de signes représentatifs des métaux ou de leurs dérivés, tels que les signes traditionnels des alchimistes grecs, ou des alchimistes syriens, signes dont on trouve à peine quelques indices dans les manuscrits arabes. Ces signes ont reparu plus tard, vers la fin du XVe siècle; mais ils avaient cessé d'être en usage au XIIIe siècle, chez les Latins. Deux de ces traités, un dans chaque manuscrit, sont les seuls qui renferment des figures, inscrites sur les marges. Ce sont des dessins d'appareils, au trait, très nets, sans aucun symbolisme; les plus anciens qui existent, je le répète, après ceux des alchimistes grecs, syriens et arabes. Je vais les reproduire tous, d'après des décalques, en dimension identique aux dessins.

1º *Manuscrit latin 6514 de la Bibliothèque nationale.*

Les figures se trouvent dans un traité attribué à Geber (Pseudo-Geber latin) sous le titre :

Summa collectionis complementi occulte secretorum nature ; prohemium perfectionis in arte.

Il n'a certainement pas été écrit par Geber et paraît être une œuvre purement latine, due à un apocryphe du XIIIe siècle, ainsi que je l'expliquerai plus loin. Quoi qu'il en soit, c'est là le grand traité imprimé dans la *Bibliotheca chemica* et dans beaucoup d'autres collections des siècles derniers, sous un titre un peu différent : *Summa perfectionis magisterii in sua natura.* La marche générale du texte et ses divisions et chapitres sont les mêmes dans notre manuscrit que dans la *Bibliotheca chemica*, sauf certaines variantes qu'il n'y a pas lieu de relever ici. Plusieurs de ces figures sont analogues à celles de la page 540 du tome I de la *Bibliotheca chemica*, mais avec des formes assez diffé-

rentes et plus anciennes : celles de la *Bibliotheca chemica* paraissant
avoir été accommodées à la fantaisie du dessinateur ; tandis que les figures que je vais reproduire portent un cachet de simplicité et de sincérité. Ce sont les formes mêmes des appareils du xiiie siècle. Mais on
n'est pas autorisé à les faire remonter plus haut, ni surtout à les attribuer à Geber, comme on l'a fait jusqu'à présent. En effet, les traités
arabes authentiques qui portent le nom de Geber ne renferment ni
ces figures, ni leur description, ni l'exposé précis des opérations qui s'y
accomplissent. Cependant, elles offrent de l'intérêt, même lorsqu'on
en limite la date au xiiie siècle.

En voici l'énumération ; j'ai ajouté des numéros d'ordre en chiffres
romains, mais j'ai conservé tous les noms latins qui se trouvent dans le
manuscrit.

Fig. I (fol. 68).

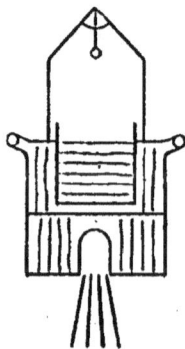

Appareil à sublimation.

La partie supérieure porte le nom de *alutel* (aludel) ; au-dessous :
sublimatio ; à la pointe d'en haut : *foramen* (trou), pour laisser échapper
les gaz et introduire la tige dont il va être question ; en bas : *ligna* (bois
de chauffage).

Le fourneau porte des oreilles, où orifices latéraux, pour laisser
échapper la fumée.

La substance destinée à être sublimée, le sel ammoniac par exemple, était placée dans une sorte de marmite, au-dessous de l'aludel. Cette marmite paraît être chauffée par une circulation des gaz de la combustion, et non par le contact direct du bois en ignition.

Fig. I *bis* (même fol.).

Aludel.

C'est l'aludel et sa marmite, dessinés séparément du fourneau.

Fig. II (fol. 69).

Tige d'essai (*baculus*).

Cette tige est en terre cuite. Elle est munie d'un renflement percé d'un petit trou, qui arrive jusqu'au centre. D'après le texte, on l'introduisait par l'orifice supérieur de l'aludel; puis on la retirait au bout de quelque temps, afin de vérifier s'il se condensait encore quelque chose dans le trou du renflement.

Fig. III (fol. 69 v°).

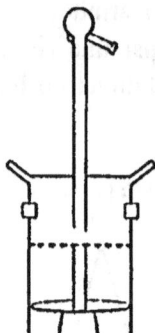

Alambic (*alembich*).

Long cylindre très étroit, surmonté d'un chapiteau et enfoncé par sa partie inférieure dans une sorte de fourneau ou de bain d'air, au fond duquel parait se trouver un petit foyer. Des jours (*fenestræ*) sont pratiqués latéralement.

C'est un appareil de sublimation, destiné au grillage de certains sulfures métalliques, appelés par l'auteur *magnésie*.

Fig. IV (fol. 70).

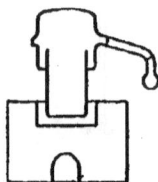

Autre alambic.

C'est un alambic beaucoup plus large et analogue à celui de Synesius [1] et aux nôtres; il est destiné à la distillation des liquides.

Le mot même *alambic* se trouve au-dessus. Le récipient est appelé

[1] *Introd. à la Chimie des anciens*, p. 164, fig. 40.

ampulla (fiole). La partie inférieure est plongée dans un bain-marie, et le mot *olla* (marmite) est inscrit au-dessous. Le tout se trouve placé sur un fourneau (*furnus*), dont on voit la porte.

Fig. V (fol. 70).

Vase pour distiller *per descensum* (*vas distillationis per descensum*).

Ce mode de distillation, aujourd'hui tombé en désuétude, était fort répandu au moyen âge.

La figure indique seulement le récipient, destiné à recevoir le produit de l'opération. Mais on verra plus loin (p. 161) l'appareil complet.

Fig. VI (fol. 71).

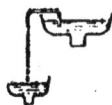

Vase de décantation et filtration (*vas distillationis per filtrum*).

Le mot *distillation* est employé ici dans son sens littéral : écoulement goutte à goutte; la figure montre une décantation, faite au moyen d'un siphon étroit. Mais le titre semble impliquer le passage (simultané) du liquide à travers une chausse de feutre (*filtrum*).

Fig. VII (fol. 71).

Pala, c'est-à-dire pelle (ou plutôt spatule).

Son emploi est indiqué dans la figure suivante.

La pelle précédente paraît, en effet, destinée à agir sur une matière que l'on chauffe (pour la dissoudre, la fondre, ou la calciner) dans une

Fig. VIII.

Appareil de chauffage.

marmite ou vase ouvert, placé sur un fourneau.

Fig. IX.

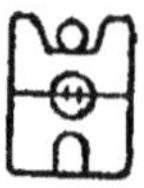

Fourneau de calcination (*Furnus in quo calcinatio*, etc.) surmonté de sa marmite.

Fig. X (fol. 71).

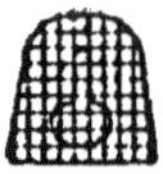

Four grillé (*furnus*) pour chauffer une fiole (*ampulla*).

Cet appareil ressemble à l'appareil n° 4 de l'alchimie syriaque. Peut-être doit-on le rapprocher aussi de l'appareil appelé *ventre de cheval* par Vincent de Beauvais, auteur du XIIIᵉ siècle (*Spec. naturale,* liv. VIII, chap. LXXXVIII), et décrit par lui comme l'un des principaux instruments alchimiques : « Il consiste, dit cet auteur, en deux vases, dont l'un renferme de l'eau, l'autre du fumier de cheval. Il s'y trouve une fiole avec la préparation. Le système est placé dans un fourneau et on brûle au-dessous un feu léger. »

Fig. XI.

Bain de sable, ou de cendres, sur son fourneau, avec une petite fiole.

C'est à peu près le même appareil que le précédent, mais avec le fourneau en plus.

Fig. XII.

Appareil pour la calcination du mercure (*vas in quo argentum vivum coagulatur*).

La calcination du mercure était appelée à cette époque coagulation ou fixation du métal.

" s'agit de la fabrication de l'oxyde de mercure préparé *per se*, c'est-à-dire sans addition d'aucun corps étranger, dénomination que nous allons retrouver formellement dans l'une des figures suivantes.

Fig. XIII.

Tige de projection (*baculus cum quo projicitur ad fundum*).

Fig. XIV.

Fiole de fixation (*ampulla coagulationis*).

2° *Manuscrit latin 7156 de la Bibliothèque nationale.*

Le seul traité accompagné de figures qui s'y trouve est au folio 138, sous le titre suivant :

Practica Alchimiæ Jacobi Theotonici, quod ipse operatus est.
Traité pratique d'Alchimie, par Jacques l'Allemand : opérations qu'il a effectuées lui-même.

Ce nom de *Theotonicus* a été donné aussi à un autre auteur, prénommé Pierre ou Albert, lequel a été, par une exception rare au moyen âge, traduit du latin en grec : probablement à une époque contemporaine de Planude, qui a fait, vers le commencement du xive siècle, un certain nombre de traductions analogues. J'ai analysé l'ouvrage grec du dernier chimiste dans mon *Introduction à la Chimie des anciens et du moyen âge*, p. 207 et suiv., et j'ai reconnu que son traité est le même que l'alchimie latine, attribuée à Albert le Grand, ouvrage de la fin du xiiie siècle ou du commencement du xive siècle.

Au contraire le traité de Jacques l'Allemand n'a rien de commun avec celui d'Albert le Grand ; il est purement pratique, très net, exact et sérieux : dans sa première partie du moins, laquelle est consacrée à la description méthodique des opérations chimiques. Cet auteur paraît avoir réellement exécuté lui-même les opérations qu'il décrit : prétention que les alchimistes ont souvent affichée, sans la réaliser effectivement. Je crois utile de reproduire l'indication d'un certain nombre de titres de ses articles, afin de rendre plus claire la signification des figures et de donner en même temps une idée de l'état des connaissances chimiques en Occident, vers la fin du XIII⁰ siècle.

Procédé de distillation; mot qui comprenait aussi la filtration et la décantation par fusion, comme le montre la figure suivante.

Fig. XV.

Décantation par fusion.

Manipulation (De aptatione) du sel gemme.
Manipulation du sel alcali (carbonate de potasse?).
Purification (De perfectione) des sels.
Préparation des aluns et des vitriols (atramentorum).
Manipulation des esprits (volatils).
Première dissolution du sel ammoniac.
Sublimation du sel ammoniac par le procédé de la cloche.

Fig. XVI (fol. 139 v°).

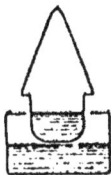

Vas sublimationis salis ammoniaci.

C'est la figure I de la page 149, c'est-à-dire l'aludel. Cette forme des appareils de sublimation était inconnue des alchimistes grecs. Nous voyons ici apparaître un condenseur conique à large surface, en forme de cloche (*De sublimatione ad modum campanæ*).

Fixation du sel ammoniac.

Cette fixation consiste, en réalité, dans sa transformation en chlorure de calcium par la chaux, le gaz ammoniac étant perdu. Le mot *fixation* s'appliquait donc à des combinaisons et réactions très diverses. Je vais donner la traduction de l'opération précédente, pour montrer la netteté des descriptions de notre auteur et de son époque.

Fixation du sel ammoniac. On le broie, on le mêle avec son poids de chaux vive bien tamisée. On broie le tout sur le marbre avec soin. Prenez garde à l'odeur très violente qui s'en exhale, et qui est malsaine [1]. Placez ensuite dans une fiole de verre bien lutée et laissez dessécher. Ensuite mettez dans un fourneau et chauffez lentement, jusqu'à ce que toute trace d'humidité ait disparu. Puis fermez le vase avec son couvercle spécial; lutez pour que rien ne puisse s'échapper (*ut nullo modo respiret*). Faites agir le feu sur le vase, jusqu'à ce qu'il soit entièrement en incandescence au milieu du feu. Alors, laissez-le refroidir. C'est le sel ammoniac fixé. Extrayez-le du vase, broyez, mettez dans un vase de verre, versez dessus de l'eau chaude pour le dissoudre. Filtrez. Versez sur le résidu d'autre eau, filtrez et répétez ces opérations jusqu'à ce qu'il ne reste plus de goût salin. Puis évaporez ces eaux à un feu doux jusqu'à solidification, dans un vase de verre. Augmentez le feu vers la fin. Le produit est blanc; il doit être renfermé, parce qu'il se résout (en liquide) très vite, spontanément [2]. Employez-le pour les œuvres pour lesquelles on prescrit le sel ammoniac fixé.

Manipulation du mercure.
Lavage du mercure brut.
Sublimation du mercure brut.
Mortification (c'est-à-dire extinction) du mercure.
Sublimation du mercure dans un vase de verre.

Fig. XVII (fol. 140).

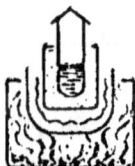

Vas vitreum sublimationis mercurii.

Le vase de verre n'est pas chauffé directement, mais par l'intermédiaire d'un double bain de sable, ou de cendres.

[1] Notre gaz ammoniac. — [2] Déliquescence du chlorure de calcium.

Fixation du mercure.

Mercure fixé par lui-même : De fixatione mercurii per se. C'est la préparation de l'oxyde de mercure, qui a tant préoccupé les chimistes, jusqu'au jour où elle est devenue le point de départ de la découverte de l'oxygène et de l'analyse de l'air atmosphérique. On pourrait trouver la trace confuse de cette opération chez les alchimistes grecs. Mais la préparation présente est décrite avec plus de netteté. Elle a pour objet, d'après l'auteur, d'enlever au mercure sa liquidité (*humiditas*).

Fig. XVIII.

Vas sublimationis mercurii per se.

C'est la figure XII (p. 154), plus complète.

L'opération s'exécute dans un cône très allongé, avec une tige de fer centrale, destinée à détacher l'oxyde des parois et à faire retomber le mercure volatilisé. Le tout est chauffé doucement sur un fourneau, ou plutôt sur un bain de sable. L'opération durait trois à quatre jours et autant de nuits.

Le résultat paraissait si extraordinaire que l'auteur ajoute : « Ne révèle pas ceci, si ce n'est à ton plus fidèle ami; car c'est un grand secret. »

Puis viennent d'autres procédés de *fixation du mercure*, notamment en l'amalgamant avec le plomb : ce qui était censé produire de l'argent. *Figitur in corpus lunare* [1] *bonum*.

Suivent : la *préparation de l'arsenic* (sulfuré), corps qui brûle les métaux;

La *sublimation de l'arsenic* (sulfuré).

Fig. XIX.

Vas sublimationis arsenici.

Cette figure est analogue à la figure XVI.

Rappelons que le mot *arsenic* signifie, chez les Grecs et les Latins, un sulfure d'arsenic; il s'appliquait aussi aux produits de son grillage, oxysulfure et acide arsénieux. Quant à l'arsenic métallique, déjà connu des alchimistes grecs, il était désigné par eux comme un second mercure : le mercure tiré de la sandaraque (réalgar ou sulfure rouge d'arsenic), par opposition au mercure tiré du cinabre (*Introduction à la Chimie des anciens*, p. 99, 239).

Quoi qu'il en soit, la sublimation de l'arsenic sulfuré se compliquait d'un grillage; car elle se termine dans Jacobus Theotonicus par les mots : *Collige arsenicum album pulchrum* « Recueille le bel arsenic blanc », c'est-à-dire l'acide arsénieux. Ce dernier était déjà connu d'Olympiodore au ve siècle (*Introduction à la Chimie des anciens*, p. 67-68).

La *distillation par en bas* (*descensio*) *de l'arsenic* (sulfuré).

___

[1] *Luna* signifiait l'argent; et l'auteur ajoute : *Serva, quia gaudebis* « Conserve et tu t'en réjouiras ».

Fig. XX (fol. 140).

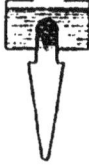

Vas descensorium cum suo fornace.

Le vase est figuré avec son fourneau.

Suit la *fixation de l'arsenic* (sulfuré).
La *distillation de la graisse.*
La *sublimation du soufre à grand feu.*

Fig. XXI.

Vas sublimationis cum forti igne.

Il y a un bain de sable, interposé entre le fourneau et le vase à sublimation.

L'auteur expose ensuite la *rectification du soufre.*
La *bonne sublimation du soufre.*
La *fixation du soufre.*
La *fusion du soufre.*
La *distillation.*
La *distillation des liquides* (*humiditates*).

Fig. XXII (fol. 141).

Vas distillationis.

C'est une distillation à l'alambic, avec bain de sable intermédiaire. L'appareil est analogue à celui de la figure IV (p. 151) et à l'alambic de Synésius.

La *distillation des dépôts (fecitatis).*

La *distillation per descensum.*

Fig. XXIII.

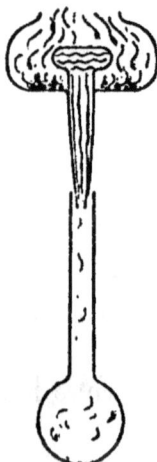

Vas distillationis per descensum.

Une figure analogue, mais plus éloignée de la réalité, se trouve à la page 540 du tome I de la *Bibliotheca chemica.*

La *distillation des corps* (métalliques).

Ce n'est pas une distillation au sens moderne, mais plutôt un procédé de fusion, comme l'indique la figure XXIV.

Fig. XXIV.

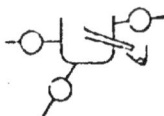

Vas fundendi corpora calcinata.

Vase pour fondre les métaux par calcination.

On y voit un vase cylindrique, incliné vers un récipient extérieur où se fait la coulée. Le vase est placé dans un fourneau, dont le feu est excité par trois soufflets.

La figure XXV (fol. 141 v°) est celle d'une opération de *dissolution*, ou décomposition *saline*, faite au bain de sable sur un fourneau.

Fig. XXV.

Vas solutionis salium.

Le mot *solution* s'appliquait alors à toute réaction par voie humide, donnant lieu à la dissolution d'un solide.

On voit, par ces figures et par cette énumération des opérations de la *Practica* de Jacques l'Allemand, quels étaient les procédés généraux et les appareils d'un alchimiste au XIII° siècle.

En résumé, les préparations étaient demeurées à peu près les mêmes que celles des alchimistes grecs, savoir :

Extraction et purification des produits naturels, tels que les minéraux et les matières végétales ou animales, résines, couleurs, huiles, baumes, graisses, etc. ;

Fusion, coulée et moulage des métaux ;

Préparation d'alliages divers et d'amalgames;

Cémentation des métaux dans les vapeurs de soufre, de pyrites, de mercure, d'arsenic métallique, ou oxydé, ou sulfuré, en vue de la teinture des métaux et de la prétendue transmutation;

Purification de l'argent et de l'or, par coupellation et par cémentation avec le soufre, avec les sulfures métalliques, et avec les sels de fer et sels alcalins alors connus;

Fabrication de la litharge, du minium, de la céruse, du cinabre [1] et du vermillon, du vert-de-gris; des tuties ou oxydes de zinc impurs (cadmies des anciens [*Introduction à la Chimie des anciens*, p. 239]); des oxydes de cuivre (*æs ustum*), de fer, ocres, sanguine et colcotar, de l'acide arsénieux et de l'arsenic métallique; du mercure métallique et de ses chlorures volatils, qui apparaissent dans l'usage courant vers cette époque [2];

Préparation des couleurs et des métaux, en feuilles minces ou en poudre, destinés aux peintres, aux miniaturistes, aux verriers, aux mosaïstes et aux céramistes; le tout par des procédés déjà connus des anciens, pour la plupart, mais perfectionnés.

La préparation des sels, des aluns et vitriols s'était enrichie d'un certain nombre de recettes, et l'on commençait à distinguer avec précision le sel proprement dit (notre chlorure de sodium) des sels alcalins, du sulfate de soude et du salpêtre proprement dit [3]. La fabrication de ce dernier, inconnue des anciens et tenue secrète par les Byzantins, qui en faisaient la base du feu grégeois, commençait à être vulgarisée au xiiie siècle [4].

---

[1] Sur la fabrication de ce corps, voir le présent volume, p. 17-18.

[2] Voir le procédé de Salmanas pour les perles artificielles (*Coll. des Alch. grecs*, trad., p. 350). Ce texte figure dans le manuscrit grec 2325 de Paris, écrit au xiiie siècle. Voir aussi l'*Alchimie syriaque*, traduite dans la présente publication, et qui est plus ancienne.

[3] *Sal petræ; sal petrosum.* Le *nitrum* des anciens est un sel de soude, tel que le carbonate ou le sulfate (*Introd. à la Chimie des anciens*, p. 263); il doit être traduit par *natron*, et non par *salpêtre* ou *nitre*, comme on l'a fait souvent par erreur.

[4] Voir le traité de Marcus Græcus, ce volume, p. 98 et 130, et mon article, *Revue des Deux-Mondes*, t. CVI, p. 787; 1891.

L'emploi de certains minéraux (chrysocolle des anciens) et de certains sels alcalins, confondus sous le nom de *borax*[1], pour faciliter la soudure des métaux, était fort répandu.

Le sel ammoniac sublimé, inconnu des Grecs[2], était devenu d'usage courant dans les laboratoires.

On savait extraire les huiles naturelles et résines, préparer par distillation l'eau de rose et les eaux imprégnées de matières odorantes, spécialement les essences de térébenthine[3] et de genièvre, ces dernières déjà connues des anciens. L'alcool faisait en ce moment même (XIIIᵉ siècle) son apparition sous le nom d'*eau ardente*, mot qu'il faut se garder d'assimiler absolument avec l'*aqua vitæ* « eau-de-vie »; cette dernière dénomination étant appliquée également à des préparations d'élixir de longue vie, et de pierre philosophale[4].

A cette époque, le mot *esprit* s'appliquait uniquement aux substances volatiles susceptibles de se combiner aux métaux (appelés *corps*), telles que le mercure, le soufre et les sulfures, les composés arsenicaux et certains oxydes métalliques sublimables, appelés *tuties* ou *cadmies* (*Introduction à la Chimie des anciens*, etc., p. 248-249).

Ce n'est que plus tard que le mot *esprit* a été appliqué aux essences et à l'alcool. A l'origine, il avait un sens plus particulier et plus précis, celui d'agent métallisateur, jouant un rôle essentiel dans les transmutations.

Quant aux liqueurs chimiquement actives de toute nature, obtenues par distillation, leur préparation remontait aux alchimistes grecs et à leurs *eaux divines* ou *sulfureuses*. Mais on les confondait encore sous le nom collectif de *aquæ acutæ*, lesquelles comprenaient à la fois nos liqueurs acides et nos liqueurs alcalines : ces dernières fabriquées sans volatilisation, mais par simple filtration (appelée aussi *distillation*), au

---

[1] Le borax des modernes est une substance toute différente. [/]

[2] Ils désignaient sous ce nom un sel fixe, variété de carbonate de soude ou de chlorure de sodium (*Introd. à la Chimie des anciens*, p. 30, note 2 et surtout p. 45, note 2).

[3] Marcus Græcus, ce volume, p 117, 125, 135.

[4] Voir ce volume, p. 145.

moyen de l'action directe de l'eau sur les cendres (dissolution du carbonate de potasse), et de l'action plus compliquée de la chaux éteinte sur
les lessives de cendres (préparation de la potasse caustique). On avait
déjà remarqué que quelques-unes ¦de ces eaux faisaient effervescence
avec la pierre calcaire, — ce que les anciens savaient; — et que d'autres
eaux, renfermant du vinaigre, du sel ou des aluns et vitriols, avaient la
propriété d'attaquer les métaux et de les blanchir, en les décapant.
Enfin certains polysulfures alcalins, ou sulfarsénites, étaient employés
depuis le temps des alchimistes gréco-égyptiens pour teindre superficiellement les métaux. Telle est à peu près la nomenclature des liqueurs
chimiques donnée dans le ms. 6514, par le *Livre d'Hermès* (fol. 40).
On y trouve un chapitre, *De fortibus aquis* (sur les eaux-fortes), qui
énumère le vinaigre, l'urine d'enfant putréfiée (solution de carbonate
d'ammoniaque impur), la solution d'alun, ou plutôt celle des sulfates
multiples provenant de l'oxydation spontanée des pyrites; la lessive,
destinée à la fabrication du savon, préparée au moyen des cendres du
bois de chêne et de la chaux, c'est-à-dire la solution de potasse, etc. [1].

Le mot même *lixivium* est donné dans le *De mineralibus* (liv. III,
traité 1, chap. IV) d'Albert le Grand, comme synonyme d'*aqua acuta*.

Les solutions métalliques alors connues, sulfates impurs de cuivre,
de fer, de zinc, d'alumine, étaient assimilées aux aluns et couperoses
(*atramenta*), autrement dits *vitriols*.

Mais c'est à tort que l'on a prétendu faire remonter à cette époque
la notion précise des acides sulfurique, chlorhydrique, azotique et celle
de leurs sels métalliques bien définis. Les premières indications de ce
genre, de date authentique, sont vagues et confuses. Ces préparations
n'ont été débrouillées que pendant le cours des XIVe et XVe siècles [2], et,

[1] *Forte acetum, urinam puerorum XII annorum, aquam aluminis, aqua cineris cum calce*; et plus loin : *Lixivia quæ saponem facit: accipe tres partes cinerum quercinarum et unam calcis*, etc.
[2] Voir l'*Alchimie* du Pseudo-Geber, le

Compositum de Compositis Alberti Magni (*Theatr. chem.*, IV, 832); le traité de Jean de Roquetaillade, etc. A l'exception du dernier ouvrage, les autres sont pseudépi-graphes et attribués, par les faussaires qui les ont écrits, à des auteurs plus anciens.

si l'on a cru les rencontrer sous une forme nette dans des traités attribués à des auteurs plus anciens, c'est par suite de fausses attributions,
d'une intelligence imparfaite des textes, dont le sens a été souvent
forcé par leurs traducteurs, enfin en raison d'interpolations de date
plus récente. On a mis souvent sous le nom des vieux auteurs des ouvrages très postérieurs et dont quelques-uns ont été écrits seulement
au xvie siècle. Il faut une grande prudence dans la lecture et l'interprétation de cette littérature.

CHAPITRE VII.

SUR L'HISTOIRE DE LA BALANCE HYDROSTATIQUE
ET DE QUELQUES AUTRES APPAREILS ET PROCÉDÉS SCIENTIFIQUES.

On connaît le problème de la couronne d'Hiéron, relatif à l'analyse d'un alliage d'or et d'argent par une méthode purement physique. Le roi avait confié à un orfèvre un certain poids d'or pour fabriquer une couronne; l'objet livré, sous une forme artistique, on soupçonna une fraude. Le même poids de métal était rendu; mais ce métal était-il bien de l'or? Ou bien l'artisan avait-il substitué à une partie de l'or un métal moins précieux, l'argent ou le cuivre, par exemple?

Les anciens possédaient dès cette époque, — par la coupellation, combinée avec l'emploi du soufre et des sulfures métalliques, ou bien avec la cémentation, en présence des sels de fer et du chlorure de sodium, — des procédés propres à analyser les alliages de l'or avec le plomb, le cuivre et même avec l'argent.

Mais ces procédés exigeaient la refonte du métal et, par conséquent, la destruction de l'objet d'art : analyser l'alliage, sans altérer l'objet, paraissait un problème insoluble. Cependant il fut résolu par Archimède et il fournit en quelque sorte la première illustration du principe célèbre sur lequel repose l'hydrostatique. Ce fut à cette occasion, dit-on, que le géomètre grec prononça le mot si souvent cité et répété : εὕρηκα « j'ai trouvé ».

Vitruve est le plus ancien auteur connu qui[1] expose le détail de la solution, tel qu'il la comprend. D'après cet auteur, Archimède aurait introduit successivement des poids égaux d'or et d'argent, dans un vase complètement rempli d'eau. Il aurait mesuré l'eau écoulée dans les deux

[1] *De Architectura*, liv. IX, chap. III.

cas : non directement, mais d'après la quantité d'eau qu'il fallait re-
verser dans le vase, pour le remplir exactement, après avoir enlevé la
masse métallique. Connaissant ces deux quantités, ainsi que le poids
de l'eau déplacée de la même manière, par un poids égal de l'alliage
inconnu, Archimède aurait conclu, par une règle facile à établir, la
proportion relative de ces métaux dans l'alliage, sans qu'il fût nécessaire de détruire la couronne, ni de lui faire subir aucune altération.

A la vérité, ceci suppose que l'argent seul aurait été employé pour
falsifier l'or. Mais, quel que soit le métal substitué, la méthode employée eût été toujours efficace pour accuser la fraude, l'or étant de
tous les métaux connus à cette époque celui qui occupe le plus petit
volume sous un poids donné : c'est donc le métal qui déplace le moins
d'eau, et tout excès à cet égard accuse la fraude.

Observons ici que l'existence du platine et des métaux congénères,
plus denses que l'or, découverts dans les temps modernes, mettrait
cette méthode en défaut; car elle permet de fabriquer, en alliant le
platine avec un métal plus léger, des alliages de même densité que
l'or, et les faussaires modernes, en Espagne particulièrement, ont employé en effet ce procédé. Mais le platine était inconnu des anciens.

Quoi qu'il en soit, en nous bornant à envisager les alliages d'or et
d'argent, la méthode exposée par Vitruve est correcte en principe;
pourvu, bien entendu, que l'on suppose — ce que faisait implicite-
ment Archimède — qu'il n'y a eu ni dilatation, ni contraction, lors
de la formation de l'alliage. Mais le procédé physique décrit par
Vitruve pour mettre cette méthode en pratique est d'une exactitude médiocre, parce que le remplissage exact d'un vase à large orifice, vase nécessaire pour l'immersion d'une couronne, est difficile à
définir, et la mesure de la quantité d'eau écoulée dans ces conditions,
peu précise.

C'est ce que Galilée fit observer avec raison[1] et il présenta un
autre procédé moins grossier, fondé sur l'emploi de la balance hydro-

---

[1] *OEuvres de Galilée*, édition d'Albéri, t. XI, p. 21 ; 1854.

statique, qu'il avait connue probablement d'après les pratiques des orfèvres de son temps. Il ajoutait que [1] cet emploi répondait mieux au génie d'Archimède, qui avait dû sans doute user de quelque artifice analogue. Dans la balance hydrostatique, en effet, on détermine les pertes de poids d'une masse métallique suspendue et pesée tour à tour dans l'air et dans l'eau, opération susceptible d'une très grande précision.

Cette supposition de Galilée était plus vraie qu'il ne le croyait peut-être. En effet, je vais donner des textes montrant que la balance hydrostatique était employée pour analyser un mélange d'or et d'argent par les orfèvres pendant le moyen âge, et que leur procédé remonte à l'antiquité.

Je citerai d'abord un texte du moyen âge, qui fournit une expression numérique plus approchée qu'aucun autre pour la composition de l'alliage. Il se trouve dans ce traité technique relatif à l'orfèvrerie et à la peinture, traité intitulé *Mappæ clavicula*, que j'ai analysé plus haut. Nous en possédons plusieurs copies : l'une, du XII⁰ siècle, a été publiée par Way dans le tome XXXII de l'*Archæologia,* collection de la Société archéologique de Londres; elle renferme notre texte.

Je vais donner ce texte en entier, traduit en français. Il répond au n° 194 de l'*Archæologia* (t. XXXII, p. 225) :

Tout échantillon d'or pur, quel qu'en soit le poids, est plus dense que tout échantillon d'argent également pur et de même poids, et cela dans la proportion de un vingt-quatrième et en outre de un deux-cent-quarantième. On peut le prouver comme il suit. Comparons sous l'eau une livre d'or très pur avec une livre d'argent également pur, nous trouverons l'or plus lourd que l'argent, ou l'argent plus léger que l'or, de 11 deniers, c'est-à-dire de la vingt-quatrième plus la deux-cent-quarantième partie de son poids.

C'est pourquoi, si vous avez un objet fabriqué, dans lequel l'or paraisse mélangé d'argent, et que vous vouliez savoir combien il contient d'or et combien d'argent, prenez de l'or ou de l'argent, sous une masse égale; puis placez un poids égal de l'un ou de l'autre métal, ainsi que la masse en question (prise sous

---

[1] Même ouvrage, t. XIV, p. 201, *Bilancetta.* — Édition nationale, t. I, p. 215; 1890.

le même poids) sur la balance, et immergez dans l'eau. Si la masse est d'argent, elle sera soulevée, tandis que l'or penchera : le côté de l'or étant abaissé de la même quantité dont le côté de l'argent est soulevé. Avec l'objet lui-même, pesé sous l'eau, tout accroissement de poids (par rapport à l'argent) appartient à l'or; toute diminution (par rapport à l'or) doit être rapportée à l'argent. Et pour mieux se faire entendre, vous devez considérer que sous le rapport de l'excès de pésanteur de l'or, comme de légèreté de l'argent, 11 deniers représentent une livre, ainsi qu'il a été dit au début.

L'emploi de la méthode hydrostatique est ici des plus nets. Pour saisir exactement le sens du morceau, il faut remarquer la fraction indiquée au début, $\frac{1}{25} + \frac{1}{250}$: c'est la différence entre les pertes de poids, dans l'eau, de masses égales d'or et d'argent.

1 kilogramme d'or et d'argent, par exemple, perdra, d'après la densité connue du métal (soit 19,26), 51 gr. 9;

Et 1 kilogramme d'argent perdra, d'après la densité connue du métal (soit 10,51), 95 gr. 1.

La différence est 43 gr. 2.

Or $(\frac{1}{25} + \frac{1}{250})$ 1 kilogramme = 45 gr. 8 [1].

Les nombres sont aussi voisins qu'on peut l'attendre des procédés de purification des métaux connus au moyen âge.

La proportion relative de l'or et de l'argent, dans un alliage soumis à la même épreuve, se calcule aisément : v étant la perte de poids de l'or, v' celle de l'argent, v'' celle de l'alliage, la fraction x de l'or qu'il renferme sera

$$x = \frac{v' - v''}{v' - v};$$

$v' - v$ est ce que l'auteur de l'article exprime par 11 deniers pour une livre. Pour comprendre cette expression, il convient de savoir que l'auteur admet une livre de 12 onces, chaque once valant 20 deniers. 11 deniers font alors précisément $\frac{1}{25} + \frac{1}{250}$ du poids de la masse métallique mise en expérience.

---

[1] On néglige ici la perte de poids dans l'air, laquelle n'atteindrait que la dernière décimale.

Ce procédé d'analyse des alliages d'or et d'argent par la balance
hydrostatique était fort répandu chez les orfèvres du moyen âge; car
on retrouve le même texte.dans un manuscrit du XII° siècle, contenant
un traité technique bien connu, celui d'Éraclius (liv. III, chap. XXIII);
mais avec des variantes un peu moins exactes quant aux valeurs numériques. L'auteur indique la fraction $\frac{1}{20}$ (c'est-à-dire 50 grammes au lieu
de 45 gr. 8), comme représentant l'excès de la perte de poids due à
l'or sur celle due à l'argent, et la valeur de 12 deniers comme le
nombre caractéristique. Or ces variantes numériques existent, ainsi
que le texte lui-même, comme je l'ai vérifié, dans le manuscrit latin 12292 de la Bibliothèque nationale de Paris[1], sur le premier
folio, écrit au X° siècle.

Le texte de la *Mappæ clavicula* est donc le plus exact et probablement celui qui répond à la plus vieille tradition, laquelle doit être la
plus précise : vers le X° ou le XII° siècle, on n'avait guère l'idée ni
la possibilité de rectifier les données transmises par les savants de
l'antiquité.

Quelques modernes, notamment l'éditeur du Traité d'Éraclius dans
les *Quellenschriften für Kunstgeschichte und Kunsttechnik des Mittelalters*
(Wien, 1873, p. 141), ont pensé que le procédé décrit par l'auteur
n'avait pas dû être transmis directement depuis l'antiquité; mais qu'il
était revenu en Europe, comme tant d'autres résultats scientifiques,
par l'intermédiaire des Arabes. Cette opinion est appuyée sur le fait
que les Arabes eux-mêmes n'ont guère fait, en matière de physique
et de mathématiques, que traduire les savants grecs. Si on l'admet,
il paraîtra probable que la balance hydrostatique vient des Grecs,
sinon d'Archimède lui-même.

Mais l'intermédiaire des Arabes n'est pas nécessaire en cette question. En effet l'indication du procédé de la balance hydrostatique
figure, comme je viens de le dire, dans des manuscrits du X° siècle,
c'est-à-dire antérieurs à l'influence arabe; ce qui montre qu'il s'était

___

[1] Ancien fonds Saint-Germain, 852.

conservé en Occident par une transmission technique directe et non interrompue.

Que la balance hydrostatique remonte à l'antiquité classique et ait été usitée jusqu'aux derniers temps de l'Empire romain, c'est, en effet, ce que démontre la lecture d'un petit poème latin sur les poids et mesures, *Carmen de ponderibus*, attribué soit à Priscien, soit à Q. Remnius Fannius Palaemo, poème écrit au temps de l'Empire romain, vers le IVe ou le Ve siècle de notre ère. Il nous est parvenu dans plusieurs manuscrits, dont le plus ancien est du VIIIe siècle, et a été publié dans les *Poetæ latini minores* et dans Hultsch, *Metrologicorum scriptorum reliquiæ*, t. II, p. 95 [1]. L'emploi de la balance hydrostatique pour résoudre le problème de la couronne y est amplement décrit et attribué à Archimède. Voici le passage :

Si quelqu'un allie de l'argent avec l'or jaune, quelle en est la proportion et par quel procédé peut-on le reconnaître, c'est ce que nous a révélé l'esprit profond du maître syracusain. On rapporte qu'un roi sicilien avait voté une couronne d'or au souverain des dieux et l'avait fait fabriquer; mais il s'aperçut d'une fraude, car l'artisan avait gardé une portion de l'or et l'avait remplacé par un poids égal d'argent. Le roi s'adressa au génie du savant, dont la sagacité réussit à déterminer la proportion d'argent, caché dans l'or jaune, sans altérer l'objet dédié aux Dieux.

Écoute, je vais t'apprendre en peu de mots son procédé. Prends la balance qui sert à peser les métaux, mets-y de chaque côté des poids égaux d'argent et d'or purifié par le feu, sans qu'il y ait excès de l'un ou de l'autre, et plonge-les dans l'eau. Dès qu'ils sont immergés, le côté qui porte l'or s'abaisse aussitôt, car il pèse davantage, en raison de ce que l'eau est plus lourde que l'air. Rétablis l'équilibre et note les intervalles, à partir du point central; compte les divisions jusqu'au point de suspension. Supposons qu'il y ait un écart de 3 drachmes. Nous connaissons ainsi la différence entre l'or et l'argent : une livre de l'un surpasse l'autre de 3 drachmes, lorsqu'elle est immergée. Prends alors l'or mêlé d'argent, ainsi qu'un poids égal d'argent pur. Immerge-les de même, après les avoir fixés à la balance : l'or tendra

[1] Les manuscrits et les éditions offrant des lacunes et des diversités considérables, il convient de suivre le texte de Hultsch.

à s'enfoncer et décèlera le vol. Si l'une des masses surpasse l'autre de 18 drachmes, elle est formée par 6 livres d'or[1], sans aucune partie d'argent, dont le poids serait compensé par celui de l'argent lors de l'immersion. Nous pouvons déceler ce mélange avec l'or pur, si la masse d'or est altérée par une addition d'argent : autant de fois il faudra ajouter 3 drachmes pour compléter le poids de la masse immergée, autant il y aura de livres d'argent, mélangé par fraude avec l'or. S'il y a une fraction de livre excédente, elle exigera une fraction de drachmes correspondante.

La différence entre les pertes de poids dans l'eau d'une once d'or et d'argent est fixée, dans ce poème, à 3 drachmes, c'est-à-dire à $\frac{1}{25}$, en acceptant l'évaluation de la livre attique à 75 drachmes, suivant les vers antérieurs du même poème : cette fraction est un peu trop faible, d'après ce qui précède, mais toujours voisine de la vérité.

En résumé, l'emploi de la balance hydrostatique pour analyser les alliages d'or et d'argent repose sur une tradition certaine, attestée par des textes authentiques et transmise au moyen âge depuis le temps des Grecs et des Romains.

Le même poème sur les poids et mesures expose un procédé pour déterminer la composition d'un objet formé avec un alliage d'or et d'argent, d'après le poids du même objet, façonné en or et en argent pur dans des dimensions identiques :

Le même art enseigne aussi à reconnaître le vol, même sans le concours de l'eau, et tu peux en faire avec moi l'expérience. Façonne avec de l'or un objet d'or, dont tu détermineras le poids, et un objet d'argent de volume identique : les deux auront un poids inégal, parce que l'or est plus dense. Adapte-les à la balance et cherche le poids de l'argent. Prends alors l'or suspecté, fais-en un objet pareil à l'argent, notes-en le poids et complète le poids (de l'argent, de façon à rétablir l'équilibre). D'après cela tu peux dire combien il y a d'argent dissimulé dans l'or.....

L'auteur explique en effet que cette quantité est proportionnelle à

---

[1] L'auteur suppose que l'on opère avec une masse de 6 livres de métal.

la différence entre le poids de l'objet d'or pur et le poids de l'objet
d'argent pur.

Ce procédé est correct en principe; mais son application serait difficile, s'il s'agissait d'un objet artistique, déjà fabriqué et que l'on ne
peut guère reproduire exactement d'une façon directe. De là un dé-
tour, fondé sur l'emploi du moulage à la cire, qui est indiqué par le
poète latin et qui s'est conservé pendant le moyen âge dans la pratique de l'orfèvrerie. Le poète latin prescrit en effet de reproduire exactement l'ouvrage avec de la cire, puis avec de l'argent pur : sans doute
par le procédé du moulage à cire perdue, qui n'est pas expliqué d'ailleurs en détail dans ce texte. Puis il compare le poids de la cire à
celui de l'argent. La même comparaison devrait être faite avec le poids
d'un objet pareil en or, obtenu soit par moulage, soit calculé d'après
la connaissance des rapports de densité entre l'or et l'argent absolument purs, et l'on en déduirait la composition de l'alliage. Mais le
poète n'indique tous ces calculs que d'une façon confuse et évasive :
peut-être parce qu'il exposait des procédés d'artisan, qu'il n'avait pas
mis lui-même en pratique.

En résumé le procédé consiste à prendre d'abord, et une fois pour
toutes, les poids d'un certain volume d'or, d'argent et de cire, puis le
poids de l'objet incriminé et le poids d'une reproduction en cire,
exécutée au moyen du même objet : la cire fournit un terme moyen
de comparaison. Ces diverses données permettent de calculer la proportion relative de l'or et de l'argent dans l'alliage susindiqué.

Un tel procédé dérive évidemment des moulages des orfèvres, exécutés à cire perdue dans la pratique de leur art, et dont je vais parler
maintenant; car cette méthode, ou plutôt ses résultats, est clairement
indiquée dans des ouvrages du moyen âge, écrits au Xᵉ siècle. Cela
résulte de l'indication des rapports de poids des divers métaux coulés
dans un même moule, c'est-à-dire de leur densité.—Non que le mot
densité ait existé avec son sens moderne dans nos vieux auteurs, car
la densité est une notion abstraite, qui n'a été tout à fait éclaircie et
définie que plus tard.

Les rapports numériques entre les densités des métaux étaient cependant connus en fait, au moyen âge, au moins approximativement; car ils résultent d'une recette signalée dans un manuscrit de la *Mappæ clavicula* existant à Schlestadt, écrit au Xe siècle. M. Giry, qui l'a découvert et collationné, a bien voulu me communiquer sa collation; il y a relevé deux transcriptions de la recette que je vais donner. Cette recette complète et précise le sens du passage du poëme sur les poids et mesures, cité plus haut. Elle me paraît, je le répète, correspondre aux moulages d'objets à cire perdue et indiquer les poids relatifs des métaux susceptibles de remplacer dans le moule un poids donné de cire. J'ai trouvé un texte analogue et presque identique dans le manuscrit latin 12292, manuscrit du Xe siècle déjà cité [1]; le texte y figure sous le titre : *De mensura ceræ et metalli in operibus fusilibus* « Sur la mesure de la cire et du métal dans les ouvrages exécutés par fusion ». Reproduisons ce texte :

Dans la fusion, voici les poids de chaque métal qui doivent correspondre au poids de la cire [2] :

	DENIERS.
1 once de cire (20 deniers) est remplacée pendant la fusion par 8 onces et 16 deniers d'airain [3]	176
9 onces et 3 deniers de cuivre [4]	183
7 onces et 17 deniers d'étain	157
10 onces et 12 deniers d'argent	212
1 livre et 6 deniers de plomb	246
1 livre, 7 onces et 8 deniers d'or [5]	388

Si l'on admet pour la densité de la cire la valeur connue 0,96, les

[1] Voir ce volume, p. 171.

[2] Dans plusieurs de ces textes, après avoir donné les poids des matières remplaçant 1 once de cire, l'auteur a cru nécessaire de présenter une seconde table contenant les poids qui remplacent 1 livre de cire : poids proportionnels aux précédents.

[3] Æris albi, ms. 12292.

[4] Æris Cyprii, ms. 12292.

[5] 19 onces et 9 deniers dans l'un des textes, c'est-à-dire 389 deniers : ce qui répond à de l'or un peu plus fin.

hiffres précédents fourniraient pour les métaux les densités sui-
antes :

Airain	8,4
Cuivre	8,8
Étain	7,5
Argent	10,2
Plomb	11,8
Or	18,6

Ces chiffres sont assez rapprochés des densités des métaux purs,
els que nous savons les préparer aujourd'hui. Ils se rapporteraient aux
métaux solidifiés, plutôt qu'aux métaux en fusion; mais la variation de
a densité des corps avec la température était inconnue à cette époque,
t les conditions du moulage sont trop compliquées pour permettre de
errer davantage la valeur numérique de semblables rapprochements.
Dans tous les cas, les données numériques ci-dessus permettaient aux
rfèvres, soit de calculer les poids relatifs des métaux, propres à former
ne même figure; soit de déduire du poids observé la composition
e l'alliage, sans recourir ni à la balance hydrostatique, ni au principe
l'Archimède. D'après ce qui précède, cette application remonte aux
tomains, qui l'avaient sans doute empruntée aux Grecs, et elle était en
sage dans les ateliers du moyen âge, au xᵉ siècle : ce qui atteste une
radition non interrompue et indépendante des Arabes.

La solution de problèmes non moins délicats, relatifs aux densités
es eaux et liquides similaires, résulte de l'emploi de l'aréomètre,
écrit dans le même poème latin des poids et mesures. Synésius, au
xᵉ siècle, parle aussi de cet aréomètre dans une lettre à Hypathie,
ubliée parmi ses œuvres. Mais on n'a signalé jusqu'ici aucune trace
e la conservation au moyen âge de cet instrument, qui devait être
sité surtout chez les médecins et pharmaciens.

On trouve au contraire dans la *Mappæ clavicula* la description d'une
nvention moins importante, mais qui n'est pas sans intérêt, ni sans
pplication, celle du système des cercles concentriques dits *de Cardan*,
ystème à l'aide duquel un objet placé au centre conserve une position

invariable, quels que soient les mouvements imprimés au système. Or
ce système était connu au XIIe siècle, car il figure dans la *Mappæ clavicula*, parmi une suite de recettes de magicien, ou de prestidigitateur,
professions exercées alors par les mêmes individus. Voici dans quels
termes :

> Soient quatre cercles concentriques et roulant les uns sur les autres, d'après
> une disposition convenable de leurs diamètres ; si l'on suspend un vase à leur
> intérieur, de quelque façon qu'on les tourne, rien ne se répandra.

C'est sans doute dans les procédés secrets de la magie, auxquels il
n'était pas étranger, que Cardan aura trouvé l'invention qui porte son
nom : il est probable qu'elle remontait aux physiciens grecs.

D'après une lettre que M. Le Myre de Vilers m'a fait l'honneur de
m'écrire, la suspension à la Cardan est également employée dans l'extrême Asie, probablement de temps immémorial, car les Chinois ne
changent pas leurs procédés; cependant ce point exigerait de nouveaux
éclaircissements.

C'est aussi le lieu de dire que le principe du *culbuteur chinois*,
c'est-à-dire l'emploi du mercure dans un corps creux, dont la présence
déplace le centre de gravité pendant le cours des mouvements qu'il
exécute au contact d'un support solide, était déjà connu et utilisé par
les faiseurs de tours dans l'antiquité, ainsi que l'atteste un passage de
Philippe, auteur comique, cité par Aristote [1]. Ce jouet a reparu dans
les temps modernes, sous un nom qui le rattacherait à la Chine :
mais celle-ci n'en aurait-elle pas emprunté l'idée aux gens du moyen
âge, héritiers du monde ancien, comme elle l'a fait pour la plupart de
ses connaissances scientifiques proprement dites?

Pour compléter ces indications relatives à la conservation au moyen
âge des traditions et des appareils scientifiques de l'antiquité, je rappellerai qu'une lampe à réservoir latéral, de construction analogue à
celle de nos lampes à niveau constant, figure aussi à la suite des pro-

---

[1] *Introduction à la Chimie des anciens*, etc., p. 257.

cédés du *Liber ignium*, procédés qui offrent le même caractère équivoque, demi-scientifique, demi-magique, que les cercles à la Cardan.

La filiation antique de plusieurs des recettes de la *Mappæ clavicula*, relatives à l'étude des alliages métalliques et sujets congénères a été démontrée plus haut, d'une façon plus certaine. Ainsi tous ces faits démontrent de plus en plus la transmission directe des connaissances techniques, par les voies des procédés traditionnels des arts et métiers, depuis l'Égypte jusqu'à l'Italie et depuis l'époque de l'Empire romain jusqu'au cœur du moyen âge.

APPENDICE.

LIBER SACERDOTUM.

Parmi les ouvrages inédits que renferment les vieilles collections alchimiques manuscrites de la Bibliothèque nationale de Paris, il en est deux qui ont fixé plus particulièrement mon attention : ce sont le *Liber sacerdotum* et le *Liber de septuaginta;* tous deux sont donnés comme traduits de l'arabe et attribués[1] à un personnage nommé *Johannes.* J'en ai parlé au commencement du présent volume (p. 69-70 et p. 81-87); j'ai montré que le *Liber sacerdotum* se rattache à la vieille tradition égyptienne du « Livre tiré du sanctuaire des temples[2] ». J'avais même pensé qu'il existait une certaine connexité entre ce Livre et le *Livre des Soixante-dix,* en raison de quelques titres et indications où figure le même chiffre[3] : mais un examen plus approfondi des deux ouvrages m'a conduit à douter de cette relation, le nombre soixante-dix, dans les quatre recettes où il figure, pouvant se rapporter à un opuscule spécial, qui aurait renfermé un nombre précisément égal de recettes ou préparations.

Ceci étant admis, les deux ouvrages seraient regardés comme indépendants. Je les étudierai séparément.

Le *Livre des Soixante-dix* est surtout une œuvre de théorie. D'après l'examen que j'en ai fait, c'était à l'origine la traduction d'un ouvrage authentique du Djâber arabe, sur certains points, traduction développée

---

[1] Le *Liber sacerdotum,* à la fin ; le *Liber de septuaginta,* dans son titre.

[2] *Coll. des Alch. grecs,* trad., p. 334; voir la note.

[3] N°ˢ 20 et 26 : « Précepte précieux parmi les 70. » — N° 95 : « Avis précieux parmi les 70 », n° 101, etc. — Il s'agit d'une suite de remarques, ou préceptes pratiques. — N° 101 : « Précepte général parmi les 70. »

et altérée sur certains points par les copistes et les glossateurs : je consacrerai à son analyse un chapitre spécial du présent ouvrage.

Le *Liber sacerdotum* est plus important : c'est une collection de procédés, relatifs aux préparations de chimie minérale, à la transmutation des métaux et à la fabrication des couleurs et des pierres précieuses : collection semblable aux *Compositiones* et à la *Mappæ clavicula*. On y trouve même un certain nombre de recettes communes avec ces deux ouvrages, et dont quelques-unes sont identiques à celles du papyrus de Leyde. Cependant la rédaction en diffère notablement : ce qui indique qu'elles n'ont pas été copiées les unes sur les autres; mais elles relèvent d'une même tradition. Le *Liber sacerdotum* paraît un peu plus récent que la *Mappæ clavicula;* il est certainement traduit de l'arabe, tandis que la *Mappæ clavicula*, remontant au moins au xᵉ siècle (voir le présent volume, p. 26), dérive directement de la tradition antique. Au contraire il est plus vieux que les ouvrages d'Éraclius (au moins pour la partie en prose de ce dernier) et de Théophile, ouvrages rédigés plus méthodiquement et qui portent les caractères d'une rédaction plus moderne. En raison de ces relations, il m'a paru intéressant de publier *in extenso* le *Liber sacerdotum*, tel qu'il est transcrit dans le manuscrit latin 6514 de la Bibliothèque nationale (fol. 41-51). J'aurais même pu prolonger ma publication jusqu'au folio 52, les recettes se poursuivant après l'indication de la fin du Livre de Jean : mais j'ai dû me limiter à cette dernière indication. J'ai ajouté des numéros d'ordre en tête des paragraphes, pour plus de clarté.

Je me bornerai à reproduire littéralement le manuscrit, sans essayer, sauf dans des cas évidents, de rectifier les fautes d'orthographe et de grammaire, ou les erreurs de copiste : la revision systématique de ces fautes et erreurs aurait risqué d'altérer un texte écrit à l'origine par des artisans, en y introduisant des conjectures et des interprétations modernes. Je dois remercier ici M. Michel Deprez, conservateur des manuscrits à la Bibliothèque nationale, qui a bien voulu reviser soigneusement la copie sur le manuscrit.

L'auteur du livre est inconnu, sauf le nom de *Johannes;* il a tra-

vaillé d'ailleurs sur des documents plus anciens, en partie traditionnels, et remontant à l'antiquité. Il est dit, par exemple (n° 76), que
« ces manipulations ont été décrites d'après les assertions des Romains :
mais ils n'ont voulu les révéler qu'à ceux qui connaissent les secrets des
choses et aux familiers de la philosophie, comme une chose qui leur
est due ». Ceci indique l'origine première des recettes. Le glossateur
ou copiste prend lui-même la parole en trois ou quatre occasions : par
exemple, il dit *me* au n° 82, en énonçant son opinion et ajoutant que
« le soufre tend avec persistance des embûches à l'opérateur ». Dans
d'autres cas, il indique qu'il a opéré lui-même, pour reproduire les
préceptes du texte : « ceci a été fait et ne vaut rien (n° 39). — Nous
avons éprouvé tout ce que vous lisez (n° 101). — J'ai répété cette
opération dans le fourneau des fabricants de verre, etc.; et cela s'est
passé à Ferrare (n° 175) ». C'est la seule indication de lieu signalée
dans l'ouvrage, lequel se tient, comme la plupart des ouvrages alchimiques, dans un vague extrême sur toutes les questions de temps,
de lieu et de personnes. Cependant cette indication mérite d'être rapprochée de celles que j'ai relevées (p. 75-78) sur les alchimistes de
la haute Italie, au xiii° siècle. Le seul auteur cité est Hermès (n° 150).
c'est-à-dire un personnage mythique[1], qui a été en honneur pendant
tout le moyen âge.

L'ouvrage est rempli de mots arabes, plus ou moins altérés, et il
contient deux petits lexiques arabico-latins (n°⁵ 158 et 159); ce qui ne
l'empêche pas de renfermer beaucoup de noms grecs, qui ont traversé une double traduction. Quelques indications semblent accuser
une origine espagnole (n° 112, etc.). Aucun signe alchimique ne figure
dans ces ouvrages, ni même dans le manuscrit[2]; mais on y trouve
quelques indications cryptographiques (n°⁵ 153, 202, 203). Les noms
planétaires des métaux, tels que le Soleil pour l'or, la Lune pour l'argent, Mars pour le fer, Vénus pour le cuivre, s'y rencontrent assez
souvent; toutefois le copiste a souvent embrouillé les noms des deux

---

[1] Voir le présent volume, p. 74. — [2] *Ibid.*, p. 73.

derniers métaux. Les planètes Saturne, Mercure, Jupiter ne sont pas
nommées. L'étain, d'ailleurs, figure à peine dans le courant de l'ouvrage. On n'y parle en détail d'aucun appareil et on signale la distillation sans la décrire. Le fourneau de verrier et le ventre de cheval (cf. ce
vol., p. 153) sont seuls nommés.

Analysons rapidement le *Liber sacerdotum*. Le premier paragraphe
indique que, « d'après la science des anciens philosophes, tous les
genres de couleurs tirent leur origine du règne minéral », et il en fait
l'énumération. Puis il entre *in medias res*. L'ouvrage est constitué par la
réunion de groupes de recettes, extraites de livres différents, et avec
des caractères de rédaction très distincts, recettes mises à la suite, sans
ordre logique ou technique. Il s'occupe surtout de la transmutation,
ou teinture des métaux, de la fabrication des couleurs destinées à
teindre les objets d'art, de celle des encres, des pierres précieuses
artificielles, et de diverses préparations plus ou moins connexes.

Première série. — Les numéros 1 à 48 sont des recettes de transmutation, parmi lesquelles quelques-unes répondent seulement à la
teinture superficielle des métaux : j'ai expliqué ailleurs comment ces
deux changements étaient souvent confondus par les opérateurs, orfèvres et alchimistes.

Ils conviennent d'ailleurs souvent que leurs recettes ne sont qu'une
apparence. Ainsi dans la recette n° 30, relative à la fabrication de l'argent avec l'étain, l'auteur ajoute : « Mais cet argent ne résiste pas à
l'épreuve. »

La recette 29 : *Auri confectio que* (non) *fallit* (fabrication infaillible
de l'or), est la même que la recette 14 de la *Mappæ clavicula* (voir le
présent volume, p. 36); cependant avec des variantes notables, qui
montrent que les deux écrivains ne se sont pas copiés. Il y est question
du « corps de la magnésie » et des « prophètes », ou prêtres égyptiens[1] :
ce qui établit, en effet, l'origine antique de la recette.

---

[1] Voir le présent volume, p. 37.

La recette 28 : *De auri confectione* (de la fabrication de l'or) est la même que la recette 12 de la *M. C.*

La recette 39, relative à la purification de l'étain, doit être rapprochée des recettes 2 et 3 du papyrus de Leyde[1], sans leur être identique.

La recette 42, sous le titre erroné : *Ut cramen vertatur in aurum* (pour changer le cuivre en or), a pour objet de réduire l'or et l'argent en poudre, dans le but de dorer ou argenter les objets, en formant d'abord un amalgame : elle répond aux recettes 121 et 132 de la *M. C.*, avec une rédaction un peu différente[2].

De même la recette 43 : *Transmutation du cuivre en argent parfait*, répond à la teinture superficielle d'un objet fabriqué. C'est toujours le même artifice que dans le papyrus de Leyde, le Pseudo-Démocrite et la *M. C.*

La recette 48 est la même que le n° 117 de la *M. C.*, toujours sauf quelques variantes.

Notons encore des noms symboliques dans le n° 26 (tiré des 70), tels que *populi flor*, la fleur de peuplier; *lac virgineum*, le lait virginal[3] appliqué à l'orpiment, au soufre et la magnésie, etc., ainsi que le mot *acetum phisicum*, qui ne se trouve pas ailleurs.

Seconde série. — Elle comprend des recettes de soudure des métaux (n°s 49 à 52), analogues à celles de la *M. C.*, mais non identiques, quoiques certaines commencent de la même manière.

Le n° 53 : *Ad niellum faciendum* (pour la niellure), commence aussi de même que le n° 195 de la *M. C.*

La *troisième série* (54 à 75) expose une suite de préparations ou mélanges, exécutés avec les métaux, les sulfures métalliques (magnésie, marcassite), la tutie, le vitriol, le koheul (dénommé *alcool*), le cinabre (dénommé *açur*), la litharge, les scories d'or et d'argent, le vermillon, le minium, le mercure, l'orpiment, la pierre ponce, etc.

---

[1] *Introduction à la Chimie des anciens*, p. 28. — [2] Voir le présent volume, p. 9. — [3] *Coll. des Alch. grecs*, trad., lexique, p. 6, et p. 20, n° 11.

Quatrième série. — L'auteur indique (n° 76) que les préparations précédentes ont été décrites d'après les assertions des Romains; puis viennent cinq petites recettes (n° 77-81), sans titre spécial.

Le n° 82 signale l'action du feu sur le cuivre et l'argent impur, etc. Puis l'écrivain parle de la pierre philosophale, et entre autres de son assimilation avec les cheveux des animaux : ce qui est une idée des alchimistes arabes.

Cinquième série. — Les n° 83 à 89 sont des recettes diverses, dont plusieurs relatives à la transmutation, sans aucun ordre.

Au n° 87, on lit une recette de l'huile de briques[1].

Suivent des recettes relatives aux œufs (symbole alchimique), du n° 89 au n° 91, etc.

Sixième série. — Elle comprend des assertions tirées du *Livre des Soixante-dix* (recettes), relatives à l'action du soufre sur le mercure et les autres métaux (n° 94-95), et une sorte de théorie relative à la génération des couleurs, et à l'action du mercure sur les métaux (n° 96-97). Cette série a un caractère tout différent du reste.

Septième série. — Recettes pratiques pour donner la couleur rouge, pour dorer un ouvrage, pour fabriquer des encres (n° 98-100).

Huitième série. — Précepte tiré du *Livre des Soixante-dix,* pour la cuisson du minerai d'or et du minerai d'argent (n° 101-103). Deux de ces numéros sont les mêmes que les n° 124 et 125 de la *M. C.*

Neuvième série. — Teindre le verre en or; recettes diverses (n° 104 à 107), congénères de celles de la *M. C.,* mais ne s'y trouvant pas formellement. Le n° 108 est un long article technique, relatif à l'action du feu sur les diverses couleurs appliquées sur le verre.

[1] Le présent volume, p. 127.

Puis l'ouvrage traite de la dorure du cuivre et du laiton (n⁰ˢ 109-110), de la peinture sur verre (n° 112), et indique des recettes pour les différentes couleurs (n⁰ˢ 113 à 136).

Dixième série. — Ce sont des recettes de transmutation, dont plusieurs sont identiques avec celles de la *M. C.* Par exemple, le n° 137 (*Ad clidrium*) est la même que le n° 83 de la *M. C.*; le n° 140 est analogue au n° 26 de la *M. C.* Le n° 141 parle des deux sulfures d'arsenic, de leur changement en acide arsénieux par grillage et du blanchiment du cuivre par leur moyen.

Suivent des recettes de soudure et de vernis doré, etc. (n⁰ˢ 143-148).

Onzième série. — Recettes diverses. Elle débute (n° 149) par la pierre *adamas*, ce numéro étant le même que le n° 126 de la *M. C.*, avec variantes.

Les n⁰ˢ 150 à 152 exposent des dires ou énoncés généraux d'Hermès, avec le vague amphigourique ordinaire des alchimistes théoriciens.

Suivent (n⁰ˢ 153-157) des préparations de pierres précieuses artificielles, de cinabre, de vert-de-gris, de céruse : trois préparations qui vont toujours ensemble chez les anciens auteurs.

Douzième série (n⁰ˢ 158-159). — C'est un lexique arabico-latin, inséré probablement entre deux cahiers distincts de recettes.

Treizième série. — Elle commence par le n° 160, relatif à la pierre lunaire; puis nous revenons encore à des procédés de transmutation. Le caractère nouveau de la série est accusé par cette circonstance, que les titres des premiers articles sont en marge, au lieu d'être écrits en tête des articles. Le n° 161 (*Compositio electri*) forme le n° 111 de la *M. C.* Le n° 162 répond aux n⁰ˢ 75-76 de la *M. C.*, avec de fortes variantes. Le n° 163 (pour faire un or excellent) répète le n° 137; il forme le n° 209 de la *M. C.* Le n° 164 est le n° 4 de la *M. C.* Le n° 165 est congénère : mais il manque dans la *M. C.*

Nous revenons alors à des formules de peinture (n°s 166-168), où figure le *pandius*, qui joue un rôle important dans la *M. C.* (n^{rs} 175 et suiv.) et dans les *Compositiones* (ce volume, p. 13).

Les formules de transmutation, toujours communes à la *M. C.*, recommencent avec le n° 169, qui est le n° 1 de la *M. C.*; le n° 170, qui est le n° 17 de la *M. C.*; le n° 171, qui est le n° 18 de la *M. C.*; le n° 172, qui est le n° 22 de la *M. C.*

Les n°s 173-174 sont congénères du n° 197 de la *M. C.*, sans être identiques.

Quatorzième série. — Viennent alors quatre articles (n°s 175-178) sur la chaux des œufs (philosophiques);

Un procédé pour faire de l'argent (n° 179); diverses recettes (n°s 180-187), où figurent l'huile d'œufs, l'eau rouge, qui est un polysulfure alcalin [1];

La préparation des pierres précieuses, hyacinthe (améthyste) et béryl (émeraude), (n°s 188-189);

Divers procédés (n°s 190-197); une recette bizarre de transmutation (n° 198), où interviennent les arêtes, la queue et la tête de carpe : c'est le seul procédé absolument chimérique et charlatanesque dans ce traité.

Une préparation de bronze (n° 200), appelé *aurichalque.*

Puis des recettes (n°s 201 à 207) pour écrire en lettres d'or et d'argent, pour blanchir l'urine, pour écrire secrètement avec le lait, etc.

Tel est cet ouvrage, qui vient se ranger à côté de la *Mappæ clavicula* et des autres livres relatifs à la peinture et à la fabrication des alliages, écrits au moyen âge par les praticiens, d'après la tradition antique. Les rapprochements que j'ai faits dans les pages précédentes achèvent de montrer l'existence d'un ensemble de recettes traditionnelles, qui ont servi de base à la composition de ces divers traités techniques.

[1] Papyrus de Leyde, n° 89. *Introd. à la Chimie des anciens*, p. 46.

1. *Incipit liber sacerdotum. Rubrica.* — Ut ex antiquorum scientia philosophorum percipitur, omne colorum genus ex mineria principalem ducunt originem; nam unde aurum, unde argentum, cuprum, plumbum, stagnum, et alie metallorum species; scilicet etiam auripigmentum, acurus[1], argentum vivum, viride terrestre, salgema, attramentum, omne sulphur, nitrum, almiçadir; due vero scilicet etiam lapides, ut magnesiei, emathites, corallus, cristallus, et que sunt hujus generis. Ex hoc fonte rursum procedunt multiplices tingendi species, ut minium, calcucecumenon, virmilia et cetera, et hujus que necessaria sunt huic operi.

2. *Primum capitulum. Rubrica.* — Sumatur ergo auripigmentum et in vase vitreo ponatur, et super pone de argento vivo, ut per decem dies repositum dissolvatur. Postea vero distillabis aquam ejus candidam, postea vero croceam, postea rubicundam; postea vero suum alkitran distillabis omnino. Novissime vero feces assumptas tere, et postquam cum decima parte aque calide massatum fuerit in vase fictili, lautum in clibano figulo repones; tociens autem faciendum erit quoad supremum suscipiat candorem; rursum cum aqua calida, argentum vivum sublimatum massa, et lento igne assa, in ampulla luto obturata. Hoc tercio faciendum erit, et de aqua ponendum, quoad conglutinentur ei; sic enim in optimum pulverem congelabitur, cujus pars una cujuscumque corporis sexaginta firmat.

3. *Aliter, de eodem. Rubrica.* — Si v[i]s aque partes .ij. et aque almiçadir [sal amoniacum] partes .ij. et de calce, de can[fol. 41ᵈ]dido facta, .x. Omnia simul posita per LX°. dies dissolves : nam cristalinam suscipiet claritatem. Gela ergo ipsum et gelabitur lamina candida cristalina, cujus pars una cujuscumque corporis .iiijᵒʳ. firmat. Quod si hanc laminam cum aqua de pilo factam ad suum pondus velis adaquare, pisabis postea et assabis; pars .i. sex firmabit. Si vero postquam adaquasti dissolvas, quod in .LX°. diebus fiet, congelandum erit. Nam pars .iᵃ. .x. cujuscumque corporis firmat.

4. *Aliud capitulum. Rubrica.* — Item fecem candidi assumes; partem .i. aque croceo superpones et rubicunde .i. Nam decem diebus inhumatum postea gelabitur, cujus pars quedam .x. in aurum convertet.

[1] Cinabre.

24.

5. *Aliter de codem. Rubrica.* — Item adaquabis sufficienter id ipsum cum aqua candida; postea dissolvetur in sanguinis speciem. Tantumdem etiam aquo rubicundo adjecto, more solito, congelabitur et alabandino assumet colorem. Pars una cujuscumque corporis .x. in aurum mutabit.

6. Scorpium confractum in cucurbita unius palme sub alembich reponens, ipsum distillabis; ejus aquam atque oleum seorsum reservans; postea fecem calcinabis cum aqua salis in furno, donec album fiat; hanc etiam fecem equali pondere sui olei adaquabis pisando, donec siccetur; postea assabitur illud in ampula cum igne fimi; gelabitur namque lamina rubea. Cujus pars una transmutabit centum.

7. *Ejus margarita. Rubrica.* — Si vero hanc calcem cum equali parte aque candide, quoad siccetur, conteris, et ad dissolvendum ponas, et postea aque partem sui olei addicias, et iterum dissolvis, dissolvetur rubiconda; postea gelabitur in jacinctinum colorem mutatum, et demum cum aqua sui crocea sufficienter, et paulatim in ipsam adaquabis, et ipsum denuo gelabis, et iterum cum candida, quousque satis sit, adaquabis et dissolves. Dissolvetur enim rubi[fol. 42*]cundum, et quantum aque crocee appositum fuerit, tantumdem sue calcis admisces; id ipsum per LX*. dies dissolvens, postea gelabis in igne fimi; gelabitur rubicundum, cujus una libra centum cujuslibet corporis libras in solem transmutabit.

8. *Ejus margarita. Rubrica.* — Centum methchals de nitro, .c. de lapillulis candidis, et .c. de lapide cristalino, et .c. methchals de calce crocea et xx. methchals nitri et hujus pulveris .i. methchals; postquam supradicta contundens, et crib(r)averis, et massabis, donec siccum fiat; deinde in olla, in clibano mittes, et cum frigidum fuerit, extrahes, et fiet frustrum rubicondum; eritque jacinctus rubeus nulli secundus in pondere et colore, quem, excepto adamante, nichil ledere potuit.

9. *Aliud capitulum de codem. Rubrica.* — Scorpium recentem cum modico aluminis (quidam dicunt quod scorpium est testudo, et quidam dicunt quod est ferrum [1]; sed ego credo quod potest unum et relicum), et salis in aqua

[1] Cette dernière opinion figure aussi dans un traité latin de Rasès. (Ms. 6514, fol. 114 v°.)

coques. Postea vero ossa sequestrabis et calcinabis, et cum alumine fortiter pisabis; deinde fecem candidam, aqua prius extracta, cum aqua salis
cristallata in clibano calcinabis, pisando et siccando.

10. *De auripigmento. Rubrica.* — Amplius de auripigmento post aquam
et oleum distilatam fecem calcinando mandamus, pisando, desiccando, cum
aqua cineris clavellato et almiçadir, in furno mittendo, quoad speciem can-
didissime accipiat. Deinde unam partem calcis ossium et unam partem aque
candide accipies; .x. diebus dissolves; item partem olei candidi .i. et ejusdem calcis similiter unam decem itidem diebus dissolves. Postea vero congelabis ipsum in laminam candidam. Pars enim quedam cujuslibet corporis
.x. in nivem convertet.

11. *De auro. Rubrica.* — Partem unam calcis rubicunde cum equali
parte aque rubicunde adaquabis per .x. dies, ipsam inhumando; postea
verum tantundem olei crocei admiscens, .x. diebus aliis reponantur. Demum
[fol. 42ᵇ] gelabitur. Pars ejus quedam .v. in aurum transformat.

12. *Ejus margarita. Rubrica.* — Arenam candidissimam, cristallum,
magnesiam, singulorum partem .i., alumen rubicundum, ad omnium pondus, et ad pondus aluminis, esmeril aliquantulum candidum, et ad decimam partem tocius summe, nitrum rubicundum. Totum ergo teres et
de hoc pulvere duo(?) methcals admisces et in clibano infra ollam conditum
repones. Cum autem refrigidatum fuerit, extrahes frustrum rubicondum,
inter quam jacinctum preciosissimum.

13. *Aliud capitulum. Rubrica.* — Accipe capillos, a .xv. annis usque
ad xxv.; primum lava cum aqua; secundo cum sapone; sicca et minutim
scinde; pone in alembic, quantum ad medietatem; alembic vero sit unius
palme, scilicet amplum. Postea distilla totam ejus aquam, reliquo accepto,
in aludel sublimato, donec niveum inveniatur, ut mos est. Illud idem
acceptum, cum totidem ipsius aque, super marmor bene pissatum assa.
Totiens fac hoc assando, pissando, donec cristalinam seu albam invenias.
In unum methcals .cccc. ad suam naturam convertet.

14. *Ejus margarita. Rubrica.* — Sume de hoc calce partem unam, auri

limaturæ partem .r., aluminis rubei partes .c., laminæ prædictæ quartam partem, nitri rubei cum eo distempera; demum in vas fictile, luto aurificis
conjunctum, in furnum figuli pone; cumque frigescit furnus, extrahe et
habebis quod optasti.

15. *Aliud capitulum principale. Rubrica.* — Accipe solis pigmentum croceum coctum in aqua; ejus aquam et oleum distilla, et cum hac aqua et
oleo, primum et prædictum pulverem cum equali sui pondere singulorum
adaquabis et pisando siccabis. Deinde aquam attramenti dissoluti adaquabis
et assabis; et fiet lamina rubiconda. Hujus pars una .lx⁴. firmat.

16. *Ejus margarita. Rubrica.* — Accipe minutas partes lapidis smar
[fol. 42ᶜ]- agdi, corneoli pariter .r., cristalli partes .x., decimam vero partem laminæ prædictæ, nitri rubei partem .r. Hec omnia cum aqua pili primi
pisa, et assando sicca; postea in furnum pone, et invenies petram rubeam.

17. *Item aliud capitulum. Rubrica.* — Pilos prædictos eodem modo lotos
accipe; ejus aquam et oleum distilla; iterum et iterum ejus aquam distilla,
donec clarissima fiat. Postea gela ejus oleum et super ipsum congelatum
ejus aquam verte, ut ipsum cooperiat; item gela ipsum multociens; fac hoc
donec sit rubicundum; pone aurum cum argento vivo, atramento et sulphure, calcinatum accipe; adaquabis hec cum sui ipsius aqua decuplo vice-
sies; et quociens adaquabis, pisa donec siccetur; tandem in ampulla assa.
Hujus m[e]thcals .r. octingentas firmat.

18. *Ejus margarita. Rubrica.* — Tolle auri atque eraminis limaturas, et
• de calcina crocei partes equales, corneoli rubicondissimi partes .x., aluminis
rubicondissimi ad omnium pondus, cristalli clarissimi .c. par[te]s, et nitri
.xᵐⁱᵐ. partem omnium, et ad quantitatem nitri pilorum calcinam; super
methchals hujus, partem pulveris prædicti adjecte; furno, ut prædixi, repone; quod cum frigidum fluerit, extrahe et reserva.

19. *De prædicto pulvere. Rubrica*[1]. — Si iterum hunc pulverem de pilis,
cum totidem salis armoniaci ipsorum solvas, item gelas, et iterum solvas;

_____

[1] En marge du manuscrit: Rubricam credo bonam et firmam.

horum omnium quartam partem aquo rubicundo jam soluto cum hiis gela
et fiet lamina rubicunda. Hujus una methcals triginta firmat.

20. *Preciosum inter septuaginta. Rubrica.* — Item de mundissimis pilis
libras .v. et de nigris pariter par[te]s .xv. superpone libras .vii. de aqua pilorum distillata; sicque inhumabis, donec in aquam nigram convertatur;
quo extracto, ejus aquam candidam et croceam distilla. Deinde aliud alembic
cum ampliori foramine superpones, ut ejus nigredo possit distillare, ipsum-
que abicies, quod nichil valet. Tandem ignis ad reliquias erit supponen-
dus, quoad candidum et ad modum salis conscendat; porro ad ipsum
pisa et ad sui medietatem aquam [fol. 42ᵈ] sepe stillatam superpones; ad
dissolvendum[1] repones et disolvitur in candorem; quibus sic expletis, id
ipsum in igne equino gelabis. Ejus pars .i. quinque milia firmabit.

21. *Ejus margarita. Rubrica.* — Aluminis crocei, inviridis et rubicundi,
omnium pariter, id est singulorum libram unam, arene candissime libram
semissem, cristalli sereni libram .i., ere limature et auree singulorum
unciam .i., argenti cum sulphure adusti uncias duas. Omnia simul equaliter tere, ad .c. hujus rei methcalos; predicti pulveris .v. adhicies et cum
aqua crocea adaquabis et pisabis, donec siccetur. Tandem in vase lutato repositum et in furno decoctum frigidum extrahatur; nam omnem de mineria
extractum antecellit lapidem.

22. *Aliter cum recenti*[2]. — Accipe lapidem recentem, ejus aquam et
oleum distilla, et residuum cum aqua salis calcina in figuli(no) furno, et
itera distillationem aque, donec liquida fiat; deinde calcis pars .i. et aque
pars .i. assumptas inhumabis; dissolvetur autem .l. diebus; postea ad
omnium pondus argenti vivi, ad opus candidi appones, sicque per .x.
dies inhumetur. Dissolvetur autem omni fece, et teres ipsum; tandem
gela. Gelabitur in lamina candida, cujus una pars quingentas transmutabit.

23. *Aliter de eodem. Rubrica.* — Ejus aque calide atque calcine equas
partes assumens, inhumabis, donec dissolvatur; tandem pars .i. gumi de

---

[1] Au-dessous de la colonne : *Adossy duo.* — [2] Nota quod calcinatio fit cum aqua salis; Ms.

pilis candilatis facta superjecta, denuo erit inhumandum, quousque disol-
vatur; postea congela hujus methchals, in album transfert[ur][1].

24. *Aliter de eodem. Rubrica.* — Quod si hoc contrarium de aqua candida sufficienter adaquare volueris, ut videlicet quasi sorbile fiat, et postea
inhumare, quoad dissolvatur, tandem more solito congelari. Cujus methchals
.iiij[or]. cujuscumque corporis firmat.

25. *Aliter de eodem. Rubrica.* — Ejus aque partem unam, id est spiritus
ejus .x., olei pars una et de ejus calcina pars .i., in vitreo mortario pone et
per .n. dies pisa; tandem in ventrem equi id ipsum inhumabis, quousque
dissolvatur et liquidum [fol. 43*] fiat; tandem congelabis et gelabitur in
lamina rubea et clara, cujus una methchal in sole transmutat.

26. *Preceptum inter* LXX *preciosum. Rubrica.* — Marinas testas de re-
cempti[2] mineria sumptas et in cucurbita locatas, in urna cinerem conti-
nentem pones et divine committes[3] tutelle; quod inde sublimatur, phisicum
vocatur acetum. Ex eodem ergo supra reliquum mare et in ampula jam loca-
tum, ut testas .iiij[or]. digitis accedat, infundi necesse est. Deinceps quoque
in ceno humido tribus ebdomadis inhumandum erit; sub fimo quidem et
supra tera locanda est sicca; videtur quod femarium[4] singulis ebdomadis
innovandum; consumato tandem dierum numero, illud in aquam con-
versum miraberis, qua nulla nigrior, nulla fetidior. Illud vero in alembic
denuo et diligenter servabis, donec ipsius vapor gradatim evanescat. Illam
vero aquam bis operi tuo neccessariam reserva. Postea in cucurbita fecem
relictam, que populi flos nuncupatur, ad calidum solem desicca, fecemque
illam de qua acetum prius sublimasti, eidem admisce et utrumque fortiter
pisabis; nam in aludel depositum et sublimatum ad modum nivis candidum
manabit. Illud itaque servandum moneo, quod apud hujus negocii peritos,
auripigmenti, sulphuris et magnesie vocabulum assumit.

27. *Virgineum lac quasi extra* LXX. *Rubrica.* — Item in eodem cucurbita[m]
luto usque ad medium litulam assume, et in ea aquam nigram sublimatam,

---

[1] Le manuscrit porte *o*, au lieu de *e*; lisez : *transformatur.* — [2] Corr. *recenti.* — [3] Le
manuscrit porte : *comites.* — [4] *Femarium* = fimarium = fumier.

partium .xi. pondus depone; auripigmenti etiam in aludel exaltati partes .ii.; aqua enim super ipsum cadente, cito disolvitur et in aque speciem transit, quo nichil candidius nec magis decorum reperiri potest. Hanc autem vir- gineum lac antiqui nominaverunt physici. Deinceps super eadem cucurbi- tam, cooperculo adjecto et undique clausa utique junctura, illam fornaci superpones et lento igne binos et binos carbones supponendo coques; nam et aquam infra vas ipsum ascendentem et descendentem miraberis. Cum autem vapor ille cessabit, nec jam ulterius quidem [fol. 43ᵇ] ascendit; scias profecto illud congelari; forcius incendium per .iii. horas deinceps erit adhibendum; quo ce[s]sante, ad crastinum servabis. Nam et in vase transverso, tanquam lamina candida et ad modum cristalli refulgens, de- cidet. Terro ergo et attende quod sperasti; quod, si es ustum commisceas, durescet. Si vero dueneg [1], molescet [2].

28. *De auri confectione. Rubrica.* — Solis confectio plurima. Sumes auri- 'pigmenti ciatos .v. et eraminis purgati ciatos .ii.; et conflabis pariter et limbis tenuiter, et mittes argentum vivum, quod de minio sit factum, quintas .xij.; et conteres limaturas, adiciens aceti acerrimi salisque modicum, donec ar- gentum combibat limaturam, et fiet malagma, et sine coqui diebus .vij. Est autem medicamen hoc. Tolle sulphuris siliquam .i., sandarace sili- quas .ii.; auripigmenti quod de scitico [3] atramento fit et fellis vulturini siliquam .i. Hec omnia simul teres, et malagmati in ampula substernes, et oblines gipso orrificium ampulle, et assabis; in superiori ori disposicione fornacis, donec fiat sufflavum [4], et tolles argenti, quod dicitur [5] signati, quartas .iiij. Simul conflabis et invenies croci pars .i., felis taurini misces assati .i.; teres, calefacies et invenies.

29. *Auri confectio que* [non] *fallit. Rubrica.* — Auripigmenti scisillis .S. [6] .i.; sandarace pure ruffe .S. [6] .iiii., greci nitri ad similitudinem nitri occi- dentis .S. [6] .vj. tolles; auripigmentum valde tenuiter teres; attramentum sci- ticum amisces et insimul teres, fitque viride. Postea adicies sandaracam, rursusque conteres. Sit autem ante corpus magnesie tritum tenuissime, donec

---

[1] Au-dessus de *dueneg*, on lit : *id est vi-treolum.*

[2] *Si es ustum* (mots barrés).

[3] Corr. *scythico.*

[4] Ou *subflavum.*

[5] On doit lire plutôt : *non signati - - ἄση-μον.*

[6] *Siliqua.*

fiat quasi fuligo, et commisce omnia, et adice acetum egyptium acerrimum, et fel taurinum, unaque contere, facque lutuosum et sicca in sole; .III. diebus tere postea et repone in ampulla; ibique assa in aqua, ut nosti, fornace, diebus .V.; postea tolle atque tere, adjecto gummi trito .S. [1] .V.; addice aquam et fac lutuosum, formabisque colirium (est res de pluribus rebus collecta et confecta); et sumes auri partem .I. et collirii partem .I. [fol. 43ᵇ]; et confla aurum viride, et quod teri possit infecti auri pars .I. et argenti pars .I. Simul confla et aurum invenies. Si autem id ipsum velis facere, infecti auri pars .IIIⁿʳ. et communis idem simul [2] confla, et invenies aurum optimum atque probatum. Absconde sanctum et nulli tradendum secretum, neque etiam prophete.

30. *Quoddam secretum de sole. Rubrica.* — Sulphur contritum et argentum vivum equaliter appone et albumine ovi crudi adaquabis et coques. Cum autem in unam redactum fuerit speciem, duorum pondus denariorum stagni .X. dragmis appositum argentum procreat; sed sub experimento non durat.

31. Nitrum [3] purum et optimum et auri scoriam equaliter pisa et vetusta vitreoli, quantum fuerit istorum pars .IIIJᵗᵃ. Nam, et quod prediximus aluminatur ipso linitum equaliter aurum efficitur.

32. *Preparacio argenti. Rubrica.* — Argentum purissimum, stagni quarta parte admixta, fundatur; quod cum frigidum fuerit, teratur; sic enim operi proderit. Argentum cum ere croceo dupliciter adjecto fundendum est; ignis etiam ad utriusque commixtionem expressior adhibendus; demum auripigmento croceo ad eorum exustionem admixto; post infrigidationem terendum est.

33. *Item de eodem. Rubrica.* — Item post equalem limature admixtionem fundatur, frigescat, teratur, et cia [4].

34. *Item ad idem.* — Item argenti vivi tripliciter admixtione facta,

<hr/>

[1] Siliqua.
[2] Le manuscrit porte : *silicis*.
[3] Le manuscrit porte : *vitrum*.

[4] Le manuscrit porte : *cia*, qui équivaut à la formule *age*.

quousque illud argentum subintret cum alumine vitreoli aut stagno; equaliter pisa, ut in unam redigantur materiam, ad eorum commixtionem igne supposito sulphur rubeum admisce : cum factum fuerit, tere, depinge.

35. *De preparando cramine.* — Eramen cum quarta parte stagni fundi debet. Quibus ignis, expressione admixtis auripigmentum rubeum ut ea exurat adhibendum; deinde frigescat, teratur et cia.

36. *Aliter de eodem.* — [Fol. 43ᵉ]. Cum equali ide[m] portione cineris funde ignem, ut permisceantur, expressus adhibe; sulphure rubeo totum id exure. Demum pisa, servas.

37. *Aliter.* — Eidem auream marcacidam commisce; deinde ut bene permisceantur igne forcius adjecto, rubeum auripigmentum misceatur et deinceps.

38. *Item.* — Item funde salgemma, cum auripigmento rubeo equaliter massato; utrumque enim exuret; age ergo.

39. *Preparatio stagni.* — Almiçadir libram mediam in duabus libris aque dulcis distempera et in .vii. portiones divide. Stagnum ergo liquefactum in singulis partibus semel temperabis; sic enim purum efficitur.

40. *Ut argentum vertatur in aurum*[1]. — Almagra, acimar, atramentum ustum, calcecumenon, salgemma, almiçadir, radix croci vel ipsum crocum, equales partes; hec omnia pisa et massa cum urina et sicca ad solem; cum hoc pulvere limaturas, vel laminas subtilissimas argenti, ad modum auri coques, scilicet in crusiolo bene cooperto; deinde confla et iterum in laminas vel limaturas; septies fac hoc et erit quod optasti. Cum hoc tantundem auri confice, et erit aurum optimum, postquam illuminaveris.

41. *Ut eramen vertatur in aurum.* — Accipe unciam .i. argenti vivi, auripigmenti bene pistati unciam .i., atramenti conbusti unciam semissem saponis, aliquantulum. Hec omnia tantum commisce in aliquo vase, quousque

---

[1] Factum est, nihil valet. Ms.

argentum vivum non appareat. Postea pone pulverem in aludel et pone acetum acerrimum et coopertorio clauso, luto soluto circumda et conglutina, excepto quodam foramine subtilissimo quo vapor exeat; sic subice ignem et vapore exuto foramen obtura. Alia vero die pisa pulverem et pone in aludel, et subice ignem iterum, et iterum fac hoc, quousque in cooperculo niveum colorem invenies; illud erit quod optasti.

42. *Ad idem.* — Argentum distempera cum argento vivo, ut aurum cum quo deauratur; illud pone in patelam in qua sit salis aliquantulum et almiçadir [fol. 44*] aliquantum; tamdiu agita et frica cum spatula super carbones vivos, donec argentum vivum recedat et in subtilissimum pulverem hec omnia redigantur : inde frica quod vis.

43. *Ut cramen vertatur in argentum perfectissimum. Rubrica.* — Sume calcecumenon[1], atincura[2], almiçadir, et aliam fuliginem[3]; hec omnia fortiter tere cum urina, distempera; inunge, ut nosti, almiçadir, açimar, salgeme, nitri, emathite vel calcecumenon, vel almagra, partes singulas, atramenti partes .ii. Omnia simul cum urina fortiter pisa et distempera; hac confectione inunge opus quod volueris colorare, et mitte super carbones, donec fumus recedat; inde extrahe et mitte in acetum vel urinam vel aquam; hoc fac sepius, donec videas quod optasti.

44. *Item. Rubrica.* — Demum tolle testam novam, in qua sint allia confracta et frustrum plumbi et ferri, et sulphuris vivi; urina vero, quantum sufficiat. Cum hiis demum ferveat opus tuum; sed sepius extrahens, respice, donec videas quod desideras. Si vero volueris, quociens extrahis, extingue.

45. *Ad colorandum solem. Rubrica.* — Accipe unciam .i. eris usti, aluminis .ij. salis .iiij.; comisces pissando cum aqua super marmor fortiter; tunc inunge quod vis in igne, decoque et refrigera. In prima vice colorem eris accipiet, in secunda meliorem, in tertia optimum.

46. *Ad colorem croceum auri. Rubrica.* — Tolle .i. pars aluminis et .i. açi-

---

[1] Id est cramen ustum. Ms.
[2] Id est boroga. Ms. (borac).

[3] Id est calleum; id est catinum quod sta[t] super catona. Ms.

mar, salis .II., attramenti .IIII.; super marmor pissando optime cum aceto comisce; inunge ad ignem quoque et invenies quod optasti.

47. *Ad aurum colorandum quasi rubeum. Rubrica.* — Atincar, flos eris, scilicet quod cadit de eramine calido, tartarum ustum, salgemme, aliquantulum; primum ferve aticar; deinde cetera admisce, et erit confectio grisocole [1].

48. *Ad aurum. Rubrica.* — Calcucecumenon unciam .I., saponis, olei sol .III., calcitarii [2] sol .I.; ista commisce, primum terens calcucecumenon, utiliter ad pulverem, et calcitarim [fol. 44ᵇ] semotim, et commisce cum sapone et aqua, quantum neccesse fuerit ad ipsum grisobolion. Si autem hec cum superioribus admisces, mirabele erit.

49. *Gluten auri scilicet optimum. Rubrica.* — Argenti uncias .II. metheals, latonis vel eraminis .I. ad unamquamque dragmam, stagni granos ordei .IIIͬ. Prius confla argentum et latonem; deinde adice stagnum, sed optimum; postea converte in frustra minutissima. Cum hoc consolida, scilicet superpone operi aquam de borac et nitri.

50. *Gluten eraminis. Rubrica.* — Accipe eraminis .II. partes, stagni optimi .III. pars; confla eramen; super adice stagnum, scilicet optimum. Hec commixta in terra funde et in panno humido cooperi; aquam super pannum funde; cumque opus fuerit, fac inde pulverem; et opus quod solidare volueris prius oleo unge, et pulverem superpone, et agitas cum pennula; pulverem commisce cum oleo in illo loco; demum super addice pulverem cineris clavellate vel boraça vel nitri; igne circumda.

51. *Item aliud. Rubrica.* — Sicut argentum, sic eramen consolidari potest, scilicet argentum cum eramine mixtum, ut mos est, et cum boraç consolidari potest.

52. *Veneris gluten. Rubrica.* — Tolle latonis .iij. partes, stagni optimi .I.

---

[1] Chrysocolle. — [2] Pelles sollares subtallarium sive sollers. Ms.; glose qui se rapporte à *calcitarii.*

partem; confla latonem, adice stagnum; fac de illo ut de argento; cumque neccesse fuerit, tere; opus quod consolidare volueris, unge; aquam de boraç super adice; pulverem lento igne confla.

53. *Ad niellum faciendum. Rubrica.* — Accipe .II. partes argenti et unam eraminis et qua[n]tum hec omnia, de plumbo; iterum quantum hec omnia precedencia de sulfure; post hec confla argentum et eramen; deinde plumbum admisce, demum sulfuris pulverem, parum et parum addendo, donec omnia comburantur; ad ultimum fac, tere illud et erit quod optasti. Item eris partem .I. plumbi .I. sulphuris .II.

54. *De preparando ferro quoddam secretum. Rubrica*[1]. — Ferrum limatum cum quarta parte rubei auri[fol. 44ᵇ]pigmenti permiscebis; idem in panno constrictum et luto circum linitum in fornace calida per noctem integram locabis. Quod cum diluculo extractum fuerit in fercam speciem redactum invenies. Illud item spissatum oleo et nitro liniendum [2] erit; est idemque in vase fusorio, misso equali pondere eraminis, adhibendum est. Totum ergo per ignis potenciam admixtum, post in frigidacionem terendum.

Item : ferri limature eris rubicondi limature equaliter adhibenda. Cum ergo ignis succendetur, auripigmentum rubeum ut eam comburat adhibito; pisatum vero servabis.

Rursum quarta parte stagni superjecta et igne fortiori supposito, auripigmentum rubeum admisce, tere et cia [3]; hec enim ceteris precellit.

55. *De preparando stagno. Rubrica.* — Stagnum quidem cum ferri indici limatura ad quartam partem adjecta, ubi permisceantur conflabis eaque auripigmenti exusta servabis.

Item ad ipsius decime partis medietatem auri simplex adjectum conflabis, croceo auripigmento exures, et hoc est utilissimum, vel si pocius videatur, pro ferri indici limatura, eris limaturam suppones, cetera prout docuimus exequendo.

56. *De preparatione plumbi. Rubrica.* — Plumbum autem cum totidem

[1] Ms. : Ferrum preparatum fit dulce ponendo cum in cinericio.

[2] Texte : *lumendum.*

[3] cia = age.

alkool optimi partibus cum auripigmento rubeo massati confla, permisce, exure, tere.

Item cum quarta limature indice idem conflabis, permisces, auripigmento rubeo exures, teres et cia.

Item indici limatura speculi ad medietatem adjecta, ut permisceantur, confla, pisa, serva : est enim preciosum.

57. *De preparatione magnesie. Rubrica.* — Magnesiam vero usque ad .vij. dies cum pinguedine a pedibus bovis manante, cotidie bis pisare mandamus; sic enim operi congruit.

Rursum cum vernice dissoluto .viij. olei alvicelle ad solem versa .vij. dies et bis in die [fol. 44ᵈ]; terrenda est ut sicca efficiatur. Utile.

Item cum lacte recenti .vij. lentisci olei adjecta usque ad diem .vij^mᵃⁿ.; teratur et deinceps.

58. *De preparando almarcazida. Rubrica.* — Almarcacide atque magnesie equalis est administratio; hujus tamen virtus subtilior, quoniam .iiij^or. dies solvi expostulat.

59. *De preparando tucia. Rubrica.* — Tuthya quoque igne calefacienda, donec ipsius odore ignis croceum recipiat colorem. Hanc deinceps exures, teres cum aceto optimo (crocea quidem pocior) et desiccari permittes. Sic autem calefaciendo cum aceto terendo sepcies erit faciendum, aut sepius. Age ergo.

60. *De preparando ducneg, id est vitreolum. Rubrica.* — At vero ducneg cum sale indico ad quantum terendum et lento igne assatum; quod si denuo factum fuerit, sufficiet.

61. *De preparando emathite. Rubrica.* — Emathites quidem cum felle bovino et ad solem terenda; cum vero desiccatum fuerit, igne calefacienda est; et deinceps tere.

62. *De alkool preparando. Rubrica.* — Cum aqua alkimie recentis et ad solem alkool usque ad .vij. dies et bis in die teratur.

63. *De preparando açur. Rubrica.* — Cum pinguedine boum pedestri açur ipsum cum modico melle ad solem semel in die teres, sicque agendo .vij. consumabis dies.

64. *De preparando corneolo et corallo. Rubrica.* — Corneolum et corallum ad ruborem calefacere memento; ac deinceps cum almiçadir, quod aceto naturali dissolves, equali pondere teres; hoc agendo .vij. continuabis dies, ter in die agendo.

65. *De preparando litargiro. Rubrica.* — Cinerem coque cum alkool et almiçadir, quod accedit dissolvet, equaliter admixtis; usque ad .v. dies tere et cia.

66. *De scoria auri. Rubrica.* — Auri s[c]oriam cum alumine ad solem tere; acetum parent; parum distilla in die, faciendo .iiij^{or}. dies; continua.

67. *De argenti scoria. Rubrica.* — Argenti scoria .v., minii partibus adjectis et aceto dissolutis, per .iiij. dies terantur et cia.

68. *De vermilione. Rubrica.* — Vermilionem quoque cum minio equaliter teres et desuper acetum distillabis, hoc agendo .vij. dies, continua. [Fol. 45^a.]

69. *De minio. Rubrica.* — Minium iterum cum almiçadir equaliter, quod tamen ventus dissolvit, urina triduo pisabis.

70. *Item. Rubrica.* — Rursum attincar crocei sulphuris .vij. partibus adjectis, cum pinguedine boum pedestri teres et depinges.

71. *De atramento isto. Rubrica.* — Atramentum quidem cepei rubicondi succus dissolvat; cum autem fuerit assatum, aqua de folio alkimie viridis emanans expressa illud suscipiat.

72. *De preparatione argenti vivi. Rubrica.* — Argentum vivum cum attramento equaliter admixto tere et in vase quod optime linteris luto,

repone, cumque siccabitur, leve incendium supponendo, quoad superiores vasis partes sublevetur; hoc autem quanto sepius feceris; tanto melius.

73. *Preparatio auripigmenti. Rubrica.* — Auripigmentum vel sulphur quociens volueris cum salgema equaliter adjecta teres, et in vase forti bitumine linito pones; demum leve, quoad leventur, subdes incendium. Notandum etiam quatinus sulphuris ignis auripigmenti igne subtilior; verum itaque experiencia discernit.

74. *De magnesia. Rubrica.* — Magnesie quoque sulfur et almiçadir nulla est administratio; par enim utriusque est efficacia.

75. *Preparatio pumicis. Rubrica.* — Pumicem vero contrita in alleorum succo; decem diebus tempera atque deinceps expressa age.

76. Hec itaque rerum administratio que huic accedunt operi, juxta Romanorum assertionem descripta est. Quam solis rerum secretariis et phylosophye familiaribus tanquam sibi debitam revelare voluerunt.

77. Aurum purissimum equaliter adjecto quoad utraque permisceantur funde; idem quoque refrigera.
Corporum administratio que in hoc summam habent efficaciam, rarum tere et cum ipso operare.

78. Hoc autem aliter fieri poterit, limatura ferri indici apposita; demum vero igne fortiori ad eorum commixtionem subjecto, auripigmentum rubeum ut quod omnia exuret addendum est. Cum vero frigidum fuerit, tere et ipso operare vel age.

79. Item : auro jam soluto, cinerem equaliter admisce [fol. 45ᵈ] et ignem fortissimum suppone; quod cum frigescet, tere et cia.

80. Item : aurum jam fusum in ea aqua decies plumbum fusum extinguitur, tociens prohice ac deinceps tere, operare. Hec autem administratio inter ceteras minorem dat efficaciam.

IMPRIMERIE NATIONALE.

81. Item : funde onus[1] aom, speculi indici limaturam; admisce igne ut permisceatur; funde; teratur ergo, et cia. Hoc autem inter cetera potissimum.

82. Notato[2] quoniam ignis solus aurum[3] conculcat et quasi interimit, ut etiam contritum in terre speciem redigatur. Acetum quoque es ipsum perimit, et in viridem et optimum reducit colorem.

Samium[4] item argentum condempnat et in terarum naturam convertit.

Sulfur quoque sulphuream insinuat aquam, qua rursum viridis attramenti liquorem indicat.

Aqua autem que potissimum in hoc regnat negocio est ipsa urina quam lamine decoxerunt.

Hec autem sunt idem quod lapis aureus, scilicet secundum alium auctorem idem quod capillus animancium; ad alia quam me nequaquam declinet extimacio.

Insidiator pervigil est ipsum sulphur[5].

Lapis item preciosus quem ignorant quam plures est id quod de mineria almiçadir procedit.

83. *Ad dealbanda. Rubrica.* — Stagnum et argentum vivum equaliter post ablutionem admisce et urina involve aqua etiam alkali et nitrina, nec non argento puro juxta utriusque earum pondus equaliter admixtis; omnia cum sulphure candido pisa et in vase vitreato lento igni appone. Nam et id cuilibet corpori subjectum ipsum perfectissimum dealbat.

84. *De candido sulphure. Rubrica.* — Sulfur cum urina fortiter contritum, ut eadem exprimatur, desicca. Quod, dum sepissime factum fuerit cum aqua, sale donec albescat, abluendum erit, ut malum vertat in bonum.

85. *Ad aurum. Rubrica.* — Amathitem[6], auripigmentum, vitellum ovi,

[1] Opus?
[2] De naturis corporum. Ms.
[3] On doit lire *cuprum* et non *aurum.*
[4] Lire *Acmon,* c'est-à-dire l'argent impur que le feu altère.

[5] Cette phrase devrait être reportée six ou huit lignes plus haut; elle paraît transposée, et intercalée à tort entre deux autres, relatives à la pierre philosophale.
[6] Pour *emathitem.*

alumen rubeum, et gemini, et rocarol equaliter, postquam admixta et pisata fuerit, in vase vitreato pones, luto discretionis delinies et a principio
noctis usque ad diluculum super prunas locabis. Mane autem facto refri-
gerari dimittes [fol. 45ᵉ]. Cujus tres dragme superfusi plumbi et purgati
unciam superjecte in solem transformat.

86. *Ut plumbum argenti speciem sumat. Rubrica.* — Ovorum[1] recencium
testas et sulfur rubeum equaliter admisce; tere inter armenii[2] modicum;
adjunge autem salem et comprimas aqua massa, quo id in speciem lactis
redigas; deinde quoque laminam plumbi calefactam eadem massa paulatim
inrigare, quoad liquescat. Itaque, ad prohibito incendio in fundo vasis, expresse candidum te invenisse miraberis.

87. *De oleo latericio[3] valde neccessario. Rubrica.* — Lateres vetustissimas
in minutissimas confringe partes, videlicet duorum ponderum aut trium,
aut .iiiᵒʳ. dragmarum, eisque in fabri fornace repositis, et prunis desuper
accensis, quoad albescant, calefieri oportet. Deinceps quoque aliam post
aliam in oleo olivarum puro et mundo intinge, et relinquantur ibi aliquantulum; demum inde extracta et bene pisata in cucurbita reposita igne distilla.

88. *De preparando alkali. Rubrica.* — Fuscum purpurinum[4], quantum
est, methchali pondus seorsum fortiter tere; labrum vero juxta duorum
methchalorum pondus quantitatem; lento igne funde et cola, accepto quoque
oleo; quantum est medie dragmatis, pondus simul pisa.

89. *Dissolutio affroselini mirabilis. Rubrica.* — Talch in vase repositum
sub plumbi cooperculo; super citrini pomi pinguedinem suspendes; .xxxvj.
diebus dimittes et solvetur.

90. Ovorum calx[5] perfecta humectat et candescit. Ovorum teste es
ipsum dissolvunt et moderate humectant. Cum autem nitrum calidum eri

[1] Le manuscrit porte *Quorum;* le rubricateur ayant pris l'o marqué en marge pour
un *q.*
[2] Lire : *armoninci?*
[3] Alias lataricio. Ms.
[4] Le manuscrit porte *prrounû.*
[5] [De calce] ovorum. Ms.

appones et in aceto sepissime fundes, mollescit. Quod si nitrum admisceas commixtum croceum efficitur. Eo item in urina projecto, color croceus perit.

91. *Item rubrica*[1]. — Item si ovorum testas super addideris, es mollescit et in aurum transformatur. Ovorum namque multiplex est utilitas. Nam et sapientes pulverum combustione in eisdem consistere affirmant [fol. 45ᵈ]. Quod ex eodem fomento quidam sepius experti sunt.

92. *Preciosa operis sentencia. Rubrica.* — Cum ex candido viride segregas, triplex ex ipso invenitur utillitas, ruborem vel confert candorem et quantitatis augmentum.

93. *Item alia preciosa. Rubrica.* — Item talch, in vitro aut forti panno super fabarum sive alorom solvitur, suspensum.

94. Sulphur, inquio, vivum coagulat argentum vivum et solo odore rubescere facit.

95. *Preciosa magni*[2] *operis sentential inter* LXX. *Rubrica*[3]. — Sulphur ruborem vivo argento ministrat; ignis asperitate nigredinem, primo tamen croceum general colorem.

Stagnum omnia corpora frangit pro nimia siccitate.

Sulphur in igne argentum vivum exsuperans ipsum nigrescit.

Plumbum adustum vermilionem obscurum generat.

Sulphur ipsum corpora, quodam cum eisdem subtili affinitate, omnia exurit. Ea enim, quandam sulphuris proprietatem ad quam tunc accedit, in se retinent; aurum tamen nunquam; pori namque arcti sunt et solubiles[4].

96. *Item in eodem. Rubrica.* — Viror ex nigredine et crocce generatur; croceus item color ex albedine et rubore procedit. Virore igitur a nigredine retracto, croceus relictus est. Nam si croceus a candore derivatur, relinquitur rubor; item si croceum a virore derivas, nigredinem invenies. Rubore

---

[1] Hinc potest fieri auricalcum bonum. Ms.
[2] Le manuscrit porte *magis;* l's ayant été gratté, il reste *magi.*

[3] Quedam bona nota de asperitate ignis, quia nimia asperitas nigredis ministrat. Ms.
[4] Lire: *solidati.*

etiam a candore subtracto croceus relinquitur. Item in eodem candor et rubedo crocum pariunt. Item argentum vivum et sulphur adjuncta ruborem conferunt atque nigredinem. Aurum ergo decoctionis ad ruborem neccessarie modicum assumit.

97. *Item.* — Iterum paulo posterius, igne prevalente, argenti vivi siccitas excoquitur; item suavis et lenta decoctio introducit; item auripigmentum ide[m] quod sulphur generat. Minor tamen fumus et major humiditas; quare contra ignem constancius. Item argentum vivum, cum sublimatur, candidum et ciccum efficitur. Item plumbum solo odore argentum vivum congelat et rubescit. Item argentum vivum ferro subjectum, liquefacit, ipsum malleari prohibens. Item atramentum vivo argento candorem largitur. Ignis viride in ruborem transfert. Item, candidum plumbum decoquendo, vivum argentum mollescit et auripigmentum cum ipsius oleo[1] sublimatum conglutinat eodemque oleo argentum vivum [fol. 46*] plumbi substantiam ingreditur. Item almicadir, dum sublimatur, igne prevalente, funditur et in aquam transit.

98. *Ad tingenda opera in ruborem. Rubrica.* — Ferri atque eris pulverem, cum nitrum malcatur; auripigmentum, sulphur, atramentum, postquam preparata fuerint equaliter admixta, tere, criba, et iterum in marmore cum aceto tribus diebus ad solem pisa, et quanto plus siccabitur, eo amplius acetum; suaviter distilla, et super marmor ipsum et sub sole candidissimo pisa. Deinceps vero quodlibet candidum depinge.

99. *Ad opus deaurandum. Rubrica.* — Atramenti partes .II. et talch exquisite pisabis; mel quoque cum vino temperatum et etiam cum aceto massatum tripliciter addes; omnia super marmore tere, in rotunda pone. Non minus quiddam gummi equaliter et ad ipsius medietatem atramenti viridis tere; albumine ovi quasi massa appareat; superjectum demum in pannis fortibus aut pillularum modo in vase aliquandiu servabis.

100. *Ad idem. Rubrica.* — Item algalias[2] atramentum viride ad ipsam medietatem admixtis, terre panno subtili aut serico exprimo; demum

---

[1] Ce mot est écrit avec un signe d'abréviation dans l'I. — [2] Algelius id est galeni. Ms.

gummi arabicum seorsum contritum partes .II. adde; admisce; in vase
repone. Cum autem aliquid facere volueris, ejusdem confectionis modicum
cum aqua distemperabis et per unam horam dimittes.

Plumbi exusti xxxviij libras, arene aliquantam et quartum stagni. .III. libras magnesie, IIIⁱᵒʳ eris usti medie.

Item argenti exusti et mareacide equaliter teris et de liquore scribes.

101. *Hoc est generale preceptum inter* LXXᵃ *de metallo et auro* [1] *et ejus coctione* [2]. *Rubrica.* — Indicamus vobis quomodo possit fieri aurum de pinguedine metalli. Cum ipsum metallum inventum fuerit, facito vas de ipso
metallo quod recipere possit libras .xx. et postea mitte cum ipso vase in fornacem et suffla ignem a prima hora usque ad .vj.; deinceps vero in pinguedine metalli mittendum est coralli libras .ij., armoniacum fundatum, cau-
cumar libras.ij., salkedica libras .ij., cere albe quantum opus fuerit, unctum
libras .j. tartarum libram .I.; coctum omnis pigmenti singula per se intreat.
Omnia que vos legitis probata habemus; tria enim metalla ad aurum coquendum pertinent.

102. [Fol. 46ᵇ]. Aliud item metallum indicamus vobis coquendum, sed
plus dissimille erit quam auri metallum. Qui ipsum coquere voluerit, sicut
odore erit [3], in vase ubi coctum fuerit, intrito primum cocturam pite radaste
medietatem libre; alia ferfurata intrita [4] metallo; tertia coctura; stagni
libram .I. quod ipsum metallum ad opera salva perducat; et, dum coctum
fuerit, istud quod in ipso metallo inventum fuerit, ad pulverem vertitur,
quia probatum est.

103. *Aliud de metallo argenti et coctione. Rubrica.* — Prasius est terra
viridis ex quo metallo manat argentum. Nascitur autem & ipsa terra in
locis petrosis, ubi inveniuntur multa metalla diversis coloribus. Ista petra
titra habet albas venas; decocta exeunt nigra. Sic autem probatur cremata
post coctionem intus : ut argenti colores ostendit. Iste lapis est de quo
exiet argentum. Tolles ex ipso metallo fornace sicut superius prime cathi-
meri, et mitte ipsum metallum in cacia camini et imple etiam carbonibus,

---

[1] Lire : *de metallo auri.*

[2] Ignis omnes motus suos et impetus sursum dirigit. Ms.

[3] Eris?

[4] Le manuscrit porte *intr.*

et sic de quovis unaque die fundes et in ipso loco refrigerare dimittes; postea tolles ipsam massam; minutatim comminues ac ipso camino sicut prius remittes, et cum ipso plumbum femininum in .c. libris, masse plumbi .xv. et coque sicut prius per dies .iij. Post hec eice massam ipsarum et cominues mittens in canula, vel canalicula, et confla per .ij. horas.

104. *De aurea vitri tinctura. Rubrica.* — Aurum et es, marcacida, ferrum et emathites, singulorum singule conterantur partes.

Autem auripigmentum rubeum, argentum stagnum, sulphur conteri; jubentur singulorum scilicet .iij. partes. Sed et magnesie dueneg viride que in mineria nascitur eris; salis geme; aluminis; argentum vivum: singulorum partes .v. siliquarum pondus. Que omnia simul contrita, aceto diebus quatuor fermentari dimittes; postea vitrum depinges; quod a furno detractum lavabis.

Item auri, plumbi, tincar, tuthie, atramenti, sciphus, omnium .iiii^or. partes, sed ematitis, auri, scorie, magnetis .ii. partes et siliqua?; marcacide eris; almiçadir, auripigmenti vivi et viridis ferri; omnium .iiii^or. siliquas simul pisa, assa; postea aceto dissolve et pinge.

105. [Fol. 46^c]. *Alia pretiosa et admirabilia. Rubrica.* — Auri marcacide, turbie viridere, scorie, almuracae, omnium partes. v., sulphur, auripigmenti, almiçadir, omnium partes .ii. argenti vivi .vii.; omnia cum aceto tere; per noctem dimitte et depinges; splendescet.

106. *Aliud decorum et admirabile.* — Item aurum, tincar, atramentum, magnesiam, açurum, emathitem et es, singularum partes .ij., almiçadir, salis gemme, aluminis, argenti vivi .ij. partes et s. [1] minii, viridis, vermilionis, singulorum pars .i. simul omnia ceparum suco teres et assabis, et cum aceto dissoluta fuerit, scribes.

107. Eris mundi libra .i., calcitarim ·+· [2] .ij., afronitri ·+· .i., sulphuris ·+· .i. Hec omnia misces in caliculo ut solvantur in unum et decoquantur, donec comburitur eramen et calcitarim et lavetur ea que remanet

---

[1] Siliqua(?). — [2] Uncie.

cathimia. Calcitarim pars .ɪ., nitri pars .ɪ., tum aluminis pars .ɪ., sulphuris pars .ɪ.; tum sulphuris vivi pars .ɪ.; nitri pars .ɪ.

108. *De corporum efficacia que, igne convalescente, nitro habent commisceri.*
— Aurum itaque aureum colorem generat, nec ab igne corrumpitur.

Argentum quoque sui similem exibet colorem; vires igneas pertimescit.

Es autem rubeum; sed igne cogente transit in virorem. Ereus item
pulvis croceum sed subviridem largitur colorem.

Ferrum quidem rubeum, cujus si nistra(?) quantitas apponatur, nigredinem confert.

Magnesia vero rubicunda similiter, sed demum candescit; limarcasida
croceum; igne tamen convalescente nigredinem.

Ematites autem idem quod et magnesia; tamen subtilius facit.

Stagnum vero candorem igne quidem exasperante nigredinem procreat;
plumbi vero potencia ruborem, scilicet circiter ferrum inducit.

Lapis autem alkool, primo rubeum, postea candidum, demum vero
celestem inducit colorem, atque thuthia aureum penitus largitur.

Dueneg autem principio virorem, demum atturici(?) lapidis colorem
inducit natura.

Magnetis item natura tincturas congrue permiscet et ad eamdem opera-
tionem revocat; ejus tamen color velocissime recedit.

Alumen jam menum album, quamvis omnia moderatur sicut et magnesius
color elabitur et infra subsistit; açurina rursum species sibi silurem innovat;
tamen pocuis auro sociata.

Corneolus autem et corallus [1] : inter candorem a corneolo, tamen aliquantulum fortior exhibetur.

Alumen, alkali [2], nisi mundetur, semper nigrescit; cedit tamen postea
etne, et almarcae, et plumbo; ideo est efficiens et aliquantulum efficatior;
ipsius nam pars quedam multarum vicem plumbi supplet.

Auri rursum [Fol. 46ᵈ] in scoria aureum, argenti similiter argentum
facit; minium quoque aureum, sed ad ruborem declinat.

Vermilio autem non obscurat[ur], nisio minio.

Argentum vivum preparatam optimum efficit colorem; albescit namque,
sed non durat.

---

[1] Quod coralus albus operatur ad congelandum mercurium. Ms. — [2] En glose : *vitrum*, c'est-
à-dire *nitrum*.

Sal et almiçadir tincturas introrsum deducunt et ad cujuslibet corporis moderanciam accomodant.

Sulphur et auripigmentum et reliquorum efficaciam accelerant, obscuritatem multiplicant. Auripigmentum tamen paulo plus immoratur, sed deinceps recedit.

Atramentum quoque, si optime preparetur, id[em] quod aurea producit scoria.

Eri item scoria viridem et subalbum inducit colorem, sed, igne convalescente, ad croceum reducitur.

Altincar quoque colores dissolvit et permiscet et in eamdem redigitur efficaciam.

Horum corporum efficaciam cum vitro [1] ipso ejusque temperancia et quomodo ipsum igne subire et pati valeat, breviter descriptis ad eorum dispositionem enodandam; quare conferente subminori et maximo operetur equaliter, nostra dirigatur intentio.

109. *Ad cuprum deaurandum* [2]. — Si cuprum argentare volueris, prius vas quod argentum volueris, optime polies; postea pone illud in ferventi oleo et ferveat ibi aliquantulum et post modo extractum et intersum pone in confectione, que suscipit vitreolum sal, armoniacum, nitrum, tartarum, distempera cum aqua, et ibi buliat multum. Idem extractum deargenta illud, cum argento distemperato cum argento vivo, sicut mos est.

110. *Ad latonem deaurandum. Rubrica.* — Si latonem deaurare vis, prius polias; postea bulias in confectione que fit ex almiçadir, nitro, vitreolo, quod sufficit, et sic deaura.

111. *Ut in ligno possis brunire.* — Menoitarvaed, gipsum coque, coctumque pulveriça et in confusione gummi amigdali vel cum cola distempera et operare que vis.

Item de eodem colore plus tenui superpones priori colori; postea brunire potes sicut volueris. Tartari, atramenti, salis, argenti vivi distempera cum aceto hec omnia et calefac ad ignem et illud quod deaurare vis intus pone et agita aliquantulum.

[1] Nitro? — [2] Il s'agit d'argenture dans l'article.

112. *Ad pingendum vitreum vas.* — Si vas vitreum pingere volueris,
vitrum cujuslibet coloris subtiliter pulvericatum distempera cum aqua vitri
et recoque in fornace. Item si in vitreo vaso vel scutello Ispanio operari
volueris, argenteum runcinum, vel cujus sit dimidia pars argenti vel plus,
accipies et fundes ipsum in vase aliquo cum sulphure, donec redigatur in
pulverem, et adjunge fecis vini pars quinnarium et distempera cum aceto,
et pinge, et coque; et si diu coxeris, diversos colores videbis.

113. [Fol. 47ᵛ.] *Unum genus admirabile. Rubrica.* — Aurum, tuthiam
in arcadicam, argentum, auri scoriam, oleum, partes singulas, ematiten,
auripigmentum, viride attramentum, tincar, omnium partes .ij., salem,
almiçadir, magneten, omnium partes .ij.; omnia simul tercio quoque aceto
dissolve; nam auri speciem exhibebit.

114. *Item aliud. Rubrica.* — Auri, eris, auripigmenti, alchool, çimar,
minii, ferri, siliquas .v. aceto omnia contere; depinge.

Aurum, cimar, argentum vivum, sulphur, tincar, omnium partes .ii.,
attramentum, auripigmentum, almiçadir, singulorum dragmas, vermilionis,
ferri, marcacide, omnium silique pondus, omnia tere quoque; aceto dissolve; biduo dimitte; quodvis depinge.

115. *De colore argenteo. Rubrica.* — Argenti, stagni, argenti vivi, emathitis, singulorum partes singulas, attramenti, corneoli, coralli, singulorum
partes .v., magnesie et alkool, singulorum .iij. uncias, auripigmenti, sulfur,
omnium siliquas .ii.; tere aceto, distilla, fermentari dimitte, quoad pinguis
aureum producet colorem.

116. *Item*[1]. Argenti, aluminis, argenti vivi, salis gemme, tincar ger-
mini, omnium partes singulas, vermilionis, stagni, magnesie, omnium
siliquam .i. et mediam, sulphuris, magnetis, alkool, omnium singulas et
mediam; omnia pisa aceto, distempera et depinge vasa.

117. *Aliud quasi color ostree. Rubrica.* — Item argentum, tincar, vermilionem, almiçadir, singulorum partes .v., sulphuris, coralli, corneoli;

---

[1] Le manuscrit porte : *Item*, par la faute du rubricateur.

çimar uncias singulas, stagni, salis et magnesie, singulorum partes .ıı. simul pisa, aceto distempera, fermentari dimitte, et postea scribe.

118. *Aliud quasi color plumbi. Rubrica.* — Argenti, plumbi, atramenti, çimar, salis, argenti vivi, sulphuris, singulorum partes singulas, almiçadir, corneoli, vermilionis, alkool, ismed, omnium partes et mediam, magnetis, marcacide, omnium partes .iiij., cum aqua malve viridis teres et pinges.

119. *Aliud quod modicum fulget. Rubrica.* — Item argentum, ismed, marcacide, minii, almiçadir [fol. 47ᵇ], omnium partes .vij., attramenti .viiij., eris, argenti, singulorum partes singulas, argenti, scorie, martae, omnium, pars .ɪ.; cum ceparum succo teres, fermentari dimittes et pinges.

120. Argentum, attramentum, sulphur, emathiten, talch, sal, argentum vivum, omnium autem partes .iij., magnetem, aurum, açimar, vermilionem, omnium partem et mediam, auripigmentum rubeum, almiçadir, singulorum uncias .iij.; pisa cum aqua que .vj. diebus jacuit; in alkemia per noctem integram dimitte.

121. *Item.* Sume magnesie, eris singulas partes, ismed, magnetis, atramenti, sulphuris partes .iij., minii, almiçadir, tincar, omnium partes .ij.; marcacide uncias .ij.; cum aqua dulci tere, serva, pinge.

122. *Item.* Ferri, minii, emathitis, marcacide, aluminis gemini [1], salis gemme, omnium uncias .iij., argenti, sulphuris, çimar, almiçadir, magnetis, omnium silique pondus cum ceparum succo teres, coques, dissolves et eia.

123. *De rubiconda tinctura. Rubrica.* — Vermilionem, auri scoriam, almiçadir, sal, singulorum partes singulas, atramenti romani, eris, omnium partes .ıı., tere, depinge; nam coralli speciem exibebit.

124. *Aliud speciosum. Rubrica.* — Sume eris partes .ııı., ferri .ıııı., açimar, magnetis, tincar, almiçadir .ı. Cum aceto omnia tere; biduo fer-

[1] *Id est tani*, en interligne; se rapporte sans doute à *aluminis gemini*.

mentari dimitte; album lignum depinge : latonem namque in auri colorem
deducit.

125. *Aliud decorum. Rubrica.* — Eris pulverem et dueneg, omnium
partem .i., almiçadir, argenti vivi, atramenti, salis, omnium partes ii.,
marcacide, corneoli, ferri, singulorum uncias .ij.; omnia tere per .iii. dies;
fermentari dimitte; vitrum eodem depictum igni depone.

126. *Item aliud decorum. Rubrica.* — Item dueneg, pumice, açimar,
atramenti, omnium partes .iiij., sulphur, auripigmenti, almiçadir, singulorum partem mediam, magnetis, tincar, omnium siliquas .ii., argenti vivi,
salis ℥ .i.; omnia cum aceto tere; vitrea vasa depinge.

127. *De viridi colore. Rubrica.* — Item eris, sulphuris, açur, açimar,
omnium partes singulas, attramenti, magnetis, argenti vivi, omnium partes
.v. cum pororum succo tere; fermentari dimitte; depinge.

128. [Fol. 47ᶜ.] *Aliud viridissimum. Rubrica.* — Tuthiam, attramentum,
sulphur, omnium partes .iiij., alumini gemini, atincar, omnia pars media;
omnia cum oleo vitellorum tere, serva, pinge.

129. *De açurino colore. Rubrica.* — Pomum citrinum, auripigmentum,
auri scoriam, attramentum, omnium pars una, argenti vivi, almiçadir pars
media, marcasice ferri quartam; cum aceto pisa; .ij. diebus dimitte; age;
citri maturi colorem exhibebit.

130. *De açurino* [1] *colore. Rubrica.* — Açuri pulverem ferri pars una;
argenti vivi, sulfur, argenti, attramenti, omnium partem mediam, magnetis
siliqué pondus, cum pororum succo tere, depinge.

131. *Aliud quasi color violacens. Rubrica.* — Item açurum, attramentum,
sulphur, sal, partem .i., attincar, malvavisci; tere et depinge.

132. *Aliud. Rubrica.* — Gume [2], vermilionis, açimar, auri, quartam

---

[1] Couleur rouge orangé. — [2] Le manuscrit porte : *Cume.*

partem, attramenti, argenti, auripigmenti, omnium duas siliquarum pondus; gemini argenti vivi, almiçadir, magnetis, omnium partes .iij.; cum succo cucurbite teres et depinges; et erit speciosa.

133. *De nigro colore. Rubrica.* — Alkali, magnesiam, argentum et ipsius scoriam, es et ferrum, omnium partes .ij., argenti vivi, almiçadir, sulphuris partes .iij. cum aceto teres; quod depingis, nigerrimum fiet.

134. *Aliud quasi oleum olive. Rubrica.* — Açur, ferrum, açimar, minium, singulorum partes .iiij.; argenti, sulphuris, auripigmenti, argenti vivi, salisgemme, tuthie, omnium uncias .ij. teres; decoques aceto; distemperabis et speciosum fiet.

135. *Aliud quasi incaustum. Rubrica.* — Argentum, ferrum, et es, magnesiam, omnium partem .i., açimar, tincar, sulphur omnium partes .iij., argentum vivum, ismed, singulorum siliquo pondus, et medium, cum succo ceparum candidum teres, coques, aceto distemperabis et depinges, et speciosum erit. Hec itaque coloris et tincturarum disposicio vitrum [1] exiget planissimum; confectiones etiam prescripte, nisi corpora pre[fol. 47ᵈ]-parata sint, ea suscipere penitus recusant.

136. *Item aliud. Rubrica.* — Erepum de vino nigro puro calidum et penetrativum est; unde ar[gentum] alum[inatum] de bono vino cum adipe porcino, vel alio, et parum argenti vivi, si simul misceantur in quolibet vase et lento igne parum confletur, fit inde fantasticum opus. Si enim inunxeris es limatum vel politum, erit quidem album ut argentum purissimum.

137. *Ad elidrium. Rubrica.* — Eraminis partes .iiij., argenti partem .i., auripigmenti [2] partes .ij. prius confla; martem [3] et lunam dehinc adde alia, et cum valde calefactum fuerit, sinito ut refrigeret, et partem lune invenies. Sin autem mitte in patinam argillatam; assa donec fiat cerusa; confla et invenies lunam. Sin autem multum conflaveris, fiet elidrium .i. [4] nec sol, nec luna. Cui si partem unam solis addideris, fiet sol optimus.

---

(1) Le manuscrit porte : *utrum.*

(2) *Inusti* ou *id est usti.* Ms.

(3) *Venerem* au-dessus de *martem*, qui est en partie exponctué; comme pour indiquer qu'il faut lire *venerem*, et non *martem.*

(4) .I. = *id est.*

138. *Item.* Si luna taliter facta fuerit, sic eam rectifica; pone eam in igne, et rubeam factam pone eam in aquam acutam, quo recipiet salis ter assati unciam .ı., tartari unciam et semissem, urine quod sufficit, vel etiam aque, et in aqua hac, que vocatur acuta, ter extingue, et deinde in eam aquam multociens super carbones buliendo cum ligno deducas.

139. *Solis coctio et reformatio. Rubrica.* — Salis .ij. partes; sinopidis .ı.

140. *Ut aurum fiat gravis. Rubrica.* — Auri, sinopidis et misii, anna : fundendo fiat.

141. *Ad dealbandam martem* [1]. *Rubrica.* — Arsenicum duobus modis est rubeum et citrinum; utrumque tamen calidissimum et siccum; rubeum tamen minoris caloris est. Quodcumque arsenicum ad ignem, donec albi coloris fiat, uratur et cum oleo aliquantulum nitri misceatur. Deinde eri rubeo supponatur, madido facto; mutat es in album colorem.

142. *Ut gravis fiat aurum. Rubrica.* — Auri pars una, cathimie partis quartam perfundendo.

143. *Solis color in opere. Rubrica.* — Salis amoniaci et floris eris ana cum aceto distemperetur, vel forti vino, ad modum unguenti, et deinceps salis, atramenti cum aceto, vel vino, vel urina, ut supra. [Fol. 48ᵗ.] Allei fuligo et urina idem facit.

Nitri de bute combusti partes .ij., salis pars .ı. cum aqua teritur ad modum unguenti, cui pulvis eris usti tercio cocti ad celerem superponitur; dein opus jungitur.

144. *Solidatara. Rubrica.* — Eramen super coctem cum spato [2] fricatur et in opus inungitur; quidam adjungunt boracem.

145. *Item; rabrica.* — Nitri de bute combusti partes .ij., salis .iij.; terantur et cum lexivia de vitibus facta temperetur.

---

[1] C'est *venerem* qu'il faut lire. — [2] Le manuscrit porte : *sputo;* le mot véritable est *spatha.*

146. Sapo cum aqua distemperetur et cum spatula diu in manu deducatur. Postea parum pulveris eris usti tercio cocti admisceatur, et cum eadem spatula, quousque formam unguenti recipiat, agittetur. Postea per pannum colletur, et eidem colato boracem in aquam bene bulitam et lardum ferro liquefactum admisce et cum eadem spatula fortiter commove et opus inunge; in subtiliori vero opere comburitur et cum aqua in qua borax bulierit, distimperatur, et cum penna inungatur.

Eramina, aurum et argentum equaliter conflando miscentur et in tenuissimas laminas producitur, et per minuta frusta operi superponitur.

147. *Ut aurum dulcificetur. Rubrica.* — Nitri de bute, boracis, vitreoli, sulphuris vivi, salis amoniaci, floris eris, ex omnibus equaliter pulvis fiat et cum oleo linoso, vel forti aceto trocisci formentur et ad solem desicentur, et soli liquefacto parum illius pulveris apponatur et fortiter confletur.

148. *De algala. Rubrica.* — Sanguis draconis pondus unius denarii misceatur cum duobus ponderibus denarii argenti vivi.

149. *De adamante. Rubrica.* — Lapis adamans nascitur ex cathimia et auri coctione. In prima coctione masse post primam cocturam, dum confringis massam (omnis enim confringitur leviter), is autem remanet. Alius magnus, alius parvus, cui ferrum non duratur, nec aliud [fol. 48ᵇ] aliquid aliorum lapidum. Ipse autem prevalet omnibus; ipsum autem, quoad prevalet omnibus, solum vincit plumbum. **Et hec est potentia plumbi.**

Tolles plumbum femininum facile et molle, et solves; et jacta in ipsum adamantem, partem scilicet quam subtiliare volueris, et lento igne plumbum succendens; et, dum subtiliari ceperit, continuo cum mordace tolle et in sapone ex oleo operi leniter et mundissime, eo quod sit debilis; est enim fragilis plus quam vitrum, et mellis plus quam plumbum, eo quod solvatur in plumbo; deinde tolle ipsum de sapone et in cote aquaria exacua ipso sapone quantum volueris subtiliare, et mitte in igne diligenter et excandescat per .ij. horas vel .iiij., donec candescat sufficienter totus. Postea tolle et lava, et exiet adamans, cui ignis non dominatur; nec feriendo dissipatur, et laborans non curatur, per quem omnia que volueris operari poteris.

150. *Dicta Hermetis. Rubrica.* — Cum multi sint lapides, quorum usus specialiter huic prodest negotio, tres illorum in corpore terre perfectissimo generantur; alii autem tres in solo aere; tres quidem alii nullam utilitatem sine [1] igne retinent [2].

151. *Item.* Nisi quis ruborem cum candore deiciat, introducat etiam, quam cum labore et expectatione paravit, nec ad ruboris fulgorem accedere poterit. Solis ergo spumam preparatam adjunge, de cujus administratione satis dictum extima; non minus quoque et marinum solum quo omnis ordinatio privatur effectu.

152. *Ad congelandum argentum vivum. Rubrica.* — Siccitas semper tingit; ignis et aer purificant; terra vero tincturam educit. Argentum vivum lavabis cum aqua lapidis, donec immobile efficiatur; spem enim tuam terminabit et gaudium inducet.

153. Accipe limpidiores lapides e torrente et combure eos; in subtilissimum pulverem redige, cui tres partes de subtilissimo pulvere *ωçɛtɛqaziɛç*(?) [3] [fol. 48ᵉ] misce cum testa fortissima; pone et mitte in fornace ad hoc aptata; de siccis lignis fagi facies ignem fortissimum, et cave a fumo, cinere et carbonibus; cumque ceperit fundi, exagita cum spatula ferea, donec fiat liquor clarissimus et operare quod vis, et erit topaçion.

Quod si voluerit lapides diversorum colorum, quere vitrum, cujus colorem volueris et pulveriça subtiliter, cujus accipias.

154. Accipe duas partes argenti vivi et unam sulphuris, et mitte in olam novam et ponatur in fornacem et ardeat ignis mediocris, quantum sufficiat; deinde colige; quod purum inveneris.

155. Accipe calcem vivam, et cribra, et mitte in vas eraminis cum fortissimo aceto, et agita insimul, donec optime permixtum sit, et cooperi cum eo operculo ereo. Postea in igne equino inhumabis et per unam

---

[1] Le manuscrit porte : *sine utilitatem.*
[2] En marge on lit : *jejunantes.*
[3] Cryptogramme écrit en lettres gothiques.

M. Michel Deprez propose de lire en lettres grecques : *ὼς ἤ τοπἆ ζιος;* ce qui répondrait à la dernière ligne du paragraphe.

quamque ebdomadam cenum renovabis; hoc facias tandiu, donec videas quod optasti.

156. In quolibet vaso acetum fortissimum ponatur et subtilissimo peciole plumbi in filo posito et desuper appenso, ita tamen, ne tangat acetum et coopertorium super vasis orificium pone et sic more solito ad solem pones vel in fimo inhumabis; post novem vel .xv. dies quod inveneris collige, lavabisque perfecto et usui reserva.

157. Accipe .II. partes ter[r]e et .I. sulphuris, et pone in ollam coopertorium habentem et ignem per .vj. horas suppone.

158[1]. Utharit, id est argentum vivum. Alkali, id est alumen vitreoli[2] vel vitreorum. Almiçadir, id est sal amoniacum. Dueneg, id est vitreolum. Calcucecumenon, id est eramen ustum. Atincar, id est boraga. Salis gemme, id est dara. Credo quod sulphur rubeum sit cinaprium. Cementum est molta ex quo conjunguntur lapides. Miscuum, id est ciprum. Aquila, id est sal armoniacus. Alumen scaiola, idem est quod alumen plume et idem est quod alumen Castilie. Sinopidis, alumen rubeum. Alumen album jacmini, id est alumen [fol. 48ᵈ] plume. Recarol. Nitrum. Nitrum de bute. Talch, lapis ad modum vitri. Attincar, tincar, id est stella terre, est genus salis habens saporem cum pauca amaritudine. Attramentum. Attramentum ustum. Attramentum viride. Attramentum scitticum[3]. Alkool, id est cristallum, uteredo. Acimar, id est flos eris. Cimar. Calcitarium. Almagar, id est berillus, scilicet rubeus unde pinguntur muri. Aludel. Sandaraca, id est vernix[4]. Magnesia. Marcacida. Almarcacida[5]. Ismed. Chibrit id est sulfur. Çaibac, id est argentum vivum. Alçoforo, alçofor, vel alcancer. Misii cipri, id est coperosius. Tartarum, id est fex vini. Misii. Misceos. Tyn. Alkitran, id est gumma que exit de terra.

159[6]. Alchool id est pulvis subtilissimus. — Duenum ad solvendum est bonum,

IMPRIMERIE NATIONALE.

Sal alchali, sal armoniacum, oleum calim, borax. — Nota quod operatur alumen Castiale ad congellandum mirairium et ad faciendum de eo bonam lunam. — Cote asse, id est cenilli. — Roberes, id est acetum bonum et forte. — Ad elexir bonaventure : accipe coperosum .ı. p. et p. .ı. aluminis cote, et distilla per filtrum, cum aqua vel aceto — .ı. p. et dimid. vitreoli; .ı. p, luis cote; .iij. uncie viridis eris. — Sol moritur in pulverem per unam magistram lyram. — Metallum appellatur preparatum, quando est bene purgatum. — Coporobius[1] vocatur bonum vitreolum, et idem est et vocatur misii cipri.

100. Afroselinum in Egipto tantum modo invenitur; quod ita creatur : ros celestis a luna claritatem ponimus in speciem lapidis quem specularem vocamus; coagulatus constringitur. Optimum est quod est colore ceruleo et lucido.

101. *Compositio electri*[2] — Electrum componitur sic : pone duas partes argenti et eramenti terciam, et auri tertiam, et confla.

102. Si album vis facere, cum conflare ceperis, adice auripigmentum verum, scilicet non procuratum; si autem vis candidum facere, adice auripigmentum curatum.

103. *Ad faciendam aurum optimum*[3]. — Eris partes .iij., argenti pars .ı., simul confla et adicies auripigmenti non usti partes .iij. Et cum valde calefeceris, sinito ut refrigeret et mitte in patina, et obline argilla, et assa donec fiat cerusa; tolle et confla, et invenies argentum. Si autem multum assaveris, fiet electrum, cui, si pars .ı. auri addideris, fiet aurum optimum.

104. Sume argentum uncias iiij.; misii cipri uncias iij.; elidrii contusi et cribelati uncias iiij.; sandarace uncias iiij. Misces et conflabis argentum et asperges; spires super scriptas et vehementer [fol. 49'] igne confla, comovens omnia pariter, donec auri colorem videas, et eximens intinge in aquam frigidam, in cratere habentem commixtionem infectionis hujuscemodi : misii cipri et sandarace et elidrii partes equales; et facies pinguedinem mollem, et confla argentum, et calefactum et ignitum infunde in eandem pinguedinem.

___

[1] Couperose. — [2] Répété en marge. — [3] Ce titre est en marge dans le manuscrit, ainsi que la plupart des suivants.

165. *Ad faciendam aurum. Rubrica.* — Accipe plumbum et funde in vase ferreo et adde desuper auripigmentum ruffum, et tantumdem sulfur citrini, et suffla usque dum buliat, et faciat sicut lingua et tere; gutta desuper cinerem et misce insimul et gutta in terram et collige; et accipe de isto uncias xx. et de thucia uncias v. et funde insimul, et repone, et accipe unciam i.; et mitte super uncias x. de argento funduto et fit argentum; et accipe de argento isto unciam .i.; et mitte super uncias ij. auri funditi et mitte in aceto et extingue; fiet aurum bricum [1].

166. *Ad faciendum aquam in colore auri.* — Kibrit .i., sulfur [2], asphar .i., auripigmentum, pars .i., calcis vive pars .i.; mitte in cacabo cum urina bovis et coque hora .i.; tunc videbis colorem aureum, repone in doleo vitreo et de hac aqua mitte in opera tua.

167. Accipe laminas ferreas et calefac, donec dum fiant rubee, et extingue in aqua clara, in parapside et extra[h]e de aqua et frica eas cum viride eris, multum fortiter, usque dum vadat inde nigredo. Postea lava in aqua de parapside et adhuc calefac ferrum, et fac similiter usque dum habeat de nigredine illa; et de scoria sufficienter; tum dimitte requiescere et versa inde aquam planitem, et amuream [3] que remanserit sicca, et pista eam [4]; et accipe inde partes .iiij., boracis pars .i., olei pars .i., tere et mitte in cruseolum et pone in focum, usque dum fiat ruffum; deinde accipe de ferro isto pars .i. et mitte super .x. partes auri blanci funduti et adde salem tritum cum vitreolo et mitte cum ferro ruffo, usque dum perdat rubedinem.

168. Auripigmentum componitur sic : auripigmenti scissilis, triti, mundi, unciam i.; argenti vivi [fol. 49b] unciam i., auri batuti subtiliter unciam. Ex auro fac petala; mitte petala in argentum vivum et calefac, donec liquescat aurum in argento vivo, et commisce in trula ferrea; postea mitte auripigmentum, et decoque bene, et exagitta, donec fiat pandius.

169. *Ad aurum plurimum faciendam* [5]. *Rubrica.* — Sume argentum vivum uncias xiiij.; limature auri uncias iij.; limature argenti uncias vj.; eris

---

[1] Obryzum.
[2] Id est auripigmentum. Ms.
[3] Nota : de mola sicca.

[4] Nota ad faciendum imerce pulveres.
[5] Hic est quedam nota qualiter fit dissolutio. Ms.

equaliter et ciprii limature uncias vj; auricalci limature uncias ij.; aluminis scissi et vitreoli quod vocatur calcantum uncias xij.; auripigmenti sciscilis uncias vj., elidrii uncias x.; et tunc misce omnes limaturas cum argento vivo et facies in modum ceroti, et mitte elidrium et auripigmentum; deinde eris florem et alumen addicies; et omnia in patina pones, et leviter coque super prunas; et asperges desuper crocum aceto infulsum et nitri modicum, et croci uncias iiij.; minutatum asperges, donec resolvatur; et cum frigidum fuerit et coagulaverit, tolle. Habebis aurum cum augmento; et adice supradictis speciebus etiam terre lunaris modicum, quam Greci dicunt afroselinum.

170. *Auri pondus gravius facere. Rubrica.* — Aluminis liquidi pars .ɪ., amomi canopice, quo aurifices utuntur, pars .ɪ.; auri partes .ɪɪ.; hec omnia conflantur cum auro et fiet gravius.

171. Glutinis taurini partes .iiij. cathimie et confla, et erit gravius. Hoc facies etiam in ere.

172. Accipies auri uncias ij.; facies fistulam et mitte limaturam auricalci et alumen scissum, et misii cipri, et salis montani equali modo conflando; nec separentur omnia a se; et cum extenderis medicamina, una excuseris, mitte fistulam in conflatorio et nitrum Tebaicum nigrum; ita conflans et retepidans, invenies duplum effectum; quod et in ignem missum et cesum, eundem colorem reddat.

173. Accipe aurum et coque in vase ferreo cum tantumdem çaibaç[1] et ardeo desuper miscialder solutum cum urina, sicut unguentum, et coque leniter parumper, et invenies aurum et argentum mixtum insimul; deinde coque eum cum çaibac adesatum; [fol. 49ᵉ] per vices .vij. Funde de isto .p. ɪ. super .iij. Erit aurum multum ruffum.

174. Argentum, de partibus .viij. partes .iij., eris usti partes .ij., chibrith dianic funde et desuper mitte; es ustum, plumbum, deinde sulphur, et dimitte super focum multum, donec insimul liquescat et fundatur; refrigera

<hr>

[1] Id est argentum vivum. Ms.

et erit kimium. Deinde accipe auri pars .i., fede pars .i.; funde insimul et adde de kimis pars .i.; exit aurum optimum.

175. *Ad faciendum calcem ovorum.* — (Ego autem feci hoc in fornace vitreorum et feci hoc circa ciclum, de terra qua fiunt vasa in quibus liquefit jutus; et positi fuerunt cortices ovorum lavatorum et pistatorum in fornace ubi ponuntur vitri : factum et hoc fuit Ferrarie [1].)

Accipe garaviz [2] de ovis, lava eos cum aqua salsa, et dimitte in aqua .i. die et nocte; et postea munda eos de agsia, id est de labia sue et sicca eos, et mitte in cacabo, et claude desuper cum ter[r]a et fac ibi foramina .v.; deinde mitte in fornace vitri die .i. et nocte; et extrahe, et invenies calcem albam que vocatur calx ovorum; (et probavi).

176. Accipe albuminis ovorum libram .i., salis uncias v., urine pueri, vel aceti uncias .v. et adde ibi amoniaci unciam i. Deinde mitte in cacabo et claude desuper cum ter[r]a et mitte in suco [3] diebus .xl..; et mutabis omnibus diebus .vij.; extrahe et repone.

177. Accipe calcis ovorum [4] pars .i., alchali pars .iij.; coque dum perdat saporem, deinde coque cum çaibach [5] et videbis argentum; tere in calce; repone eum.

178. Accipe aquam calcis pars .i., aque de cauli partes .ij.; kibrit tantum quantum tota aqua, id est partes .iij.; tere insimul et mitte in vase vitreo; desuper claude et dimitte sub fimo equino diebus .viij. et extrahe; et accipe çanic quantum .iiij^{or}. partes; confectionis illius tere insimul et mitte in vase et coque donec stringatur et coaguletur; fac in pulverem et repone et accipe alçofor vel calcancer et liquefac ad ignem, et mitte desuper quintam partem, et erit lunaris.

179. *Ad faciendum argentum.* — Accipe çaibac [6] pars .i.; picis marine que vocatur saracenice mestathe pars .i.; salis pars .i.; tere insimul et sicca

---

[1] Le passage entre parenthèses est une glose du manuscrit.

[2] Id est cortices. Ms.

[3] Fimo?

[4] Calx ovorum appellatur pulvis sequens et constringit omnes venas, scilicet incisas vel ruptas et astagnat omnes plagae et est pulvis constrictivus. Ms.

[5] Id est argentum vivum. Ms.

[6] Id est argentum vivum. Ms.

ad solem; deinde mitte in vase; desuper claude cum ter[r]a et misce; et pone ad solem donec coopertorium sicces; postea [fol. 49ᵈ] coque super prunas, die una et nocte; et postea tere cum aceto, et coque hora una et accipe kibrit pulverem cum alia confectione; et accipe alçofoforo vel alcancer et liquefac ad ignem et mitte de pulvere isto; et erit argentum.

180. *Ad faciendum aquam de cauli, etiam de calce.* — Accipe aluminis facioli libram .ɪ.; pista cum fortiter et mitte in rudi olla; adde ibi aque libras .iij., et cola sicut stella diana; et est clara et optima; et hec vocatur aqua de cauli, aquam calcis fac sic.

181. *Ad faciendum melchalcali.* — Accipe aquam de calci et mitte in parapside terrea; et sicca ad solem et hoc est melchalcali.

182. *Ad faciendum çarcon.* — Accipe album de plumbo quod est factum sub fimo equino, aut cerusam, mitte in cacabo, et claude desuper cum terra, et coque in fornace vitri desuper, die una et nocte, et extrahe, et invenies rubeum; hoc est çarcon [1].

183. *Ad faciendum oleum ovorum.* — Accipe ova et coque in aqua et eorum vitellarum pone in patina; assa linteo; extorques; hoc est oleum ovorum.

184. *Ad faciendum aquam que dicitur dulcis.* — Galchali muschia [2] dicitur; baurac; asphar, calcis vive, aluminis albi, auri unciam .ɪ. mitte in acetum fortissimum die una et nocte et misce insimul; preterea cola et dimitte in orca, et repone aquam que fit; et est dulcis sicut mel et similis lacte, que vocatur aqua dulcis.

185. *Ad faciendum aquam rufam.* — Accipe sulfur cum aqua de alcali pariter et coque usque dum solutum fiat et claude, ut non exeat inde fumus; deinde repone in vase vitreo in loco humido; exit aqua ruffa.

186. *Ad faciendum calcem.* — Auri uncias ij. funde et adde desuper

[1] C'est le minium. — [2] C'est l'aphronitron?

marchasite uncias v. vel tutie, vel çarnich, alunari [1] qualitercumque vis;
funde cum auro; exit calx.

187. Accipe calcis ovorum pars .ɪ., alchali partes .iij.; coque dum perdat saporem et videbis argentum; in calce repone cum.

188. *Ad faciendum jacintos.* — Accipe sanguinis yrci uncias iij. et semi;
vulpis uncias xiij. et semi; leporis uncias iij. et semi; galin. albe uncias
xij. et semi; vituli uncias iij. et testudinis marine uncias iij. et semi; aquile
uncias iij. et semi; vulturis uncias iij. et fellis anatis uncias iij.; hec omnia
commiscis in [fol. 50ᵃ] unum et frigas horis duabus, et postmodum habebis
in visum, et dum volueris jacinctos albos, quos appende in sita equi;
stans, exoperi diligenter et pone ad assandum in fornace horas .vj.; et post
horas .vj., amputato igne, dimitte infrigidare in fornace jam tepida, die
una, et lava cum sapone gallico, et videbis mirabiles jacinctos.

Quod si probare volueris, pones ex eis aliquem in obscuro loco super
carbones; et si non luxerit quomodo lucerna, iterum remitte ipsum in
confectione, stans quemadmodum superius scriptum est.

189. Accipe berillum, pista, et crine, et lava cum (*sic*, pour cum) aqua
salsa usque dum videris; deinde lava cum aqua dulci, donec recedat sapor
salis; postea sicca super tabulam vitri, accipiesque de pulvere libras .xj.,
çarcon libram .ɪ. et semi; eris usti libram .ɪ.; rati .xij.; çingar, methocal
.cɪ.; et pista insimul super petram porfiriticam; deinde mitte in cacabum
et claude de super cum terra aurificum, et dimitte siccare; deinde mitte
in ignem et suffla plane, usque dum liquidum fuerit; deinde refrigera super
cinerem calidam, et invenies.

190. Si vis facere solem, accipe plumbum purgatum et fac laminas;
deinde fac blanchetum [2] et de isto minium usque in .xv.; postea accipe
açoc [3] et sublima cum in vase vitreato, et mitte ad ignem bene coopertum
et bene lutatum; et dimitte per .iij. dies et totidem noctes in fornace de
super tantum ut durescat, et de isto fac çanaparim. Accipe minium superius dictum et verte in plumbum et çanaparim in açoc. Accipe de plumbo

[1] Aluminis? — [2] Céruse. — [3] Argentum vivum, entre les lignes.

superius dicto uncias c. et de açot ita verso uncias xxx. et vitrei et calni triti multum .xv. funde insimul; permitte refrigerare; postea fac laminam subtilissimam et cum rebus .vj. ex quibus vertes, facis colorem argenti in auro. Si[c] fac de isto.

191. Si vis aliquod metallum dulce facere, accipe crosca [1] ovi; et deinde fac oleum; postea, sicut scis, accipe et funde istud metallum quod vis [fol. 50ᵇ] dulce facere et versa in istud oleum, ter aut quantum, et erit dulce.

192. Si vis facere colorem qui tibi placuerit, accipe ollam novam, et mitte intus calcem novam, bonam, et optimum acetum; et claude bene ipsam cum terra; dimitte donec sicca sit, et mitte in fimum equinum, tantum ut habeat magis calorem, et mutabis ipsam de diebus .viij. usque in diebus .viiij.; et ita facies tribus vicibus, eritque quod optasti et si perfectum non inveneris, fac alia vice.

193. Ad dealbandum es, accipe rocam auripigmenti [2], salgemmam, tuciam, felia, equaliter; hec omnia pista fortiter et mitte super es terciam partem in crucibolum.

194. Si vis açoc [3] concelare, accipe pumicem et fac de illa pulverem, similiter de stercore anseris silvestris vel montani; et de stercore pullorum de montanis; et de omnibus istis fac pulverem et pone in crusiolum, aut in aliud vas terre vitreatum, et mitte de pulvere desuptus et etiam açoc; postea vero pulverem desuper et pone cum super carbones, et non multum focus; coopertumque cum cooperculo, cum foramine desuper, unde possit cum aliquo ferro exagitari, vel cum ligno; dimittes autem illum super ignem lentum per tercium vel medium diem, et vide; et si non conçelavit, adhice parum de pulvere sulphuris vivi.

195. Si vis fedam facere, accipe cucurbitam silvestrem et gumam cerasarum atque prunorum, aut unam harum duarum; exsicca super tegulam unam, et fac pulverem. Accipe tartarum et de matre fortis aceti similiter, fac pulverem equaliter, harum supradictarum misce insimul et es album; et

---

[1] Cortices, en marge. — [2] Id est depuratum, en marge. — [3] Id est argentum vivum.

pone illud in forti aceto, in quo aceto sit sal, et extrahe illud inde, et insala ipsum sale trito, et pone illud in igne carbonum, et dimitte tamdiu quousque faciat feruginem; et collige illam, et fac pulverem; et de isto pulvere unam partem pone ut omnes quinque sint equales partes; et pone id in humido loco; [fol. 50ᵉ] in sacceto uno misce insimul et fac unum vas, sicut crusiolum, et dimitte siccare. Accipe argentum vivum cum totidem viridi eris et pone in supradicto vase super ignem, et habens unum vas de subtus ubi cadat, quando fundetur, ut erit quod vis.

196. [Si vis se]ntinæ[1] fedam mendare, funde simul, et fac massam unam; pone eam super terram aut super tegulam; et super quod posueris pendeat ex una parte aut a duabus, si volueris; et fac, juxta massam, ignem fortem cum carbonibus et lignis usque fundatur; et mitte intus, terciam plumbi; et videbis manere cramen per se, et argentum et plumbum ire versus partem illam versus quam pendet; postea accipe argentum et plumbum istud; et fac cinaricium bonum; et mitte istud argentum; et plumbum, sic ut mixtum est in cinaricio, et funde tantum ut argentum purum maneat.

197. *Qualiter fiat viride es.* — Si vis facere viride es, fac limari subtiliter et, in libram unciam lixadre pulveriçate .i. et misce insimul; ponesque in optimum acetum; et, quando acetum desiccatum fuerit, adhuc asperges cum aceto ter vel quater et erit quod vis.

198. Si vis facere de pisce alkimiam, habeas de piscibus pagris, accipe carpo aletas et caudam sine pulpa, et ossa capitis cum aletis et cauda, omnibus crudis, pista insimul fortiter, et pone eam in unam bonam ammolam vitri, fortem, similem illis que veniunt cum sirupo de Alexandria; et optura[2] eam ad melius quod potes, ut nichil exire nec aliquid intrare possit; et pone eam in caldaria una, ita ut os ammole sit ex superiori parte; et fac eam bulire donec revertatur in aquam, postea pone eam sub fimo equino tanto qui calorem faciat; et dimitte eam ibi per una diem, aut duas, vel tres; et postea extra[h]es ipsam, et videbis quod fecerit sicut lapis albus; quod

(1) Le manuscrit porte seulement : *Tentinae*, qui est une faute de copiste, pour *si vis sentinae*.

(2) Le manuscrit porte *optura*; de façon qu'on peut lire à volonté *obtura* (ce qui est la bonne forme), ou *optura*.

si non fecerit, sic revertere eam ibi donec fecerit; et videbis ipsam de diebus .viij. in dies .viij. donec pars aut totum revertatur in lapidem et ex isto pone carubiam unam super .xxiij. argenti, et erit sol.

199. *Qualiter fiat aqua de ovis.* — Si vis de ovis aquam facere, accipe ova plurima, et decoque [fol. 5o^d] ipsa in caldaria una cum aqua; postea extrahe et dimitte illa donec fateant; deinde vero auferes testas, et scinde ipsa ab ambabus partibus ut auferas bene albumo a vitelo, ita quod ex uno non remaneat cum altero aliquid; postea pista unumquodque per se, et fac pillotas, et distilla unumquodque per se; et pone in vasis vitreis vel de terra vitreata bene opturata; et pone sub fimo equino, et dimitte ibi per dies .viiij.; et videbis quod revertetur in burro qui trahit in rubore; et hoc pones in opere tuo, ubi requiritur aqua ovorum ad solem vel ad lunam.

200. Si vis facere auricalcum optimum, accipe thuciam et frange eam in modum castanee; tunc pone eam super prunas et super pone carbones iterum; et postea superpone tuciam et superpone carbones; deinde ventula cum ala donec cocta sit, ut pos[s]is eam bene pistare; et cum pistata fuerit, adhuc carbonem tantum pistatum ut inde nigrescat mixtum cum thucia. Postea tolle eris rubei libram .i.; frange eum in modum nucis vel castanee; tunc adhuc pulveris tutie partem unam, et mitto in crusiolum cum ere et funde; et cum liquidum fuerit, adice stagni scrupulum i. aut multum duo et misce cum ere, quia si stagnum non fuisset auricalcum istud malcari non posset, tunc prohice eum in canalem ferream, et videbis rem probatam et mirabilissimam.

201. Accipe crastpon [1] et liquefac ad ignem et imo [2] mitte intus partem çeuhac [3], et misce insimul, et dimitte frigerare et debet esse fragile sicut vitrum. Hoc tamen memor esto ut prius purges grastpon; postea pista eum; tunc duc eum super petram porfiriticam, siccum multum bene, et erit quasi farina; postea tere cum alumine super petram, et dimitte siccari ad solem.

---

[1] Il y a ici un cryptogramme, que M. Michel Deprez propose de lire en lettres grecques : Κηραστρον, objet enduit de cire, ou matière cireuse.
Au sujet de ces cryptogrammes, voir le présent volume, p. 74.

[2] Le manuscrit porte : *ettimo*. Faut-il comprendre : *ex thymo* = feu de thym? ou penser que le copiste a mal lu le mot *gtinno* = continuo, et l'a transcrit par *ettimo* ? Cette hypothèse semblerait préférable.

[3] Id est argentum vivum. Ms.

Item duc super petram et multum tere; postea distempera cum semacarbi [1] et scribe et dimitte siccare. Postea lixa cum emathite et habebis litteras argenteas.

202. Tolle lapidem Pharaonis et pista bene; postea tere super [fol. 51*] petram porfiriticam et distempera cum semacarbi et scribe ubi vis et, cum siccate fuerint littere, fricca desuper solem aut lunam vel qualecumque metallum volueris, tales habebis Lytroron (?) [2].

203. Accipe auri cocti optimi pars .1., çeuhac partes .viij., et mitte in crusiolum multum calidum ad ignem et misce hec insimul cum carbone et verte in aquam; fac sicut in deauratura. Tunc accipe parte .1. chibrith boni, pars .1. asphar croci et fac inde quasi farinam; ponesque cum deauratura quam fecisti et misce insimul inter digitos, donec unum corpus fiat. Deinde mitte in crusiolum optimum et claude eum et fac in coopertura parvum foramen unum, et pone super ignem et calefac donec ardeat quod intus est; et remanebit aurum solum sicut pulvis açurii; ita minium erit, et accipe eum et mitte in vas optimum nadif, et lava eum optime cum alme; deinde accipe semacarbi et distempera in aceto, in vas nadif, et mitte intus aurum et Gherpyro [3]; postea lixa ut luceat, cum onichino vel emathite.

204. Si vis aurum ponere vel scribere in vitro, ferro, avolio [1], argento, marmore, accipe amoniacum et mitte in aceto ad solem et adde ibi parumper croci. Deinde scribe super qualemcumque metallum vis, vel super lignum, et pone desuper aurum capsellarum et dimitte siccare, et postea lixa, et non deletur; et si super cartam ita feceris, bonum est; sed per aquam deletur.

205 [5]. Bur antiquum [6], colore amisso, fac bulire parumper in sero lactis caprino, et efficitur candidum quasi novum.

---

[1] Id est gumi arabicum. Ms.

[2] Cryptogramme que M. Michel Depret propose de lire en lettres grecques : Ανθρορον, couleur de sang ou de pourpre.

[3] Cryptogramme.

[4] Ut avolium antiquum reddatur ad bonum colorem. Ms.

[5] Id est avolium antiquum.

[6] Le manuscrit porte: ancum.

206. Si vis ponere Asopopo[1] in carta vel ligno, accipe lactis tyn et misce intus parum croci et scribe litteras, sive folias, sive figuras, et dimitte usque ad alteram diem; postea accipe aurum capselarum et mitte super litteras lactis quas fecisti; tunc ferias sursum cum digito; quod scriptum fuerit, deauratum erit.

207. Viride eris ita distempera. Accipe eum et distempera cum suco rute; deinde mitte acetum, in collige in vasculo; et mitte cum eo semacarbi dis-timperatam[2] cum aqua, et scribe illud quod volueris [fol. 31ᵇ].

Finitus est hic liber Johanis. Rubrica.

[1] Cryptogramme que M. Michel Deprez propose de lire en lettres grecques : Ασυρορο. Ce mot dériverait de l'açur arabe et signifie-rait couleur de cinabre.

[2] La forme *distemperatam* résulte d'une addition. Le manuscrit portait premièrement *distempera;* une main postérieure a ajouté la syllabe *tam.*

SECONDE PARTIE.

LES TRADUCTIONS LATINES DES AUTEURS ARABES ALCHIMIQUES.

INTRODUCTION.

C'est par l'intermédiaire des écrits arabes et hébreux que la plupart des connaissances scientifiques des Grecs en mathématiques, en astronomie, en physique et en médecine, ont été transmises au moyen âge occidental; les écrits grecs proprement dits n'ayant guère été connus directement avant la Renaissance. Il en est de même des connaissances théoriques ou pratiques relatives à la chimie, connaissances dont l'ensemble a porté autrefois le nom d'alchimie. Ce nom même ne nous est venu des vieux praticiens gréco-égyptiens[1], qu'avec addition de l'article arabe. La transmission à l'Europe latine de ces notions alchimiques, d'origine arabe, a eu lieu vers le temps des croisades, un peu avant l'époque de Vincent de Beauvais, de Roger Bacon et d'Arnaud de Villeneuve, auteurs qui fournissent les premiers textes latins de date authentique en cette matière.

Elle a été faite en Occident par des traductions latines de l'arabe et de l'hébreu, dont un certain nombre sont conservées dans les collections intitulées : *Theatrum chemicum*, ouvrage publié dans les premières années du xviie siècle, *Bibliotheca chemica*, de Manget (1702); et dans diverses autres, imprimées notamment en Bâle vers 1572, sous les titres *Artis auriferæ quam Chemiam vocant; Artis chemicæ principes;* etc.

D'autres traductions, et ce ne sont pas les moins intéressantes, sont demeurées manuscrites. J'ai examiné à ce point de vue les manuscrits alchimiques des xiiie et xive siècles de la Bibliothèque nationale de

---

[1] Voir mes *Origines de l'Alchimie*, p. 10 et 27.

Paris, et je signalerai dans le cours du présent livre les résultats de mon examen.

Ces traductions latines, dont je parlerai tout à l'heure avec plus de détails, sont assez informes et elles ne conservent pour la plupart que des traces éloignées et indirectes des alchimistes grecs, créateurs de la science qu'elles exposent; de telle sorte qu'elles ont paru jeter jusqu'ici peu de lumière sur la transmission qui les a précédées, c'est-à-dire sur la façon dont la science grecque a passé aux Arabes. La chose est cependant d'importance.

L'histoire même de l'alchimie arabe et latine est si obscure et si confuse, qu'il est utile d'y établir des points de repère, afin de préparer la voie aux personnes disposées à débrouiller cette vaste et curieuse évolution, à la fois mystique et scientifique : rien de ce qui touche à l'histoire du développement de l'esprit humain n'est indifférent. Quel est le caractère véritable de l'alchimie arabe? Quelle en est l'origine? Par quelle voie a-t-elle passé des Grecs aux musulmans installés sur les bords de l'Euphrate, puis aux musulmans d'Espagne? Ce sont là des questions qui méritent d'être examinées séparément. J'y ai consacré un volume entier de la présente publication; on y trouvera imprimées et traduites pour la première fois les œuvres arabes qui portent le nom du vrai Djâber, en latin Géber, ainsi que d'autres vieux traités alchimiques arabes, inconnus jusqu'à présent, tirés des manuscrits de Leyde et de Paris. C'est là une base solide, sur laquelle devra être établie désormais toute discussion relative à l'histoire de la science des Arabes.

Mais le problème des origines de l'Alchimie latine est différent, comme je l'ai déjà dit. Il repose à la fois sur l'étude des Manuels d'arts et métiers, analysés dans ma première partie, et sur l'examen des ouvrages et opuscules alchimiques latins, écrits du xiie au xive siècle, et qui sont donnés comme traduits de l'arabe ou de l'hébreu.

Je me propose donc d'examiner maintenant les traductions latines, réelles ou prétendues telles, des ouvrages arabes consacrés à l'alchimie et d'en rechercher la date relative et l'authenticité. L'autorité de ces traductions, venues d'Espagne en général, a été considérable autrefois : c'est à elles que se rattachent les plus vieux alchimistes latins. Cependant, aucun des textes originaux correspondants en arabe n'a été retrouvé jusqu'à présent : ils ont péri, sans doute, lors de la destruction des bibliothèques des musulmans d'Espagne, et les ouvrages alchimiques arabes, en petit nombre, qui existent dans les bibliothèques de Paris, de Leyde, et ailleurs, ne répondent, autant qu'on a pu le savoir par les personnes qui les ont étudiés jusqu'ici, à aucun des traités traduits en latin. On donnera dans un autre volume des détails précis à cet égard, en publiant un certain nombre de ces textes arabes et leur traduction française.

Il convient dès lors de recourir à l'examen intrinsèque des vieilles traductions arabico-latines.

Parlons d'abord des noms des auteurs auxquels les ouvrages sont attribués, tels que Hermès, Ostanès, Platon, Aristote, Morienus, Géber, Rasès, Bubacar, Alpharabi, Avicenne, etc. Ces noms sont connus en effet, les uns par l'histoire littéraire de l'antiquité, les autres par les compilateurs et chroniqueurs arabes. Mais cela ne suffit certes pas pour regarder comme composés en fait par ces auteurs, ainsi qu'on l'a fait trop souvent, les traités en tête desquels leurs noms se trouvent inscrits.

L'histoire littéraire, et celle des auteurs alchimiques en particulier, renferme trop de désignations pseudépigraphiques, frauduleuses ou sincères, pour qu'il soit permis d'accepter aveuglément ces désignations. Non seulement certaines, telles que celles d'Hermès et d'Ostanès étaient mythiques dès l'antiquité; mais on reconnaît à première vue que les noms de Platon et d'Aristote n'ont été mis en tête d'ouvrages alchimiques arabes que pour en relever l'autorité; ou bien, parce que ces ouvrages faisaient suite et commentaire à des livres authentiques, tels que les *Météorologiques*. Des remarques semblables s'appliquent aux auteurs arabes eux-mêmes, à Djâber en particulier, qui ne paraît être l'auteur d'aucun des traités latins mis sous son nom, traités dont l'origine arabe directe semble controuvée, ainsi que je le développerai

plus loin. Après avoir cru, comme presque tout le monde, à leur authenticité, j'ai eu des doutes, dont l'éclaircissement a été l'une des origines de la présente étude, et j'ai été conduit à ranger ces ouvrages
latins dans la liste, si nombreuse en alchimie, des pseudonymes, et à
reporter vers le xiiie siècle la date véritable de leur composition.

Exposons la méthode suivie dans cette recherche.

Disons d'abord que les indications des orientalistes, tels que d'Her-
belot, Wustenfeld, Hammer, Leclerc, nous autorisent à regarder plusieurs de ces ouvrages arabico-latins comme ayant existé réellement,
sous le même titre, dans des rédactions originelles faites en langues
sémitiques, quoique les textes arabes eux-mêmes soient aujourd'hui
perdus. Leur caractère intrinsèque, et notamment les invocations et
allusions musulmanes ou juives qu'ils renferment, atteste d'ailleurs sur
plus d'un point une origine arabe ou hébraïque; mais ils ont éprouvé
des remaniements et des additions considérables. Quelques-uns paraissent avoir été composés en Espagne, comme l'indiquent le nom de
Toletanus philosophus[1] et celui d'*Alphonse le Sage*, sous le patronage
desquels certains de ces traités pseudépigraphiques sont placés. Par
leur symbolisme mystique, leurs formules et leurs pratiques, ces ouvrages, les plus anciens surtout, rappellent de très près les alchimistes
byzantins du temps d'Héraclius, tels que Stéphanus d'Alexandrie, le
Pseudo-Ostanès, Comarius, etc. Mais ceci ne nous apprend pas à quelle
époque les traductions ont été faites.

La première base certaine sur laquelle on puisse s'appuyer à cet
égard, c'est la date des manuscrits qui renferment les traductions latines, réelles ou supposées, des alchimistes arabes. Or les plus anciens
de ces manuscrits ne paraissent pas remonter au delà de l'an 1300 :
c'est du moins le cas de ceux de la Bibliothèque nationale de Paris que
j'ai eu occasion d'examiner, tels que les nos 6514 et 7156, et les cata-
logues des autres grandes bibliothèques d'Europe n'en signalent pas,
je crois, de plus vieux. On trouve, d'ailleurs, dans les manuscrits latins

---

[1] *Bibl. chem.*, t. II, p. 118.

de la Bibliothèque nationale des traités portant les noms de la plupart des auteurs signalés plus haut et le contenu de ces traités, à quelques variantes près, est, je l'ai vérifié, généralement le même que le contenu des traités qui figurent dans les grandes collections alchimiques, imprimées du xvie au xviiie siècle. On a donc là un premier terme fixé dans cette histoire difficile.

Les traductions elles-mêmes, lorsqu'elles répondent réellement à des textes arabes, remontent à une époque antérieure à nos manuscrits actuels. En effet, quoique presque toutes soient anonymes, elles appartiennent à la même famille que les écrits arabes, médicaux, philosophiques et mathématiques, lesquels ont été traduits en latin, comme on sait, aux xiie et xiiie siècles. On peut même relever la date précise de l'une des traductions alchimiques, faite par Robert Castrensis en 1182 [1]. La plupart de ces traductions ont été faites, en Espagne, sur des textes arabes ou sur des textes hébreux, une partie de ceux-ci étant déjà traduits de l'arabe.

Une autre limite pour la date de ces écrits peut être établie d'après les citations faites par des auteurs authentiques, tels que Albert le Grand, mort en 1280, et Vincent de Beauvais, dont l'encyclopédie (*Speculum majus*), ou tout au moins la partie relative aux sciences naturelles (*Speculum naturale*), a été écrite vers 1250, pendant le règne de saint Louis. J'examinerai tout à l'heure à ce point de vue les nombreuses citations d'auteurs et de doctrines alchimiques, qui se trouvent dans la première partie du recueil intitulé : *Speculum naturale*, lesquelles ont été textuellement reproduites dans une autre partie, le *Speculum doctrinale*.

L'étude intrinsèque des textes latins qui sont présentés comme traduits de l'arabe et leur comparaison fournissent de nouvelles données. Elles peuvent être tirées de noms et de textes connus d'autre part, des auteurs cités, ainsi que des faits signalés par l'écrivain et des théories qu'il développe : indications dont le rapprochement permet souvent d'établir la filiation et la date relative des ouvrages.

[1] Voir le présent volume, p. 235.

On montrera dans le présent volume quelques applications de cette méthode, par laquelle on reconnaît notamment l'ancienneté des ouvrages intitulés *Turba philosophorum* et *Rosinus*, ouvrages remplis de phrases et même de pages qui sont traduites littéralement (par l'intermédiaire des Arabes) des alchimistes grecs. Mais en ce moment il s'agit surtout de préciser, d'après le contenu des traductions ou imitations arabico-latines, les limites approximatives des époques entre lesquelles elles ont été composées.

La limite la plus récente paraît devoir être fixée d'après le contenu du *Rosarium philosophicum*[1], écrit en latin par un lecteur assidu de ces divers traités. Or l'auteur du *Rosarium* cite et commente Stéphanus, Géber (appelé *Rex Persarum*, *Bibl. chem.*, t. II, p. 114), Rasès, notre Avicenne, le Pseudo-Aristote; il cite également Morienus et Calid (*Bibl. chem.*, t. II, p. 90); il reproduit en un grand nombre d'endroits la *Turba philosophorum*, dont il continue évidemment la tradition. Mais il invoque aussi les noms des alchimistes latins proprement dits, tels que Alain de Lille (pseudonyme), Albert le Grand, Arnaud de Villeneuve (p. 88), le faux Raymond Lulle (p. 109), le *Speculum naturale* de Vincent de Beauvais (p. 102), saint Thomas d'Aquin (pseudonyme, p. 93), enfin Hortulanus, qui a vécu vers 1350. C'est le plus récent auteur cité par le *Rosarium*. On est ainsi conduit à fixer la composition de cette compilation vers le milieu du XIVe siècle.

Nous avons au contraire la date probable la plus reculée dans la traduction latine du *Liber de compositione alchemiæ*, qui porte le nom de Morienus Romanus[2], prétendu ermite, c'est-à-dire moine, de Jérusalem, qui l'aurait écrit pour Calid, roi d'Égypte : je reviendrai tout à l'heure sur ces noms propres. Bornons-nous, en ce moment à la traduction. Or le traducteur paraît un personnage sincère; il déclare son nom : *Robertus Castrensis*, nom que Jourdain, dans son étude sur les traducteurs d'Aristote, identifie avec Robert de Retines, traducteur connu d'arabe en latin de divers ouvrages philosophiques. Il est plein

___

[1] *Bibl. chem.*, t. II, p. 87. — [2] *Ibid.*, t. I, p. 509.

d'enthousiasme pour l'ouvrage qu'il traduit et croit que le sujet en a été inconnu jusque-là aux Latins : *Quid sit alchymia, nondum cognovit vestra latinitas*[1]. Il déclare avoir traduit ce livre de l'arabe et terminé son travail en latin le 11 février 1182 (v. st.) (p. 519). Cette date mérite attention : c'est en effet l'une des plus anciennes, parmi celles des traductions arabico-latines; quelques traductions d'ouvrages médicaux sont seules un peu antérieures[2]. Gérard de Crémone, grand traducteur de livres arabes, est aussi du XIIᵉ siècle. En fait, le travail de Robertus Castrensis répond à la date la plus ancienne qui soit citée pour les traductions d'ouvrages alchimiques, et je ne vois pas de raison pour la suspecter, du moins jusqu'à nouvel ordre. Ainsi la date des traductions arabico-latines est comprise entre le XIIᵉ et le XIVᵉ siècle.

Le moment est venu de signaler les caractères généraux de ces traductions.

Ces ouvrages se rangent en deux groupes fort distincts, qui feront l'objet d'un examen séparé, suivant leur mode de composition et leur relation plus ou moins prochaine avec les alchimistes grecs : les uns sont didactiques et méthodiquement ordonnés; les autres formés par une suite confuse de citations, de faits et de théories, exposés avec l'enthousiasme sans règle des néophytes et de leurs initiateurs.

Je vais passer en revue ces différents groupes de traités alchimiques arabico-latins, afin de fixer les idées sur les caractères de l'influence exercée par les Arabes dans le développement de la science occidentale, sur la nature réelle des emprunts qui leur ont été faits et sur l'origine des découvertes qui leur sont attribuées : lesquelles en réalité sont, les unes antérieures, remontant aux Grecs eux-mêmes; les autres, au contraire, postérieures et antidatées, ayant été faites réellement en Occident.

Voici quel ordre je suivrai dans cette recherche : j'étudierai d'abord les écrits qui procèdent le plus directement de la tradition grecque.

[1] Voir le présent volume, p. 68. — [2] Constantin l'Africain écrivait vers 1075; l'École de Salerne, vers 1100.

En effet, il existe une série d'ouvrages alchimiques latins, fort singuliers, qui sont donnés comme traduits de l'arabe ou de l'hébreu,
compositions écrites sans méthode, dans un style allégorique et souvent charlatanesque. Dans le nombre, on peut distinguer celles qui
sont probablement les plus anciennes et par conséquent les plus voisines de la vieille tradition.

Tels sont les opuscules attribués à Morienus ou Marianos, à Calid,
au faux Platon, au faux Aristote, au *Senior Zadith filius Hamuelis;* tels
sont le *Consilium conjugii* (anonyme), la *Clavis sapientiæ*, attribuée à Alphonse le Sage, le *Tractatus Micreris suo discipulo Mirnefindo;* telle est
surtout la *Turba philosophorum*, attribuée à un prétendu Arisleus, livre
qui porte tous les caractères d'une traduction, et dont nous possédons
même deux versions très différentes. Un petit traité latin analogue,
dérivé également de l'arabe, porte le nom de *Rosinus*, lequel semble
le nom grec même de Zosime, défiguré par une double traduction :
j'en tirerai de curieuses indications.

Enfin je compléterai l'examen de ce groupe d'écrits par celui de l'un
des ouvrages anonymes qui portent le titre commun de *Rosarium philosophicum*, livre composé en latin, mais formé d'extraits appartenant
à la même famille : c'est celui qui est imprimé dans la *Bibliothèque
chimique* de Manget, t. II, p. 87 [1].

On aurait pu pousser à la rigueur cette étude jusqu'à l'opuscule
d'Artéphius, *Clavis majoris sapientiæ.* Cet auteur est cité par Roger
Bacon; mais la date en est incertaine et les points de contact et de
comparaison sont trop vagues, pour qu'il mérite une analyse spéciale.

Tous ces livres sont, je le répète, imprimés en latin dans le *Theatrum chemicum*, dans la *Bibliotheca chemica* et dans les collections analogues du XVIe siècle.

J'ai réussi à pousser plus loin ces rapprochements entre les Grecs
et les textes arabico-latins, par la publication des traités alchimiques
arabes, tirés des manuscrits de Leyde et de Paris, tels que le Livre

[1] Il ne doit pas être confondu avec divers autres ouvrages qui portent le même
titre de *Rosarium*, écrits par Arnaud de Villeneuve, par le Pseudo-Raymond Lulle, etc.

de Cratès, le Livre d'El Habib et divers autres, qui citent textuellement les noms, les phrases et les doctrines des alchimistes grecs. C'est une littérature tout à fait congénère de celle de la *Turba* et qui fortifierait, s'il était nécessaire, les présomptions relatives à l'origine de cette dernière compilation.

Mais la plupart des écrits latins qui sont réputés traduits de l'arabe ne reproduisent pas des textes grecs aussi précis; les réminiscences y sont souvent attribuées aux « anciens philosophes »; en outre, elles sont de plus en plus vagues, c'est-à-dire éloignées de leurs origines. Par contre, dans ces derniers écrits, les procédés d'exposition deviennent plus systématiques, la composition en est mieux ordonnée et plus conforme à ces méthodes logiques, mises en honneur par la scolastique, vers le xii⁰ et le xiii⁰ siècle. Ceci accuse évidemment une époque plus moderne, soit pour les auteurs réels de ces traités, souvent pseudégraphiques, soit pour les traducteurs latins, qui ont d'ailleurs remanié plus ou moins profondément les ouvrages primitifs.

Ainsi les traités didactiques, classés et ordonnés par matières, sont, comme on pouvait s'y attendre, les plus modernes. Ils offrent un caractère scientifique incontestable, malgré les erreurs et les illusions qu'on y rencontre. Tels sont les traités attribués à Avicenne[1], certains du moins; ceux qui portent le nom du Pseudo-Aristote[2], notamment le *De Perfecto magisterio*, etc., traités qui semblent avoir été réellement traduits de l'arabe au moyen âge, quant au noyau ou partie principale : car il est facile de reconnaître que sur bien des points ces ouvrages, dans leur forme actuelle, ont été interpolés ou arrangés par les traducteurs et les copistes. Il est même tel ouvrage qui offre le caractère d'une fabrication de toutes pièces, sans original arabe primitif. Tel est le cas des œuvres latines mises par leurs rédacteurs sous le nom de Géber, lesquelles sont en même temps les plus méthodiques dans leur composition. L'arrangement systématique des matériaux et la régularité des procédés d'exposition, relatifs à la connaissance des substances

---

[1] *Bibliotheca chemica*, t. I, p. 519. — [2] *Ibid.*, I, 626. — *Artis chemicæ principes*. Bâle, 1572

et à la description des opérations, sont surtout marqués dans le traité latin intitulé *Summa perfectionis magisterii*, traité qui est donné sous le nom de Géber[1], et dont la construction rappelle tout à fait l'esprit logique et classificateur de la scolastique. C'est elle, en effet, qui a introduit, ou rétabli, l'usage de semblables méthodes de composition, oubliées depuis le temps des mathématiciens grecs. Les habitudes argumentatrices de la scolastique se retrouvent également très accusées dans l'ouvrage dont je parle.

Je citerai, par exemple, la réfutation, en forme et suivant les règles, de ceux qui nient la réalité de l'art des transmutations, réfutation qui porte un caractère relativement moderne, c'est-à-dire contemporain des enseignements philosophiques des écoles des xiie et xiiie siècles.: les alchimistes grecs n'avaient jamais pensé que ce doute pût être soulevé, du moins en principe. Leurs théories sur la matière première[2], aussi bien que l'observation des changements surprenants qui surviennent dans le cours des opérations relatives aux alliages et colorations métalliques[3], ne paraissaient permettre aucun doute légitime à cet égard. Les alchimistes syriens et les plus vieux alchimistes arabes, tels que le vrai Djâber, ne semblent pas non plus avoir douté; mais le doute apparaît au xiie siècle, dans les œuvres arabico-latines attribuées à Avicenne, comme chez les alchimistes arabes de la même époque.

La discussion méthodique de ces doutes élevés sur la possibilité même de la transmutation figure en tête du traité latin qui est prétendu traduit de Géber, et elle se retrouve à partir de ce moment dans la plupart des traités originaux du moyen âge et des temps modernes, jusqu'au moment où le scepticisme devient universel et définitif, au xviie et surtout au xviiie siècle. Le prétendu Géber latin fait également preuve d'un rationalisme très avancé, en contestant

[1] *Bibliotheca chemica*, I, 638. — Je désignerai l'auteur des traités latins sous le nom de Géber, et celui des traités arabes sous celui de Djâber, pour plus de clarté.

[2] *Origines de l'Alchimie*, p. 246, 264, 272.
[3] *Ibid*, p. 211 et 283. Se reporter aussi à mon *Introduction à la Chimie des anciens*, p. 53.

l'influence des astres sur la production des métaux, influence admise
pleinement dans les époques antérieures depuis Proclus[1] et que le
vrai Djâber arabo accepte au contraire sans réserve, d'après les textes
que je publie dans un autre volume. Une semblable négation rappelle
celle de Roger Bacon : *De nullitate magiæ.*

Ce ne sont pas les seuls indices de composition moderne du traité
du Pseudo-Géber et des écrits analogues : les idées et les faits qui y
sont développés se retrouvent fréquemment exprimés sous les mêmes
termes, dans les ouvrages authentiques de Roger Bacon et dans les articles relatifs aux métaux du *Speculum naturale* de Vincent de Beauvais,
ainsi que dans le traité d'alchimie connu sous une double rédaction
latine et grecque et attribué soit à Theoctonicos[2], soit à Albert le
Grand : or tous ces ouvrages appartiennent à la fin du xiiie siècle.

En raison de ces circonstances, il m'a paru nécessaire de faire une
revision spéciale des traités latins didactiques mis sous le nom d'Aristote, de Géber, d'Avicenne. Cette revision, jointe à l'étude directe des
œuvres arabes réputées authentiques de Géber, m'a conduit à une
conclusion inattendue, à savoir que la plupart des œuvres publiées
jusqu'ici sous le nom de Géber, et les plus importantes, sont l'œuvre
de faussaires latins, de date relativement récente. Les traités latins
attribués à Géber ne remontent pas, au moins sous la forme de leur
rédaction présente, au delà du xiiie siècle; sans vouloir préjuger d'ailleurs la question de savoir s'ils ne renfermeraient pas des matériaux
plus anciens. Ils ont été mis sous le nom réputé du vieux savant
Géber par des auteurs latins vivant au xiiie et au xive siècle; de même
que d'autres ouvrages alchimiques portent l'étiquette pseudépigra-
phique d'Aristote et de Platon. Les connaissances chimiques qui s'y
trouvent ne représentent nullement des découvertes dues aux Arabes,
auxquels on les a attribuées jusqu'ici par erreur. Cette question est
capitale pour l'histoire de la science : elle sera examinée amplement
dans plusieurs des chapitres suivants.

---

[1] *Origines de l'Alchimie*, p. 48. — [2] *Introd. à la Chimie des anciens*, p. 207 à 211.

En tout cas, les traités latins attribués à Géber, à Aristote, à Avicenne et congénères, ne contiennent aucune citation formelle empruntée aux alchimistes grecs, dont les noms mêmes n'y sont pas prononcés. Certes, la filiation des théories et des faits qui y sont exposés avec le contenu des ouvrages grecs antérieurs n'est pas douteuse; mais elle est indirecte et suppose des intermédiaires plus anciens.

Pour pousser à fond ce genre de comparaisons, il serait nécessaire de posséder les œuvres mêmes des auteurs arabes, dont les écrits latins sont réputés traduits; il faudrait les avoir dans leur langue originale; ce qui n'existe aujourd'hui, ou du moins ce qui n'a été signalé, pour aucune œuvre alchimique traduite en latin. Mais on peut tourner cette difficulté, en comparant les traductions latines avec des ouvrages orientaux congénères, tels que l'Alchimie syriaque et les traités arabes, portant le nom de Djâber, tirés des manuscrits de la Bibliothèque nationale de Paris et de celle de Leyde : c'est pourquoi il m'a paru nécessaire de les publier dans un volume spécial du présent ouvrage.

C'est avec cet ensemble de données que j'ai cru pouvoir aborder les problèmes difficiles que soulèvent les traductions latines d'alchimistes arabes, faites au moyen âge. Sans prétendre les résoudre dans toute leur étendue, j'essayerai d'y fixer un certain nombre de points précis, destinés à servir de jalons.

Je consacrerai un *premier chapitre* aux ouvrages latins, donnés comme traduits de Morienus, de Caled, du Senior Zadith, de Rosinus et de divers autres; en m'attachant principalement à y chercher la trace des écrits alchimiques grecs.

Le *chapitre II* sera consacré tout entier à la *Turba philosophorum*, la plus importante peut-être de ces œuvres primitives. Elle renferme en effet une traduction littérale, quoique abrégée en partie, de la Chrysopée et de l'Argyropée du Pseudo-Démocrite grec, et elle appartient à cette époque de commentaires, à la fois subtils et sans originalité, qui caractérisent les Byzantins des VIIIe et IXe siècles et leurs élèves orientaux.

Dans le *chapitre III* se poursuit la recherche des dernières traces des écrits alchimiques grecs, chez les auteurs latins proprement dits du moyen âge, tels qu'Arnaud de Villeneuve, Roger Bacon, le Pseudo-Raymond Lulle, etc. La théorie des métaux, due aux Arabes, sera exposée ici.

Cela fait, j'aborderai l'examen du second ordre d'ouvrages arabico-latins, d'une forme et d'un caractère plus didactiques.

Pour mieux fixer la date réelle de ces traductions, il m'a paru nécessaire de commencer par étudier dans les *chapitres IV et V* les articles alchimiques contenus dans Vincent de Beauvais et dans Albert le Grand, lesquels me serviront de termes de comparaison.

Le *chapitre VI* sera consacré à l'Alchimie latine qui porte le nom d'Avicenne, laquelle existe dans des manuscrits de l'an 1300 et a été imprimée au xvi⁰ siècle.

Le *chapitre VII* résume un traité latin manuscrit, attribué à Bubacar.

Le *chapitre VIII* analyse des traités latins alchimiques de Rasès, en partie imprimés, en partie manuscrits (copiés vers 1300), ainsi que le traité latin du Pseudo-Aristote, qui en est congénère et qui a été imprimé au xvi⁰ siècle.

Dans le *chapitre IX*, je présenterai une analyse d'un grand traité latin jusqu'ici inédit, transcrit dans les manuscrits de la fin du xiii⁰ siècle et qui porte le titre de *Livre des Soixante-dix*. Ce titre est aussi celui d'un ouvrage du Djâber arabe, et le traité latin paraît en effet en contenir la traduction, d'après son contexte et les titres de ses chapitres, comparés à ceux que donne le *Kitâb-al-Fihrist*. Le traité a dû d'ailleurs être altéré et interpolé fortement. Néanmoins, cet ouvrage est plus voisin qu'aucun autre des livres arabes de Djâber; il est d'ailleurs fort dissemblable des œuvres latines qu'on lui attribue. En tout cas, comme ce traité offre les caractères non douteux d'un livre traduit de l'arabe, il fournit un terme de comparaison précieux.

Le *chapitre X et dernier* est consacré au Pseudo-Géber latin et à ses œuvres alchimiques.

CHAPITRE PREMIER.

SUR LES TRACES DES ÉCRITS ALCHIMIQUES GRECS
CONSERVÉES DANS LES TRAITÉS LATINS TRADUITS DE L'ARABE.

Nous commencerons par l'ouvrage arabico-latin dont la date (1182), en tant que traduction, est la plus certaine : c'est le livre traduit par Robertus Castrensis. Ce livre porte, à tort ou à raison, le nom de Morienus, lequel paraît le même qu'un certain Marianos ou Murianos, moine chrétien grec, ou plutôt syriaque, dont le disciple Calid mourut vers 708. Tous deux sont cités par les auteurs arabes[1] : ce qui indique que les traités actuels ont réellement existé dans cette langue. La dernière date correspond d'ailleurs à une indication du traité latin : *Post quatuor annos a morte Herculis regis eremita incedo*[2], « Je suis devenu moine quatre ans après la mort d'Héraclius ». Le traité commence par une sorte de roman, relatif à son auteur réel ou prétendu, conformément à l'usage de ces écrivains pseudonymes. L'auteur se déclare d'abord chrétien et débute en rapportant l'origine de sa science à un livre alchimique composé par Hermès, roi d'Égypte. Cette affirmation rappelle certains passages de Zosime[3] et d'Olympiodore[4] sur le livre de la Chimie, révélé aux mortels, et elle se trouve reproduite dans une forme analogue par le Calid latin, par Theoctonicos ou Albert le Grand[5], et, à leur suite, par Pic de la Mirandole. « Ce livre, ajoute Morienus, a été retrouvé par Adfar d'Alexandrie »; le même probablement que Djafer es Sadeq. Morienus apporte à l'appui de ses assertions les dires des philosophes, *testimonia antiquorum*, tels que

---

[1] D'après Wustenfeld, *Histoire des médecins arabes*, et Hammer, *Histoire de la littérature arabe.* — Voir plus loin, p. 246, et dans le présent ouvrage, le début du volume sur les traités d'Alchimie arabe.

[2] *Bibl. chem.*, t. I, p. 512.
[3] *Origines de l'Alchimie*, p. 9.
[4] *Coll. des Alchimistes grecs*, traduction, p. 87.
[5] *Intr. à la Chimie des anciens*, p. 209.

Hercules, rex sapiens et philosophus, désignation qui s'applique, d'après divers textes congénères, à l'empereur Héraclius, protecteur de Stéphanus et des alchimistes, et sous le nom duquel on avait même mis des ouvrages d'alchimie, aujourd'hui perdus[1]. Morienus le cite trois ou quatre fois. Dans d'autres traités alchimiques[2] latins, le nom d'Héraclius est associé, comme dans l'histoire, à celui de Stéphanus d'Alexandrie. Les noms de Marie, d'Africanus (Arsicanus) et peut-être de Zosime (Oziambe, écrit aussi Azinabam?) figurent plus loin dans l'ouvrage de Morienus.

Une autre citation de noms gréco-orientaux est celle de Datin s'adressant à Eutychès, citation répétée à plusieurs reprises (*Bibl. ch.,* t. I, p. 514-515). Or le nom d'Eutychès se rapporte à l'Orient : c'était celui d'un célèbre hérésiarque du ve siècle, dont la doctrine se répandit d'abord en Égypte, puis au vi[e] siècle en Syrie : c'est à lui que s'est rattachée la tradition des jacobites. On peut aussi rappeler Eutychius, patriarche melchite d'Alexandrie, historien et médecin, qui a vécu à la fin du ixe et au commencement du xe siècle, ainsi que divers autres homonymes.

La phrase suivante, qui fait allusion à la fois au rôle alchimique et au rôle théologique de Marie, conformément à certains textes gnostiques et byzantins[3], appartient au même ordre de rapprochements (p. 515) : « Les philosophes, étant réunis en présence de Marie, lui dirent[4] : Tu es heureuse, Marie, parce que le divin secret t'a été révélé. »

Tout ceci nous ramène donc à ce milieu gréco-syriaque, dans lequel les sciences antiques ont subi une première élaboration, avant d'être transmises aux Arabes.

Les autres noms cités par Morienus, tels que Herizartem et Adarmath, sont trop défigurés par leur double transcription en arabe et en latin pour que l'on puisse essayer de les identifier. Aucune phrase

[1] *Introduct. à la Chimie des anciens,* p. 176.

[2] *Allegoriæ sapientum supra librum Turbæ* (*Bibliotheca chemica,* t. I, p. 472).

[3] *Origines de l'Alchimie,* p. 173.

[4] Cf. le dialogue des philosophes et de Cléopâtre (*Collect. des Alch. grecs,* trad., p. 281, n° 8, et p. 286, n° 17).

d'ailleurs ne paraît traduite exactement des auteurs que nous connaissons; mais plusieurs relèvent de la tradition constante des alchimistes, telle que celle relative à la multiplicité et à la diversité
des noms donnés aux mêmes choses par les anciens sages, afin de
mettre en défaut les non-initiés et de leur faire faire fausse route.
Or la même assertion figure déjà dans les papyrus de Leyde[1] et
dans Olympiodore[2], et elle est reproduite par le Pseudo-Démocrite[3] et par les auteurs qui l'ont suivi. Les indications des quatre
éléments : le chaud et le froid, le sec et l'humide, répondant au
feu, à l'eau, à la terre et à l'air, sont aussi trop vagues et trop répandues dans les traditions médicales et alchimiques pour constituer
des filiations précises. Je noterai seulement la comparaison de la
matière première des corps avec l'étoffe au moyen de laquelle le tail-
leur fabrique le corps, les manches, le giron et les différentes parties
d'un habit et dont il tire même les fils destinés à joindre ces parties
(p. 514). Elle rappelle, avec une variante nouvelle et jusqu'ici non
signalée chez les Grecs, à ma connaissance, les textes du Timée[4] et
d'Énée de Gaza[5] relatifs à la matière première, ainsi que ceux de
Synésius[6] et de Stéphanus sur le mercure des philosophes. Relevons
encore l'axiome d'Hermès cité par Morienus : *Omnia ex uno procedunt*
(p. 513), pareil à celui du *Pœmander* : ἐν τὸ πᾶν[7], et à ceux qui sont
tracés entre les anneaux circulaires du serpent mystique des alchimistes[8]. De même cet autre énoncé (*Bibl. chem.*, t. I, p. 515) : *Quo
modo id quod est inferius, superius ascendit, et qua ratione quod est superius inferius descendit et qualiter unum eorum alteri conjungitur, ita quod
ad invicem misceantur.* On reconnaît l'axiome des alchimistes grecs :
« En haut les choses célestes, en bas les choses terrestres; par le mâle

[1] *Introduct. à la Chimie des anciens*, p. 10.

[2] *Coll. des Alch. grecs*, trad., p. 86, n° 17.

[3] *Ibid.*, trad., p. 45 et 53.

[4] *Origines de l'Alchimie*, p. 264.

[5] *Ibid.*, p. 74. On trouve la même com-
paraison dans le livre du *Senior Zadith*, *Bibl. chem.*, t. II, p. 228.

[6] *Origines de l'Alchimie*, p. 272; — *Coll. des Alch. grecs*, trad., p. 67.

[7] *Origines de l'Alchimie*, p. 135.

[8] Même ouvrage, p. 61. — *Introd. à la Chimie des anciens*, p. 132, 135, 136.

et la femelle l'œuvre est accomplie », lequel accompagne dans les manuscrits grecs les figures des appareils distillatoires[1]. De même ce dire d'Hermès (p. 514) : « D'abord vient la couleur noire, puis, au moyen du sel tiré du natron, la couleur blanche, etc. », lequel répond aux énoncés des Grecs et de Stéphanus[2]. Tout cela atteste une tradition qui se poursuit et une filiation directe, ou détournée. Ces axiomes ont passé ensuite aux alchimistes latins, qui ne cessèrent de les invoquer.

L'ouvrage se termine par la traduction des noms symboliques, dont certains rappellent aussi les alchimistes grecs. Le corps immonde est le plomb; le corps pur est l'étain; le lion vert, le verre (ou le natron?); l'almagra désigne le laiton, et aussi la terre rouge; le sang est l'orpiment; la terre fétide est le soufre fétide. On désigne sous le nom de *fumée jaune* le soufre; de *fumée blanche*, le mercure; de *fumée rouge*, le réalgar. Les deux dernières désignations répondent exactement l'une à la vapeur blanche, l'autre à la fumée rouge des cobathia[3] des alchimistes grecs.

L'ouvrage latin de Morienus, dont je viens d'extraire ces citations, existe également dans le ms. 6514 de Paris (fol. 135-137), mais avec des différences considérables. Tout le début biographique manque dans ce manuscrit et se trouve remplacé par une dissertation scolastique sur la nature et l'objet de l'art, avec arguments pour et contre sa réalité; dissertation qui porte le cachet d'une époque plus récente, sinon d'une interpolation latine. La suite du manuscrit est conforme au texte imprimé, avec des variantes très notables; toutefois on y trouve les mêmes noms de Hermès, Hercules (Heraclius), Arsicanus (Africanus), Marie, avec celui de Moïse en plus. Le nom de Datin est remplacé par Dancus, etc.

Quoi qu'il en soit, l'ouvrage, ou plutôt sa seconde partie, consiste dans un dialogue entre le moine chrétien et Calid, prétendu roi d'Égypte; ce qui nous amène à examiner les ouvrages latins qui sont

---

[1] *Introduct. à la Chimie des anciens*, p. 161-163.

[2] *Origines de l'Alchimie*, p. 277.

[3] *Coll. des Alch. grecs*, trad., p. 91, n° 27, et p. 10, *Lexique*. — Voir également *Introd. à la Chimie des anciens*, p. 245.

donnés comme traduits de ce même Calid. *A priori* on serait porté à
regarder le titre de roi d'Égypte comme chimérique, de même que
ceux de roi des Perses, ou roi de l'Inde, attribués à Géber; ou bien
encore celui de roi d'Arménie, que certains manuscrits grecs assignent
à l'alchimiste égyptien Pétésis (Petasius), en tête de l'ouvrage d'Olympiodore. Les alchimistes, en effet, avaient coutume de supposer à
leurs prédécesseurs de semblables titres, qu'ils croyaient devoir augmenter leur autorité.

Cependant ce Calid ou Khaled paraît être un personnage historique,
mort en 708. Il est donné par les orientalistes[1] pour un prince égyptien, devenu savant après diverses aventures, et le premier introduc-
teur, parmi les musulmans, des ouvrages scientifiques, astronomiques,
médicaux et alchimiques. Son nom exact est Abu Haschim Chalid ben
Iezid ibn Moawia, prince Ommeyade, de la tribu des Koreischistes :
il est signalé comme disciple de Marianos, et comme condisciple ou
maître de Géber. Les attributions de certains ouvrages scientifiques
au prince égyptien sont-elles plus fondées que celles des livres grecs
attribués à Héraclius et à Justinien (le second de ce nom, probablement)? Les souverains orientaux de cette époque étaient grands fau-
teurs d'astrologie et d'alchimie, en même temps que de médecine et
de sciences mathématiques; le tout étant regardé comme du même
ordre, comme également utile, et mis sur le même plan. En tout
cas, les ouvrages alchimiques qui portent de tels noms doivent avoir
été écrits, au moins sous leur première forme, à une époque où ces
noms avaient quelque autorité, c'est-à-dire à une époque voisine, en
général, de celle de l'existence de personnages qui ne tardaient guère
à tomber dans l'oubli.

En fait nous possédons sous le nom de Calid deux ouvrages alchimiques latins, donnés comme traduits de l'arabe : le *Liber trium ver-*

[1] Wustenfeld, *Histoire des médecins arabes* (en allemand), p. 9; — Hammer, *Histoire de la littérature arabe* (en allemand), I Abtheil., Bd. II, p. 185; — *Ibn Khallikan*, traduit de l'arabe en anglais par de Slane, t. I, p. 481; — Leclerc, *Histoire de la médecine arabe*, t. I, p. 63.

borum[1] et le *Liber secretorum artis*. ... *Calid filii Iaici, ex hebræo in arabicum et ex arabico in latinum versus incerto interprete*[2]. Il est probable
que ces ouvrages sont réellement traduits de l'arabe. En effet, on lit
dans Ibn Khallikan que Calid exposa sa doctrine dans trois lettres,
dont l'une contient la relation de ce qui s'est passé entre lui et son
maître Marianos, et les autres, la manière dont il a appris la science,
ainsi que les allusions énigmatiques du maître. L'indication des
trois lettres rappelle le titre : *Liber trium verborum;* mais le contenu de
la première répondrait plutôt à l'ouvrage mis sous le nom de Morienus. Les énigmes dont il est fait ici mention étaient sans doute analogues à celles qui figurent à la suite de la *Turba*. En tout cas, il s'agit
de traités arabes similaires, ou identiques, avec ceux que nous possédons en latin. La date même du traité présent parait postérieure au
ixe siècle (sauf interpolation); car on y cite (*Bibl. chem.*, t. II, p. 215)
le nom de Géber, fils de Hayen, ainsi que la nomenclature singulière
de la pierre minérale, végétale, animale, etc., nomenclature sur laquelle je reviendrai plus loin. Mais, à part le nom d'Euclide, signalé
(p. 184) pour un énoncé géométrique, et celui d'un philosophe grec,
Bausan (Pauseris?), les énoncés contenus dans ces opuscules sont trop
vagues pour permettre aucun rapprochement précis en vue de la recherche que je poursuis actuellement : c'est une difficulté que l'on
rencontre continuellement dans ce genre de littérature.

Le *Tractatus Micreris suo discipulo Mirnefindo*[3], congénère des précédents, cite *Astannus* philosophe, probablement Ostanès, ainsi que le
Nil et l'Égypte.

On peut encore signaler quelques traces de traditions grecques dans
le Pseudo-Platon, *Platonis libri quartorum*[4] *cum commento Hebuæ habes*

[1] *Bibl. chem.*, t. II, p. 189. Dans la
Coll. *Artis auriferæ*, etc. (Bâle, 1572), le
Liber trium verborum offre des variantes
considérables; il y est question notamment
des philosophes persans, qui ont disparu
dans la *Bibl. chem.* — Sur ce dernier
point, Cf. *Coll. des Alch. grecs*, trad., p. 61.

[2] *Bibl. chem.*, t. II, p. 183. Dans le
Theatrum chemicum, t. IV, p. 209, figure
le même traité, sous le titre : *Liber secretorum alchimiæ Regis Calid filii Iarichii*, etc.

[3] *Theatrum chemicum*, t. IV, p. 101.

[4] *Ibid.*, t. IV, p. 114. — Ms. 6514 de
Paris, fol. 88-101.

Hamed, etc., ouvrage juif[1], à la fois astrologique, géométrique et alchimique, lequel cite (*Th. ch.*, t. IV, p. 140) l'Almageste de Ptolémée, Euclide, Pythagore, Homère (p. 186), les Chaldéens[2] siégeant sur le fleuve Euphrate, gens habiles dans la connaissance des étoiles et de l'astrologie judiciaire (p. 144), etc.

Le *Tractatus Aristotelis alchymistæ ad Alexandrum Magnum de lapide philosophico* serait soi-disant traduit, d'après le titre, de l'hébreu en latin, suivant l'ordre du pape Honorius, par un certain Grec[3]. Cet ouvrage renferme des traditions grecques défigurées, à la façon de celles de l'Alexandre du moyen âge : il y est question de la lutte d'Alexandre contre Antiochus, du char de ce dernier (*Th. ch.*, t. IV, p. 886), dont les roues sont assimilées aux quatre éléments, du serpent d'Hermès, etc.[4]. Morienus y est cité (p. 891). Le nom même d'Antiochus figure comme auteur d'un livre d'alchimie[5], parmi les manuscrits latins de la bibliothèque Bodléienne. J'ajouterai que dans la bibliothèque syriaque d'Assemani[6], il est question d'une *lettre d'Aristote à Alexandre le Grand sur le grand art*, écrite en syriaque et soi-disant traduite du grec par Ebed Jesus; laquelle, d'après son sujet, pourrait être identique au fond avec le traité précédent. Le *Kitâb-al-Fihrist* en fait aussi mention et il existe un opuscule de même titre, donné comme une traduction, dans le tome I de l'*Artis auriferæ*, p. 382. Il courait à cette époque dans le monde de prétendues lettres d'Aristote à Alexandre, sur toutes sortes de sujets.

Tous ces opuscules sont courts et leur composition originale semble comprise entre l'époque du texte arabe de Morienus (VIIIe siècle) et celle du *Rosarium* (XIVe siècle) : quant aux traductions latines, elles sont probablement du XIIIe siècle, ou tout au plus de la fin du XIIe.

Il en est de même du *Senioris libellus*, attribué à Zadith, fils de Ha-

---

[1] *Aron noster.*
[2] Souvenir des Sabéens d'Harran, adorateurs des astres.
[3] *Theatrum chemicum*, t. IV. 880.
[4] *Origines de l'Alchimie*, p. 144.
[5] Il exista aussi un astrologue de ce nom au moyen âge.
[6] *Bibl. orientale*, t. III, p. 361. — Wenrich, *De auctorum græcorum versionibus*, p. 165; Leipsick, 1842.

muel (*Bibl. chem.*, t. II, p. 216; *Theatrum chem.*, t. V, p. 215) : c'est
un écrit juif, rempli de paraboles et de commentaires sur des figures
mystiques. J'y relève les noms de Marie, d'Hermès, de Calid, d'Aros
(Horus), de Platon (l'alchimiste), de Salomon, de Marcos, personnage
qui parait devoir être identifié avec Marcus Græcus, parlant au roi
Théodore [1], de Rosinus (*Theatrum chem.*, t. V, p. 259), enfin d'Averroès (*Ibid.*, t. V, p. 246) et d'Avicenne (*Ibid.*, t. V, p. 248); mais
aucun savant plus moderne n'est nommé. Parmi les phrases caractéristiques de la tradition grecque, contenues dans le *Senioris libellus*,
on peut citer celles-ci : « Notre cuivre est comme l'homme, il possède
un esprit, une âme et un corps. — Trois et trois sont un, et tout
résulte de l'unité. — Prends le corps de la magnésie, etc. » J'y reviendrai tout à l'heure, en parlant de la *Turba*.

L'ouvrage anonyme : *Consilium conjugii, seu de massa solis et lunæ
libri III, ex arabico in latinum sermonem reducti* [2], se rapporte par l'un
de ses titres à une vieille tradition alchimique, qui figure déjà dans le
papyrus de Leyde [3] et qui se retrouve dans Zosime et dans le Pseudo-
Moïse. En effet le mot *massa* signifie, en alchimie, ferment métallique [4],
et il a été pris pour l'alchimie elle-même [5]. Cet ouvrage est chrétien [6]
et relativement moderne, car il cite Morienus et Rasès; il s'en réfère
continuellement à la *Turba*, et même aux énigmes de la *Turba*, addition postérieure. Je ne crois pas qu'on puisse le regarder comme antérieur au XIVe siècle.

Des rapprochements plus directs entre les textes des alchimistes
grecs et ceux des plus vieux traités alchimiques latins, traduits ou
imités de l'arabe et de l'hébreu, se trouvent dans les opuscules de
Rosinus. Le nom de Rosinus parait être une transformation arabe
de celui de Zosime, d'après l'opinion des arabisants. Du reste, nous
ne possédons sur l'auteur des traités actuels aucun renseignement. Au

[1] Voir le présent ouvrage, p. 89.

[2] *Bibl. chemica*, t. II, p. 235.

[3] *Introduction à la Chimie des anciens*, p. 31, 57.

[4] *Introduction à la Chimie des anciens*, p. 304.

[5] *Ibid.*, p. 209, 210, 257.

[6] *Bibl. chem.*, t. II, p. 241, 251.

point de vue de leur date, il convient d'observer que ces traités sont cités longuement dans le *Rosarium* [1] et dans le livre du *Senior Zadith*, sous les deux formes Rosinus [2] et Rubinus [3]. En outre, le dialogue si caractéristique de l'or et du mercure des philosophes, reproduit par Vincent de Beauvais dans son *Speculum naturale* [4], se trouve à la page 337 du premier Traité de *Rosinus*; ce dialogue figure aussi dans divers autres traités latins des xiiie et xive siècles. D'autre part, notre Rosinus cite Mahomet (p. 331) [5], Géber « Sarracenus » (p. 332). Morienus, Rasès; mais il n'y a là en somme rien de décisif au point de vue de la date de ses livres, si ce n'est qu'ils ne remontent pas au delà du xiie siècle. Ils renferment beaucoup de mots orientaux (azoch, cambar, alkabir, alkabric, Habielsam, etc.), sans offrir les caractères certains d'une traduction proprement dite. Entrons dans plus de détails.

Les ouvrages qui ont reçu le nom de Rosinus sont au nombre de deux, publiés dans la collection *Artis auriferæ quam Chemiam vocant antiquissimi auctores* [6]. Le caractère en est assez différent, et ils portent, le second surtout, la trace d'interpolations, ou gloses, ajoutées dans le texte par les copistes.

Le premier a pour titre : *Rosinus ad Euthiciam*, désignation qui rappelle les traités de Zosime dédiés à Théosébie (ou Eusébie), ainsi le nom de la reine Atousabia dans le manuscrit arabe 1074 : il s'agit sans doute de la même personne. Ce traité cite Aros (Horus), Marie, Hermès et son traité intitulé la *Clef des philosophes* [7], Bilonius, c'est-à-dire Apollonius de Tyane (voir plus loin), Agadamon (Agathodémon), Démocrite et sa Chrysopée [8], Syrnas le philosophe, c'est-à-dire Synésius, ou peut-être le philosophe syrien (Sergius?). La citation isolée du *Rosarium* (*Artis aurif.*, t. I, p. 274) que l'on y rencontre doit être

---

[1] *Bibl. chem.*, t. II, p. 95.
[2] *Ibid.*, p. 252.
[3] *Ibid.*, p. 246.
[4] *Introduction à la Chimie des anciens*, p. 258.
[5] Il s'agit sans doute d'Abubecher Mahomet Arazi, c'est-à-dire de Rasès, auteur

alchimique cité sous ces noms dans le chapitre xiii du livre Ier du traité *De animd* d'Avicenne. Voir plus loin.
[6] Tome I, p. 267; Bâle, 1572.
[7] Voir *Coll. des Alch. grecs*, trad., p. 271. *Introd. à la Chimie des anciens*, etc., p. 244.
[8] *In arte auri*, p. 291.

regardée comme une interpolation, puisque le *Rosarium* est postérieur
à Rosinus et le cite au contraire; à moins qu'il ne s'agisse d'un autre
livre plus ancien, portant le même titre, qui a appartenu en effet à
plusieurs ouvrages distincts.

Le second traité a pour titre : *Rosini ad Sarratantam Episcopum*
(*Artis aurif.*, t. I, p. 299). Cette dédicace, si elle n'a pas été forgée
après coup, indiquerait un auteur chrétien. Ici les citations sont bien
plus nombreuses; mais elles ont un caractère plus moderne : car on y
trouve, non seulement Aristote, Galien, Morienus, Geber, Rasès, mais
aussi la *Turba*, dans un grand nombre de passages; *Dantius* (p. 336,
337), auteur d'une alchimie que l'on a parfois attribuée au Dante, le
Senior (p. 319, 321), etc. Comme le *Senior* cite d'autre part Rosinus,
cette dernière indication ne saurait s'appliquer au même ouvrage de
Rosinus. Mais la chose n'a rien de bien surprenant, si Rosinus est pseudonyme de Zosime. Il se peut d'ailleurs que le traité *Ad Sarratantam*
soit pseudépigraphe, ou bien qu'il ait été fortement interpolé, comme
on le reconnaît trop souvent dans ce genre de littérature. En résumé,
ces opuscules paraissent du XIIIᵉ siècle, ou du commencement du XIVᵉ.

Quoi qu'il en soit, le moment est venu de relever dans ces traités,
particulièrement dans le premier, les passages qui en manifestent les
relations avec les alchimistes grecs. Je note d'abord les mots : *aqua
sulfuris* « eau de soufre », qui répondent à ὕδωρ θεῖον du papyrus de
Leyde et des Grecs : mots qui ne se retrouvent plus dans la *Turba*, ni
dans les auteurs postérieurs. Ils sont répétés plusieurs fois dans Rosinus (p. 288, 292, 293, 298, etc.), avec leur signification originelle.

Voici certaines phrases caractéristiques : « Marie a appelé cette
chose *venenum ignis* » (p. 289). C'est bien là le « remède igné » de
Marie (*Coll. des Alch. grecs*, trad., p. 112).

« La lame formée de deux corps métalliques » (p. 291). C'est la
feuille de Marie formée de deux métaux (*Coll. des Alch. grecs*, trad.,
p. 204), et la lame de la Kérotakis (*Introduction*, etc., p. 143).

« La préparation brillante pareille au marbre » (p. 283) est tirée du
traité de Démocrite (*Coll. des Alch. grecs*, trad., p. 55).

« La nature jouit de la nature ; la nature triomphe de la nature ; la nature se réjouit par la nature ; la nature est contenue dans la nature » (p. 288). Ce sont les axiomes connus de Démocrite et d'Ostanès.

Le symbolisme alchimique d'Adam et d'Ève (p. 269) est également reproduit du grec (*Coll. des Alch. grecs*, trad., p. 95).

C'est « le serpent qui pullule de lui-même, qui se féconde lui-même ; il enfante en un seul jour, et son venin tue tous les animaux » (p. 325). Ce symbolisme est semblable à celui des Grecs (*Coll. des Alch. grecs*, trad., p. 22).

L'axiome « Si les corps métalliques ne sont changés en incorporels et les incorporels en corps, tu n'as pas trouvé la marche de l'opération » (p. 300) est un axiome des Grecs (*Coll. des Alch. grecs*, trad., p. 21, 101).

« Notre pierre a corps, âme et esprit » (p. 300) ; cet axiome, qui se trouve aussi dans Artephius, est appliqué aux métaux par les Grecs (voir plus loin).

« Je te dis que cette chose est une, le vase unique, la cuisson unique » (p. 311). C'est à peu près la phrase des Grecs : « Le fourneau est unique, la voie unique, unique aussi est l'œuvre » (*Coll. des Alch. grecs*, trad., p. 37).

« Prends le vif-argent et fixe le corps de la magnésie » (p. 295) répond au début de la Chrysopée de Démocrite.

Plusieurs de ces citations, que je pourrais multiplier davantage, vont se retrouver dans la *Turba ;* certaines, au contraire, diffèrent de part et d'autre ; ce qui atteste que l'un des auteurs ne s'est pas borné à copier l'autre, mais qu'ils ont remonté tous deux à des sources communes. En tout cas, elles montrent que l'auteur latin du traité attribué à Rosinus a travaillé, sinon sur les alchimistes grecs directement, du moins sur des textes arabes ou hébreux qui en dérivaient. On comprend dès lors que le nom de Zosime ait pu être donné, à l'origine, à ce traité.

CHAPITRE II.

SUR L'OUVRAGE INTITULÉ *TURBA PHILOSOPHORUM*.

Le moment est venu d'aborder l'examen de la *Turba philosophorum*, ouvrage très important dans l'histoire de l'alchimie et continuellement cité par les vieux adeptes. C'est une compilation de citations, attribuées à des philosophes anciens proprement dits et à des philosophes alchimiques de différentes époques, les uns et les autres étant mis sur le même pied, suivant la prétention ordinaire des alchimistes. Ce procédé est dans leur tradition : divers articles intitulés : *Sur la pierre philosophale*, dans les manuscrits grecs [1], sont construits ainsi par une suite de citations.

Déjà Olympiodore, auteur plus vieux et qui a écrit au v⁵ siècle. rapproche les philosophes ioniens et naturalistes : Thalès, Parménide, Héraclite, Hippasus, Xénophane, Mélissus, Anaximène, Anaximandre, etc., et leurs opinions sur les principes et sur les éléments, des opinions des alchimistes, tels que Hermès, Agathodémon, Chymès, Zosime et autres [2]. Ce passage d'Olympiodore présente, dans son tour général et même dans sa conclusion [3], qui établit une relation entre les quatre éléments et les quatre qualités, chaleur et froid, sécheresse et humidité ; il présente, dis-je, une analogie frappante avec le début de la *Turba*, où les mêmes idées reparaissent, beaucoup plus délayées à la vérité. Elles sont congénères encore des opinions exposées dans la 9ᵉ leçon de Stéphanus, auteur bien plus voisin par sa date et par son langage de la *Turba*, comme il sera dit tout à l'heure. Mais l'auteur de la *Turba* ne possède plus cette connaissance plus ou moins approximative des doctrines réelles des vieux philosophes, qui existait dans

[1] *Collection des Alchim. grecs*, trad., p. 194 et 420.

[2] *Origines de l'Alchimie*, p. 254 à 260;

Collection des Alchim. grecs, trad., p. 87 à 92.

[3] Même collection, p. 92.

Olympiodore et même dans Stéphanus. Les attributions dogmatiques de la *Turba* à tel ou tel personnage sont de pure fantaisie : les noms invoqués ne représentent plus qu'un écho lointain de l'antiquité.

La *Turba* n'a pas été écrite originairement en latin ; mais elle est assurément traduite de l'arabe ou de l'hébreu. Ce qui le prouve, ce sont d'abord les déformations singulières des noms propres grecs, caractéristiques d'un passage par une langue sémitique : j'y reviendrai. Ce sont encore les dénominations données à certaines substances, dont les noms grecs sont remplacés par des mots sémitiques, tels que Mardeck, Borith, Ethel, Iesir, Kuhul, Cambar, etc.

Enfin la *Turba* nous est donnée sous deux versions distinctes, représentant les traductions, parallèles quant à l'exposition, mais fort différentes dans l'expression des détails, et même dans leur développement, de deux variantes ou copies d'un même texte originaire. Par exemple, dans l'une de ces versions [1], les articles où sont consignées les opinions de chaque auteur sont désignés sous le nom de *Sermones*, comptés depuis le n° 1 jusqu'au n° 72. Dans l'autre version, ce sont des *Sententiæ*, comptées de 1 à 78 et se suivant dans le même ordre, sauf division de certains articles en deux.

En fait, il n'est pas un seul article qui soit tout à fait identique dans les deux versions ; en outre, les noms des mêmes philosophes sont le plus souvent transcrits et défigurés d'une façon différente. Il ne s'agit pas ici de simples gloses, commentaires ou interpolations, telles que ceux qui différencient parfois deux copies d'un même texte ; mais, je le répète, de deux textes tout à fait distincts, quoique traduits sur des copies dérivées d'un même original.

L'auteur de cette compilation est monothéiste : « *Deus cum solus fuisset, dico Deum ante omnia fuisse, cum quo nihil fuit.* » « Dieu, dit-il encore, s'est servi des quatre éléments pour créer les anges, le soleil, la lune, les étoiles, etc. (*Sermo* VIII), et il a tout créé par sa parole. »

---

[1] *Bibliotheca chemica*, t. I, p. 445. Cette version est aussi celle qui figure au *Theatrum chemicum*, sauf de légères variantes. Les deux versions existent déjà dans la collection *Artis auriferæ*, Bâle, 1572.

« Ce que Dieu a créé d'une essence unique ne meurt pas jusqu'au jour du jugement. » Ces derniers mots paraîtraient indiquer un chrétien. Mais une telle opinion n'est pas confirmée par la phrase suivante (*Sermo* v) : « Il existe un Dieu un, non engendré et qui n'a pas engendré » : énoncé de principes qui trahissent un juif, ou plutôt un musulman ; aucun énoncé islamique plus précis ne peut d'ailleurs être relevé dans tout ce texte.

Cherchons à préciser la date de la compilation.

Tandis qu'elle cite les philosophes grecs : Parménides, Pythagore, Socrate, Démocrite, etc., ainsi que les alchimistes : Hermès, Agathodémon, Lucas, Archélaüs, et, ce semble, Ostanès ; par contre, elle ne nomme aucun alchimiste arabe, ni Morienus, ni Géber, ni Rasès, ni Avicenne, ni leurs successeurs et imitateurs latins. Elle est donnée d'ailleurs dans la *Bibliotheca chemica*, à la suite de son titre même, comme reproduisant les auteurs antérieurs à Géber. Ce silence est d'autant plus significatif que la *Turba* est citée, au contraire, dès le xiie siècle par les Latins, tels que Vincent de Beauvais[1], Arnaud de Villeneuve[2], Albert le Grand, le Pseudo-Alain de Lille[3], le *Consilium conjugii*, le *Rosarium*. Le texte primitif de la *Turba* (je parle du texte antérieur à la traduction latine) peut donc être regardé comme l'un des plus anciens qui existent en alchimie : induction que je confirmerai bientôt, en y montrant des traductions littérales et étendues des alchimistes grecs. Mais auparavant il convient de dire que la *Turba* est accompagnée de toute une série de gloses et de commentaires latins plus modernes : telles sont les *Allegoriæ sapientium supra librum Turbæ*[4], commentaire où sont cités au contraire Géber, Morienus, Calid, Albert le Grand, Arnaud de Villeneuve, etc. Ce commentaire a été très certainement écrit par un juif : « filii, sciatis quod Deus Moysen legem docuit ». On y trouve cités les *Dicta Salomonis filii David*, précédés d'un dialogue du roi Hercule (Héraclius) avec Stéphanus d'Alexandrie, et on y parle d'un autre dialogue de « Aron cum

[1] *Speculum naturale*, l. VIII, ch. xlii.
[2] *Bibl. chem.*, t. I, p. 682.
[3] *Theatrum chem.*, t. III, p. 727.
[4] *Bibl. chem.*, t. I, p. 466.

Maria prophetissa sorore Moysis ». Ces allégories se trouvent aussi à la suite de la deuxième version de la *Turba*, mais dans un texte qui paraît plus vieux que le premier[1] et très différent.

A la suite figurent d'autres commentaires intitulés : *Ænigmata* (p. 495), *Distinctiones* et *Exercitationes* (p. 497), de date encore plus récente. Ces *Énigmes* rappellent celles que Ibn Khallikan attribue à son Marianos.

On voit que la *Turba* a été le centre de toute une littérature.

Venons aux personnages qui y sont cités. Ils vont nous fournir de nombreux rapprochements avec les traditions grecques; rapprochements utiles à signaler, avant d'aborder le texte lui-même.

La *Turba* est donnée comme l'œuvre d'Arisleus[2], pythagoricien, disciple d'Hermès et appelé *Abladi filius* dans les gloses. Il réunit les philosophes, et chacun d'eux expose d'abord ses idées sur la formation du monde par les éléments, puis sur la pierre philosophale, sur la transmutation et sur les questions diverses qui s'y rapportent. Le titre même, *Assemblée des philosophes*, se trouve aussi dans la *Coll. des Alch. grecs* (trad., p. 37) : ils s'y réunissent pour discuter si le mystère s'accomplit au moyen d'une seule espèce, ou de plusieurs; problème qui est posé dans les mêmes termes dans les *Exercitationes* sur la *Turba* (*Bibl. chem.*, t. 1, p. 499) : *Multis disputationibus lapidem vel diversis, vel duabus, vel una tantum re constare, diversis nominibus contendant.*

Le sujet de la *Turba* est plus étendu. Examinons de près les noms des philosophes qui y sont cités.

On y trouve d'abord des noms exacts, tels que Pythagore, Parménide, Démocrite, Anaxagore, Socrate, Platon, Moïse, philosophes ou prétendus tels. D'autres noms plus ou moins altérés sont cependant

----

[1] *Bibl. chem.*, t. 1, p. 494. Le mot *Aros* paraît résulter d'un rapprochement erroné avec *Aaron*; car le dialogue lui-même, imprimé dans *Artis auriferæ* (t. 1, p. 319), porte *Aros* à diverses reprises, c'est-à-dire Horus d'après les arabisants (*Origines de l'Alchimie*, p. 131). Ce dialogue semble traduit de l'hébreu, ou de l'arabe.

[2] Syn. Aristenes (*Sermo* x de la première version, comparé avec *Sententia* xi de la deuxième version; de même *Exercitatio* v).

faciles à identifier : tels sont Eximenus pour Anaximène [1], Imixidrus ou Ixumadrus [2] pour Anaximandre : noms qui se présentent d'ailleurs avec des variantes multiples dans les deux versions, comparées entre elles, et même dans chacune d'elles. Ces variantes attestent à la fois la négligence des traducteurs, ou des copistes, et les incertitudes d'une double transcription du grec en arabe, ou en hébreu, et de ces dernières langues en latin; incertitudes causées par le manque ou l'insuffisance des voyelles et par la ressemblance des lettres proprement dites : les orientalistes ont tous signalé en effet les doutes et les déformations singulières qui en résultent. On rencontre une multitude d'exemples analogues dans le *Lexicon alchimiæ* de Rulandus.

Hermès, Agathomédon [3], Marie, Théophile, Lucas [4] et Archélaüs [5] sont des auteurs alchimiques grecs qui figurent également dans la *Turba;* Stéphanus et Héraclius se trouvent dans les commentaires de la *Turba.* Ostanès paraît devoir être identifié avec Astanius [6], Pélage avec Balgus [7]; Dardaris [8] de la *Turba* est regardé par Fabricius comme le même que le magicien Dardanus cité par Pline [9]. Enfin le nom de Belus [10] ou Bellus, qui s'écrit aussi Belinus, Belinius, Bo-

---

[1] Eximenus (sermo IX) = (sent. X); Eximenus (sermo LIII) = Obsemeganus (sent. LVII); Exemiganus (sermo LXVI) = Emigamus (sent. LXXII) et Hermiganus (sermo LXVII).

[2] Isimidrus (sermo I) = Eximindus (sent. I); Ixumdrus (sermo LII) = Ysimidrus (sent. LVI). Peut-être est-ce le même que Mundus (sermo XVIII et autres) et Mandinus (sermo LXX = sent. LXXV).

[3] Ce nom se trouve dans la *Turba* répété un grand nombre de fois, avec des variantes multiples, telles que Agadmion, Agadmon, Agmon, Admion, Cadmon. Il répond encore (sent. XLV de la deuxième version) à Zimon (sermo XLI de la première version); lequel est ailleurs (sermo XXXIII = sent. XXXVII) identifié avec

Zeumon ou Zenon, auteur d'un certain nombre de dires dans la *Turba.*

[4] Lucas est donné comme le maître de Démocrite dans la *Turba;* c'est-à-dire qu'il joue le rôle rempli par Ostanès, dans la tradition de Pline et des alchimistes grecs (*Coll. des Alch. grecs*, trad., p. 61. — *Origines de l'Alchimie*, p. 163).

[5] Sent. LXXVI = Bracus (sermo LXXI).

[6] Astanius (sermo XLIV) = Ascanius (sermo XLVI); Attamus (sermo XLVI et LXVIII) = Actomanus (sent. L) et Attamanus (sent. LXXIII).

[7] Sermo LVIII = sent. LXIV.

[8] Sermo XIX et XLIII = sent. XX et XLVII; Ardarius, sent. XXIII.

[9] *Origines de l'Alchimie*, p. 153.

[10] Belus (sermo XX et XLIX) = Bellus

---

lemus, Bonites ou Bonellus, paraît être la traduction de celui d'Apollonius de Tyane [1], d'après les identifications faites par de Sacy et par M. Le Clerc, dans les traductions de textes arabes très différentes des traductions latines que j'examine ici.

On voit combien sont nombreux les rapprochements de noms propres des personnages de la *Turba* et de ceux de la tradition antique des alchimistes et des magiciens. Ces rapprochements se multiplieraient sans doute, si nous pouvions remonter à l'orthographe initiale des noms tout à fait défigurés, tels que Acsubofen ou Assuberes, Frictes, Menabdus, Nictarus ou Nictimerus, Afflontus, Effistès, Horfolcos ou Orfulus, Pithem, Pandophis ou Pandolfus, Bacoesus ou Baesen, etc.

Entrons maintenant dans le fond des choses, c'est-à-dire dans l'examen des rapprochements de doctrine et de texte, entre la *Turba* et les alchimistes grecs. Dès le début, on est frappé en voyant apparaître les philosophes ioniens et naturalistes grecs et leurs doctrines prétendues sur les éléments : terre, eau, feu et air, ainsi que la comparaison entre le système de ces éléments et la composition de l'œuf philosophique. J'ai dit comment ce développement rappelait un texte d'Olympiodore [2], beaucoup plus voisin d'ailleurs des idées réelles des anciens.

Les rapprochements suivants dans la *Turba* et les alchimistes grecs sont plus précis.

Parménide dit dans la *Turba* (*Bibl. ch.*, t. I, p. 448) : « Sachez que par jalousie ils ont traité à différentes reprises d'eaux multiples, de

(sent. XXI et LIII); Bonites (sermo LVIII et LIX), Bonellus (sermo XXXII, XXXVII et LX = sent. XXXIV et XL) = Bodillus sent. LXVI). — On lit Belinus dans le *Rosarium*, Belinlus et Bolemus dans *Artephius*, vieil auteur latin, congénère de la traduction de la *Turba* (*Bibl. chem.*, t. I, p. 503).

Au lieu du nom de Bellus (sent. XXV),

on trouve dans le Sermo correspondant (XXIII) le nom de Cerus.

[1] Rappelons qu'Apollonius de Tyane a été confondu parfois, dans la tradition, avec le mathématicien Apollonius de Perge.

[2] *Collection des Alchimistes grecs*, traduction, p. 87. — *Origines de l'Alchimie*, p. 254.

corps, de pierres, de minéraux, afin de vous tromper, vous qui recherchez la science. Et sachez que si vous ne vous dirigez conformément à la vérité et à la nature, d'après ses dispositions et compositions, en joignant les choses congénères les unes aux autres, vous travaillez mal et vous opérez en vain : il faut que les natures rencontrent les natures, s'y réunissent et se réjouissent avec elles, parce que la nature est dirigée par la nature; la nature se réjouit avec la nature, et la nature embrasse la nature. »

Le commencement de ce texte rappelle un passage qu'on lit dans les traités du Chrétien, alchimiste grec [1] : « Cela a été expliqué d'une façon détournée, de crainte qu'un exposé trop clair ne permit aux gens de réussir sans le secours de l'écrit : voilà pourquoi ils ont décrit l'œuvre sous des dénominations et des formes multiples. »

La suite doit être rapprochée du Pseudo-Démocrite, qui dit encore, et d'une façon plus voisine de la *Turba* [2] : « Il faut apprendre à connaitre les natures, les genres, les espèces, les affinités, et de cette façon arriver à la composition proposée... Sache que si l'on n'apprend pas à connaitre les substances, si l'on ne mélange pas les substances, si l'on ne combine pas les genres avec les genres, on travaille en pure perte et l'on se fatigue pour un résultat sans profit. Car les natures jouissent les unes des autres; elles sont charmées les unes par les autres », etc. Il est clair que le texte de la *Turba* est ici, sinon traduit littéralement, du moins emprunté dans son esprit et même dans sa forme à celui des auteurs grecs.

Les axiomes sur la nature sont particulièrement frappants sous ce rapport. On lit dans la *Turba* (*Bibl. ch.*, t. I, p. 449) : *sulfura sulfuribus continentur* et *humiditas humiditate*, proposition répétée à plusieurs reprises; c'est-à-dire « les sulfureux sont maîtrisés par les sulfureux, les humides par les humides correspondants ». Ce sont là, en effet, des axiomes fondamentaux chez les alchimistes grecs [3]. Ils sont même

---

[1] *Collect. des Alch. grecs*, trad., p. 398 et *passim*.

[2] *Collect. des Alch. grecs*, trad., p. 408.

[3] *Ibid.*, p. 20.

attribués à Marie dans la *Turba* (p. 487), ce qui précise les rapprochements.

Un peu plus loin dans la *Turba* (*Th. chem.*, t. I, p. 450), on trouve des indications sur la teinture en pourpre : « Prenez l'animal que l'on appelle Kenckel [1], parce que le liquide qu'il contient est la pourpre de Tyr. Si vous voulez teindre en pourpre tyrienne, prenez le liquide qu'il a rejeté », etc. L'urine d'enfant et l'eau de mer concourent à la préparation.

Un peu plus loin, le même mot et la même teinture reparaissent, comme employés par les anciens prêtres pour teindre leurs étoffes (p. 482); ce qui est conforme aux traditions réelles des Égyptiens. En outre, ces morceaux rappellent le début du Pseudo-Démocrite [2]. Rien d'analogue ne se retrouve chez les autres Latins du moyen âge.

Voici d'autres énoncés de la *Turba*, toujours empruntés aux alchimistes grecs : « Si vous ne changez les corps en incorporels et les incorporels en corps, vous n'aurez pas travaillé régulièrement. » C'est l'axiome attribué tour à tour à Hermès, à Agathodémon et à Marie par les Grecs [3].

« Il faut avec deux faire trois, avec quatre faire un et avec deux faire un » (*Th. chem.*, t. I, p. 461) : formule identique avec l'axiome cabalistique de Marie, transcrit par le Chrétien [4] : « Un devient deux et deux deviennent trois, et au moyen du troisième le quatrième accomplit l'unité : ainsi deux ne font plus qu'un.... »

La similitude du langage de la *Turba* et des alchimistes grecs apparaît ainsi dans une multitude de passages. Mais les suivants précisent encore davantage cette filiation.

« Le mercure brûle et tue tout » (*Th. chem.*, t. I, p. 458), expression attribuée à Marie la Juive chez les alchimistes grecs.

« Le cuivre ne teint pas, s'il n'a pas été teint d'abord » (*Th. chem.*,

---

[1] C'est évidemment le mot grec κογχύλιον, c'est-à-dire le coquillage qui fournissait la pourpre des anciens.

[2] *Collect. des Alch. grecs*, trad., p. 43.

[3] *Ibid.*, p. 101 et 124.

[4] *Ibid.*, p. 192 et 389.

t. I, p. 453); ce mot se retrouve continuellement dans la *Collection des Alchimistes grecs* (voir trad., p. 169, 136, etc.).

« Il faut extraire la nature cachée (*Th. chem.*, t. I, p. 482; *Coll. des Alch. grecs*, trad., p. 65 et 107).

« Si tu ne réussis pas, ne t'en prends pas au cuivre, mais à toi-même » (*Coll. des Alch. grecs*, trad., p. 49, 133, 244).

« Il faut d'abord que tout soit réduit en cendres; — la préparation doit être divisée en deux parties; — la préparation devient semblable à du marbre », etc.

On lit dans la *Turba*[1] : « Le cuivre a été blanchi et privé d'ombre[2]... Étant dépouillé de sa couleur noire, il a abandonné son corps épais et pesant... Le cuivre est comme l'homme... Les sages ont dit que le cuivre a un corps et une âme; son âme est un esprit[3], son corps une chose épaisse[4]. »

Or ce passage est traduit presque littéralement de Stéphanus[5], dont voici le texte : « Le cuivre est comme l'homme; il a une âme et un corps... L'âme est la partie la plus subtile, c'est-à-dire l'esprit tinctorial; le corps est la chose pesante, matérielle, terrestre et douée d'une ombre. Après une suite de traitements convenables, le cuivre devient sans ombre.... »

Démocrite dit aussi dans la *Turba*, p. 465 : « Il faut employer notre cuivre pour obtenir l'argent[6], l'argent pour obtenir l'or, l'or pour la coquille d'or, et la coquille d'or pour le safran d'or. » Sauf les derniers mots, ceci est traduit littéralement du grec (*Coll. des Alch. grecs*, trad., p. 47).

Voici un passage plus frappant encore par son caractère mystique et qui semble emprunté à quelque vieille poésie alchimique; sa repro-

[1] *Theatrum chemicum*, t. I, p. 454 et 459.
[2] Voir *Collect. des Alch. grecs*, trad., p. 87 et 180, etc.
[3] Volatil.
[4] Fixe.
[5] *Origines de l'Alchimie*, p. 276.

[6] *Nummos*, expression souvent reproduite dans la *Turba*, ainsi que dans d'autres traités alchimiques du xiii⁰ siècle, et qui paraît être la traduction du mot grec δόμμον = argent au moyen âge. — Au lieu du mot *plumbum*, qui vient ensuite dans la *Turba*, il faut lire *argentum*.

duction dans la *Turba* ne comporte aucune coïncidence accidentelle.
On lit dans Stéphanus [1] :

« Combats, cuivre ; combats, mercure ; joins le mâle à la femelle ;
c'est là le cuivre qui reçoit la couleur rouge ; et l'ios tinctorial doré...
combats, cuivre ; combats, mercure. Le cuivre est détruit, rendu incorporel par le mercure ; et le mercure est fixé par sa combinaison
avec le cuivre. En procédant ainsi, on peut teindre tout corps. »

Le sens chimique de ce passage, qui vise l'amalgamation du cuivre
et la production de certains alliages colorés au moyen de cet amalgame, est facile à comprendre. Mais, sans m'étendre autrement sur
ce point, je me bornerai à remarquer que ce passage singulier se
trouve traduit presque textuellement dans la *Turba*, où il est mis
dans la bouche d'Astanius (Ostanès) : *Irritate bellum inter æs et argentum vivum, quoniam peritum tendant et corrompuntur prius ; eo quod æs
argentum concipiens* [2] *vivum coagulat ; ipsum argentum vero vivum concipiens, æs congelatur ; interea igitur pugnam irritate, ejusque corpus
diruite*, etc., *qui enim eos per Ethel in spiritum vertit... omne corpus
tingit.*

Donnons enfin le morceau le plus décisif : il s'agit de la Chrysopée
et de l'Argyropée du Pseudo-Démocrite, dont des pages entières sont
traduites à peu près littéralement dans la *Turba*. Le commencement
est censé récité par Parménide : « Prenez du vif-argent ; coagulez-le
avec le corps de la magnésie [3], ou avec du kuhul [4], ou avec du soufre
non combustible [5]; rendez sa nature blanche et mettez-le sur notre
cuivre, et le cuivre blanchira. Si vous rendez le mercure rouge [6], le

---

[1] *Introduction à la Chimie des anciens*,
p. 292. — *Physici et medici græci minores*
d'Ideler, t. II, p. 217.

[2] *Corripiens?*

[4] Le mot *magnésie* a ici un sens tout
différent de son sens moderne. (Voir *Introd. à la Chimie des anciens*, p. 255.)

[5] Nom arabe du sulfure d'antimoine.

[4] Traduction mal comprise des mots :
soufre apyre.

[6] Le rouge et le jaune sont confondus
souvent par les alchimistes, qui s'en servent indifféremment pour désigner la couleur de l'or. On sait en effet que l'or peut
offrir ces deux teintes, sous l'influence de
traces de matières étrangères.

cuivre rougira, et si on le fait cuire ensuite, il devient or. Je dis qu'il rougit aussi le mâle [1] lui-même et la chrysocolle d'or. Et sachez que l'or ne prend pas sa teinte rouge, si ce n'est par l'action de l'eau permanente. C'est ainsi que la nature se réjouit de la nature. »

Or voici la traduction du texte grec correspondant (*Coll. des Alch. grecs*, trad., p. 46) : « Prenez du mercure, fixez-le avec le corps métallique de la magnésie, ou avec le corps métallique de l'antimoine d'Italie, ou avec du soufre apyre, ou avec de la sélénite... ou comme vous l'entendrez. Mettez la terre blanche [2] sur du cuivre et vous aurez du cuivre sans ombre; ajoutez de l'argent jaune (electrum) et vous aurez de l'or; avec l'or, du chrysocorail métallique. Le même effet s'obtient avec l'arsenic jaune et la sandaraque... la nature triomphe de la nature. »

Le texte grec présente un sens clair et bien défini : il décrit un procédé pour blanchir superficiellement le cuivre, avec du mercure éteint préalablement en le mélangeant avec diverses substances, et pour communiquer une coloration dorée au métal blanchi d'abord. C'est, comme je l'ai montré [3], un artifice d'orfèvre pour teindre superficiellement les métaux; artifice qui est devenu par la suite, entre les mains des praticiens et surtout dans les écrits des écrivains mystiques, un prétendu procédé de transmutation : la même destinée a changé la signification réelle des deux petits traités de Chrysopée et d'Argyropée, attribués à Démocrite, lesquels avaient à l'origine un sens technique et positif.

Mais ce qu'il y a ici peut-être de plus remarquable, au point de vue critique, c'est de voir comment les traductions successives du grec en arabe, ou en hébreu, puis en latin, ont rendu le texte initial à peu près inintelligible, par la multiplication des mots équivalents et des contresens.

[1] C'est le nom grec de l'arsenic, traduit avec le sens littéral et commun du mot ἀρσένικον : ce qui concourt à rendre le texte latin inintelligible.

[2] C'est-à-dire la pâte de mercure éteint ainsi préparée.

[3] *Introduction à la Chimie des anciens*, p. 53.

La *Turba* continue, en supprimant la suite du texte grec pour arriver à un développement déclamatoire, toujours traduit du grec. On lit en effet dans la *Turba* : « Ô natures célestes, multipliant les natures véritables par la volonté divine ! Ô nature puissante qui triomphe des natures (opposées) et les surmonte, tandis qu'elle se plaît et se réjouit avec les natures (semblables) ! C'est à elle que Dieu a attribué le pouvoir que le feu ne possède pas. » Il existe un texte grec de Démocrite qui débute à peu près de même [1]; mais le développement de la *Turba* se rapproche encore davantage d'un texte analogue de Stéphanus [2], lequel était déjà un commentateur mystique du Pseudo-Démocrite.

Voilà comment la *Turba* reproduit à peu près les débuts de la Chrysopée de Démocrite.

Or il arrive ici une circonstance bien caractéristique, qui montre comment le commentateur se borne à donner des extraits des textes anciens, sans se préoccuper autrement de savoir si ces extraits conservent le sens définitif et la signification pratique de l'écrit original. C'est ainsi que la *Turba* supprime la suite de la Chrysopée du Pseudo-Démocrite, pour arriver à l'Argyropée du même auteur, dont l'exposition est faite par Lucas (*Th. chem.*, t. I, p. 449). Je donnerai encore sur ce sujet les deux textes parallèles de la *Turba* et du Pseudo-Démocrite.

Turba : « Prenez le vif-argent tiré du mâle et coagulez-le suivant son usage... et déposez-le sur le fer ou l'étain ou le cuivre déjà traité, et (le métal) sera blanchi. Semblablement la magnésie devient blanche et le mâle est changé avec elle. L'aimant a une certaine affinité pour le fer : voilà pourquoi notre nature se réjouit. Prenez donc la nuée, que vos prédécesseurs vous ont prescrite. Et cuisez-la avec son propre corps, jusqu'à ce qu'il se forme de l'étain. Suivant l'usage, purifiez-la de sa couleur noire, lavez et faites cuire à un feu régulier, jusqu'à ce qu'elle blanchisse. Le vif-argent convenablement traité blanchit tous les corps. Car la nature transforme la nature. »

[1] *Collect. des Alchimistes grecs*, trad., p. 50.

[2] Ideler, *Physici et medici græci minores*, t. II, p. 199

Cette exposition latine de la *Turba* suit de près le texte grec ancien, dont voici la traduction (*Coll. des Alch. grecs*, trad., p. 53) : « Fixez suivant l'usage le mercure tiré de l'arsenic[1]; projetez-le sur le cuivre, ou sur le fer traité par le soufre, et le métal deviendra blanc. Le même effet est produit par la magnésie blanchie[2], par l'arsenic transformé, la cadmie, etc. Vous amollirez le fer, en y ajoutant de la magnésie ou du soufre... ou de la pierre magnétique; car la pierre magnétique a de l'affinité pour le fer. La nature charme la nature. Prenez la vapeur précédemment décrite, etc... Cette préparation blanchit toutes sortes de corps métalliques... La nature triomphe de la nature. »

Le sens grec a un sens pratique, qui a disparu dans la traduction latine de la *Turba*. Mais la filiation de cette dernière n'est pas douteuse.

On voit comment la traduction dernière, au moins sous la forme qu'elle présente aujourd'hui, après avoir traversé trois langues successives, non sans diverses suppressions, s'est trouvée remplie de contre-sens et est devenue incompréhensible. Si nous ne connaissions pas les textes grecs originaux, déjà altérés eux-mêmes, et surtout le papyrus de Leyde, lequel est purement technique, il ne serait plus possible de reconnaître le sens primitif de ces phrases incohérentes. Cependant ce sont de tels textes mutilés et faussés qui ont servi ensuite de point de départ aux études et aux méditations des alchimistes du moyen âge.

La *Turba* poursuit cette traduction approximative et incomplète pendant une trentaine de lignes, dont je crois devoir fournir le sommaire, pour compléter ma démonstration.

Turba : « Prenez de la magnésie, de l'eau d'alun, de l'eau de fer, de l'eau de mer; blanchissez au moyen de la fumée. Cette fumée est

---

[1] C'est-à-dire l'arsenic métallique, comme je l'ai établi.

[2] Mercure éteint ou amalgamé, comme il a été dit plus haut.

blanche et blanchit tout... La magnésie en blanchissant ne laisse pas perdre les esprits, ni apparaître l'ombre du cuivre, parce que la nature renferme la nature... Faites cuire pendant sept jours, jusqu'à ce que le produit devienne comme du marbre brillant. Quand cela arrive, il y a un très grand mystère, parce que le soufre est mêlé au soufre, etc. Ces préceptes relatifs à l'art de l'argent (*de nummorum arte*) suffisent pour les gens raisonnables. »

Le texte grec a une étendue plus que double de celui de la *Turba*: j'en traduirai seulement les phrases correspondantes, afin de mieux montrer le procédé suivi dans la traduction :

« Magnésie blanche ; blanchissez-la avec de la saumure et de l'alun lamelleux, dans de l'eau de mer ou dans le jus de citron, ou bien dans la vapeur de soufre. Car la vapeur de soufre, étant blanche, blanchit tout... La magnésie blanchie ne rend pas les corps métalliques fragiles et ne ternit pas l'éclat du cuivre. La nature domine la nature... Opérez pendant six jours, jusqu'à ce que la préparation devienne semblable à du marbre. Quand elle sera devenue telle, il y aura là un grand mystère », etc.

Les deux dernières pages de l'Argyropée grecque sont supprimées dans la *Turba*.

J'ai cru nécessaire de présenter ces citations avec quelques développements, afin de montrer le caractère véritable de la *Turba* et d'expliquer comment cette compilation est, parmi les textes latins originaux ou traduits de l'arabe au moyen âge, celle qui se trouve dans la relation la plus prochaine avec les alchimistes grecs.

Une telle relation cependant ne saurait être regardée comme tout à fait directe. S'il est certain que le texte de la *Turba* est tout imprégné des idées et des pratiques des alchimistes grecs, à tel point qu'on pourrait presque mettre à côté de chaque phrase de la *Turba* un texte grec analogue ; s'il est démontré que des pages entières ont même été traduites réellement du grec : néanmoins la transmission ne saurait être envisagée comme s'étant faite sans intermédiaire. Car les noms des auteurs des textes traduits ou imités se sont perdus en route et ont été presque toujours remplacés par d'autres, les uns appartenant à la série des alchimistes grecs connus, les autres nouveaux et inconnus d'ailleurs. Déjà cette confusion commence à apparaître dans les écrits de Stéphanus, de Comarius et des auteurs grecs du vII⁰ siècle; elle a dû augmenter, jusqu'au jour où un écrivain a eu l'idée de former en arabe, ou en hébreu, cette collection de dires, qui porte le nom de *Turba philosophorum*. Peut-être la première rédaction en avait-t-elle été faite en langue grecque. Les livres arabes de Cratès et de El Habib, que je publie dans un autre volume du présent ouvrage, mettent le caractère réel de ces transmissions dans tout son jour.

C'est ainsi que les doctrines mêmes, qui étaient claires et jusqu'à un certain point logiques chez les alchimistes grecs, ont été embrouillées et confondues par le premier rédacteur de la *Turba* : il paraît avoir joué simplement le rôle d'un compilateur, ne comprenant pas le fond des choses, c'est-à-dire les faits et les pratiques, en partie réelles, en parties illusoires, de ces anciens expérimentateurs. Il s'est attaché surtout à la partie mystique, comme Stéphanus l'avait fait déjà. L'œuvre du compilateur de la *Turba* est une sorte de bouillie de faits et de théories anciennes, non digérées, qu'il commente à la façon d'un théologien, ne s'avisant jamais de révoquer en doute les textes sur lesquels il s'appuie.

Ainsi le sens expérimental des vieux écrits grecs s'est perdu tout à fait à travers ces traductions successives, ces extraits et ces abréviations de commentateurs, et il n'a guère subsisté, je le répète, que la partie mystique et chimérique, laquelle, une fois isolée, n'a cessé de grandir et de se développer dans les écrits de leurs successeurs. La tradition théorique a ainsi perdu presque tout contact avec la tradition pratique, laquelle se transmettait d'un autre côté et simultanément chez les orfèvres, les céramistes, les peintres, les pharmaciens, les médecins et les métallurgistes. La trace de cette dernière est certes la plus intéressante à connaître; mais elle est bien plus difficile à suivre, quoiqu'on la retrouve encore de loin en loin dans les écrits de certains auteurs, plus fidèles aux vieilles méthodes scientifiques. En tout cas, les détails que je viens de présenter fixent, je crois, un nouveau jalon dans cette obscure et difficile histoire de la transmission des sciences antiques aux Occidentaux, pendant le moyen âge.

CHAPITRE III.

DERNIÈRES TRACES DES ÉCRITS ALCHIMIQUES GRECS
CHEZ LES AUTEURS LATINS PROPREMENT DITS DU MOYEN ÂGE.

J'ai montré, dans ce qui précède, que les écrits latins du moyen âge, traduits ou imités de l'arabe, la *Turba philosophorum* en particulier, renferment de nombreux emprunts faits aux alchimistes grecs; la connaissance de ces derniers n'ayant pas été transmise aux alchimistes latins eux-mêmes directement, mais seulement par des intermédiaires orientaux. Je me propose de poursuivre cette étude, en recherchant les traces analogues qui peuvent subsister, non plus dans les traductions latines, mais dans les traités alchimiques proprement dits du XIIIᵉ siècle et du commencement du XIVᵉ siècle : je parle des écrits dont les auteurs sont désignés nominativement, tels que les livres attribués à Arnaud de Villeneuve, à Raymond Lulle, à Roger Bacon, à Albert le Grand, à saint Thomas d'Aquin, etc. [1]. Que ces désignations nominales soient authentiques, comme il est sûr ou probable pour les ouvrages d'Arnaud de Villeneuve et de Roger Bacon; douteuses, comme pour l'Alchimie d'Albert le Grand; ou bien purement fictives, comme pour les livres chimiques attribués à Raymond Lulle, ou à saint Thomas d'Aquin; il n'en est pas moins certain que la plupart des ouvrages eux-mêmes ont été écrits vers le temps des personnages auxquels ils sont attribués, ou peu de temps après leur mort.

[1] Les citations tirées de ces vieux auteurs ne doivent pas être confondues avec certains extraits, empruntés directement à la traduction latine du Pseudo-Démocrite et de divers autres alchimistes grecs, publiée par Pizimentius en 1573 (*Democriti de Arte Magna*). Ces extraits figurent en effet dans la *Bibl. chem.* de Manget, t. II, p. 361, et dans le *Theatr. chem.*, t. I, p. 776. Ils comprennent des textes traduits de Démocrite, de Synésius et surtout de Stéphanus et de Psellus. Mais tous ces textes étaient inconnus du moyen âge latin et ils ne sont parvenus en Occident qu'au XVIᵉ siècle.

C'est ce que montrent à la fois l'examen intrinsèque du contenu de
ces ouvrages et les citations qui y sont relatées, ainsi que l'examen
des autres livres où ils sont cités eux-mêmes, enfin le fait même de
l'autorité encore présente du nom, sous le patronage duquel ils ont été
mis. C'est là d'ailleurs, je pense, une opinion généralement acceptée.
Or la détermination de la date approximative vers laquelle ces ouvrages ont été composés représente tout ce qui est nécessaire pour la
recherche qui va suivre.

On rencontre chez les auteurs latins précités certains aphorismes et
même certaines doctrines, empruntés, à l'origine, aux alchimistes grecs.
Mais ce sont des emprunts de troisième ou quatrième main : en effet,
contrairement à ce qui arrive pour la *Turba* et pour les traductions
latines de l'arabe, ces aphorismes et ces doctrines ne sont rapportés
par Arnaud de Villeneuve, par Roger Bacon, etc., à aucun nom
d'auteur alchimique grec proprement dit, tel que Démocrite, Marie,
Ostanès, Stéphanus et les autres écrivains cités nominativement dans la
Turba. Dans Arnaud de Villeneuve et autres, les citations sont rapportées tantôt à la dénomination vague *Philosophi*, tantôt à la *Turba* elle-
même, ou bien aux Arabes, à Morienus, à Avicenne, etc., c'est-à-dire
aux traductions latines des ouvrages attribués à ces derniers auteurs.

Citons quelques exemples précis, en commençant par Arnaud de
Villeneuve, lequel est assurément plus voisin que les autres de la tradition arabe.

On lit dans le *Thesaurus Thesaurorum*, ouvrage qui porte le nom
d'Arnaud de Villeneuve [1] : *Unde dicunt philosophi : Nisi corpora fiunt incorporea nihil operamini.* « C'est pourquoi les philosophes disent : Si les
corps ne sont rendus incorporels, vous n'aurez rien fait. » Cet axiome,
emprunté aux Grecs, se retrouve dans le traité *Flos florum* (p. 682 du
tome I de la *Bibl. chem.*). Mais on voit que dans Arnaud de Villeneuve
il a cessé d'être attribué à Marie, ou à tout autre alchimiste grec,
désigné nominativement.

_____

[1] *Bibliotheca chemica*, t. I, p. 665.

Un peu plus loin (p. 677), on lit : *Philosophorum magnesies de qua philosophi extraxerunt aurum in corpore ejus occultatum.* « La magnésie des philosophes dont ils retirent l'or caché dans son corps. » De même, et dans des termes plus conformes aux vieux textes : *Quando philosophi nominaverunt argentum vivum et magnesiam, dicentes : Congelat argentum vivum in corpore magnesiæ* « Quand les philosophes ont nommé le mercure et la magnésie disant il solidifie le mercure dans le corps de la magnésie » (p. 683). Il s'agit, on le voit, de l'or caché dans le corps (métallique) de la magnésie des philosophes, ou fixé par son intermédiaire; de même que dans le Pseudo-Démocrite grec, qui était encore cité par la *Turba*. Mais ici nous n'avons plus que la désignation vague des « philosophes ».

Relevons encore ces aphorismes : *Convertere naturas et quod quæris invenies.* « Transmutez les natures et vous trouverez ce que vous cherchez. »

Facimus quod est superius sicut quod est inferius (p. 681). « Faisant monter en haut ce qui est en bas. »

Infinita nomina imposuerunt ne ab insipientibus perciperetur quoquo modo si ipsum nominarent; tamen unus est (lapis) et idem opus. « Ils ont donné à la pierre philosophale une infinité de noms, pour empêcher les gens incapables d'entendre...; cependant elle est une, et l'œuvre une. » Toutes ces citations sont anonymes.

Dans les mêmes ouvrages, Arnaud de Villeneuve cite au contraire nominativement la *Turba*, Géber, Morienus, Avicenne, le Senior, Miseris, c'est-à-dire Micreris (p. 691), etc. La *Turba* en particulier y est invoquée à plusieurs reprises, et Arnaud lui attribue même l'aphorisme des Grecs : *Æs ut homo corpus habet et animam.* « Le cuivre est comme l'homme; il a un corps et une âme. »

Ceci montre bien quelle est la source véritable des emprunts et de la doctrine alchimique d'Arnaud de Villeneuve. Il ne remonte jamais au delà de la *Turba* et des traductions latines des livres arabes.

De même Roger Bacon, lequel demeure dans un vague encore plus marqué; car il reproduit les vieux axiomes, sans les assigner d'ordinaire à personne, si ce n'est aux « précurseurs de cet art ». Ainsi dans le *Speculum Alchemiæ*, ouvrage qui lui est attribué [1], on lit *Præcursores istius artis dicunt : Natura naturam superat, et natura obvians suæ naturæ lætatur.* « Les précurseurs de cet art divin disent : La nature triomphe de la nature et la nature se réjouit en rencontrant une nature identique. » La sentence : *Quia enim corpora in regimine fiunt incorporea et ex inverso incorporea corporea* « les corps dans le cours du traitement deviennent incorporels et réciproquement », est citée pareillement sans aucune attribution d'auteurs (p. 615 du tome I de la *Bibl. chem.*). De même encore ce vieil aphorisme : « Sache que toute la préparation s'accomplit avec une seule chose, la pierre; par une seule voie, la cuisson, et dans un seul vase. »

Dans le *De secretis operibus artis et naturæ* de Roger Bacon, à propos de l'axiome : « Prends cette pierre qui n'est pas pierre, etc. » (*Bibl. chem.*, t. I, p. 619-622), l'auteur invoque l'autorité du Pseudo-Aristote *In libro secretorum*. Il s'agit de la prétendue lettre d'Aristote à Alexandre, sur le grand art, dont nous possédons une traduction latine, avec paraphrase, dans le *Theatrum chemicum*, lettre qui existait déjà en langue syriaque, d'après Assemani [2]. Ailleurs on trouve dans Roger Bacon le nom de l'astrologue bien connu Albumazar. En général, Roger Bacon cite peu de noms propres; mais on voit que ses auteurs sont d'origine orientale.

De même les ouvrages alchimiques du XIVᵉ siècle, tels que l'Alchimie attribuée à Albert le Grand, les livres de P. Bonus de Pola, le

---

[1] *Bibl. chem.*, t. I, p. 616.
[2] *Bibliothèque orientale* d'Assemani, t. III, p. 361; *Th. chem.*, t. V, p. 880 et suiv. Le début est d'un moine chrétien; mais on peut rapporter au vieux texte la théorie de la pierre philosophale assimilée au serpent, la description du développement et des propriétés de celui-ci, les changements graduels des éléments, l'élixir de longue vie (p. 885), et surtout l'invocation à Alexandre, souverain des hommes, gardien de la machine du monde, etc., et plus loin (p. 886) l'indication du roi Antiochus et de son char. Ces dernières indications accusent l'origine syriaque du traité; mais l'écrit primitif a été interpolé et mélangé avec des paraphrases successives. — Peut-être Roger Bacon a-t-il fait allusion à un autre opuscule, que j'ai cité plus haut, p. 248.

Lilium de spinis evulsum de Guillaume Tecenensis, les écrits d'Ortholanus, etc., reproduisent plus ou moins fréquemment certains axiomes
alchimiques; mais toujours d'après la *Turba*, ou d'après les textes
arabico-latins. Ce sont également les textes arabico-latins et surtout
Avicenne, le prétendu Rasès, le faux Aristote, que cite Vincent de
Beauvais, dans son exposé des théories alchimiques, rapportées au
Speculum naturale (l. VIII). J'y relève aussi une citation du Parménide
de la *Turba* (ch. xlii). Mais Vincent de Beauvais ne paraît avoir eu
aucune connaissance directe des alchimistes grecs, ni même arabes.

Le Pseudo-Raymond Lulle est beaucoup plus vague dans ses citations que les auteurs précédents; elles sont rares d'ailleurs. J'y trouve
en effet peu de textes précis, se rattachant à la tradition directe ou indirecte des Grecs. Citons cependant le suivant[1] : « Au début de notre
préparation (*magisterii*) se trouve la solidification de notre mercure
dans notre magnésie, effectuée par art et procédé certain. » Un peu
plus loin, on lit les noms d'Arnaud de Villeneuve (p. 59 du *Th. chem.*,
t. IV), d'Avicenne (p. 82), d'Averroès (p. 92), etc. C'est toujours la
même filiation arabico-latine.

Dans la *Theorica*, attribuée à Raymond Lulle, on lit un développement précis des relations et des transformations réciproques des éléments, c'est-à-dire de l'une des doctrines les plus générales des alchimistes; il ne sera pas peut-être sans intérêt d'en montrer l'origine
grecque et le passage aux Latins, par la voie des traductions d'ouvrages
orientaux.

Voici d'abord le passage de l'ouvrage du Pseudo-Raymond Lulle[2] :
« La nature ne passe pas d'une chose à son contraire, sans intermédiaire. L'eau est amie de l'air, par l'intermède de la qualité humide, et
voisine de la terre, par la qualité froide...; la terre est voisine du feu,
par sa sécheresse, et le feu est voisin de l'air, par sa chaleur... La
combustion et la raréfaction sont la voie originale pour la transmutation des éléments. » Et plus loin : « Le sec et l'humide étant des qua-

[1] *Theat. chem.*, t. IV, p. 48. — [2] *Ibid.*, t. IV, p. 41.

ALCHIMIE. — II. 35

IMPRIMERIE NATIONALE.

lités opposées... le sec passe d'abord par le froid, puis le froid par l'humide, et le dernier revient à l'état chaud, etc. C'est ainsi que la roue des éléments tourne dans la nature. »

Arnaud de Villeneuve écrit à peu près de même [1] : « Le sec ne se change pas en humide sans avoir été froid, c'est-à-dire eau; la terre ne se change pas en air, si elle n'a été auparavant dans l'état d'eau, » etc.

Une semblable doctrine est courante chez les alchimistes du XIIIe siècle. Vincent de Beauvais l'expose dans les mêmes termes [2]. Dans le *Liber philosophiæ occultioris*, attribué à Alphonse X, roi de Castille, *sapientissimus Arabum* [3], qui se rattache à la tradition arabe, la même théorie est développée, avec des subtilités fastidieuses et indéfinies.

Or cette théorie se rattache à celle des alchimistes grecs et byzantins. On lit en effet dans la cinquième leçon de Stéphanus [4] : « Le feu, étant chaud et sec, engendre la chaleur de l'air et la fixité de la terre; de telle sorte que, possédant deux qualités, il devient triple élément. Ainsi l'eau, étant humide et froide, engendre l'humidité de l'air et la froideur de la terre; de telle sorte que, possédant deux qualités, elle devient triple élément. Ainsi la terre, étant froide et sèche, engendre l'humidité de l'eau et la sécheresse du feu; de telle sorte que, possédant deux qualités, elle devient triple élément. Pareillement l'air étant chaud et humide, il engendre la chaleur du feu et l'humidité de l'eau, de telle sorte, etc. »

C'est précisément la même doctrine que celle d'Arnaud de Villeneuve et de Raymond Lulle. Cependant ils ne l'ont pas connue directement, mais par l'intermédiaire des Arabes, comme je vais le montrer. Mais auparavant, continuons à reproduire Stéphanus et les développe-

---

[1] *Bibl. chem.*, t. I, p. 666.

[2] *Terra frigida et arida frigidæ aquæ connectitur; aqua frigida et humida aeri humido astringitur; aer humidus et calidus calido igni associatur; ignis calidus et aridus aridæ terræ copulatur.* « La terre froide et sèche se lie à l'eau froide; l'eau froide et humide est rattachée à l'air humide; l'air humide et chaud est associé à la chaleur du feu; le feu chaud et sec se joint à la terre sèche. » (*Spec. nat.*, l. III, chap. x.)

[3] *Theat. chem.*, t. V, p. 855.

[4] Ideler, *Physici et medici græci minores*, t. II, p. 221.

ments pythagoriciens et astrologiques qu'il donne à sa doctrine, développements qui ont joué un grand rôle dans l'histoire de l'alchimie du moyen âge.

D'après ce qui précède, on voit que chaque élément affecte trois positions distinctes, l'une en soi, les deux autres dans ses rapports avec deux éléments contigus : cela fait en tout douze positions élémentaires. Stéphanus s'attache aussitôt à ce nombre douze et s'écrie que les transformations réciproques des éléments sont dominées par le dodécaèdre et que leurs changements s'opèrent d'après une rotation circulaire, qui fait traverser successivement aux sept métaux, constitués par les quatre éléments, les douze positions définies plus loin. Il assimile ces douze positions aux douze signes du zodiaque, dont le groupement constitue les quatre saisons et qui sont parcourus par les sept planètes, répondant aux sept métaux formés sous leurs influences.

Nous touchons ici au cœur des rapprochements sophistiques et mystiques entre l'astrologie et l'alchimie, lesquels remontent, comme je l'ai montré ailleurs [1], jusqu'aux Babyloniens. Ils se présentent dans le texte précédent sous la forme d'une doctrine, dérivée à la fois d'Aristote et de Pythagore.

Or nous trouvons les mêmes relations dans le traité du faux Aristote sur la pierre philosophale, prétendu adressé à Alexandre le Grand, traité qui a existé en langue syriaque et dont nous possédons une traduction ou imitation latine avec paraphrases [2]. Voici ce qu'on y lit (p. 881 du *Th. chem.*) : «La conjonction et la révolution des sept planètes à travers les sphères des signes (du zodiaque) dirige les mutations des quatre éléments, les fait varier et permet de les prévoir.»

La doctrine même des transformations des éléments, opérée par l'intermède d'une qualité moyenne, se rattache étroitement à certaines théories aristotéliciennes, dont elle constitue, à proprement parler, une traduction alchimique. Cette traduction était déjà faite, on vient de le voir, chez les alchimistes byzantins. Ce sont eux qui l'ont trans-

---

[1] *Origines de l'Alchimie*, p. 45. — [2] *Theat. chem.*, t. V, p. 880-892.

mise aux Arabes, d'où elle est parvenue aux Latins, avec le reste des doctrines alchimistes, vers le xiiie siècle.

Il en est de même de la théorie fondamentale de la transmutation, celle de la matière première ou mercure des philosophes. Mais, tandis que les précédentes ont été transportées à peu près sans changement, celle-ci, au contraire, a éprouvé en passant par les Arabes une modification profonde et un développement nouveau; il n'est peut-être pas sans intérêt de les signaler ici, afin de montrer l'origine de certaines idées qui ont dominé la science jusqu'au xviiie siècle.

La théorie de la matière première, capable d'engendrer tous les corps par ses déterminations spécifiques, remonte à Platon, c'est-à-dire au Timée[1]. Elle a été appliquée par les alchimistes grecs à la constitution des métaux, supposés formés par une matière première métallique, qui était le plomb pour les anciens Égyptiens[2], et qui est devenue le mercure à l'époque alexandrine. Les propriétés du mercure ordinaire ne suffisant pas pour expliquer les phénomènes, l'arsenic métallique lui fut d'abord assimilé, d'après certaines analogies de réactions[3], puis on imagina un mercure quintessencié, le mercure des philosophes, constitutif de tous les métaux. Cette théorie est développée très nettement par Synésius[4], dès le ive siècle de notre ère. Ajoutons que ce mercure devait être fixé, c'est-à-dire rendu solide et non volatil, puis coloré par une matière tinctoriale spéciale (pierre philosophale), dérivée elle-même du soufre, ou plus généralement du soufre et d'un corps congénère, l'arsenic (c'est-à-dire l'arsenic sulfuré des modernes).

Voilà comment les alchimistes grecs s'efforçaient de former les métaux par artifice, le plus souvent avec le concours de formules mystérieuses et magiques, en opérant sous l'influence des astres favorables. J'ai exposé toute cette théorie, avec les textes qui l'établissent historiquement, dans mes Origines de l'Alchimie[5]. Stéphanus notamment, au

---

[1] Origines de l'Alchimie, p. 264.
[2] Ibid., p. 239; Coll. des Alch. grecs, trad., p. 167.
[3] Introd. à la Chimie des anciens, p. 239.
[4] Coll. des Alch. grecs, trad., p. 67.
[5] Origines de l'Alchimie, p. 271 et 279.

VIIᵉ siècle de notre ère, l'a présentée à peu près dans les mêmes termes que Synésius, et c'est ainsi qu'elle est parvenue aux Arabes.

Ceux-ci ont précisé encore davantage la théorie, jusque-là demeurée un peu vague : on la trouve exposée dans les traductions latines d'Avicenne et du Pseudo-Aristote, avec une plus grande clarté. Ces auteurs, le dernier en particulier, sont cités expressément dans le *Speculum naturale* de Vincent de Beauvais : ce qui assigne aux idées dont nous parlons une date certaine, antérieure au milieu du XIIIᵉ siècle.

Je ne crois pas téméraire d'admettre qu'elles aient été exposées réellement dans les textes arabes, jusqu'ici inédits ou perdus, du véritable Avicenne et du Pseudo-Aristote arabe, lequel était contemporain, sinon disciple d'Avicenne. Elles étaient probablement connues au XIIᵉ siècle, et elles remontent assurément plus haut. En tous cas, les citations de Vincent de Beauvais et d'Arnaud de Villeneuve fixent avec certitude les limites du temps où ont été connus et traduits en Occident les ouvrages attribués à Avicenne et au Pseudo-Aristote.

Ceci étant établi, voici la constitution des métaux, d'après les auteurs arabico-latins cités dans Vincent de Beauvais et d'après le Pseudo-Aristote lui-même. Dans le livre *De perfecto magisterio* [1], ce dernier dit : « L'or est engendré par un mercure clair, associé avec un soufre rouge clair et cuit pendant longtemps sous la terre à une douce chaleur. »

De même, d'après Vincent de Beauvais [2], « Avicenne expose dans son Alchimie que l'or est produit dans le sein de la terre avec le concours d'une forte chaleur solaire, par un mercure brillant, uni à un soufre rouge et clair, et cuit, en l'absence des minéraux pierreux, pendant cent ans et davantage ».

Ailleurs (chap. LV), Vincent de Beauvais attribue à Avicenne cette opinion que « le mercure blanc, fixé par la vertu d'un soufre blanc, non combustible, engendre dans les mines une matière que la fusion

---

[1] *Bibl. chem.*, t. I, p. 642.
[2] Le texte du chapitre IV de Vincent de Beauvais porte *auro vivo*, au lieu d'*argento vivo*. Ces expressions ont été appliquées toutes les deux au mercure des philosophes. Au chapitre XVIII, c'est *argento vivo*.

change en argent. Le soufre pur, clair et rouge, destitué de vertu comburante, et le bon mercure clair fixé par le soufre engendrent l'or ».

L'argent, d'après le Pseudo-Aristote, est engendré par un mercure clair et un soufre blanc un peu rouge, en quantité insuffisante. Avicenne, cité par Vincent de Beauvais, dit à peu près la même chose [1], à cela près qu'il ajoute une cuisson de cent ans.

Le cuivre, d'après le Pseudo-Aristote, est engendré par un mercure trouble et épais, et un soufre trouble et rouge, etc. De même Avicenne dit ailleurs que « le mercure de bonne qualité et le soufre possédant une vertu comburante engendrent le cuivre ».

Rasès, d'après Vincent de Beauvais (chap. XXVI), ajoute que le cuivre est de l'argent en puissance : « Celui qui en extrait radicalement la couleur rouge le ramène à l'état d'argent, car il est en apparence cuivre et dans son intimité secrète argent. »

Le fer, d'après le Pseudo-Aristote, « est engendré par un mercure trouble, mêlé avec un soufre citrin trouble ». D'après Avicenne, cité dans Vincent de Beauvais, « le fer résulte d'un mercure épaissi et trop cuit ».

L'étain, d'après le Pseudo-Aristote, « est engendré par un mercure clair et un soufre blanc et clair, cuit pendant peu de temps sous la la terre; si la cuisson est très prolongée, il devient argent ». D'après Avicenne, cité dans Vincent de Beauvais, « l'étain résulte d'un mercure beau et clair, uni à un soufre détestable et mal cuit ».

Le plomb enfin, d'après le Pseudo-Aristote, « est engendré par un mercure épais, mêlé avec un soufre blanc, épais et un peu rouge ». D'après Avicenne, cité par Vincent de Beauvais, « les philosophes disent que le plomb est engendré sous la terre par un mercure grossier et épais, uni à un soufre détestable, brut, mélangé, mal cuit, et qu'il renferme plus de mercure que de soufre ». Ailleurs, il est dit que le plomb serait produit par l'union d'un mercure de mauvaise qua-

---

[1] *Spec. nat.*, l. VIII, ch. xv.

lité, c'est-à-dire pesant et boueux, et d'un mauvais soufre, fétide et de faible action.

Ces doctrines singulières montrent quelles idées on se faisait alors de la constitution des métaux et quelles théories guidaient les alchimistes, dans cette région ténébreuse et complexe des métamorphoses chimiques. Elles ont régné jusqu'à la fin du xviie siècle. Peut-être même ne serait-il pas difficile de retrouver des notions analogues dans les conceptions que plus d'un chimiste s'efforce aujourd'hui de mettre en avant sur les séries périodiques et sur la formation supposée des métaux dans les espaces célestes. Mais je ne veux pas m'arrêter davantage sur ce point, ayant exposé ces vieilles imaginations dans le but de fournir des jalons à l'étude historique et chronologique du développement des sciences de la nature en Occident.

CHAPITRE IV.

L'ALCHIMIE DANS VINCENT DE BEAUVAIS.

———

Dans l'Encyclopédie connue sous le nom de *Speculum majus*, Vincent de Beauvais a consacré à l'étude des métaux et matières minérales un certain nombre de chapitres de la partie intitulée : *Speculum naturale*. Le livre VIII, en particulier, est destiné presque entièrement à cette étude. L'alchimie, regardée alors comme une science, s'y trouve exposée dans une série de chapitres. Chacun de ces chapitres fait partie de l'histoire d'un métal ou d'un produit chimique spécial; ou bien encore expose une opération déterminée, tantôt réelle, telle que la calcination, tantôt chimérique, comme la teinture des métaux et la transmutation.

Au point de vue historique, qui nous préoccupe principalement, il convient de donner d'abord la liste des auteurs alchimiques cités par Vincent de Beauvais. Plusieurs sont anonymes, tels que l'*Alchimiste*, qui paraît aussi cité sous ce titre : *la Doctrine d'alchimie;* l'auteur appelé *Philosophus*, probablement synonyme du Pseudo-Aristote; l'auteur du *Livre de la Nature des choses;* celui du *Livre des Soixante-dix* (chapitres). D'autres écrivains sont désignés nominativement, tels que Aristote et son livre des *Météores* (Météorologiques); Rasès et son livre *des Sels et des Aluns;* Averroès et son livre *des Vapeurs;* Avicenne et son Alchimie, intitulée *De Animá*.

L'Alchimiste, ou *la Doctrine d'alchimie,* paraît être le titre d'un ouvrage général, connu au temps de Vincent de Beauvais, sinon contemporain, mais qui est perdu, ou du moins dont les manuscrits n'ont pas été signalés jusqu'ici. La théorie fondamentale qui y est exposée est la suivante (chap. LX) : « Dans les entrailles de la terre, en raison de leur vertu minéralisante, sont engendrés les esprits[1] et les corps (métalliques). Il y a quatre esprits : le mercure, le soufre, l'arsenic (sulfuré) et le sel ammoniacal; et six corps : l'or, l'argent, le cuivre, l'étain, le plomb, le fer. Les deux premiers corps sont purs, les autres impurs. Le mercure pur et blanc, fixé par la vertu du soufre blanc, non corrosif, engendre dans les mines une matière que la fusion change en argent. Uni au soufre pur, clair, rouge, non corrosif, il produit l'or, etc. » Suit la génération des autres métaux, que l'auteur envisage comme produits par un mercure et un soufre plus ou moins purs, et il ajoute : « Ces opérations que la nature accomplit sur les minéraux, les alchimistes s'efforcent de les reproduire : c'est la matière de leur science. »

Une doctrine analogue, avec certaines variantes, se retrouve dans les divers auteurs cités par Vincent de Beauvais. Elle dérive de celle des alchimistes grecs; mais la génération des métaux par le mercure et le soufre n'a pas été exposée par ces derniers sous une forme générale et méthodique, et il y a lieu de douter que cette théorie précise remonte au delà du xiie siècle. Elle devint alors classique et universelle, et ce fut la base des expériences des gens qui prétendaient posséder l'art de fabriquer les métaux artificiellement.

Mais presque aussitôt la réalité de cette opération, aussi bien que celle de la transmutation, soulevèrent des doutes, inconnus des alchimistes grecs et syriaques, et dont le développement paraît répondre à une date historique déterminée; car ils sont reproduits et discutés par la plupart des auteurs du xiiie siècle. Citons à cet égard le passage suivant de Vincent de Beauvais[2] : « Il paraît que par la dissolution dans l'eau[3], puis par la distillation, enfin par la solidification[4], on

---

[1] Ce mot était appliqué à toute substance volatile fuyant le feu : ce qui comprenait, à côté des quatre esprits minéraux, les produits tirés des plantes et des animaux par la distillation, ainsi qu'il est dit formellement plus loin.

[2] *Spec. nat.*, l. VIII, chap. LXXXVI.

[3] Ceci comprenait, dans l'idée de l'auteur, nos dissolutions chimiques par les acides, les alcalis, etc.

[4] Il faut entendre par ce mot, chez les anciens auteurs, toute opération qui

IMPRIMERIE NATIONALE.

réduit les corps à leur matière première. Cependant on ne réussit pas à amener les métaux artificiels à l'identité avec les métaux naturels et à leur communiquer la même résistance à l'analyse (*examinatio*) par le feu. On ne réussit pas, avec l'argent changé en or par la projection de l'élixir rouge, à le rendre inaltérable aux agents qui brûlent l'argent et non l'or, tels que les céments et le soufre, employés pour essayer l'or. De même l'élixir, projeté sur le cuivre pour le blanchir, ne le défend pas contre les agents qui brûlent le cuivre et non l'argent, tels que le plomb, » etc.

L'auteur du *Speculum naturale* ajoute un peu plus loin :

« D'après ce qui précède, il parait que l'alchimie est fausse jusqu'à un certain point. » Toutefois il n'ose pas se prononcer absolument, disant encore : « Cependant sa vérité a été prouvée par les anciens philosophes et par les opérateurs de notre temps. » Ces doutes se retrouvent chez les meilleurs esprits au XIIIᵉ siècle, tels que Albert le Grand et Roger Bacon.

Citons encore la phrase suivante (chap. xc), qui rappelle la doctrine de Stahl sur les métaux, envisagés comme des combinaisons des chaux métalliques avec un principe combustible : « Le feu qui calcine les métaux, sans les fondre, en brûle la partie la plus faible, c'est-à-dire la sulfuréité (partie sulfureuse ou combustible), et laisse intacte la partie la plus forte. »

La « Doctrine d'alchimie » et tous les auteurs cités par Vincent de Beauvais tournent dans un même cercle de doctrines et de faits; à peu près comme le font dans les temps modernes les écrivains scientifiques d'une époque déterminée. Il est dès lors facile, ainsi qu'il sera dit plus loin, de tracer le tableau de ces faits et, par suite, de reconnaitre si un ouvrage d'alchimie est postérieur au XIIIᵉ siècle. On peut l'affirmer, par exemple, de tout ouvrage où les acides azotique, chlor-

change un corps volatil en un corps fixe, ou un corps fusible en un corps infusible : par exemple, la calcination, le changement des métaux en oxydes, ou en sulfures, etc.

hydrique, sulfurique, l'eau régale, etc., sont clairement définis et distingués : c'est là un criterium délicat, mais très solide.

Quoi qu'il en soit, le livre de la « Doctrine d'alchimie » a disparu; sans doute parce que la substance en a passé dans les traités et manuels qui lui ont succédé dans les laboratoires, tels que l'Alchimie attribuée à Albert le Grand et les ouvrages congénères du XIVᵉ siècle.

Le traité *De naturis rerum*, cité par Vincent de Beauvais, porte un titre souvent reproduit au moyen âge, depuis Isidore de Séville : mais l'ouvrage même que cite Vincent de Beauvais paraît perdu : il renfermait des doctrines alchimiques; il y était dit, par exemple [1], « que le verre renferme du mercure, parce qu'il reçoit la teinture ».

Le *Livre des Soixante-dix* mérite une attention spéciale. Il existe dans le ms. 7156 de la Bibliothèque nationale, sous une forme développée, quoique mutilée. J'en présenterai l'analyse dans le présent volume. Le Géber arabe avait composé sous le même titre un ouvrage qu'il cite à plusieurs reprises, dans les textes dont je donnerai tout à l'heure des extraits. L'ouvrage que nous possédons a certainement pour noyau primitif celui de l'auteur arabe; mais il a été altéré et amplifié par les glossateurs. Donnons seulement, d'après le *Spec. nat.* (l. VIII, ch. XCIV), une phrase de ce livre latin, qui exprime une doctrine alchimique fort répandue au XIIIᵉ siècle : « Toute chose douée d'une qualité apparente possède une qualité occulte opposée, et réciproquement. Or le feu rend apparent ce qui est caché, et inversement. »

On lit pareillement dans le ms. 7156, au chapitre XXXII du *Livre des Soixante-dix* (fol. 76 vᵒ), les mots *ut ponas occultum manifestum*, suivis de toute une théorie de la constitution des métaux, fondée sur ces idées et sur leur composition radicale (*radix*), au moyen du froid et du chaud, du sec et de l'humide.

La même doctrine est exposée dans un passage du *Philosophus* (*Spec. nat.*, livre VIII, chap. LIV). Après avoir exposé comment le fer se mêle à l'or et ne peut plus en être séparé par fusion, ce qui est exact,

---

[1] *Spec. nat.*, liv. VII, ch. LXXXIX.

il ajoute : « Dans ses qualités apparentes (*manifestum*), le fer est chaud, sec, dur; dans sa constitution secrète (*occultum*), il possède les qualités opposées, la mollesse par exemple. Aussi ce qui est, quant aux apparences, mercure, est fer dans son intimité, etc. Dès lors, en modifiant les qualités du mercure dans leurs proportions relatives, on peut obtenir soit du fer, soit de l'argent, soit de l'or. » Dans un autre passage (ch. LXXXV) de Vincent de Beauvais, on lit : « Ce qui est extérieurement du cuivre, est intérieurement de l'or et comme l'âme du métal. »

Le Pseudo-Aristote, c'est-à-dire l'auteur qui a écrit le traité *De perfecto magisterio*, développe les mêmes idées. Elles remontent d'ailleurs en principe aux alchimistes grecs. « Transforme leur nature, car la nature est cachée à l'intérieur » : c'est là un axiome attribué à Démocrite par Synésius[1]. Ici donc, comme dans la plupart des cas, les gens du moyen âge n'ont fait que réduire en forme et systématiser les idées des philosophes et des savants de l'antiquité. Tout ceci mérite grande attention, si l'on veut entendre cette vieille philosophie chimique, qui ne saurait être indifférente aux historiens; car elle a constamment réagi sur la philosophie générale. En effet, les théories fondées sur l'existence simultanée dans les choses de qualités apparentes et de qualités occultes, opposées les unes aux autres, ont joué un grand rôle au moyen âge et on en trouve des restes, même de notre temps.

Rappelons encore que ces idées alchimiques se rattachent aux doctrines d'Aristote, exposées dans ses *Météorologiques*, doctrines d'après lesquelles « il y a quatre éléments, deux actifs : le chaud et le froid; deux passifs : le sec et l'humide (IV, 1). » « Le feu, l'air, l'eau, la terre naissent les uns des autres, et chacun des éléments existe dans chacun des autres en puissance (I, 3). » « Il y a deux exhalaisons : l'exhalaison sèche, qui fait les minéraux et pierres, tels que la sandaraque, l'ocre, la rubrique, le soufre, les cendres teintes, le

---

[1] *Collection des Alch. grecs*, trad., p. 64, 138.

cinabre, etc.; et l'exhalaison vaporeuse, qui engendre les métaux fusibles et ductiles, tels que le fer, le cuivre, l'or... (III, 7)[(1)]. »
« L'or, l'argent, le cuivre, l'étain, le plomb, le verre et beaucoup de pierres sans nom appartiennent à la classe de l'eau, parce qu'ils se liquéfient par la chaleur, etc. (IV, 10). »

En lisant ces passages, on comprend pourquoi les alchimistes ont cru suivre les traditions d'Aristote et comment un commentaire purement alchimique du 4e livre des *Météorologiques*, écrit au moyen âge, a été regardé comme faisant partie de l'œuvre authentique du maître. Cette suite prétendue au 4e livre des *Météorologiques* est citée en effet à diverses reprises, sous la même rubrique que des passages authentiques, par Vincent de Beauvais et par divers auteurs alchimiques.

Cependant une telle attribution est mise ailleurs en doute par Vincent de Beauvais lui-même (chap. LXXXV) : « Quelques-uns disent que le dernier chapitre des *Météorologiques*, où il est question de la transmutation des métaux, n'est pas d'Aristote, mais ajouté d'après quelque autre auteur. » Albert le Grand l'attribue formellement à Avicenne, d'autres à ses disciples; ce qui est fort vraisemblable, en raison des doctrines sur la constitution des métaux, en tant que formés de soufre et de mercure, doctrines développées tout au long par Avicenne.

Je relèverai encore, parmi les textes reproduits dans Vincent de Beauvais (chap. XLII et LXXXIV), la doctrine suivante, congénère de celle de saint Thomas d'Aquin, d'Albert le Grand et des auteurs latins du XIIIe siècle, qui étaient de puissants esprits philosophiques : « *Ex libro Metheororum :* Que les opérateurs en alchimie sachent ceci : les espèces naturelles ne peuvent être permutées; mais on peut en faire des imitations : par exemple, teindre un métal blanc en jaune, de façon à lui donner l'apparence de l'or; purifier le plomb, de telle sorte qu'il paraisse de l'argent; cependant il restera toujours plomb. Mais on lui donnera des qualités telles que les hommes s'y trompent.

[(1)] Ce passage est cité dans Vincent de Beauvais (*Spec. nat.*, livre VIII, chap. IV).

Cependant je ne crois pas qu'il y ait d'artifice capable de faire dis-
paraître la différence spécifique; mais on peut dépouiller le corps de
ses qualités ou accidents... On ne peut changer une substance en
une autre, à moins de la ramener à sa matière première. »

Signalons encore deux noms de philosophes anciens, cités à l'occasion de l'Alchimie par Vincent de Beauvais : Zénon, d'après un prétendu livre *De Naturalibus;* il lui attribue cette opinion qu'il existe
une vertu occulte universelle, créant les pierres par le feu (livre IX,
chap. IV). Plus loin il nomme Parménides [1], auquel il attribue un
énoncé obscur sur le plomb et l'étain, énoncé qui paraît se rapporter en fait à une phrase de la *Turba philosophorum (sententia* ou
sermo XII), phrase donnée avec des variantes considérables dans les
deux versions de cet ouvrage publiées par la *Bibliotheca chemica* de
Manget. Dans Vincent de Beauvais, elle semble signifier que le plomb
est de l'or en puissance.

Venons aux auteurs arabes cités nominativement par Vincent de
Beauvais; les seuls que j'y aie relevés sont : Averroès, Rasès, Avicenne
et Géber, ce dernier incidemment.

Averroès est donné dans le *Speculum naturale* comme l'auteur d'un
livre *De Vaporibus;* livre inédit, je crois, à supposer qu'il en existe
des manuscrits. Les passages reproduits ont un caractère pratique,
tandis que les théories sont obscures et confuses; mais il est inutile
de s'y arrêter.

Le nom de Géber apparaît deux fois : l'une dans une liste de noms
d'alchimistes, tirée de la traduction latine d'Avicenne, et sur laquelle
je reviendrai (chap. LXXXVII); l'autre extraite du livre de Rasès : *Des
Sels et des Aluns* (chap. LXXXV), comme je l'ai vérifié expressément [2]

[1] Voir livre VIII, chapitre XLII. On
y lit : *urmenides,* le P majuscule ayant
sans doute été omis dans le manuscrit
original, comme il arrive souvent. (Conf.
la *Bibliotheca chemica* de Manget, t. I,
p. 482.)

[2] Il s'agit du vitriol (*atramentum*). Rasès
dit : « Son traitement, comme dit Géber,
s'opère au moyen de l'aigle (c'est-à-dire
du sel ammoniac). Dans le vitriol il y a des
soufres subtils qui sont sublimés, teints et
peut-être tinctoriaux. »

dans le ms. 6514. Vincent de Beauvais ne reproduit donc aucun texte tiré d'ouvrages de Géber, vrais ou faux, qu'il ait eu entre les mains.

Aucune citation en particulier des œuvres latines que nous connaissons aujourd'hui sous le nom de Géber n'est donnée par Vincent de Beauvais, au milieu des extraits fort étendus qu'il fait de Rasès, d'Avicenne et des autres Arabes; Albert le Grand ne le cite pas davantage. Ces œuvres latines du faux Géber n'avaient donc pas autorité au milieu du XIIIᵉ siècle; peut-être même n'existaient-elles pas encore. Je reviendrai sur cette question.

Vincent de Beauvais reproduit, au contraire, un grand nombre de passages d'un ouvrage latin attribué à Rasès, sous le titre *De Salibus et Aluminibus*. Mais, chose singulière, ces citations, à l'exception d'une seule, ne se retrouvent pas dans l'ouvrage de même titre, contenu dans le ms. 6514 de la Bibliothèque nationale, ni dans aucun de ceux que j'ai parcourus. Les doctrines mêmes du dernier écrit, aussi bien que celles de l'ouvrage cité par Vincent de Beauvais, sont assurément bien plus modernes que l'époque de la vie du véritable Rasès arabe; j'examinerai plus loin ce problème.

L'auteur alchimique le plus fréquemment et le plus longuement cité dans le livre VIII du *Speculum naturale* est Avicenne. Il l'est d'après un traité d'alchimie intitulé : *De Animâ*. Or, ici, nous sommes sur un terrain plus solide. En effet, cette fois les citations se retrouvent, pour la plupart, dans un traité latin manuscrit qui porte le même titre, et qui est attribué à Avicenne, tant dans le ms. 6514 de la Bibliothèque nationale, écrit vers l'an 1300, que dans le volume imprimé sous la rubrique *Artis chemicæ principes* (Bale, 1572) : ce dernier est en conformité assez exacte (sauf variantes) avec le manuscrit, ainsi que je l'ai vérifié en détail. J'ajouterai qu'Avicenne a vécu au XIᵉ siècle, à une époque qui n'est pas assez éloignée de celle des traductions latines et des manuscrits, pour qu'on ait le droit de récuser l'authenticité de ces traductions. J'en donnerai bientôt une étude spéciale.

Mais il convient auparavant de rappeler très brièvement la composition du livre VIII du *Speculum naturale* de Vincent de Beauvais, afin de préciser l'état des connaissances effectives en chimie de son temps, et de fournir des termes exacts de comparaison avec les auteurs que nous analyserons tout à l'heure.

Le livre VIII du *Speculum naturale* parle d'abord des matières minérales, partagées en quatre genres, savoir : corps fusibles ou métaux, pierres, matières sulfureuses, sels. Les pierres précieuses et minéraux proprement dits n'y sont pas décrits, étant réservés au livre IX.

L'histoire de chaque métal est présentée séparément, en suivant une marche systématique; le compilateur résume d'abord les textes anciens de Pline, d'Isidore de Séville et autres; puis vient pour chaque corps un chapitre alchimique : *De operatione auri in alchimia; De operatione argenti, cupri, stanni, plumbi, ferri*, etc., chapitre où l'auteur reproduit des textes tirés de l'Alchimiste, des *Météorologiques* d'Aristote et de leur prétendue suite, de Rasès, d'Avicenne, etc., conformément à ce qui a été dit plus haut.

Aux chapitres LX et suivants commence l'étude des quatre esprits minéraux et du traitement (*operatio*) de chacun d'eux en alchimie.

Cela fait, l'auteur traite, au chapitre LXXIII, des autres minéraux, intermédiaires entre les corps et les esprits, et d'abord des aluns, des vitriols (*atramenta*), etc.

Il aborde ensuite la génération des minéraux, d'abord dans la nature, en exposant un mélange de chimères et d'observations réelles, tirées en grande partie des écrits latins d'Avicenne. Puis il examine leur génération artificielle, c'est-à-dire la pierre philosophale, ou élixir tinctorial, sous sa double forme : blanche pour l'argent, jaune (ou rouge) pour l'or. Suit une dissertation sur la réalité de l'alchimie, empruntée également au même auteur. L'indication des noms des principaux alchimistes (chap. LXXXVII) est prise également dans la traduction latine de l'ouvrage attribué à Avicenne.

Suivent des chapitres d'ordre pratique sur les procédés (*claves*) et instruments; sur les variétés de feux employés dans les préparations; sur la calcination et autres opérations; sur la soudure des métaux; sur la préparation du vermillon, du cinabre et de l'orichalque (laiton). Le livre VIII se termine par la description des matières colorantes ou couleurs, tant naturelles que factices : sinopis, or, rubrique, siricum, céruse, minium, chrysocolle, bleu et pourpre, etc. (jusqu'au chap. CVI), d'après Pline et les auteurs anciens[1].

En somme, par rapport à ceux-ci, le livre VIII ne renferme que deux ordres de connaissances originales : celles qui concernent les vitriols et sels, et la transmutation métallique. Pour le surplus, nous rentrons dans ce genre des connaissances techniques, dont la tradition avait été transmise directement par l'intermédiaire des pratiques des arts et métiers, et qui vint se confondre au XIIIe siècle avec les connaissances scientifiques réimportées en Occident par les Arabes. J'ai déjà insisté sur ce double courant, et j'en ai montré l'association dans les manuscrits latins du XIIIe siècle[2] ; nous le retrouvons dans Vincent de Beauvais.

Quoi qu'il en soit, on voit par ces détails et cette analyse que l'alchimie, confondue avec la chimie, était regardée au XIIIe siècle comme une matière de connaissances positives, liées entre elles par une certaine doctrine scientifique, et traitée sérieusement par les expérimentateurs, aussi bien que par les philosophes. Si la vanité de la transmutation apparaissait déjà aux esprits les plus sagaces, cependant cette opération demeurait encore admise par beaucoup comme possible *a priori;* nous ne saurions même aujourd'hui en démontrer l'impossibilité. On ajoutait qu'elle était réalisable en fait, à l'aide de certaines pratiques, dont on comprenait mal la portée et la signification véritable.

En résumé, nous possédons dans l'ouvrage de Vincent de Beauvais une base solide pour la comparaison et la critique des ouvrages latins qui ont été donnés au XIIIe et au XIVe siècle, comme traduits des alchimistes arabes.

---

[1] *Introd. à la Chimie des anciens,* p. 228. — [2] Ce volume, p. 66.

CHAPITRE V.

L'ALCHIMIE DANS ALBERT LE GRAND.

Un criterium analogue peut être tiré des écrits d'Albert le Grand, autre encyclopédiste et philosophe du XIIIᵉ siècle : je ne parle pas ici de l'alchimie qui porte le nom de cet auteur, ouvrage méthodique et sérieux, lequel appartient à une époque un peu postérieure, et est dû soit à un homonyme, soit à un écrivain qui a mis en tête de son œuvre le nom autorisé d'Albert le Grand[1]. Mais le livre *De Mineralibus* a toujours été regardé comme faisant partie de l'œuvre authentique d'Albert le Grand : il figure déjà sous son nom dans le ms. 6514 de la Bibliothèque nationale, écrit vers l'an 1300, c'est-à-dire presque contemporain. Or, ce traité discute longuement les opinions et les théories alchimiques.

Les auteurs alchimiques cités sont, les uns anciens, tels que Hermès, Aristote, Démocrite, Empédocle, Callisthène; les autres récents, tels que Gilgil de Séville et Avicenne.

Il n'y a lieu d'insister ni sur Hermès, le créateur mythique de l'alchimie, ni sur Aristote; si ce n'est pour rappeler qu'Albert le Grand, tout en lui attribuant des opinions chimériques sur les vertus des pierres, en distingue formellement son continuateur Avicenne[2]. Le nom de Démocrite semble un souvenir des alchimistes grecs; mais la tradition directe de ces derniers est perdue, les doctrines qui lui sont assignées n'ayant rien de commun avec celles de l'auteur des *Physica et mystica*, pas plus qu'avec celles du véritable philosophe grec. Par exemple, l'idée de la génération et de la vie des pierres dans la nature conduisait les hommes du moyen âge à leur supposer un principe de

---

[1] *Introd. à la Chimie des anciens*, p. 207. Voir aussi, sur la *Practica Jacobi Theotonici*, le présent volume, p. 155. — [2] Voir le présent volume, p. 285.

vie, c'est-à-dire une âme, et telle est l'opinion mise sous le nom de Démocrite par Albert le Grand[1]. La théorie d'après laquelle la chaux et la lessive seraient la matière première des métaux[2] n'est pas non plus inscrite dans l'opuscule de l'alchimiste grec.

Quant à Empédocle et Callisthène[3], ils paraissent cités, comme le Parménide de Vincent de Beauvais, d'après quelques apocryphes, que nous ne connaissons pas d'ailleurs et qui ne sont pas entrés dans la tradition générale.

Gilgil de Séville[4], dont Albert le Grand discute en détail les idées, paraît un personnage réel, également nommé par le Pseudo-Rasès, au moins dans la traduction latine[5].

Le nom de Géber apparaît une seule fois dans Albert le Grand (liv. II, 3), à propos de l'histoire des pierres précieuses, avec l'épithète qui mérite attention « de Séville ». S'agit-il de l'astronome, son homonyme espagnol? En tout cas, Albert le Grand n'a pas connu le Pseudo-Géber latin, ni ses œuvres.

Au contraire, Avicenne est cité à diverses reprises, et il s'agit bien de l'auteur du traité dont nous possédons la traduction latine, et auquel Vincent de Beauvais s'en réfère si souvent. Quoique les indications d'Albert le Grand soient moins précises, on ne saurait méconnaître leur concordance avec celles de l'ouvrage alchimique d'Avicenne[6].

Je ne développerai pas autrement l'analyse du traité *De Mineralibus*, qui se termine par une histoire des métaux, sels, minéraux, vitriols, tutie, marcassite, et autres composés; histoire analogue par son ordre et son contenu à celle qui figure dans Vincent de Beauvais. Je rappellerai seulement qu'Albert le Grand expose aussi la théorie de l'*occultum* et du *manifestum*, appliquée à l'or et au plomb; ainsi que la doctrine des métaux plus ou moins parfaits, l'or étant la seule espèce métallique

---

[1] *De Mineralibus*, liv. I, 3.
[2] *Ibid.*, liv. III, 4.
[3] *Ibid.*, liv. III, 7 et 8.
[4] *Ibid.*, liv. III, 4 et 8.

[5] Ms. 6514, fol. 125 r°, 1. « Le fils de Gigil (*sic*) de Cordoue dit qu'il y avait une mine au nord de Cordoue, » etc.
[6] *De Mineralibus*, liv. III, 4, 6, 9, etc.

accomplie. Citons seulement le passage dans lequel il conteste la réalité de l'alchimie : « Elle ne peut, dit-il, changer les espèces, mais
seulement les imiter; par exemple, teindre un métal en jaune pour
lui donner l'apparence de l'or, ou en blanc pour le faire ressembler à
l'argent, etc. J'ai fait éprouver l'or alchimique, ajoute-t-il; après six ou
sept feux, il est brûlé et réduit *ad feces* » (liv. III, 9).

Examinons maintenant de plus près les ouvrages qui sont donnés
comme des traductions latines des alchimistes arabes.

CHAPITRE VI.

L'ALCHIMIE D'AVICENNE.

Je débuterai par Avicenne, l'auteur pour lequel les concordances sont les plus complètes entre le *Speculum naturale*, les manuscrits et les textes imprimés.

Avicenne a vécu, d'après les historiens, entre 980 et 1036. Ses œuvres médicales sont célèbres et ont été traduites de bonne heure en latin. Divers traités alchimiques existent sous son nom, en latin. Quoique les textes arabes correspondants n'aient pas été signalés jusqu'ici, je ne vois, après étude des traductions latines, aucune raison valable pour contester ni l'existence des textes, ni l'attribution de ces textes à Avicenne.

Tout au plus pourrait-on objecter qu'Avicenne, d'après Ibn Khaldoun, ne croyait pas à la transmutation. Mais ceci ne l'aurait pas empêché d'exposer, sur ce point, les faits observés et les pratiques courantes de son temps; à supposer même que l'ouvrage n'ait pas été interpolé par les copistes, ce dont il porte en effet la trace en divers passages. L'auteur expose au commencement, avec impartialité, les raisons pour et contre, sans se prononcer définitivement.

Je parlerai surtout ici [1] de l'ouvrage intitulé : *Liber Abuali Abincine de Anima, in arte Alchimiæ*. C'est celui que cite Vincent de Beauvais dans un grand nombre d'articles; il en existe une copie dans le ms. 6514 de Paris (fol. 144 à 171), et il a été imprimé, d'après un autre manuscrit, à Bâle, en 1572 [2]. J'ai vérifié qu'il y a concordance générale

[1] Le *Theatrum chemicum* et la *Bibliotheca chemica* n'en donnent que des extraits assez courts. On lit aussi dans ces collections une lettre au roi *Hasen* et un opuscule sur la formation des pierres et des montagnes, qui renferme des vues remarquables sur les actions tant plutoniennes que neptuniennes en géologie.

[2] Voir *Artis chemicæ principes*, p. 1 à 471.

entre le texte imprimé et le manuscrit, sauf variantes. Le manuscrit est inachevé : plusieurs folios restent blancs à la fin; il se termine par les mots *invenies latonem*, qui se trouvent à la page 448 de l'imprimé : il manque donc quelques pages.

Les citations de Vincent de Beauvais se rapportent surtout aux métaux; elles sont nombreuses et étendues, et elles se retrouvent fidèlement, pour la plupart, dans les textes de l'ouvrage précédent : ce qui prouve que le traité *De Animâ* existait déjà, sous sa forme latine, au milieu du xiiie siècle.

Quelques articles sont résumés dans le *Speculum;* tandis que d'autres, au contraire, en petit nombre à la vérité, manquent dans le texte. Ce dernier semble, d'ailleurs, tronqué ou abrégé, dans les dernières parties de la version que nous possédons. J'ajouterai que les citations de l'Alchimie d'Avicenne ne se lisent guère dans les manuscrits, au delà du xiiie siècle; les traités d'Arnaud de Villeneuve et du faux Raymond Lulle n'ayant pas tardé à substituer leur autorité à celle des Arabes; l'autorité de la *Turba* a survécu plus longtemps dans le cours du xive siècle. Ce sont là des circonstances essentielles à noter, pour la critique des textes alchimiques.

Examinons de plus près la version latine de l'Alchimie d'Avicenne. Il est facile de voir qu'elle a dû être faite en Espagne, car elle renferme un certain nombre de mots espagnols, notamment le mot *plata* pour argent, lequel s'y trouve répété à plusieurs reprises. L'ouvrage est partagé en dix livres, appelés chacun *Dictio*, avec prologue, table des chapitres et introduction. C'est un exposé, supposé fait par Avicenne à son fils, c'est-à-dire à son disciple Abusalem; il est tantôt écrit sous forme dogmatique, tantôt présenté comme une discussion. Le dialogue est parfois coupé d'intermèdes humoristiques, où le disciple refuse de croire son maître et de lui obéir. Citons-en des exemples :

Dictio I, chap. v : « Mon père, je ne comprends pas ces subtilités inutiles. »

Dictio V, chap. v : « Prends de l'eau froide, mêle-la avec de l'eau

chaude, et bois, et tu connaîtras le magistère. — Je ne boirai pas. —
Alors je ne te dirai pas le magistère. — Peu m'importe, je le connais.
Je prendrai du sang humain, je le préparerai et je le projetterai sur
le cuivre. — Bois de cette eau et je te montrerai à préparer les cheveux, le sang et les œufs, etc. »

Dictio VI, chap. xvi : « Mon père, je ne comprends pas. — Abuali
répond : Je ne puis agir autrement.... je cache la recette de la pierre
philosophale, comme l'ont fait les philosophes, etc. »

Dictio I, chap. xii : « Je vais te dire un grand mensonge et tu ne
croiras pas. Prends du mercure, etc. »

Dictio VI, chap. xvii : « Dis-moi où tu as eu cette science et vu ces
choses de tes yeux ? — Je l'ai appris en lisant beaucoup, en dormant
peu, en mangeant peu et en buvant moins encore. Ce que mes com-
pagnons dépensaient en lumière, la nuit, pour boire du vin, je l'ai
dépensé pour veiller et lire en brûlant de l'huile. »

Chaque chapitre forme une petite leçon sur un sujet déterminé.
Un grand nombre débutent par ces mots caractéristiques : « Au nom
de Dieu ! » et même : « Au nom du Dieu clément (*pii*) et miséricordieux [1], » ce qui est une formule musulmane bien connue. De même :
« Louange à Dieu ! Il n'y en a pas d'autre au monde... Il est seul
puissant dans sa grandeur... » (Prologue.) Ce sont là des certificats
d'origine, utiles à relever.

Parcourons rapidement l'ouvrage d'Avicenne, afin d'y chercher des
termes de comparaison historique, soit pour les doctrines, soit pour
les personnes.

Au prologue, on lit : « Ce livre est appelé *De l'âme*, parce que
l'âme est supérieure au corps; elle ne peut être aperçue que par l'esprit et non par les yeux, parce que l'œil ne voit que l'accident, tandis

---

[1] *Dictio* I, ii, et *passim*.

que l'esprit perçoit les qualités propres (*proprietatem*). L'âme fait partie
du cercle de gloire, et son cercle est supérieur aux autres, ceux du
corps et ceux des esprits[1]. »

La première phrase est philosophique; mais la dernière touche à
l'astronomie idéale, qui a présidé à la construction des cercles de Dante.
Dans d'autres chapitres apparaissent aussi des considérations astrologiques[2], arithmétiques, géométriques[3], étrangement associées à l'alchimie.

Dans l'introduction de cette Alchimie, l'auteur expose la doctrine
aristotélique, avec les développements qu'elle a pris au moyen âge.
« Il y a quatre éléments : le feu, l'air, l'eau et la terre, et quatre modes
ou qualités : le chaud, le froid, le sec, l'humide. Les éléments sont
constitués par la matière première (*yle*, du grec ὕλη). Tout ce qui
existe dans le monde est formé par les éléments. Chacun d'eux se
transforme dans les autres et peut être ainsi changé par la puissance
de l'homme, qui amène à l'acte (*factum*) la nature cachée[4]. » Puis
sont exposés des développements subtils sur le langage symbolique des
philosophes (alchimiques), sujet sur lequel l'auteur revient à tous
propos, et avec des longueurs fastidieuses, qui dégénèrent souvent en
un galimatias indéchiffrable.

L'ouvrage est partagé méthodiquement, je le répète, en dix livres
ou *Dictions*, ordonnées en apparence suivant les règles de la logique,
de façon à répondre à ces questions : L'alchimie existe-t-elle? Quelle
est-elle? Comment? Pourquoi? Puis viennent les noms des métaux et
matières employés en alchimie, ainsi que la description des opérations
chimiques. Ces deux parties répondent à une science positive; elles
sont riches de faits, accumulés parfois sans beaucoup d'ordre; elles
renferment d'ailleurs la plupart des citations de Vincent de Beauvais.
L'auteur termine en exposant les règles de la prétendue transmutation,
la fabrication de l'élixir, du ferment, du magistère, etc., chapitres dont

---

[1] Les derniers mots existent seulement
dans le manuscrit.

[2] *Dictio* VI, chap. xv.

[3] Chap. ii, xix, etc., notamment p. 198.

[4] Même remarque que dans la première note.

le caractère chimérique contraste avec les détails réels présentés dans les précédents.

Dans le premier livre, l'auteur précise sa méthode, en disant qu'il va enseigner d'abord par la raison philosophique, puis par la vision effective des choses. Il expose qu'il y a six choses malléables au fourneau et quatre esprits créés sous la terre : le mercure appelé tantôt vif-argent, tantôt or vif; l'orpiment, le soufre et le sel ammoniac. Les esprits sont engendrés par les quatre éléments et leurs quatre qualités, associés en proportion inégale. Le soufre et le mercure, suivant leur proportion relative, leur pureté et leur couleur, engendrent les six métaux : cette théorie a déjà été rappelée ici (p. 281). Vincent de Beauvais[1] l'a reproduite textuellement d'après Avicenne. Ce dernier auteur l'attribue aux *homines naturales*, c'est-à-dire aux philosophes de la nature, comme on dirait aujourd'hui.

En parlant du mercure, il expose que ce corps chauffé en vase clos « perd son humidité (c'est-à-dire son état liquide), se change dans la nature du feu et devient vermillon ». C'est peut-être la plus ancienne mention précise de l'oxyde de mercure, dit *précipité per se*[2], qui a donné lieu à tant de discussions jusqu'au temps de Lavoisier.

Plus loin l'auteur explique pourquoi tout métal est formé de mercure et de soufre : c'est parce qu'il peut être rendu fluide par la chaleur, de façon à prendre l'apparence du mercure, et parce qu'il peut produire de l'*azenzar*, qui possède la couleur de soufre. Par ce dernier mot d'*azenzar*, l'auteur entendait à la fois le cinabre et l'oxyde de mercure, le minium, le protoxyde de cuivre, le peroxyde de fer, ainsi que le sulfure d'antimoine, en un mot tous les sulfures et oxydes métalliques de teinte rouge : ils étaient déjà confondus par les auteurs anciens et par les alchimistes grecs[3], sous des noms communs. On voit ici cette confusion invoquée comme l'origine et la preuve d'une théorie. Le mot *azenzar* lui-même a donné lieu à une confusion d'une autre

---

[1] *Spec. nat.*, t. VIII, chap. IV.

[2] Voir la figure XVIII de la page 158 du présent volume.

[3] *Introd. à la Chimie des anciens*, p. 244, 261. — Voir les articles *cinabre* et *vermillon*.

nature. Il est aussi écrit *acciçar*, et souvent même *açur* et *azur* : de
telle sorte que l'on a pris quelquefois, par suite d'une confusion née
de la similitude des mots, une préparation de cinabre rouge pour une
préparation de notre azur bleu. Hœfer[1], notamment, a fait cette confusion, en citant une recette de l'Alchimie attribuée à Albert le Grand.

Parmi les chapitres suivants, je m'arrêterai à ceux qui intéressent
l'histoire de l'alchimie : tel est le suivant. « Discussion contre Géber
Abinhaen, maître des maîtres dans la connaissance du magistère.
Voici ses paroles expresses. Il dit : pierre qui n'est pas pierre[2], la
pierre légère, celle que le vulgaire n'aime pas. La pierre se trouve
partout, et cependant les rois ne la possèdent point[3]. On la trouve
dans les sables[4]. Celui qui l'obtient et la partage en ses quatre éléments, et qui opère comme il le dit, possède un bon élixir. » Et plus
loin : « on la trouve dans le fumier... » Puis vient un symbolisme
étrange : la pierre philosophale étant opposée ou comparée à un arbre,
à une herbe, à un animal. Avicenne ajoute que Géber a dit tout cela
pour troubler l'esprit des savants. « Il a dit encore (Géber) que son
élixir, donné à une femme enceinte, changerait en mâle un enfant du
sexe féminin... Et il a dit : Si quelqu'un enterrait son élixir aux
quatre coins d'une ville, il n'y entrerait *neque rata, neque raton*, ni
autre chose souillée. » « Ses livres, ajoute Avicenne, sont remplis de
paroles de ce genre, qui ne doivent pas être prises au sens littéral,
mais d'une façon emblématique; il parle ainsi par charlatanisme, son
travail étant d'ailleurs le même que celui des autres. »

J'ai reproduit tout ce passage, parce que les assertions attribuées
à Géber par Avicenne ne se retrouvent pas dans le Pseudo-Géber
latin et n'ont rien de commun, même à titre éloigné, avec les œuvres
latines qui lui sont attribuées. Elles ressemblent, au contraire, au
contenu du texte arabe des œuvres de Djâber. On voit par là que

---

[1] *Histoire de la Chimie*, 2ᵉ édit., t. I,
p. 387.

[2] Voir *Collection des Alchimistes grecs*,
trad., p. 19.

[3] Voir *Collection des Alchimistes grecs*,
p. 37, 122, 130.

[4] Souvenir des sables aurifères (voir
Coll. des Alchimistes grecs, trad., p. 76).

notre Avicenne, pas plus que Vincent de Beauvais et Albert le Grand, n'a eu connaissance de ces prétendues œuvres latines de Géber, devenues si célèbres un demi-siècle après le temps de Vincent de Beauvais et d'Albert le Grand. Mais revenons à l'Alchimie d'Avicenne.

Le chapitre iv du livre Ier est consacré à discuter un auteur désigné sous le nom de Jahie Abindinon, et le chapitre v, à Abimazer Alpharabi, son maître, dont il parle avec un grand respect : « Il a éclairé beaucoup d'aveugles, révélé beaucoup d'obscurités, ouvert beaucoup de choses scellées. Comment pourrions-nous en dire du mal? C'est notre maître dans la science naturelle... Lisez ses livres, nous n'en connaissons pas de meilleurs. » D'après lui[1]. « il y a des philosophes qui disent que la pierre est végétale (*herbalis*); d'autres, minérale (*naturelle*); d'autres, vivante ou animale. La pierre végétale, dit-il encore (selon Avicenne), s'appelle aussi *les cheveux;* la pierre naturelle, *les œufs;* la pierre animale, *le sang humain* » : dénominations étranges sur lesquelles je vais revenir, en raison du rôle qu'elles ont joué dans les écrits alchimiques.

Le chapitre vi est consacré à Morienus, auteur dont nous possédons certains écrits. Dans le chapitre vii est examinée la doctrine d'Abubecher Mahomet Arazi (Rasès), auteur qui paraît le même qu'un certain Bubacar dont nous possédons un traité traduit en latin dans les manuscrits, mais non imprimé : j'en donnerai tout à l'heure l'analyse. Ce fut, dit Avicenne, « un homme sage, philosophe, pénétrant; il a produit de nombreux ouvrages en philosophie et en alchimie. Il a dit la vérité sans obscurité, ni charlatanisme, » etc.

On voit par là quels étaient les auteurs classiques, si l'on peut s'exprimer ainsi, de l'Avicenne alchimiste. Il cite encore Platon, Pythagore, Galien, Aristote[2], auquel il attribue un traité *De Lapidibus*, où se trouvaient les paroles suivantes : « Deux pierres gisent dans le fumier, l'une fétide, l'autre parfumée. Leur valeur n'est pas connue, et c'est

___
[1] Vincent de Beauvais a reproduit une partie de ce passage (*Speculum naturale*, livre VIII, chap. lxxxii). — [2] *Dictio I*, chap. ii.

pourquoi on les méprise. Celui qui les réunira obtiendra le magistère. Mais Aristote a exposé tout cela obscurément... pour que personne ne pût le comprendre. » On voit qu'il s'agit d'un traité alchimique, perdu d'ailleurs.

Dans la *Dictio VI*, chap. XVI, sont donnés une série de noms défigurés d'auteurs arabes ou antiques, tels que Haum, Cuzahir, Lubeit, Faraflor, Xeheir, etc., suivis chacun de l'exposé des axiomes de l'auteur, ce qui rappelle la *Turba* : aucun des noms précédents ne s'y retrouve d'ailleurs.

Mais il est une autre liste de noms d'alchimistes, réels ou prétendus, qui figure dans l'Alchimie d'Avicenne, plus développée même dans le manuscrit 6514 (fol. 149 r°, 1) que dans le texte imprimé de l'*Artis chemicæ principes* (p. 66), laquelle exige une attention toute particulière. Elle le mérite d'autant plus qu'elle a été reproduite en abrégé par Vincent de Beauvais[1]. Vincent de Beauvais n'en ayant pas dit l'origine, elle lui a été d'ordinaire attribuée. Mais elle remonte plus haut, comme je viens de le dire. Cette liste constitue dans le texte réputé traduit d'Avicenne une interpolation évidente; non seulement parce qu'elle renferme des noms chrétiens et même des noms de cardinaux et d'évêques, mais surtout parce qu'elle rompt la marche générale de l'exposition, étant placée assez étrangement entre la discussion des opinions de Morienus et celles de Abubecher.

Cependant cette interpolation mérite d'être examinée de plus près, car elle parait fournir une indication sur la date même, sinon de l'œuvre arabe, du moins de la traduction latine que nous étudions en ce moment.

En effet, la liste dont il s'agit offre un caractère composite, qui atteste une série d'additions et d'interpolations, dont les unes remonteraient probablement aux textes arabes, les autres ayant été faites par les traducteurs latins, juifs ou chrétiens. Ces derniers y ont inséré, suivant un usage courant chez les alchimistes, des personnages notables

[1] Voir *Speculum naturale*, livre VIII, chap. LXXXII.

---

de leur temps, pour se couvrir de leur autorité, tels que des cardinaux, des papes et des évêques, dont les noms permettent de fixer, avec une certaine approximation, la date de la traduction vers la fin du XIIᵉ siècle, ainsi qu'il va être dit. Entrons dans le détail. La liste générale peut être décomposée.

Une première liste partielle commence par des noms tirés de l'Ancien Testament et de l'antiquité, sous l'autorité desquels les alchimistes prétendaient s'abriter : Adam, Noé, Idriz, Moyse, etc.; puis des noms arabes, tels que le roi Galud(1) de Babylone, Bubachar..., Isaac le Juif, les démons, enfin quelques noms défigurés.

Suit une seconde liste partielle, distinguée par les mots : « Avant ceux-ci les payens » dont les noms suivent, la plupart défigurés, tels que Ostanès (?), Zoroastre (?), Hippocrate (?), Platon, Caton, Virgile (?), Aristote, Alexandre, Théophraste (?).

Puis apparaît une troisième liste de noms arabes, ceux-ci tous cités dans le traité d'Avicenne : « Géber Abenhaen, Alpharabi, Jahie Abendinon, Rasès,... Maurienus, etc., le grand Géber (répété), et beaucoup d'autres que je n'ai pu te dire. »

Ces trois listes ont probablement existé dans le manuscrit arabe, à cette place ou à une autre, et elles ont été reproduites plus ou moins correctement par le traducteur. Mais la liste partielle suivante (sauf le premier nom) ne saurait être attribuée à Avicenne, ni à aucun Arabe; c'est incontestablement une addition du traducteur. Elle débute ainsi : « Parmi les chrétiens, Jean l'évangéliste, prieur d'Alexandrie. » Ce nom est remarquable, d'abord parce qu'il s'accorde avec la tradition de la prose d'Adam de Saint-Victor(2), chantée dans les églises à cette époque et qui faisait de saint Jean un alchimiste. Mais l'indication qui suit, « prieur d'Alexandrie », montre, en même temps, l'origine probable de cette tradition; il s'agit, sans doute, d'une con-

---

(1) C'est Kaled, interlocuteur de Morienus, auquel est attribué le *Liber trium verborum*.

(2) Inexhaustum fert thesaurum
Qui de virgis fecit aurum
Gemmas de lapidibus.

fusion faite entre l'évangéliste et un vieil alchimiste grec, « Jean le grand prêtre, dans la divine Evagie [1] ».

Le manuscrit poursuit par les noms suivants : « Guarcia le cardinal, Gilbert le cardinal. » — Vincent de Beauvais reproduit ces deux noms — puis « le pape (nom illisible : Silvestre?); Pierre le moine, Durand le moine, Virgile..., Dominique, Egidius, le Maître hospitalier de Jérusalem, qui ont traduit le *livre des CXXV pierres;* l'évêque Antroïcus (*dominus de ponderibus*) : c'est cet évêque qui m'a enseigné la pierre philosophale en Afrique ». Suit l'exposé des préceptes et recettes de l'évêque (réel ou prétendu) et du pape (*dominus apostolicus*). Puis viennent ces mots : « Jacob le Juif, homme d'un esprit pénétrant, m'a aussi enseigné beaucoup de choses, et je vais te répéter ce qu'il m'a enseigné : si tu veux être un philosophe de la nature, à quelque loi (religion) que tu appartiennes, écoute l'homme instruit, à quelque loi qu'il appartienne lui-même, parce que la loi du philosophe dit : Ne tue pas, ne vole pas, ne commets pas de fornication, fais aux autres ce que tu fais pour toi-même, et ne profère pas de blasphèmes. »

Ce passage, qui se trouve également dans le texte imprimé et dans le manuscrit, est très curieux par son accent de sincérité : il accuse l'individualité du traducteur, ainsi que la tolérance et la communauté de sentiments qui s'établissaient entre les adeptes de la science alchimique, quelle que fût leur croyance religieuse : communauté exceptionnelle aux XIIe et XIIIe siècles.

Les mots « la loi du philosophe » indiquent même quelque chose de plus, c'est-à-dire l'affirmation d'une morale purement philosophique : ce qui devait être regardé comme hérétique à cette époque.

Parmi les personnages chrétiens cités dans le passage précédent, il se trouve trois noms qui donnent lieu à des rapprochements historiques. Soit tout d'abord Egidius : il a existé au XIIe siècle un personnage de ce nom, dit de Corbeil, élève de l'école de Salerne, qui

[1] Voir mes *Origines de l'Alchimie*, p. 118; — *Collection des Alchimistes grecs*, trad., p. 252, et surtout la note 3 de la page 406.

fut médecin de Philippe Auguste et qui a laissé un poème sur les vertus des médicaments composés, sujet congénère de la chimie.

Les noms des cardinaux Gilbert et Garcia nous reportent également à des personnages historiques. Le premier nom se retrouve, en effet, dans la liste des cardinaux, ainsi qu'on va le dire, et même le second, si nous admettons que l'on puisse remplacer par Gratien le nom espagnol Garcia, qui n'est celui d'aucun cardinal du temps. Observons au préalable que la mention d'un Maître de l'hôpital nous reporte au moins au xiie siècle, attendu que cet ordre n'a existé qu'après la première croisade. Or, dans cette période, sous Innocent II, vécurent un Gilbert, promu cardinal en 1142, mort en 1154, ainsi qu'un Gratien, cardinal; un autre Gratien fut promu en 1178, sous Alexandre III. Nous ne retrouvons aucun de ces noms au xiiie siècle. C'est donc à ces derniers cardinaux, c'est-à-dire au xiie siècle, que paraît se rapporter notre texte latin; le traducteur ayant cherché à se couvrir, comme je l'ai rappelé à diverses reprises, des noms de contemporains autorisés.

Au chapitre v se trouve une autre digression, non moins intéressante. Il s'agit de la nomenclature des adeptes. « Je vais te dire une chose secrète : l'œil de l'homme, l'œil du taureau, de la vache, de la poule, du cerf, signifie le mercure; l'excrément humain et les autres signifie (ici une lacune); la langue de l'homme et des autres animaux signifie (ici une lacune); la cire noire, blanche, rouge,... et ces cires sont les cheveux, les œufs, le sang; l'aigle et le griffon sont nos pierres, c'est-à-dire l'orpiment, le feu[1] et le sel. Il faut, pour comprendre cela, beaucoup de sagacité. Quant aux plantes... les laitues, les épinards, les coriandres..., signifient des pierres. »

Tout ceci rappelle, d'une manière frappante, la vieille nomenclature prophétique des Égyptiens, relatée dans le Papyrus de Leyde et dans Dioscoride[2], nomenclature à laquelle se rattache le lexique alchimique grec[3], le symbolisme de l'œuf philosophique, et plus généralement

---

[1] Oxyde rouge de mercure? — [2] *Introd. à la Chimie des anciens*, p. 10 et suiv. — [3] *Collection des Alchimistes grecs*, trad., p. 4.

celui des œufs, des cheveux et du sang, dont se servait le Géber arabe,
d'après Avicenne, ainsi que d'autres vieux alchimistes. Quoique Avicenne prenne soin de traduire continuellement ce symbolisme, cependant on ne saurait douter, d'après les documents historiques, qu'il
n'ait été souvent pris dans un sens littéral et qu'on n'ait employé
réellement le sang humain et le reste dans les manipulations alchimiques et magiques. A ce point de vue, un tel langage était plus
dangereux que celui qui consistait à regarder les métaux comme des
hommes d'or, d'argent ou de plomb (Zosime); ou bien à désigner les
corps par des noms d'animaux, tels que celui du lion, appliqué à l'or,
du scorpion au fer[1]; de même, le nom du lion vert, qui figure déjà à
la fin d'un traité de Morienus, dans le ms. 6514 écrit vers l'an 1300.
Ces emblèmes ont rendu, de tout temps, singulièrement difficile
l'intelligence des écrits alchimiques.

Le livre V de l'Alchimie d'Avicenne forme un véritable traité de
chimie, où l'on retrouve in extenso, et avec quelques variantes, les
citations faites par Vincent de Beauvais. Les renseignements abondent
ici, ainsi que les recettes, souvent multiples pour une même opération. L'auteur y traite notamment du cuivre, de ses variétés, de sa
fusion qui est décrite en détail, du plomb, de l'étain, du laiton (de
latone), du fer, etc. On y retrouve le nom de l'asem égyptien, écrit
ascem, et appelé aussi metallum, alliage de formule diverse, qui servait
autrefois d'intermédiaire à la transmutation. Quant à l'or, après avoir
affirmé que le meilleur or est celui qui est fait avec la pierre philosophale, l'auteur ajoute : « Certains font de l'or et de l'argent faux. Ils
resserrent et durcissent l'étain, le blanchissent et l'appellent argent.
De même, ils prennent de l'orpiment sublimé, le font digérer dans
du fumier, y mêlent du sel ammoniac et incorporent avec le cuivre,
en le traitant (dans un fourneau) per descensum, avec addition de
mercure rouge (oxyde), et ils disent que c'est de l'or. Mais il y a sept
signes pour connaître l'or : la fusion, la pierre de touche, la densité,

[1] Rasès, ms. 6514, fol. 114 v°, 2.

le goût, l'action du feu, etc. » Tout ce passage est reproduit fidèlement dans Vincent de Beauvais (liv. VIII, chap. xIII). Suit le chapitre de l'argent, la description des marcassites ou sulfures métalliques, celle des sels, natrons, vitriols, aluns, fondants (appelés *borax*), etc.

A la fin du livre V, on trouve une addition ou interpolation, relative aux métaux, dont il convient de dire deux mots. C'est la description d'un procédé pour faire des moules à cire perdue, afin d'y couler les vases ou les monnaies (*morabentinos*, monnaie espagnole) d'or ou d'argent. L'auteur ajoute qu'on opère aussi avec l'argent artificiel, fait de mercure et de cuivre, au moyen de la poudre de projection (élixir); c'est-à-dire que l'art de la fausse monnaie est associé dans ce texte à celui d'en faire de la vraie. Suit le procédé pour frapper la monnaie au marteau, avec des lames d'or découpées, que l'on refoule dans des moules de fer, sur lesquels on a écrit le nom de Dieu au milieu; au-dessous le nom du roi; alentour le millésime. Cette description semble réellement traduite d'un texte arabe, attendu que la monnaie est décrite comme portant des noms au lieu de figures : on sait que l'islamisme interdisait ces dernières.

Le livre VI d'Avicenne s'occupe des traitements généraux que l'on peut faire subir aux métaux : lavages, calcination, durcissement, amollissement, sublimation, dissolution ou fusion; chaque métal étant envisagé séparément. Les vases nécessaires pour ces opérations sont décrits dans un chapitre spécial.

Les livres suivants, purement alchimiques, ne méritent pas de nous arrêter. Je relève seulement quelques lignes relatives à l'amalgamation du cuivre, où se trouve une réminiscence des alchimistes grecs : « Mets la paix entre les ennemis, c'est-à-dire entre Vénus et Mercure [1], » réminiscence également reproduite dans la *Turba* [2], mais avec plus de développement; citons aussi ce mot : « Ne t'occupe pas des livres de Géber, si ce n'est de celui qui a pour titre *Lumen luminum*. » Nous allons retrouver le même titre chez Rasès.

---

[1] *Collection des Alchimistes grecs*, trad., p. 132. — [2] Ce volume, p. 267.

CHAPITRE VII.

TRAITÉ DE BUBACAR.

On lit dans le manuscrit 6514 de Paris (folio 101-113) un ouvrage alchimique[1] remarquable par son caractère presque exclusivement technique et positif et qui fournit le témoignage des connaissances pratiques des Arabes vers les Xe et XIe siècles. C'est un traité méthodique, rédigé avec beaucoup de netteté. Sa date approximative résulte de son contenu, comparé avec celui des ouvrages analogues. Elle serait fixée vers le même temps, si l'on regardait, comme il n'est guère douteux, le Bubacar auquel l'ouvrage est attribué, comme identique avec l'auteur du même nom (écrit Abubechar Mahomet Abnebezacharia Arazi, c'est-à-dire Rasès) dans le traité *De Animá* d'Avicenne[2]. Le contenu même de l'ouvrage ne renferme pas d'indication de date ou d'auteur, de nature à permettre de préciser davantage. Quoi qu'il en soit, nous allons en donner l'analyse, à défaut d'une publication complète qui ne serait pas sans intérêt pour l'histoire des sciences chimiques et naturelles. Cet ouvrage représente un véritable traité méthodique de chimie positive, écrit vers l'an mil.

Le *Liber Secretorum Bubacaris* est partagé en huit livres.

Le livre Ier est consacré à la description des espèces et appareils. Les espèces se partagent en six classes, savoir : les esprits, les corps (métalliques), les pierres, les vitriols, les borax, les sels. Chacune de ces classes forme le sujet d'un ou plusieurs chapitres.

La *classe des esprits* comprend le mercure, les sels ammoniacs, les arsenics et les soufres. Précisons par quelques citations : « Les arsenics, par exemple, sont de différentes couleurs : l'un est mêlé de pierre et de terre et ne vaut rien pour l'œuvre chimique; un autre est jaune

[1] Voir aussi ms. 7156, fol. 114. — [2] *Dictio* I, cap. VII.

doré, d'un bon usage; un autre, jaune, mêlé de rouge, qui est bon; un autre d'une couleur rouge très prononcée, qui est le meilleur pour notre art. »

De même il y a des soufres de diverses couleurs, l'un rouge, l'autre jaune, un autre blanc pareil à l'ivoire; un autre blanc et sali par la terre, qui ne vaut rien; un autre, noir, qui ne vaut rien.

Dans le chapitre consacré à la *classe des corps*, on explique qu'il y a sept métaux : l'or, l'argent, le cuivre, l'étain, le fer, le plomb et le *catesim*, d'aspect spéculaire. C'est sans doute quelque alliage de l'ordre de l'asem ou electrum, ou du laiton.

Viennent ensuite les treize genres de pierres, savoir : les marcassites, les magnésies, les tuties, l'azur (*lapis lazuli* ou cinabre?), l'hématite, le gypse, etc., et toute une suite de minéraux, désignés sous des noms arabes. Parmi les marcassites (sulfures), on distingue la blanche, pareille à l'argent; la rouge ou cuivrée; la noire, couleur de fer; la dorée, etc.

Les magnésies [1] sont aussi de différente couleur, l'une noire, dont la cassure est cristalline [2], une autre ferrugineuse, etc. Une variété est dite *mâle;* une autre, avec des yeux brillants, est appelée *femelle* : c'est la meilleure de toutes.

Les tuties [3] sont de différentes couleurs : verte, jaune, blanche, etc.

La *classe des vitriols (atramenta)* comprend six espèces : celui qui sert à faire du noir, le blanc, le calcantum, le calcande, le calcathar, et le surianum. Il y en a un jaune, employé par les orfèvres; un vert mêlé de terre, employé par les mégissiers, etc.

Le chapitre suivant traite *des aluns* et fait en partie double emploi avec le précédent : c'est une seconde rédaction juxtaposée. On y distingue l'alun de l'Yémen, l'alun lamelleux; un autre, de Syrie, mêlé de pierre; un autre, jaune, d'Égypte. Le calcandis est blanc; le calcande, vert; le calcathar, jaune. Un autre vitriol de Syrie est rouge.

---

[1] Ce mot désignait certains sulfures et oxydes métalliques, tels que les oxydes de fer magnétique, le bioxyde de manganèse, etc.

[2] Offre des yeux brillants.

[3] Oxydes et minerais de zinc, renfermant du cuivre.

Ces quatre vitriols sont bons pour la teinture et il en existe aussi d'artificiels. L'auteur entre dans le détail des préparations faites avec ces matières.

La *classe des borax* comprend six espèces, destinées à la soudure des métaux, employées par les orfèvres et autres, avec des noms arabes.

La *classe des sels* renferme onze espèces : le sel commun, que l'on mange, le sel pur, le sel amer, employé par les orfèvres, le sel rouge [1], le sel de naphte [2], le sel gemme proprement dit, le sel indien [3], le sel alcalin [4], le sel d'urine, le sel de cendres [5], le sel de chaux [6].

Après cette énumération, l'auteur entre dans diverses distinctions, les espèces fabriquées étant partagées en espèces corporelles (métalliques), telles que l'or et l'argent, et espèces incorporelles, telles que le vert-de-gris, la litharge, la céruse et le cuivre brûlé (*calcecumenum*). Puis sont énumérées les matières organiques employées en chimie, telles que les cheveux, la moelle, le fiel, le sang, le lait, l'urine, etc.

On passe ensuite à l'énumération des instruments nécessaires à l'art ; à celle des vases, tels que vase distillatoire en forme de cucurbite, aludel, récipient ; appareil pour la fusion et la coulée des métaux (*botus barbatus*) ; marbre et molette pour broyer les corps ; fourneau à tirage spontané (*qui per se sufflat*) ; mortier, etc.

La fin du livre Ier (*explicit liber primus*) est indiquée à deux endroits successifs (fol. 103 r° et fol. 105 r°), ainsi que l'*incipit* du livre suivant, lequel a deux titres différents : d'abord *De purgatione spirituum et combustione corporum*, puis *De combustione corporum*. Ceci paraît indiquer que les copistes, à un certain moment, ont utilisé deux rédactions distinctes. Mais le véritable commencement du livre II est au folio 103 r°. Ce livre débute par la fixation du mercure, employé soit pour teindre en argent (*pro albedine*), soit pour teindre en or (*pro rubedine*). Puis viennent la sublimation du soufre, celle de l'arsenic (sulfuré) et toute une série de préparations.

[1] Sel gemme coloré.
[2] Sel gemme bitumineux.
[3] Salpêtre?

[4] Carbonate de soude.
[5] Carbonate de potasse.
[6] Potasse caustique impure.

Le livre III (fol. 105 v°) traite des eaux acides, de la dissolution des esprits et des corps et de certaines combustions des métaux. J'y note le passage suivant, qui montre l'étonnement causé aux premiers chimistes par la différence entre l'action dissolvante de l'eau et celle des acides : « Discussion des philosophes et des savants en cet art sur la dissolution des corps. Les corps peuvent être dissous par l'eau et par les liquides analogues au vinaigre et acides. Or, l'eau tombant sur la terre n'y produit pas une effervescence et du bruit comme le vinaigre et les liqueurs acides. Celles-ci sont nécessaires pour les traitements, parce qu'elles ont la puissance de dissoudre les corps (métaux). »

Le livre IV (fol. 106 r°) fait suite au traité des eaux acides, dites *vénéneuses*. Il est à remarquer que ces eaux comprennent une série de préparations alcalines et ammoniacales : sel ammoniac et cuivre brûlé, distillé; sel alcalin et chaux, avec addition de sel ammoniac. Eau de soufre, préparée au moyen du cuivre brûlé, du sel ammoniac, du soufre, broyés avec du vinaigre desséché, etc.; ce qui fournit finalement une eau forte qui dissout tous les corps. Il est difficile de préciser la signification véritable d'une préparation si compliquée : mais elle fournirait sans doute quelque acide puissant.

Viennent ensuite toutes sortes de recettes pour la « combustion » de l'argent, de l'or, du cuivre, de l'étain, etc., faisant parfois double emploi avec le livre II. Rappelons ici que le mot *combustion* signifiait la calcination des métaux en présence de diverses matières, spécialement le soufre, le mercure, les sulfures métalliques, etc. Les produits en étaient dès lors fort multiples.

Le livre V (fol. 107) traite de l'art de faire monter les corps (*De sublevatione corporum*); ce qui signifiait non seulement la transformation des métaux, ou oxydes, ou sulfures volatils, etc., mais aussi leur calcination en présence de substances produisant des composés volatils, dont les métaux eux-mêmes ne faisaient pas toujours partie.

Le livre VI est consacré à diverses opérations, telles que les amollissements (*incerationes*), dissolutions, combustions, et certains mé-

langes. Il y a encore ici des doubles emplois, toutes ces rédactions
n'étant pas faites suivant une méthode bien rigoureuse.

Le livre VII traite des sublimations de l'or, de l'argent, du cuivre,
des marcassites, tuthies, cinabre (*açur*), etc. Ce mot *sublimation* ne
doit pas être entendu exactement dans notre sens moderne : il signifie
la formation d'un produit volatil, dont le métal lui-même, je le répète, ne faisait pas toujours partie.

Enfin dans le livre VIII, il s'agit de la composition des élixirs et de
la préparation de l'or et de l'argent, toujours exposée sous forme de
recettes pratiques, sans théorie mystique, ni déclamation.

Tel est le plan et le mode de composition du traité de Bubacar :
les matières qu'il traite se retrouvent sous des titres pareils dans toute
une série d'ouvrages donnés comme traduits des Arabes.

Ajoutons que si Bubacar est le même que Rasès, comme je l'ad-
mets, cette identité a été méconnue par les traducteurs, qui ont inscrit
le traité précédent sous le nom de Bubacar; tandis qu'ils ont donné le
nom de Rasès, à tort ou à raison, à un ouvrage alchimique d'un caractère différent, et que je vais examiner maintenant.

CHAPITRE VIII.

L'ALCHIMIE DE RASÈS ET DU PSEUDO-ARISTOTE.

Rasès, célèbre médecin qui vécut au Xᵉ siècle (860-940), est donné comme l'auteur de divers traités alchimiques traduits en latin, traités qui paraissent avoir été écrits en réalité à une époque plus moderne et contemporaine de l'Alchimie dite d'Avicenne.

Vincent de Beauvais cite fréquemment un ouvrage attribué à Rasès, sous le titre *De salibus et aluminibus*, et il existe en effet un traité sous le même titre dans divers manuscrits, notamment dans le nº 6514 de la Bibliothèque nationale de Paris (fol. 125-129). Il y est précédé de deux autres ouvrages, intitulés tous deux : *Liber Rasis qui dicitur Lumen luminum* (fol. 113-120).

Mais, circonstance singulière, les citations de Vincent de Beauvais ne se retrouvent textuellement dans aucun de ces traités; bien que la doctrine générale et même les détails techniques soient à peu près les mêmes. Au contraire, les traités contenus dans le manuscrit sont identiques avec l'ouvrage intitulé : *De perfecto magisterio*, attribué à Aristote dans le *Theatrum chemicum*.

Le titre même, *Lumen luminum*, a été assigné à l'œuvre de divers auteurs, tels que Géber, par exemple, dans Avicenne (voir plus haut), et depuis, Arnaud de Villeneuve et d'autres alchimistes latins encore. Les titres de livres se transmettaient ainsi d'un auteur à l'autre, ce qui a donné lieu à bien des confusions.

Entrons dans quelques détails sur les traités attribués nominativement à Rasès.

Un premier traité, intitulé *Lumen luminum*, occupe les folios 113 à 120 du ms. 6514; il est rempli de discussions scolastiques, et ne donne lieu à aucune comparaison spéciale, sauf la citation du *Livre des XII eaux* (fol. 119 r°, 1); il se termine par ces mots singuliers : *Explicit liber autoris invidiosi.*

Le traité qui suit dans le même manuscrit[1], sous le titre de *Lumen luminum et perfecti magisteri*, par Rasès (fol. 120 v°), est, comme je viens de le dire, identique avec le traité *De perfecto magisterio*, attribué à Aristote[2].

Résumons-en les doctrines, qui jettent le plus grand jour sur l'alchimie du moyen âge.

« Cet art, dit l'auteur, parle de la philosophie occulte; pour y réussir, il faut connaître les natures intérieures et cachées[3]. On y parle de l'élévation et de l'abaissement des éléments et de leurs composés : c'est un grand secret. » Cette dernière expression revient à chaque instant comme un refrain. L'art chimique est, d'après l'auteur, une astronomie inférieure, les métaux et corps fixes étant assimilés aux astres. Les pierres appelées *étoiles*[4] (c'est-à-dire corps fixes) sont : l'or, l'argent, le plomb, l'étain, le fer, le cuivre, le verre, l'escarboucle et l'émeraude, etc.; le nom de *planètes* (corps errants) étant réservé aux (sept corps) volatils : le mercure, le soufre, l'arsenic (sulfuré), le sel ammoniac, la magnésie, la tutie, la marcassite.

On remarquera le verre et les pierres précieuses mises ici dans la liste des métaux, suivant la vieille tradition égyptienne[5] et assyrienne[6], tradition conservée d'ailleurs dans la liste planétaire des alchimistes grecs[7]. — On remarquera encore que l'auteur appelle *étoiles* les mé-

---

[1] Ce traité se trouve aussi dans le ms. 7162; mais il y débute par la génération des métaux.

[2] *Theat. chem.*, t. III, p. 76-127.

[3] Voir plus haut, p. 283, 284.

[4] Je cite d'après le manuscrit, dont le texte est plus correct que celui du *Theatrum chemicum.*

[5] *Origines de l'Alchimie*, p. 213, 219, 221 et 234, etc.

[6] *Introd. à la Chimie des anciens*, p. 81.

[7] *Collection des Alchimistes grecs*, trad., p. 25, et *texte grec*, note, p. 24. — *Introd. à la Chimie des anciens*, p. 79. — Dans le Pseudo-Callisthène grec, auteur du IV° au V° siècle de notre ère, les sept étoiles (planètes) ont chacune une pierre précieuse correspondante : Jupiter, l'aérite; le soleil, le cristal (de roche); la lune, le diamant; Mars, l'hématite; Mercure, l'émeraude; Vénus, le saphir; Saturne, l'ophite (édit. Didot, livre I, chap. IV).

taux, et *planètes* les esprits volatils; désignation contradictoire avec l'affectation ordinaire des planètes astronomiques aux métaux. C'est là une désignation personnelle à l'auteur, à laquelle il a été entraîné par l'assimilation logique entre les esprits volatils et les astres errants. Ces distinctions lui sont propres d'ailleurs, car le nom d'*étoiles* est donné couramment par les astrologues aux planètes astronomiques.

Les matières qui résistent au feu sont aussi appelées *corps* et *êtres doués d'âmes;* celles qui le fuient sont des *esprits* ou *accidents.* « Celui-là, ajoute l'écrivain, ne peut réussir dans la pratique manuelle, dont l'intelligence a refusé de s'appliquer à la théorie. »

Puis vient le système des qualités occultes, présenté dans sa rigueur logique. « Une chose qui est extérieurement (*in manifesto, in altitudine*) chaude, humide, molle, est dans son intimité (*in occulto, in profunditate*) froide, sèche et dure, parce que l'apparence de toute chose est le contraire de son intérieur caché. Ainsi dans n'importe quelle chose, toute chose existe en puissance, même si on ne l'y voit pas; mais on la distingue surtout dans les choses fondues. Les parties intérieures de l'or sont argentines, et celles de l'argent dorées, et réciproquement. Dans le cuivre, il y a également de l'or et de l'argent en puissance, quoiqu'on ne puisse pas les voir. Dans ces derniers métaux, il y a du plomb en puissance et de l'étain; et réciproquement ceux-ci contiennent de l'or et de l'argent en puissance... »

Avec de semblables théories, l'alchimie semblait toute naturelle à ses adeptes: l'art consistait à rendre manifestes les qualités occultes, et inversement [1].

Un peu plus loin, l'auteur cite (même dans le manuscrit) le livre *Lumen luminum,* c'est-à-dire un ouvrage dont le titre est précisément celui du traité actuel.

Cet exposé théorique terminé, il énumère les métaux et leurs caractères alchimiques [2] : « le plomb, dans son apparence, est froid et sec,

____

[1] Voir le *Livre des Soixante-dix,* ms. 7156, fol. 76 et 77, et le présent volume, p. 320. — [2] Ms. 6514, fol. 122 r°, 1. — *Theatrum chemicum,* t. III, p. 86.

IMPRIMERIE NATIONALE.

fétide et féminin, etc.; dans sa profondeur, il a les qualités contraires •; de même l'étain, le fer, le cuivre, l'argent et l'or.

La génération des métaux par le soufre et le mercure est alors exposée, d'après une théorie que j'ai déjà décrite.

Puis vient un chapitre sur les espèces, métaux, esprits, etc., exposant une suite de préparations relatives aux deux aluns, aux deux plombs, à l'arsenic, à l'or, à l'argent, au fer, au sel ammoniac, à la marcassite, à la tutie (oxyde de zinc impur), etc. Puis des procédés concernant l'élixir et la pierre philosophique, désignés sous le nom d'*eau-de-vie simple*, matière qui n'a rien de commun avec notre alcool, et qui a donné lieu sous ce rapport à une erreur singulière de Hoefer, dans son *Histoire de la chimie*.

Les titres et le détail même de ces diverses descriptions et préparations sont les mêmes dans tous les traités alchimiques du XIII⁰ siècle et du commencement du XIV⁰ siècle; pour nous borner au cas présent, la description en est conforme, en général, dans le manuscrit et dans l'imprimé. Mais il est intéressant pour l'étude critique de ces textes et pour l'histoire même de la science de dire que le texte du *De perfecto magisterio* imprimé dans le *Theatrum chemicum* renferme des additions considérables, qui y sont d'ailleurs données comme telles; elles forment, au moins, deux séries de date différente, la dernière et la plus récente portant seule le nom d'*additiones*. Plusieurs sont dites tirées du *Livre d'Emanuel*, ouvrage arabe perdu, qui devait exister à la même époque. On rencontre aussi, parmi ces additions, une transcription du *Livre des XII eaux*, donné comme extrait du précédent. Ce dernier livre est cité fréquemment par les alchimistes, et on en rencontre aussi le titre attribué à un texte du ms. 7158 (fol. 112). Mais il faut prendre garde que ce titre a été appliqué à plusieurs ouvrages distincts, comme il est arrivé fréquemment en pareille matière.

J'ai donné (page 70) la liste des préparations qui figurent aussi dans le ms. 6514, fol. 40 v⁰, sous le même titre.

Or, voici la liste des préparations signalées au texte imprimé dans le *Theatrum chemicum*, t. III, p. 134.

Livre des XII eaux, tiré du *Livre d'Emanuel.*

I. Préparation d'un liquide appelé *aqua vitæ*, obtenu en teignant le mercure au moyen du sel, du vinaigre, de l'alun, de la limaille de fer, etc. On obtient finalement le ferment de l'élixir blanc, c'est-à-dire qui produit la couleur d'argent (chlorure de mercure?).

II. Ferment de l'élixir rouge, qui produit la couleur d'or. On le prépare avec la chaux d'or, délayée ou dissoute dans le vitriol, le sel ammoniac, le vinaigre, etc.

III. Ferment de l'élixir blanc. On le prépare avec la chaux d'argent, délayée ou dissoute dans l'alun, le sel, le vinaigre, etc.

IV. Autre préparation de ce ferment, où la chaux d'étain remplace la chaux d'argent.

V. Autre préparation du ferment de l'élixir rouge, avec la chaux de plomb.

VI. La chaux des pèlerins. Préparation du ferment de l'élixir blanc.

VII. Eau de *gambariva*.

VIII. Chaux des œufs de poule, destinée à remplacer la chaux d'argent, etc.

IX. Préparation de l'élixir d'argent, au moyen d'une eau obtenue à l'aide de la fleur de lin, broyée avec sa racine, arrosée avec du vinaigre de vin blanc, etc.

X. Fleurs de coquelicots, pour la préparation de l'élixir d'or.

XI. Racines de scille, pour la préparation de l'élixir d'argent.

XII. Albumine d'œuf broyée, putréfiée, distillée, etc.

On voit que les deux listes sont tout à fait différentes. La première comprenait une suite de préparations diverses, d'un caractère général;

40.

tandis que la seconde est spécialement consacrée à des liquides réputés
aptes à teindre les métaux en couleur d'or ou d'argent, par réaction
superficielle, ou par simple enduit.

Une autre addition dans le texte imprimé du *Theatrum chemicum*
(t. III, p. 97), addition relative à la préparation de la limaille d'or et
d'argent, est dite extraite *De libro de Artibus Romanorum*. On sait que
ce titre est celui de l'ouvrage technique du moine Eraclius, imprimé
à plusieurs reprises dans notre siècle; mais je n'y ai pas retrouvé le
texte précédent.

A la page 99 du tome III du *Theatrum chemicum*, on lit une préparation de chlorure de mercure sublimé, qui manque dans le manuscrit.

Ces séries d'additions constituaient un usage général, déjà évident
dans le Papyrus de Leyde, et facile à distinguer dans les recettes mêmes
du ms. 6514. Il ne pouvait en être autrement, si l'on se reporte à la
destination des ouvrages que nous examinons en ce moment. En effet,
les praticiens qui se servaient de ces ouvrages les tenaient soigneusement au courant, en inscrivant à la marge de leur exemplaire, ou dans
les blancs, les faits et recettes nouvelles dont ils avaient connaissance,
et en y ajoutant leurs propres commentaires : le tout passait dans les
copies ultérieures, reproduites plus tard dans les ouvrages imprimés.
Ce travail d'additions et d'altérations progressives, faites au texte initial, est très sensible dans le traité *De perfecto magisterio* actuel; je l'ai
signalé également dans l'Alchimie attribuée à Albert le Grand[1], et il
convient d'en tenir grand compte dans toute étude relative à l'histoire
de la chimie au moyen âge. On ne saurait établir cette histoire avec
quelque probabilité, si l'on n'examine de près les manuscrits de chaque
ouvrage et si l'on ne précise la date où ils ont été copiés, et leurs additions ultérieures.

Mais revenons aux traités latins attribués à Rasès ou à Aristote.

Le texte imprimé du *Theatrum chemicum* finit (t. III, p. 127), par
les mots traditionnels : *Explicit liber perfectionis.* Or, le dernier article

---

[1] *Introd. à la Chimie des anciens*, p. 208.

imprimé dans le traité du *Theatrum chemicum* figure au fol. 123 v°, du
manuscrit 6514; il se termine de même par les mots : « Tu seras élevé
au-dessus des cercles lunaires de ce monde. Visite les pauvres, les mineurs, les veuves et les gens malheureux, aide-les dans leurs tribula-
tions, afin que tu puisses, au jour du jugement, entendre le Seigneur
dire : Venez, vous les bénis de mon père. »

Cet épilogue n'est évidemment pas dû à l'auteur arabe; il accuse la
plume du traducteur chrétien, ou de son copiste; il montre bien le
caractère mystique qui s'attachait toujours aux œuvres alchimiques. Il
ne forme pas, d'ailleurs, la fin du traité attribué à Rasès dans le manuscrit, lequel poursuit l'exposition de ses recettes pendant deux feuilles
et demie. Les mêmes recettes d'ailleurs existent aussi dans l'imprimé,
mais à un endroit antérieur, et mélangées avec d'autres. Tout ceci
montre bien le mode de composition, ou plutôt de compilation de ce
genre d'ouvrages, et l'on voit combien on serait peu fondé à accepter aveuglément les attributions d'auteurs, faites d'après les titres du
manuscrit.

Nous avons terminé l'analyse de cet important traité, présenté tantôt
sous le nom de Rasès, tantôt sous celui d'Aristote, et qui n'appartient
probablement pas plus au premier qu'au second. Nous arrivons alors,
dans le manuscrit, à un ouvrage portant le titre même que cite Vincent de Beauvais : *Incipit liber Rasis de aluminibus et salibus, quæ in hac
arte sunt necessaria* (ms. 6514, fol. 128).

C'est un écrit essentiellement pratique, et où se trouvent des
recettes traitant fréquemment les mêmes sujets que celles des opuscules précédents. Il débute en décrivant les différentes espèces d'*atramenta* (vitriols), s'avoir : l'alcocotar, l'asurin ou alsurin, le calcadis,
le calcantum... « Le meilleur est chez nous, en Espagne, et vient de
Elebla. Géber, dans son livre *De Mutatorum* a dit : « On le traite avec
l'aigle [1]... Il renferme des soufres subtils que l'on fait monter et que
l'on teint, et qui teignent peut-être, » etc. Le texte du manuscrit est

[1] C'est-à-dire le sel ammoniac d'après Vincent de Beauvais.

plus étendu; mais Vincent de Beauvais a reproduit les phrases que j'ai citées et qui renferment précisément l'une des citations qu'il fait de Geber. Le passage précédent était d'ailleurs de la nature de ceux qui se transmettent d'un auteur à l'autre. En effet, l'énumération même des diverses espèces de vitriols que je viens de reproduire est la même dans Ibn Beithar [1], qui la donne comme tirée d'Avicenne. L'asurin, d'après le traducteur, ne serait autre que le sory des grecs [2], le calcantum étant donné comme identique au misy, et le chalcadis au grec *chalcitis.* Les deux premières attributions me semblent douteuses : l'alsurin étant plutôt la rubrique [3], autrement dite *syricum* ou *sericam.* Le sory, d'ailleurs, a pu être identifié avec la rubrique, à un certain moment. Le texte d'Avicenne auquel s'en réfère Ibn Beithar parait être le même que celui que nous possédons dans le manuscrit latin 15458 de Paris (fol. 75-76), lequel renferme la traduction des œuvres médicales d'Avicenne, par Gérard de Crémone; manuscrit que le vieux catalogue fait remonter au commencement du xiii⁰ siècle. Toute la filiation de ces recettes, depuis les écrivains arabes authentiques jusqu'à nos latins, devient ainsi manifeste.

Le prétendu Rasès du manuscrit 6514 expose ensuite l'histoire des différentes espèces de sels, leur usage, leur traitement, leur emploi en alchimie. Mais l'article relatif aux vitriols est le seul que j'aie pu identifier avec une citation de Vincent de Beauvais. Pour le reste, cet auteur avait en main, sous le même titre *De Salibus,* etc., un texte fort différent du nôtre, quoique traitant les mêmes sujets. La différence de rédaction est surtout manifeste dans les articles sur les métaux, attribués à Rasès par Vincent de Beauvais; elle mérite d'autant plus d'être remarquée que la théorie est au fond la même et toute pareille à celle d'Avicenne.

[1] *Traité des simples,* trad. de l'arabe par Leclerc, dans les *Notices et extraits,* etc., t. XXV, p. 193, n° 1080.

[2] *Introd. à la Chimie des anciens,* p. 242.

[3] Même ouvrage, p. 262. En d'autres termes, deux matières colorantes rouges, le rouge d'Angleterre, qui est un oxyde de fer, et le minium, qui est un oxyde de plomb, ont été souvent confondues par les anciens et par les gens du moyen âge.

Dans les œuvres médicales de Rasès, imprimées à Bâle en 1544, d'après la traduction de Gérard de Crémone, on trouve indiqués, parmi les matières employées en thérapeutique (p. 84, 86, 87), les sels ammoniacs, la cadmie d'argent, la cadmie d'or, le *calcanthum* corrosif et chaud, l'*œs ustum*, l'alun, la fleur de cuivre, la céruse, l'orpiment, le mercure, l'arsenic sublimé (p. 203 à 205), etc. Mais aucune de ces indications ne coïncide exactement, ni avec celles du manuscrit 6514, ni avec celles du *Theatrum chemicum*. Elles montrent toutefois une concordance générale dans les sujets traités et révèlent les connaissances chimiques que possédaient les écrivains réels de ces divers traités, imprimés ou manuscrits.

En résumé, tous ces textes représentent une même doctrine, doctrine originaire des Arabes; mais, à l'exception de ceux d'Avicenne, leurs attributions nominatives varient dans les manuscrits et dans les imprimés : ce qui montre qu'on ne saurait prêter foi à ces attributions, sans plus ample examen. Ajoutons cependant que celle d'Avicenne subsiste après discussion.

CHAPITRE IX.

———

Le *Livre des Soixante-dix*, de Jean [1], traduit par maître Renaud de Crémone (ms. latin 7156 de Paris, f. 66ᵉ), mérite une attention particulière. Djâber [2], dans ses écrits arabes, déclare qu'il a composé un ouvrage sous ce titre, ouvrage formé par la réunion de 70 de ces petits traités, dont il annonce avoir écrit 500. Ibn Khaldoun en parle aussi; mais l'ouvrage même, en langue arabe, est perdu. Cependant une grande partie paraît en subsister dans le présent livre, comme il sera dit tout à l'heure. Dans le traité latin intitulé : *Aurora consurgens* [3], on cite un passage d'un livre du Pseudo-Aristote : *Liber septuaginta præceptorum;* mais la citation ne se retrouve pas dans l'ouvrage présent. Le *Liber Sacerdotum* ou *Liber Johannis* cite aussi, à plusieurs reprises, une collection de 70 recettes, qui pourraient avoir été comprises dans notre traité actuel (le présent volume, p. 179). Le *Kitâb-al-Fihrist* parle également des *Soixante-dix* épîtres de Zosime. Ces titres numériques : *Livre des Soixante-dix, Livre des Cent douze, Livre des Trente, Livre des Vingt, Livre des Dix-sept, Livre des Douze eaux, Livre des Trois paroles*, étaient très répandus chez les alchimistes arabes, et chez les alchimistes latins des xiiiᵉ et xivᵉ siècles. Plusieurs ouvrages distincts ont souvent porté le même nom, précisément comme pour les compositions intitulées *Rosarium*.

En tout cas, ces indications numériques indiquent une compilation, formée d'un certain nombre de morceaux distincts; les uns théoriques, d'autres, au contraire, pratiques, et sans qu'il y ait nécessairement un lien systématique entre les divers morceaux. Il suffit de lire les œuvres alchimiques du faux Aristote, ou celles qui sont attribuées à

---

[1] *Io* est exponctué dans le manuscrit, ce qui met en doute le nom de Jean.

[2] Pour plus de clarté, je désignerai par Djâber l'auteur arabe, réservant l'orthographe Géber à son pseudonyme latin.

[3] *Artis auriferæ*, etc., t. I, p. 192.

l'Alchimie d'Albert le Grand, œuvre également formée de parties théoriques et de listes de préparations, assemblées sans grand ordre, pour concevoir la composition de semblables ouvrages. Le *Livre des Soixante-dix*, tel que nous le possédons, en fournit un exemple frappant; il est inédit et son contenu intrinsèque n'est pas sans intérêt. Néanmoins, en raison de l'étendue de ce traité, il ne m'a pas paru possible d'en faire une publication intégrale. Mais il mérite d'être analysé, parce qu'il dérive certainement du traité arabe de Djâber qui porte le même nom, à en juger par l'identité des titres de nombreux chapitres, cités dans le *Kitâb-al-Fihrist*. Le traité latin est assurément traduit de l'arabe; mais il paraît avoir été, conformément à l'usage du temps, interpolé par les copistes et les traducteurs, qui ont introduit dans certaines parties des développements et additions divers, précisément comme pour les Alchimies d'Avicenne et du Pseudo-Aristote. Cet ouvrage n'en jette pas moins une certaine lumière sur l'histoire de l'alchimie arabico-latine, comme étant le seul ouvrage latin connu, qui soit réellement attribuable à Djâber.

Disons d'abord que le *Livre des Soixante-dix*, tel qu'il nous est parvenu, est mutilé. Sur les soixante-dix chapitres dont il devrait se composer, nous en possédons seulement trente-six en forme : une autre portion paraît répondre aux titres non dénommés dans le *Kitâb-al-Fihrist*, enfin une partie pourrait avoir subsisté dans les recettes dites *des Soixante-dix*, relatées par le *Liber Sacerdotum*, ou congénères (ce volume, p. 179, note 3, et p. 184).

L'ouvrage actuel, je le répète, est traduit de l'arabe, et il renferme des mots assez nombreux tirés de cette langue : le style en est obscur et incorrect. Les auteurs nommés sont peu nombreux, savoir : Socrate et Platon, cités comme opérateurs; puis d'une façon vague : les « livres des anciens ». Les seuls noms de pays ou de peuples sont l'Inde, les Égyptiens et les Éthiopiens[1].

_____

[1] Folio 66, colonne c, dernière ligne, et première ligne, folio 60, colonne D, on lit : « In omnibus Egyptiis est tenuitas et in illis de Alam similiter; hii sunt calidiores aliis. » — D'après M. Michel Deprez, le mot *Alam* doit être transcrit *Alammar*

Les noms d'origine des minéraux nous reportent à l'Orient; aucun à l'Espagne. L'auteur ne cite guère d'autre livre que ses propres traités[1], auxquels il se réfère fréquemment, à peu près dans les mêmes termes que le Djâber arabe. Je vais donner la liste de ces citations, en la rapprochant de la liste des ouvrages cités, soit par le Djâber arabe lui-même, soit dans le *Kitâb-al-Fihrist*; ces dernières énumérations seront données avec plus de détail dans le volume du présent ouvrage consacré aux Alchimistes arabes. On nomme dans le traité actuel :

Le *Livre des CXII* (chapitres ou recettes), appelé *Livre des Secrets*, cité sept fois; c'est en effet le titre d'un ouvrage de Djâber, cité par lui-même à plusieurs reprises dans ses œuvres arabes et qui figure aussi dans la liste donnée par le *Kitâb-al-Fihrist*.

Le premier chapitre : *Elementum yrei* (?) [2];

Le dernier chapitre : *Intentio intentionum;*

Le chapitre *Albicalmon* et le chapitre *Ebicalinor*, qui semblent répondre au même nom altéré;

Le *Chapitre des luts* [3];

Le *Livre Unus per se*, titre qui répond aux *Livres de l'Unique* de Djâber, cités dans le *Kitâb-al-Fihrist;*

Le *Livre des Trente*, titre qui existe aussi dans la liste du *Kitâb-al-Fihrist;*

Le *Livre Aveniena;*

Le *Chapitre de Moïse;*

Le *Livre des XVII, De corporibus et compositionibus :* la liste des chapitres de cette compilation est donnée dans le *Kitâb-al-Fihrist;*

(en arabe *El-Ahmar* = les Rouges) et désigne les Éthiopiens, mis en opposition avec les Égyptiens.

[1] Le nom même de Géber est cité une fois avec dédain : mais c'est probablement une glose de copiste, qui a passé dans le texte.

[2] Peut-être *Yles:* c'est-à-dire de la matière. Le *Livre de l'Élément* existe dans la liste des œuvres de Djâber, donnée par le *Kitâb-al-Fihrist.*

[3] Il faut peut-être lire *ludorum;* ce qui répondrait à l'un des chapitres du Livre des LXX.

Les *IV livres*, compilation également citée dans le même ouvrage;

Les *X traités*, compilation pareillement citée en détail dans le même ouvrage;

Le *Liber Veneris*, qui figure parmi les livres énumérés dans le *Kitáb-al-Fihrist;*

Le *Liber silve;*

Le *Liber vite*, également cité dans le *Kitáb-al-Fihrist;*

La *Summa;*

Les deux livres *De Argento.*

Parmi ces divers livres ou chapitres, quelques-uns faisaient sans doute partie du *Livre des CXII,* ou même du *Livre* actuel *des LXX;* voire même se rencontraient-ils répétés dans ces deux collections, sinon dans d'autres.

Donnons maintenant la liste des titres des chapitres du *Livre des Soixante-dix* (appelés aussi livres), parallèlement à celle des titres des chapitres de l'ouvrage arabe du même nom, reproduits dans le *Kitáb-al-Fihrist.*

OUVRAGE LATIN.	OUVRAGE ARABE.
L. I. *Divinitatis.*	L. I. De la divinité.
L. II. *Capituli.*	L. II. De la porte.
L. III.	L. III. . . . . .
L. IV.	L. IV. De la semence.
L. V. *Ducatus.*	L. V. De la voie divine.
L. X. *Fiducie.*	L. X. Des sept.
L. XI. *De septem.*	L. XI. De la décision.
L. XII. *Indicum.*	Le livre *Des indices* est cité par Djâber dans son livre *Des Balances.*
L. XIII. *Applicationis.*	L. XIII. De l'éloquence.
L. XIV à XXIII. (Sans titre.)	
	(L. XXXVI.) Du jeu.
L. XXIV. *Ludorum.*	
L. XXV. *Experimentorum.*	
L. XXVI. *Corone.*	L. XXIV. Du diadème.

41.

L. XXVII. *Evasionis.*

L. XXVIII. *Faciei.*

L. XXIX. *Cupiditatis.*

L. XXX. *Creationis.*

L. XXXI. *Condonationis.*

L. XXXII. *Fornacis.*

L. XXXIII. *Claritatis.*

L. XXXIV. *Reprehensionis.*

L. *Martis.* (Sans numéro.)

L. *Limpadi.* (Sans numéro.)

L. XXXVI. *Veneris.*

L. *Mercurii.* (Sans numéro.)

L. *Lune.* (Sans numéro.)

L. *ignis.* (Sans numéro.)

L. *pinguedinis.*

L. LXI. *De ablatione argenti vivi.*

L. LXII. *De ablatione argenti.*

L. LXX et dernier.

L. XXV. De l'évasion.

L. XXVI. Du considéré.

L. XXVII. Du désir.

L. XXXVII. De la création.

L. XXIX. De la structure.

L. XXXII. De la monnaie.

L. XXXIII. De la purification.

Le livre *De la Clarté* figure dans la liste du *Kitâb-al-Fihrist.*

Le *Liber Limpadi,* d'après son contenu, paraît le même que celui du Soleil (ou de l'Or), cité plus loin.

Le livre de *Mars,* le livre de *Vénus* et le livre de *Mercure* sont cités dans le *Kitâb-al-Fihrist.*

Les livres *Du Soleil et de la Lune* sont cités par Djâber dans son livre *Des Balances,* ainsi que dans la liste du *Kitâb-al-Fihrist.*

L'identité de presque tous les titres, pour le commencement des deux textes, est évidente.

Ainsi les titres des chapitres du *Livre des Soixante-dix* sont, en somme, les mêmes que ceux du livre arabe de même nom, et ceux des ouvrages cités, pareillement. En outre, le style ressemble étrangement à celui du Djâber arabe; ces opuscules étant conçus dans un même langage prétentieux et déclamatoire, langage fort répandu chez les auteurs orientaux.

Examinons de plus près le contenu général du *Livre des Soixante-dix*. L'auteur débute par la formule d'usage chez les musulmans, aussi bien que chez les chrétiens : Louange à Dieu ! Puis il annonce qu'il va exposer ce qu'il a tenu caché jusque-là. Il prend, comme tous ses pareils, pour base, la théorie des quatre éléments, et annonce qu'il faut faire l'opération entre le moment où le soleil entre dans le Bélier et celui de son entrée dans le Taureau : c'est la seule trace d'astrologie qui figure dans le traité. Il faut, dit-il, procéder par analyse et séparer les uns des autres les quatre éléments : feu, air, eau, terre, c'est-à-dire isoler certains corps qui les représentent et en sont les types. Mais il ne nomme pas ces corps, les désignant uniquement par le nom des éléments : précisément comme certains Byzantins, tels que Comarius, et, depuis, certains Latins, le Pseudo-Raymond Lulle par exemple. Puis il entre dans le détail des opérations, qu'il expose à dessein dans un style vague et confus. Il s'en réfère, pour plus de clarté, à ses autres ouvrages, avec un bavardage sans fin, précisément dans les mêmes termes que le Djâber arabe. Les allusions aux tempéraments bilieux et l'indication des propriétés thérapeutiques de certains corps accusent la profession médicale de l'auteur : la plupart des alchimistes étaient médecins. De telles indications existent en effet chez Zosime, chez Olympiodore et particulièrement chez Stéphanus. Toute cette première partie de l'ouvrage rappelle, je le répète encore, de très près les exposés du Djâber arabe. Vient ensuite, dans une série de chapitres, la description fastidieuse d'opérations, qui semblent réelles, mais exposées dans un style vague et inintelligible.

Après le Livre ou chapitre XIII, il existe une lacune, et l'ouvrage change de caractère et devient plus scientifique. On y trouve, décrite avec précision, la sublimation du sel ammoniac, du soufre et du mercure, dans un morceau dont la manière est si différente qu'on peut suspecter une interpolation, surtout en ce qui touche les deux premiers corps. Toutefois, au sein de semblables compilations, tout pouvait se trouver réuni. Dans cette portion de son œuvre, l'auteur expose comme quoi on extrait la pierre philosophale des animaux ; ce qui est une théorie du Djâber arabe. A partir du chapitre XXV, il raconte comment on la prépare avec les végétaux et les minéraux; ce sont des idées qui se retrouvent aussi dans l'Avicenne latin[1]. Au contraire, il n'en existe guère de trace chez les alchimistes grecs, si ce n'est dans leurs nomenclatures symboliques. Ces imaginations ont été réduites en forme systématique par les Arabes : peut-être y a-t-il là quelque réminiscence des idées chaldéennes sur les relations entre les planètes, les métaux et les corps des divers règnes[2]. Rappelons que, d'après plusieurs biographes, Djâber était sabéen, c'est-à-dire héritier des vieilles doctrines chaldéennes.

L'exposition change de nouveau de caractère au chapitre XXXII, où commence un véritable traité relatif aux métaux. En effet, l'auteur décrit successivement la constitution des métaux : le plomb, l'étain, le fer, l'or, le cuivre, le mercure, l'argent, en tant que possédant chacun deux ordres de propriétés contraires, les unes apparentes, les autres occultes. C'est là encore une théorie arabe, qui se trouve dans le Djâber arabe et qui est présentée tout au long dans le Pseudo-Aristote[3]; elle servait de base aux idées et pratiques de transmutation. Chemin faisant, se trouve la dispute de l'or et du mercure, reproduite dans Vincent de Beauvais[4] et dans divers alchimistes, avec des variantes plus ou moins considérables.

Signalons deux chapitres, étrangers à la marche générale de l'ouvrage et relatifs à l'huile (chap. XXX et chapitre sans numéro, avant le chap. LXI). L'un explique que l'huile peut être retirée de toutes choses; ce qui se lit aussi dans les œuvres arabes attribuées à Djâber : c'est l'origine des idées ultérieures, qui en ont fait un principe générateur ou élément; l'autre chapitre décrit des procédés précis pour extraire les huiles d'amandes, de laurier, etc.

[1] Voir plus haut, p. 298 et 304.

[2] *Introduction à la Chimie des anciens*, p. 206, 207. — *Coll. des Alchim. grecs*, trad., p. 25. — Le microcosme et le macrocosme, d'après Hermès, dans Olym-piodore, p. 109. — *Traité d'Alchimie syriaque*, p. 12.

[3] Voir le présent volume, p. 283 et 313.

[4] *Introd. à la Chimie des anciens*, p. 258.

Puis l'auteur reprend une exposition d'idées, à la fois générale et
positive, sur les quatre esprits ou corps volatils : le mercure, le soufre,
l'orpiment, le sel ammoniac, et sur les sept métaux. Ce sont encore
là des idées et connaissances courantes au xiie et au xiiie siècle et qui
figurent dans Avicenne, avec cette différence pourtant qu'Avicenne
parle seulement de six métaux, le mercure appartenant au groupe des
esprits, et que le *Livre des LXX* y ajoute le verre, conformément à la
vieille tradition égyptienne [1]. L'auteur décrit la purification de ces
divers corps, cite de nouveau toute une série de ses propres ouvrages
et termine par le livre LXX, où il résume les méthodes et parle des
700 distillations de chaque élément.

Voici maintenant un sommaire plus détaillé de l'ouvrage latin.

[1] *Origines de l'Alchimie,* p. 219, 233. — *Coll. des Alch. grecs,* trad., p. 25.

LIBER DE SEPTUAGINTA JO[1],

TRANSLATUS A MAGISTRO RENALDO CREMONENSI,

DE LAPIDE ANIMALI[7].

————

I. *Liber divinitatis.* — « Louange à Dieu! La physique est la fin de toute philosophie. Voici un livre destiné à exposer ce que j'ai promis, ce que j'ai caché dans divers endroits et sciences. Dans chacun de ces 70 livres, j'ai mis quelque science et je lui ai donné un nom propre. Le premier est appelé *Liber divinitatis;* j'y ai mis les principes destinés à faire entendre la chose capitale. Il s'agit des êtres animés et, par-dessus tout, de l'homme. Nous parlerons principalement de l'Inde, pays situé au milieu du monde et à l'orient de l'Égypte. Il y a beaucoup de finesse chez les Égyptiens et aussi chez les Éthiopiens : ceux-ci sont plus chauds que les autres. De même chez les animaux sauvages, il existe plus de finesse et d'acuité. Ils sont de genres nombreux et divers. »

L'auteur parle alors de la chaleur des vaches, moutons, etc.

« Dieu accorde à qui lui plaît : On peut comprendre mon livre à première lecture, ou bien après beaucoup d'opérations. Il faut prendre cette pierre et la tirer du meilleur animal. »

« Ici commence le *Liber radicum*[3]. Je dis que le nom de la pierre existe; mais on ne doit pas le dire. On la tire de l'homme bilieux (*colericus*), ou sanguin et coloré. Elle consiste en quatre éléments, savoir : le feu chaud et l'air chaud et humide, l'eau et les liquides, la terre et les minéraux. La chaleur et la sécheresse des quatre éléments; voilà, par Dieu, ce qui est convenable.

« Nous avons dit : la pierre est une et quelle elle est. »

« Dans quel temps faut-il la fabriquer? Ceci est indiqué par ce fait que

———

[1] Ce mot est exponctué. — [2] Ces derniers mots ne s'appliquent qu'à une partie de l'ouvrage. — [3] Le sujet change. Est-ce une intercalation?

le feu abonde au printemps et en été, à l'époque où le soleil entre dans le Bélier et jusqu'au temps de son entrée dans le Taureau. »

« Quel est le mode pour opérer? Il faut faire la distillation quand le soleil est dans le Bélier et le Taureau. »

« Ce livre traite des radicaux nécessaires pour le grand œuvre. On sépare l'eau, puis l'air [1], le feu et la terre. On sépare tout le feu avant l'air. On fixe ensuite avec la terre, l'eau, etc. »

L'auteur répète sans cesse les mots : « Entends bien ce que je dis. »

« Ces éléments sont tirés de la pierre. Tout cela est typique (symbolique et figuratif [2]). Voilà tout ce qui est nécessaire pour le traitement de la pierre. Quand tu as ces éléments en temps convenable, il faut procéder à la purification de la pierre. Il existe une marche à suivre pour distiller, une autre pour purifier l'eau, l'air, la terre et le feu; une autre pour les poids; une pour la réunion (des éléments). Il faut d'abord faire digérer dans le fumier. L'eau, mise à part, est jaunâtre, tu la distilleras : la partie noire restée au fond, tu la mélangeras avec la terre susdite. [Ne t'occupe pas de ces sept cents distillations dont a parlé cet auteur, Géber, dans le 70ᵉ livre [3].] » Puis l'auteur parle des choses nécessaires à la pulvérisation, du procédé pour amollir, etc. Les opérations consécutives sont décrites avec le même vague et obscurité, et il est inutile de les analyser davantage.

Plus loin : « Nous avons dit cela dans notre *Livre des CXII*, appelé *Livre des Secrets*. Je n'ai écrit mes livres que pour ceux qui ne comprennent pas; pour qui comprend, nos livres sont ceux des anciens. Opère de même avec l'air [4] et la terre.

« La pierre, après deux opérations, vaut autant qu'après cent.

« La sagesse de l'auteur du livre est supérieure au livre. »

Puis viennent des subtilités scolastiques.

« Les radicaux de toutes choses sont tirés des éléments.

---

[1] Le texte porte *adipem*, au lieu d'*aerem*, qui répond à l'énumération des quatre éléments.

[2] L'idée que la pierre philosophale doit être formée des quatre éléments, chacun d'eux étant représenté par des substances que l'auteur ne nomme pas, existe déjà chez les Byzantins. (Co-marius, *Collection des Alchimistes grecs*, trad., p. 285.)

[3] Ce blâme est singulier; c'est une interpolation évidente; car la marche en question est précisément indiquée dans le chapitre LXX.

[4] *Adipem*, comme plus haut. L'huile était-elle identifiée avec l'air par l'écrivain?

« Il y a deux opérations pour la pierre, l'une est préférable. J'en ai parlé largement dans mon livre *Unus per se.* » Il cite encore le livre *Elementum yrci*[1], le premier des CXII; le Livre *Intentio intentionum;* le dernier des CXII[2]. « Je ne t'ai pas caché une seule lettre. »

Le *Liber capituli* est le second des LXX[3]. « L'œuvre du grand chapitre s'accomplit en quarante jours. » Le *Livre des CXII* est encore cité : « *Opus primum*, c'est le travail le plus long. Dans le second, c'est un abrégé. *Opus tertium;* on opère en un jour. » Des indications analogues se lisent dans le Djâber arabe.

Notre auteur latin cite aussi le livre *De triginta.* Puis vient l'*Opus quartam.* Dans ce travail, il est question des chevaux, des œufs, de l'aigle, etc.; c'est un long bavardage.

Suit le *Liber ducatus*[4], le V°. Les opérations y sont décrites en style vague ; puis viennent des distillations à l'alambic. L'agent obtenu amollit le fer, teint l'argent et le cuivre[5]. L'athanor, sorte de fourneau, est nommé ici.

Voici quelques énoncés caractéristiques du style de l'ouvrage, et pareils à ceux du Pseudo-Raymond Lulle.

« Prends du feu une partie, et de ce feu quatre parties.

« Prends quatre parties de terre, quatre parties de feu, douze parties de feu, douze parties d'eau. »

L'auteur fait longuement la description des diverses opérations, mais toujours en style vague.

Le *Liber fiducie* est le X°[6].

Liber de septem, le XI°. — L'auteur annonce qu'il va décrire une opération abrégée, qui se fait en sept jours.

Liber indicum, le XII°.

[1] *Yles?* de la matière.

[2] Le *Livre des C.XII*, comme le *Livre des LXX*, était la réunion de plusieurs traités spéciaux. On le trouve cité dans la liste du *Kitâb-al-Fihrist.*

[3] Le *Liber radicum* a été déjà donné comme le second, plus haut, p. 329.

[4] Les livres III et IV manquent.

[5] *Coll. etc.*, trad., Démocrite, p. 55, n° 23.

[6] Les livres VII, VIII, IX, manquent.

Liber applicationis, le XIII⁰.

Les titres des livres du XIV⁰ au XXIII⁰ manquent. A la place on lit la description d'opérations précises, faite dans un style tout différent, savoir : la sublimation du sel ammoniac, celle du soufre et celle du mercure; la dernière avec des longueurs.

Liber ludorum, le XXV⁰. — L'auteur s'en réfère au sel ammoniac, au soufre blanchi, au mercure, décrits ci-dessus. Longs détails de préparation.

Il cite son livre *Albicalmon*, tiré des CXII.

Liber experimentorum, le XXV⁰. — Il parle de l'élixir tiré des végétaux. « Il y a des gens qui opèrent avec le soufre et le mercure; d'autres, avec le mercure seul, avec le soufre seul, avec le sel ammoniac seul, etc. » Un développement analogue se trouve dans l'Alchimie latine d'Avicenne.

Liber corone, le XXVI⁰. — La sublimation du mercure végétal y est décrite, comme toujours, longuement, et ainsi que la distillation d'une eau acide, etc.

Liber evasionis, le XXVII⁰. — Comment on rougit les choses blanchies; toujours descriptions d'opérations compliquées.

Liber facici, le XXVIII⁰.

Liber cupiditatis, le XXIX⁰.

Liber creationis, le XXX⁰. — L'auteur parle de l'huile. « Toute chose renferme de l'huile. » Il en décrit l'extraction.

Liber condonationis, le XXXI⁰. — Les pierres et leurs espèces.

« La teinture (philosophique), d'après certains, ne peut être tirée que des pierres; d'autres disent qu'elle s'extrait de toute chose; quelques-uns du soufre seul; des deux mercures; de l'orpiment jaune, du rouge; de tous les orpiments; du sel ammoniac; du mercure, l'orpiment, du soufre et de l'orpiment, etc. » Ambiguïté des livres anciens. — « Il n'y a de teinture réelle que celle tirée de l'or et de l'argent. »

Teinture tirée de la marcassite et de tous ses genres; de la magnésie; du natron, etc. Puis il est question de la teinture préparée avec les améthystes et avec les perles.

42.

Liber fornacis, le XXXIIe. — «On va parler de Saturne (plomb). Sa nature est froide et sèche, pareille à la bile noire[1]. »

«On combine le semblable avec le semblable, et le contraire avec son contraire. Les natures, dans toutes choses, sont apparentes, accomplies, ou occultes. En tout, il y a deux natures, l'une active, l'autre passive : active dans les qualités apparentes, passive dans les qualités occultes. Il faut rendre l'occulte manifeste et réciproquement, etc. »

« Le plomb est, en apparence, froid et mou; dans ses propriétés occultes, il est chaud et dur. » Puis l'auteur expose de même les propriétés opposées de l'étain, du fer. « Le mercure dans ses qualités occultes est du fer, dans ses qualités apparentes du mercure. » Nature de l'or; nature du cuivre; nature de l'argent, etc.[2].

Liber claritatis, le XXXIIIe, sur l'étain (Jupiter). — Sa nature. — L'auteur cite son livre *Ebicalinor*, tiré des CXII. « La transmutation se fait selon trois modes. »

Liber reprehensionis, le XXXIVe.

Liber Martis[3]. — Le fer, sa nature; procédé pour le fondre.

L'auteur cite le *Liber de lutis*, des CXII. — Artifice pour amollir le fer (avec l'orpiment).

Liber limpadi. — Nature de l'or.

« Il est plus facile de faire l'or avec le plomb qu'avec l'étain. Le premier métal est plus dense et n'exige qu'une préparation; avec l'étain, il en faut plusieurs : ce métal est plus voisin de l'argent. »

Liber Veneris, le XXXVIe. — «Soit excommunié celui qui lira mon livre, etc. Que je sois excommunié, si, etc. »

Liber Mercurii. — « Le mercure dans ses propriétés apparentes est blanc,

---

[1] Cf. Stéphanus, *Introd. à la Chimie des anciens*, p. 292, leçon V.

[2] Cf. Olympiodore, *Coll. des Alch. gr.*, trad., p. 100, n° 38 à la fin, et p. 106, n° 47. Toute l'énumération de métaux qui suit ressemble au Pseudo-Aristote, mais non à la *Summa* du Pseudo-Géber; ce sont toujours des raisonnements vagues et des préparations obscures.

[3] Titre en marge. Il y a deux livres sans numéro d'ordre, répondant au XXXV.

à cause de sa froideur. Dans ses propriétés occultes, il est rouge, à cause de sa chaleur. »

Dispute du mercure avec l'or[1]. La congélation (ou fixation).

Liber Lune. — La nature de l'argent. — « Les philosophes de la nature ont caché cela, parce que les hommes, si leur science était connue, les tourneraient en dérision et peut-être les crucifieraient. »

« Nous avons fait nos livres pour nous et nos fils (disciples). Si quelqu'un savait tout le magistère et n'opérait pas, on dirait que c'est parce qu'il craint les rois et les hommes, etc. »

« Le complément de ce chapitre est *in libro Avenicna.* » L'auteur cite aussi son chapitre de *Moyse.*

Liber ignis[2]. — C'est un élément, le second, etc.

« L'argent dans le moule sera comme l'or; il sera jugé bon par les imposteurs qui disent l'avoir trouvé dans les trésors. »

« Il sera bon en voyage pour se sauver avec, et bon pour fabriquer des croix[3] et des soucoupes. »

Liber pinguedinis. — On y parle de l'extraction des huiles : huile d'amande, de moutarde; de leurs usages médicaux; de l'huile de laurier extraite de ses baies, etc.

Liber LXI. *De ablutione argenti vivi.*

« Il y a quatre esprits : le mercure, le soufre, l'orpiment, le sel ammoniac, et sept corps : le plomb, l'or, l'étain, le fer, l'argent, le cuivre, le verre[4]. Le mercure n'est pas au nombre des corps, mais des esprits. »

Lavage du mercure; sa sublimation.

Lavage du soufre; sa sublimation.

Lavage de l'orpiment.

Sublimation du mercure, du soufre, de l'orpiment.

L'auteur cite son *Liber Veneris.* — Lavage du plomb, du fer, du cuivre. Procédé pour obtenir le cuivre rouge et le cuivre blanc.

---

[1] *Introd. à la Chimie des anciens*, p. 258.

[2] Il n'y a plus de numéro et près de la moitié de l'ouvrage paraît manquer.

[3] Interpolation du glossateur.

[4] Cf. *Introd. à la Chimie des anciens*, p. 80. — Le verre rangé parmi les métaux répond à une vieille tradition. — *Origines de l'Alchimie*, p. 218.

L'or n'a pas besoin d'aucune préparation, parce qu'il ne renferme pas d'impureté.

Livre LXII. Lavage de l'argent.

Sublimation du mercure selon Socrate; selon Platon.

Congélation du mercure par la coloquinte. Effets vomitifs et purgatifs de la coloquinte (interpolation?).

Le verbiage et les citations recommencent. L'auteur cite ses livres des CXII et des XVII : *De corporibus et compositionibus;* ainsi que les quatre livres les plus parfaits parmi ses dix traités; puis le *Liber Veneris, Liber silve, Liber complementi, Liber vite.* « Ces livres sont sans obscurités. Je ne les ai pas nommés dans la *Summa*[1], si ce n'est joints à d'autres livres. »

Il cite encore ses deux livres *de Argento,* son chapitre de *Moyse.*

Livre LXX et dernier. — C'est un résumé, où l'écrivain rappelle la préparation tirée des animaux; et la pierre formée de quatre éléments : eau, air, feu, terre, qu'on doit en séparer.

« D'après la première préparation, il faut sept cents distillations pour chaque élément. » — Suit la règle des éléments, etc. — « Une partie de la pierre teint deux mille mille parties et dix fois deux cent mille, etc. On a parlé aussi de la préparation tirée des végétaux, laquelle demande plus de travail; il faut les empêcher de brûler dans la distillation. La préparation de la pierre se partage en deux : celle des esprits et celle des corps. Arrivé à ce point, il y a quatre manière de faire : fixer les esprits, fixer les corps, ou dissoudre les esprits et les corps, ou dissoudre les esprits et fixer les corps. Voici le vrai procédé. Il faut fixer les esprits sur les corps; pour cela, on doit dissoudre les corps et les esprits avec les eaux tirées des corps. Il y a beaucoup de choses à noter dans la sublimation; beaucoup dans la solution; beaucoup dans la solidification. »

Tel est le *Livre des Soixante-dix,* le seul ouvrage latin qui puisse être re-

____

[1] C'est la seule mention qui soit faite d'un ouvrage intitulé : *Summa*, dans le *Livre* latin *des Soixante-dix;* dans les traités arabes de Djâber, elle n'est même pas nommée. Il est possible qu'il n'ait jamais existé d'ouvrage de Djâber sous ce titre et que la phrase précédente soit l'interpolation de quelque glossateur du XIIIᵉ siècle, qui se serait aperçu de la différence entre le *Livre des Soixante-dix* et la *Summa* du Pseudo-Géber latin.

gardé comme traduit du véritable Djâber arabe; bien que le traité en langue arabe soit perdu, les preuves de cette filiation exposées dans le présent chapitre sont trop fortes et trop nombreuses pour être contestées. Nous trouvons, dès lors, dans ce livre, dont l'origine était restée jusqu'ici inconnue, des données nouvelles et solides pour la discussion relative aux autres ouvrages latins qui portent, à tort ou à raison, le nom de Géber.

CHAPITRE X.

GÉBER ET SES ŒUVRES ALCHIMIQUES.

———

Le moment est venu de nous occuper des traités alchimiques attribués à Géber. Cherchons d'abord s'il est possible d'établir le caractère
général de ses ouvrages authentiques, je veux dire des écrits arabes
qui portent son nom, avant d'examiner les livres latins mis sous le
même nom.

Le personnage lui-même est mal connu : il paraît avoir vécu vers le
IXe siècle; mais son histoire, telle qu'elle est rapportée par les anciens
auteurs, est remplie d'obscurités et de contradictions; son existence
même a été mise en doute. J'ai rapporté ce que les historiens arabes
en disent, dans un autre volume du présent ouvrage, où l'on peut lire
in extenso les passages du *Kitáb-al-Fihrist* qui le concernent et la liste
des nombreux ouvrages mis sous son nom. Il est certain que Géber ou
Djâber a joui d'une grande réputation au moyen âge, chez les Musulmans aussi bien que chez les Chrétiens. Ses prétendues œuvres latines
forment un gros volume, et les auteurs arabes lui attribuent cinq cents
ouvrages ou opuscules alchimiques. Ils sont tous inédits : mais plusieurs de ces derniers ouvrages existent à la Bibliothèque nationale de
Paris et à la Bibliothèque de Leyde; j'ai pu m'assurer qu'ils ne répondent pas aux traités latins publiés jusqu'ici comme traductions supposées de Géber et qu'ils n'ont avec la plupart d'entre eux aucune, ou
presque aucune ressemblance. J'en excepte le *Livre des Soixante-dix*,
dont j'ai donné plus haut l'analyse. Mais ce livre n'est pas donné dans
le manuscrit comme une œuvre de Géber, et personne n'en avait
jusqu'ici soupçonné l'auteur véritable.

Grâce au concours de M. Houdas, professeur à l'École des langues
orientales, qui a bien voulu traduire pour moi les ouvrages arabes

manuscrits existant à Paris et à Leyde sous le nom de Djâber, savoir : le *Livre de la Royauté*; le *Petit livre de la Miséricorde*; le *Livre des Balances*; le *Grand livre de la Miséricorde*; le *Livre de la Concentration* et le *Livre du Mercure oriental*, je suis en mesure de préciser cette comparaison. J'ai consacré un volume à la traduction de ces ouvrages, que les Arabes attribuaient à Djâber : je vais résumer ici brièvement les deux premiers, qui suffiront à donner une idée du style et de la manière de l'auteur, pour les personnes qui ne voudront pas lire les six traités dans tout leur développement. Je rappellerai ensuite les citations de Géber faites par Avicenne et Vincent de Beauvais; enfin je comparerai le tout aux ouvrages latins mis sous le nom de Géber.

Le *Livre de la Royauté* débute par ces mots : « C'est le huitième des cinq cents traités composés par le cheikh Abou Mousa Djâber ben Hayyân Eç-Çoufy : Dieu lui fasse miséricorde ! » L'ouvrage occupe seulement quelques folios; ce qui montre que les cinq cents traités attribués à Geber ne représentaient pas une étendue totale démesurée.

Voici l'analyse du livre actuel : « Au nom du Dieu clément et miséricordieux... Dans le présent ouvrage, j'ai indiqué deux catégories d'opérations : la première d'une exécution prompte et facile, les princes n'aiment pas les opérations compliquées... » De là le nom de *Livre de la Royauté...* « Ce procédé doit être tenu secret, sans être révélé ni à vos proches, ni à votre femme, ni à votre enfant,... etc. Si nous divulguions cette œuvre, disaient les Anciens, le monde serait corrompu, car on fabriquerait l'or comme aujourd'hui on fabrique le verre. » Puis vient la définition symbolique de la pierre philosophale. « Sachez, cher frère, que l'eau, si on la mélange avec de la teinture et de l'huile, de façon à en faire un tout homogène, puis que le liquide fermente, se solidifie et devienne pareil à un grain de corail : l'eau (disons-nous) donne de la sorte un produit fusible comme la cire et qui pénètre subtilement tous les corps : c'est l'*imam*.

« ... J'ai mentionné la voie dans le *Livre des Soixante-dix*. La voie la plus expéditive est celle de la balance. L'opération peut durer plus ou moins, de soixante-dix ans à quinze jours, comme je l'ai dit dans le

IMPRIMERIE NATIONALE.

Livre des Soixante-dix. La voie de la balance, plus courte, dure de neuf jours à un moment, sauf le temps nécessaire pour rassembler les drogues, les piler, les mêler, les fondre, etc... J'ai expérimenté moi-même tout ce que je rapporte; mais vous ne devez faire part du procédé à personne... L'élixir fond comme la cire et pénètre aussitôt le corps pour lequel il est préparé et qui prend son éclat (métallique) en un clin d'œil. »

Puis l'auteur parle de ceux qui n'ont obtenu le résultat cherché que par accident, et n'ont pas réussi à le reproduire. « Je vais vous expliquer le procédé et sa balance. » Ce mot est pris dans un sens vague et emblématique. « Les balances sont au nombre de trois... Deux simples : celle de l'eau et celle du feu; la troisième, composée des deux premières. » L'auteur se livre continuellement à des énoncés vagues, annonçant qu'il va parler sans mystère, mais ne précisant jamais rien et renvoyant sans cesse à d'autres écrits, dont il donne les titres.

Tel est le caractère général de ce premier traité de Géber.

Le *Petit livre de la Clémence* offre une physionomie analogue. « Au nom du Dieu clément et miséricordieux. Djâber ben Hayyân s'exprime en ces termes : Mon maître (que Dieu soit satisfait de lui!)... me dit : Parmi tous les livres dans lesquels tu as traité de l'Œuvre, livres divisés en chapitres où tu exposes les diverses doctrines et opinions des gens, et partagés en sections, en y énumérant les diverses opérations, il en est qui ont la forme allégorique, et dont le sens apparent n'offre aucune réalité. D'autres ont l'apparence de traités sur la guérison des maladies, et ne sauraient être compris que par un savant habile. Quelques-uns sont rédigés sous la forme de traités astronomiques...; d'autres ont l'apparence de traités de littérature, où les mots sont employés tantôt avec leur véritable sens, tantôt avec un sens caché... Or la doctrine qui donne l'intelligence de ces mots a disparu et les initiés n'existent plus. Personne après toi ne pourra donc plus en saisir le sens exact... Enfin tu as composé de nombreux ouvrages sur les minéraux et les drogues, et ces livres ont troublé l'esprit des chercheurs, qui ont consumé leurs biens, sont devenus pauvres et ont été poussés par le besoin à frapper des monnaies de faux poids et à fabriquer des pierres fausses...; ils ont employé aussi la ruse pour tromper les gens riches et autres, et la faute de tout cela est à toi et à tes écrits. Maintenant, ô Djâber, demande pardon à Dieu le Très-Haut et dirige les chercheurs vers une œuvre prochaine et facile. Maître, répondis-je, détermine quel chapitre je dois traiter ainsi. Je ne vois, répond-il, dans les ouvrages aucun chapitre complet et isolé : tous sont obscurs et confus, au point que l'on s'y perd. J'ai cependant mentionné l'œuvre dans mon *Livre des Soixante-dix*, repartis-je..., dans le *Livre de la Royauté*, l'un de mes cinq cents opuscules, dans le *Livre de la nature de l'Être*, etc... Cela est donné dans les *Vingt propositions*. — Fais sur ce sujet un livre simple, clair, sans énigmes, résume les longs discours et ne gâte pas ton langage par des digressions, suivant ta coutume... On trouvera ici la production des teintures sans putréfaction, sans lavage, sans purification, sans blanchiment des corps, ni combustion par le feu. »

Puis vient la description d'un songe emblématique. « Je me vis en songe, debout, au milieu de parterres et de parcs. A ma droite était un fleuve de miel, mélangé de lait; à ma gauche, un fleuve de vin. J'entendis une voix qui disait : « Ô Djâber, invite tes amis à boire du fleuve de droite, mais interdis-leur le fleuve de gauche... » Puis il annonce de nouveau qu'il va être clair : « Je vais indiquer la voie du feu seul, sans autre agent; cette opération est celle du mercure fixé, fondée sur la balance. L'œuvre est extérieure et intérieure. » Il recommande de nouveau le secret; puis il s'exprime, comme toujours, en termes vagues et symboliques : « Ôtez-en ce qui est étranger... Enlevez-lui sa forme corporelle et matérielle, car il ne pourra se mêler aux parcelles subtiles que s'il est subtil lui-même .. Combinez les éléments froids et humides avec les éléments chauds et humides d'abord, puis avec les éléments chauds et secs, et vous aurez l'*imam*. » Il compare la fabrication de l'or et de l'argent à la création, par Dieu, du soleil, où prédominent la chaleur et la sécheresse, et de la lune, où dominent le froid et l'humidité. Il faut avoir l'élixir des deux

couleurs qui répondent à ces deux astres (et métaux)... «Faites
fondre aux trois degrés de feu, le feu du début, le feu moyen, le feu
extrême, qui fond l'élixir... Le solide fondra comme de la cire et
durcira ensuite à l'air; il pénétrera et s'introduira comme un poison...
Une seule partie suffira pour un million. — Conservez l'élixir dans
un vase en cristal de roche, en or ou en argent, le verre étant exposé
à se briser... Je ne vous ai rien caché, je vous ai aplani toutes les
difficultés, comme nul ancien ni moderne n'aurait pu le faire. Ré-
compensez-moi par vos prières. Distribuez une partie de l'élixir en
mon nom, gratuitement, aux pauvres et aux malheureux. Dieu vous
en tiendra compte pour moi : c'est lui qui me suffit et il est le meilleur
des protecteurs. »

Cette analyse reproduit les traits fondamentaux des deux premiers
opuscules arabes qui portent le nom de Géber. Leur comparaison avec
les ouvrages mentionnés dans le présent article donne lieu à diverses
remarques, telles qu'il me paraît inutile de reproduire ici le sommaire
des autres écrits analogues.

La première et la plus essentielle, c'est que le texte arabe renferme
certaines des doctrines précises sur la constitution des métaux, que
nous trouvons dans les textes latins réputés traduits de l'arabe et attribués à Avicenne et à Rasès, par les ouvrages de Vincent de Beauvais
et d'Albert le Grand, ainsi que dans les œuvres du Pseudo-Aristote
et du prétendu Géber latin; tandis qu'une autre partie de ces doctrines manque complètement dans les traités arabes et paraît dès lors
appartenir à une période plus moderne. Ainsi la doctrine des qualités
occultes, opposée aux qualités apparentes [1], est formellement exposée
dans les textes arabes de Djâber, à peu près dans les mêmes termes
que chez les Latins du moyen âge. Elle est d'ailleurs déjà ébauchée
chez les Grecs, dans Synésius et dans Olympiodore par exemple [2]. Au
contraire, aucune allusion n'est faite dans les textes arabes précédents
à la théorie de la génération des métaux par le soufre et le mercure [3],

[1] Voir le présent volume, p. 283, 284, 313. — [2] *Coll. des Alch. grecs*, trad., Synésius,
p. 64, n° 6; Olympiodore, p. 100 et 106. — [3] Voir le présent volume, p. 277, 281, 297.

théorie que l'on attribue en général à Géber, lequel aurait ajouté l'arsenic à ces deux éléments; mais les œuvres arabes de Djâber n'offrent aucune trace ni de l'une ni de l'autre doctrine. Elles sont de date plus récente. On ne rencontre pas non plus, dans les œuvres arabes de Djâber, de recette précise pour la préparation des métaux, ou des sels, ou de quelque autre substance.

Dans ces traités arabes, le langage est vague et allégorique; il rappelle par ses allures, son symbolisme, son caractère déclamatoire, ses recommandations, sa piété affectée, celui des alchimistes byzantins, tels que Stéphanus ou Comarius. Rien n'empêche donc d'admettre que les écrits arabes que je viens d'analyser aient été écrits à la suite de ces alchimistes, c'est-à-dire vers la date que les historiens attribuent à l'existence de Djâber; il est possible d'ailleurs que certains de ces textes arabes eux-mêmes aient été composés à une époque postérieure et mis sous le patronage de ce nom vénéré.

On ne saurait tirer aucune induction des recommandations relatives au secret, ou du symbolisme érigé en principe, langage qui est de tous les temps chez les alchimistes : il se retrouve aussi bien dans les œuvres de Zosime et d'Olympiodore, que dans celles d'Avicenne et dans les écrits ultérieurs des alchimistes du xvɪᵉ siècle. Il ne peut donc pas fournir de termes historiques précis pour les comparaisons, celles-ci devant être cherchées surtout dans les citations de noms de personnages, d'auteurs et d'ouvrages connus, ou bien encore dans la filiation des doctrines et des faits scientifiques. Or, parmi les citations précédentes, aucune doctrine ou fait précis n'est énoncé, aucun personnage n'est cité. Le seul ouvrage qui puisse en être rapproché, c'est le *Livre des Soixante-dix*, dont la version latine manuscrite a été étudiée à cet égard d'une façon approfondie dans l'un des chapitres précédents (p. 320); il paraît en effet avoir été traduit en grande partie d'après un texte arabe, et il répond, par sa physionomie générale et son caractère vague et déclamatoire, aux opuscules arabes de Djâber.

Comparons maintenant les textes qui viennent d'être analysés, avec les citations prétendues de Géber, relatées dans les écrits latins des

xıı⁰ et xıı⁰ siècles. Ce qui me frappe d'abord, c'est que Géber, circonstance singulière, n'est cité directement ni par Albert le Grand, ni
par Vincent de Beauvais; ce dernier seul en reproduit le nom deux
fois; mais c'est, ainsi que je l'ai montré, dans des citations tirées
l'une de Rasès, l'autre d'Avicenne ; je veux dire tirées des traductions
latines d'ouvrages attribués à ces derniers. Nous pouvons en conclure
que ni Albert le Grand, ni Vincent de Beauvais n'ont eu connaissance
des ouvrages latins attribués plus tard à Géber, ouvrages dont nous
trouvons de nombreuses copies dans les manuscrits, à partir de l'an
1300. Ces copies, et probablement les ouvrages eux-mêmes, n'existaient donc pas encore, ou n'étaient pas répandus et regardés comme
faisant autorité vers l'an 1250.

Ce n'est pas qu'on ne lise des mentions multiples et étendues de
phrases et de doctrines attribuées à Géber, dans le traité d'Avicenne *De
Anima*, traité qui offre tous les caractères d'une œuvre traduite réellement de l'arabe et qui, en écartant certaines interpolations, peut être
attribué à Avicenne lui-même, sans trop d'invraisemblance. Je ne parle
pas seulement de la mention faite du nom de Géber dans la liste des
noms des alchimistes, cette liste ayant été évidemment interpolée par
le traducteur (voir p. 300-303); mais on trouve des textes plus significatifs dans le chapitre ııı du livre I⁰ʳ du traité *De Anima*. Avicenne y
combat Géber, après l'avoir appelé « maître des maitres ». Il l'accuse
de charlatanisme, accusation sur laquelle il revient à plusieurs reprises
dans le cours de cet ouvrage, et il lui reproche son vague et son symbolisme : reproche qui est bien d'accord avec les citations précédentes
du texte arabe. Les phrases mêmes qu'Avicenne attribue à Géber sur
la pierre qui n'est pas pierre, sur la pierre comparée à un arbre, à
une herbe, à un animal, se retrouvent dans les ouvrages arabes que
j'ai publiés; elles sont en harmonie avec le caractère général symbolique de ces opuscules, mais fort différentes du caractère essentiellement rationnel des œuvres latines dont je vais parler.

Ces dernières œuvres méritent une attention toute particulière, car
c'est à elles qu'est due la réputation dont Géber a joui dans le monde

latin : réputation usurpée, si les doutes relatifs à leur authenticité sont
fondés. Pour permettre au lecteur de mieux juger la question, je crois
nécessaire de donner quelques indications sur les œuvres latines du
prétendu Géber. Les principales ont pour titre :

Summa collectionis complementi secretorum naturæ, autrement dit
Summa perfectionis magisterii; ouvrage capital, qui se présente sous
différents titres dans les manuscrits et dans les imprimés;

De investigatione perfectionis; De inventione veritatis, et *Liber fornacum;* tous traités contenus dans le volume intitulé : *Artis chemicæ
principes* (Bâle, 1572);

Enfin *Testamentum Geberi regis Indiæ* et *Alchimia Geberi*.

Parmi ces ouvrages attribués à Géber, nous devons écarter tout
d'abord les deux derniers, œuvres pseudépigraphes dont les manuscrits sont beaucoup plus modernes. Les préparations décrites dans
l'*Alchimie*, notamment celles qui concernent l'acide nitrique, l'eau
régale, le nitrate d'argent, sont inconnues des auteurs du xiii° siècle
et elles ne figurent même pas dans la *Summa*. Ce sont là évidemment
des écrits apocryphes et plus modernes, mis pendant le cours du
xiv° siècle sous l'autorité du nom de Géber.

Les opuscules *De investigatione perfectionis, De inventione veritatis*
et le *Liber fornacum* ne sont pas autre chose que des extraits et des
résumés de la *Summa*, qui y est citée à plusieurs reprises. Ils reproduisent les mêmes préparations et opérations, avec additions de noms
et de faits plus modernes, tels que les noms du salpêtre, du sel de
tartre, de l'alun de roche et de plume, la mention des eaux dissol-
vantes obtenues en distillant un mélange de vitriol de Chypre, de
salpêtre et d'alun — ce qui fournit de l'acide nitrique — ou bien en
ajoutant à ces sels du sel ammoniac — ce qui rend le produit apte à
dissoudre l'or, le soufre et l'argent (eau régale). Tout cela manque
dans la *Summa*, et ces préparations ne figurent à ma connaissance dans
aucun manuscrit du xiii° siècle, ou du commencement du xiv°. Ce

sont donc là aussi des œuvres du milieu du xiv⁰ siècle, représentant à peu près les mêmes connaissances scientifiques que les écrits de Jean de Roquetaillade, par exemple. Mais elles ne ressemblent en rien aux écrits arabes authentiques, ni même aux écrits latins réputés traduits d'Avicenne.

Puis attachons-nous de préférence à la *Summa*, qui est le livre fondamental attribué à Géber par les Latins. Le texte en existe dans les plus vieux manuscrits alchimiques : le numéro 6514 de la Bibliothèque nationale, écrit aux environs de l'an 1300, en renferme même deux copies (fol. 61-83 et 174-186), copies complètes et conformes aux textes imprimés, sauf variantes. J'ai vérifié cette conformité dans le détail, spécialement pour la première copie.

La *Summa* est un ouvrage méthodique, fort bien composé. Il est partagé en deux livres. Le premier traite des problèmes généraux de la science chimique; il est divisé en quatre parties, précédées d'une préface. « Nous avons tiré notre science des livres des anciens et nous en avons fait une somme ou résumé, en les complétant au besoin. . . Pour avoir profit de ce livre, il faut que l'adepte connaisse les principes naturels qui sont le fondement de notre art; il n'a pas atteint par là le terme de cet art caché, mais il y possède un accès plus facile. . . L'art ne peut imiter la nature dans toutes ses œuvres, mais l'imiter, quand il possède des règles convenables. » On voit combien cet exposé modeste diffère des promesses excessives et vagues du Djâber arabe. Il ne contient non plus aucune des formules musulmanes : « Au nom de Dieu clément et miséricordieux », dont cet auteur est prodigue, ainsi que l'Avicenne traduit. Le Pseudo-Géber latin parle un tout autre langage que le Djâber arabe.

La première partie du 1⁰ʳ livre de la *Summa* traite des empêchements de l'art et des conditions que doit remplir l'opérateur, empêchements tenant à son corps ou à son esprit. « Encore ne réussira-t-il qu'avec le concours de la puissance de Dieu; qui donne et ôte à qui il veut. »

La seconde partie du 1ᵉʳ livre expose les raisonnements de ceux qui nient l'existence de l'alchimie, et les réfute. C'est là un ordre d'idées inconnu des alchimistes grecs, ainsi que des alchimistes syriaques, dont j'ai publié les traductions. On n'en trouve non plus aucune trace dans les opuscules arabes de Djâber, que je publie également. A la vérité, Avicenne commence à parler de ces doutes; mais c'est un auteur bien plus récent que le Djâber historique, et il expose ses objections d'une façon sommaire[1]. Dans la *Summa*, l'argumentation est poussée à fond, et dans les deux sens contraires, suivant toutes les règles de la logique scolastique. J'y relèverai seulement cette objection terrible, qui a fini par tuer l'alchimie : « Voici bien longtemps que cette science est poursuivie par des gens instruits; s'il était possible d'en atteindre le but par quelque voie, on y serait parvenu déjà des milliers de fois. Nous ne trouvons pas la vérité, sur ce point, dans les livres des philosophes qui ont prétendu la transmettre. Bien des princes et des rois de ce monde, ayant à leur disposition de grandes richesses et de nombreux philosophes, ont désiré réaliser cet art, sans jamais réussir à en obtenir les fruits précieux; c'est donc là un art frivole. » Parmi les arguments contraires, je transcris le suivant, qui est resté un principe de philosophie expérimentale. « Ce n'est pas nous qui produisons ces effets, mais la nature; nous disposons les matériaux et les conditions, et elle agit par elle-même : nous sommes ses ministres (*administratores illius sumus*). »

L'auteur poursuit, toujours avec méthode; il expose, non sans chaleur, le pour et le contre des opinions de ceux qui font consister l'art dans les esprits, c'est-à-dire qui retirent la pierre philosophale du mercure, du soufre, de l'arsenic, du sel ammoniac; ou bien dans les corps, tels que les plombs, blanc et noir, les autres métaux, le verre, les pierres précieuses, les sels, aluns, natrons, borax (fondants), ou toutes matières végétales, etc. Cette longue discussion scolastique offre tout à fait l'allure des argumentateurs du XIIIᵉ siècle.

---

[1] Voir notamment *Dictio* I, ch. II. — Voir aussi ce que je dis à cet égard dans le volume consacré à l'Alchimie arabe, p. 4.

J'ai cité ces exposés, surtout parce qu'ils montrent bien l'esprit et le temps de l'auteur. Mais les dernières parties du livre Iᵉʳ ont un véritable caractère scientifique, et manifestent l'état des connaissances et des théories chimiques, — non au ixᵉ siècle, où personne ne tenait un semblable langage, — mais vers la fin du xiiiᵉ siècle. L'auteur attribue aux anciens cette opinion que les principes sur lesquels la nature opère sont : l'esprit fétide et l'eau vivante (soufre et mercure); opinion développée au xiᵉ siècle par Avicenne et qui ne semble guère remonter plus haut. D'après le Pseudo-Géber latin, chacun de ces principes doit être changé en une terre correspondante. Puis, de ces deux terres, la chaleur développée dans les entrailles de la terre extrait une double vapeur subtile, qui est la matière immédiate des métaux.

L'auteur dit ensuite que, d'après lui, il existe, en réalité, trois principes naturels des métaux : le soufre, l'arsenic qui lui est congénère, et le mercure. Ce sont là, en réalité, des théories nouvelles, postérieures à celles d'Avicenne. A chacun de ces principes naturels, il consacre un chapitre, où sont exposés une série de faits positifs, parfois défigurés par les interprétations de l'auteur. « Le soufre perd la majeure partie de sa substance par la calcination... Tout métal calciné avec lui augmente de poids... Uni au mercure, il produit du cinabre, » etc.

« Le mercure coule sur une surface plane, sans y adhérer. Il s'unit aisément au plomb, à l'étain et à l'or; plus difficilement à l'argent et au cuivre; au fer, seulement par un artifice. L'or est le seul métal qui tombe au fond du mercure... C'est par l'intermédiaire du mercure qu'on dore tous les métaux... »

Puis viennent les six métaux. L'auteur les énumère et les définit avec une grande netteté : « Le métal est un corps minéral, fusible, malléable, » etc. Il traite de chacun d'eux, dans un chapitre séparé, en présentant d'abord la définition exacte : « L'or est un corps métallique, jaune, pesant, non sonore, brillant..., malléable, fusible, résistant à l'épreuve de la coupellation et de la cémentation. D'après cette définition, tu peux établir qu'un corps n'est point de l'or, s'il ne remplit pas les conditions positives de la définition et de ses différentiations. »

Tout ceci est d'une fermeté de pensée et d'expression, inconnue aux auteurs antérieurs, notamment au Djâber arabe.

Cependant l'auteur croit, comme tous les alchimistes, que le cuivre peut être changé en or, par la nature et par l'art, et il cite comme preuve des observations, d'après lesquelles certains minerais de cuivre, décomposés par l'action prolongée des eaux naturelles, laissent dans le sable des paillettes d'or. Ces observations sont exactes, en effet, mais mal interprétées; l'or préexistant dans les minerais en question, comme nous le savons aujourd'hui.

Quoi qu'il en soit, l'auteur définit avec la même rigueur l'argent, le plomb, et les autres métaux, et il retrace les traits caractéristiques de leur histoire chimique, telle qu'elle était connue de son temps. Si l'on excepte certains détails erronés et illusoires relatifs à la transmutation, tous ces chapitres portent le cachet d'une science solide et positive, bien plus claire, plus nette, plus méthodique que celle des alchimistes grecs, syriaques, et même d'Avicenne. Elle est comparable, sinon supérieure, à celle d'Albert le Grand, ou de Vincent de Beauvais, et paraît exposée par quelqu'un de leurs contemporains.

Enfin la quatrième partie du livre Ier de la *Summa* est consacrée à la description des opérations chimiques, savoir : la sublimation, en général, avec de nombreux détails techniques sur les aludels, les fourneaux, la sublimation du mercure, celle des sulfures (marcassite et magnésie), — laquelle se compliquait, en réalité, d'un grillage; — celle de la tutie (oxyde de zinc impur).

Puis vient la *descensio* ou fusion des corps, exécutée de façon à les faire écouler par le fond du fourneau; la distillation par alambic et la filtration, la calcination ou grillage; la solution, mot qui comprend à la fin la fusion et la dissolution proprement dite; la coagulation, la fixation, l'incération ou ramollissement. Toutes ces descriptions sont remplies de détails spéciaux et accompagnées, dans le manuscrit, de

44.

figures exactes [1]. Nous apprenons ainsi clairement quelles étaient les
opérations exécutées par les chimistes au XIIIᵉ siècle, et nous rencontrons une base solide pour apprécier les faits sur lesquels ils appuyaient
leurs opinions, réelles ou chimériques. En tout cas, cette partie de
l'ouvrage du Pseudo-Géber est nette et positive : elle ne cite, d'ailleurs, aucun auteur et l'on y rencontre à peine deux ou trois noms
arabes de substances, d'usage courant alors en Occident. Rien n'y ressemble aux textes arabes de Djâber que j'ai donnés plus haut. En
outre, le mode d'exposition est absolument différent de celui du traité
d'Avicenne et il est rédigé d'après une méthode toute occidentale,
contemporaine de celle des écrits de saint Thomas d'Aquin.

Le second livre du Pseudo-Géber latin est essentiellement alchimique, mais toujours exposé suivant la correction des règles scolastiques. « Pour connaître les transmutations des métaux et celle du
mercure, il faut que l'opérateur ait dans l'esprit la vraie connaissance
de leur nature interne. Nous exposerons donc d'abord les principes
des corps, ce qu'ils sont d'après leurs causes propres, ce qu'ils contiennent en eux de bon ou de mauvais. Puis nous montrerons les natures des corps et leurs propriétés, lesquelles sont les causes de leur
corruption, » etc. Et il indique en conséquence comment il faut corriger la nature des métaux imparfaits pour les changer en or et en
argent; la seconde partie exposant les remèdes ou médecines, qu'il
convient de leur appliquer. La troisième et dernière partie du second
livre reprend un caractère plus clair et plus réel pour les modernes;
elle expose l'analyse et l'épreuve des métaux par coupellation (*cineri-
tium*), cémentation, ignition, fusion, exposition aux vapeurs acides,
mélange et chauffage avec le soufre, calcination, réduction, amalgamation. Tout cela représente, je le répète, une science véritable, qui
poursuit un but effectif, par des procédés sérieux, sans mélange d'illusion mystique et de charlatanisme.

Tel est cet ouvrage, remarquable par l'esprit méthodique et rationnel

[1] J'ai reproduit ces figures dans les *Annales de physique et de chimie*, 6ᵉ série,
t. XXIII, p. 433, et dans le présent volume, p. 149 et suivantes.

qui a présidé à sa composition, et par la clarté avec laquelle sont exposés les faits chimiques relatifs à l'histoire des métaux et des autres composés. Mais cette méthode même, ces raisonnements nets, cette coordination logique des faits et des idées trahissent le lieu et l'époque où le livre a été composé. C'est là, à mon avis, une œuvre du xiii⁰ siècle latin, et on ne saurait, en aucune façon, l'attribuer à un auteur arabe du viii⁰ ou du ix⁰ siècle, tant d'après ce que nous savons d'ailleurs des alchimistes byzantins ou syriaques, esprits faibles et mystiques, sans originalité, que d'après les traductions que j'ai données des textes arabes attribués à Djâber, ou d'après l'examen de l'alchimie qui parait avoir été réellement traduite en latin d'après un ouvrage arabe d'Avicenne.

La *Summa* ne contient aucun indice d'une semblable origine, ni dans la méthode, ni dans les faits, ni dans les mots ou les personnages cités, ni dans les allusions à l'islamisme, qui y font complètement défaut.

Non seulement la *Summa* ne remonte pas au ix⁰ siècle, mais il me semble extrêmement douteux qu'il ait jamais existé un texte arabe dont cet ouvrage serait la traduction, même arrangée ou interpolée; il est trop dissemblable des opuscules arabes de Djâber et du traité d'Avicenne pour que l'on puisse admettre une semblable hypothèse. Sans aller jusqu'à nier que quelques phrases aient pu être tirées d'écrits du Djâber arabe, inconnus d'ailleurs jusqu'ici, cependant la paternité de cet ouvrage ne saurait être attribuée à un auteur arabe. L'hypothèse la plus vraisemblable à mes yeux, c'est qu'un auteur latin, resté inconnu, a écrit ce livre dans la seconde moitié du xiii⁰ siècle, et l'a mis sous le patronage du nom vénéré de Géber; de même que les alchimistes gréco-égyptiens avaient emprunté le grand nom de Démocrite pour en couvrir leurs élucubrations : l'alchimie syriaque que j'ai publiée porte ainsi le nom de *Doctrine de Démocrite*. En raison de sa clarté et de sa méthode, supérieure à celle des traités traduits réellement de l'arabe qui figurent dans nos manuscrits, l'ouvrage latin du Pseudo-Géber a pris aussitôt une autorité considé-

rable et reçu une divulgation universelle dans le monde alchimique :
il est devenu, dans cet ordre, la base des études du xɪvᵉ siècle; mais
son attribution aux Arabes eux-mêmes a faussé toute l'histoire de la
science, en conduisant à attribuer à ceux-ci des connaissances positives qu'il n'ont jamais possédées.

APPENDICE.

———

I

SUR QUELQUES ÉCRITS ALCHIMIQUES, EN LANGUE PROVENÇALE, SE RATTACHANT À L'ÉCOLE DE RAYMOND LULLE.

Raymond Lulle n'a pas eu moins de réputation parmi les alchimistes que parmi les philosophes : du xive siècle au xvie son nom est continuellement cité, et nous possédons un grand nombre d'ouvrages chimiques qui portent son nom : le *Te .. nentum*, partagé en *Theorica* et *Practica*, et suivi du *Codicillus*, le *` ··· um animæ*, les *Experimenta*, le *Rosarium*, la *Clavicula*, le *Liber Lapidarii*, etc.

D'après l'*Histoire littéraire de la France*, qui contient une étude approfondie sur la vie et l'œuvre de Raymond Lulle [1], ces ouvrages sont apocryphes, aucun n'ayant été cité [2] dans les récits authentiques de sa vie, ni dans les listes de ses œuvres dressées avant l'époque de sa mort (1314). Le contenu même de plusieurs de ces ouvrages alchimiques relate des événements très postérieurs, qui se seraient passés dans des pays qu'il n'a jamais visités. Par exemple, il est dit [3] que le *Testamentum* aurait été écrit à Londres dans l'église de Sainte-Catherine, en 1332. Et ailleurs (*Bibl. chemica*, t. I, p. 834) : « Nous avons fait cette opération pour le roi d'Angleterre [4], qui prétendait se préparer à combattre le Turc et qui plus tard fit la guerre au roi

———

[1] *Hist. littéraire de la France*, t. XXIX.
[2] *Ibid.*, t. XXIX, p. 271.
[3] *Bibliotheca chemica* de Manget, t. I, p. 822. — L'éditeur ajoute que ce paragraphe manque dans quelques exemplaires : ce serait donc une addition faite après coup.
[4] Édouard III, monté sur le trône en 1326.

de France; il me mit en prison et je m'évadai, » etc. Qu'il s'agisse
d'événements réels ou d'un roman, tout cela accuse la main d'un auteur ou d'un interpolateur anglais, tel que Cremer, disciple connu de
Raymond Lulle, ou tout autre analogue. Un autre écrit (*Liber Mercu-
riorum*) parle de faits qui se seraient produits à Milan en 1333 : c'est
évidemment l'œuvre d'un pseudonyme. Certains ouvrages de Dornæus,
auteur du xvie siècle, ont été même cités sous le nom de Raymond
Lulle, dont il est d'ailleurs le disciple éloigné.

Il est certain que de tels écrits ne sont pas l'œuvre personnelle de
Raymond Lulle, et aucun livre alchimique ne parait devoir lui être
attribué. Cependant il n'est pas contestable que ces écrits ont été
composés par des gens qui se croyaient ses disciples.

Ils étaient nés, pour la plupart, soit en Espagne, soit dans le midi
de la France. Il est dès lors de quelque intérêt d'établir que, dès
l'origine, certains de ces écrits ont été rédigés en provençal, ou en
catalan. Tel est le cas du *Testamentum*, ouvrage qui avait déjà cours
dans la première moitié du xive siècle. On y retrouve tout le système
alphabétique, avec cercles concentriques et dispositions arbores-
centes[1], qui constitue l'un des caractères propres de l'œuvre authentique de Raymond Lulle. Nous en possédons une version latine. Or
je vais établir qu'il a existé une autre version, écrite en provençal,
probablement antérieure, car elle est citée dans le *Testamentum*, avec
traduction latine correspondante. On connaissait déjà une cantilène en
langue catalane, traduite aussi en latin, attribuée à Raymond Lulle[2]
et susceptible d'une interprétation alchimique, sur laquelle toutefois
on a conservé des doutes. Ces doutes me semblent levés, ou du moins
affaiblis, par la citation que je vais donner, relativement à l'existence
d'un texte provençal du *Testamentum*.

Dans le premier volume de la *Bibliothèque chimique* de Manget, on
trouve, aux pages 785 et 858, deux copies différentes des mêmes
recettes alchimiques du Pseudo-Raymond Lulle, avec des phrases

[1] *Bibliotheca chemica*, t. I, p. 709, 777, 778, 826, 852, 862, etc. — [2] *Hist. littéraire de la France*, t. XXIX, p. 289-291; trad. latine, *Bibl. chem.*, t. I, p. 822.

provençales intercalées, suivies chacune fidèlement d'une traduction latine (que j'ai remplacée par une traduction française). L'ouvrage qui les renferme porte le titre (p. 780) de *Compendium animæ*. Les voici entre guillemets, transcrites textuellement et sans prétendre garantir autrement la correction du texte, texte rempli de fautes, que je n'ai pas cru devoir essayer de rectifier par conjecture, n'ayant pas les manuscrits.

Dans notre Testament, dans le chapitre qui commence ainsi : « Quant tu auras acabades les dictes coses ca ges secta, » etc. — Quand tu auras accompli lesdites choses et fait les projections.

A la page 858 la même phrase est seulement en latin : « Quando tu, » etc. Plus loin : « Fil, tu pendras un S de la medicina dicta multiplicata; » et à la page 858 : « Fili, tu prendas, » etc. — Fils, tu prendras un scrupule de cet élixir multiplié. — Plus loin, dans notre codicille, au chapitre qui commence : « Ara fil ercentant aquest menstrual. » 2ᵉ copie : « Ara fil quant aquest menstrual. »

1ʳᵉ copie : « Ara fil neges chediten », non reproduit dans la seconde copie. Par compensation, on lit dans celle-ci : « Voges que diron... »

1ʳᵉ copie. Dans le chapitre de notre Testament qui débute ainsi : « Quant tu auras fixat l'agua sobre la terra... » — Quand tu auras fixé l'eau sur la terre... — « que tu pregnes de la medicina una onza et aquella methnas en un crusal. » 2ᵉ copie : « Quant tu auras fixat... » et plus loin : « tu prendras de la medecina S 1 aquella metras in un crusal, et aque semble, » etc.

1ʳᵉ copie : « Tota aquella manera, Fil, conservant la practica que abfera ablanch. » 2ᵉ copie : « En tor quella manera conservant la practica. » — Ce procédé conserve la pratique, etc.

Et plus loin, cette phrase qui manque dans la 1ʳᵉ copie : « Fil, lo plombo tinguant grand partido de H... », etc. — Mon fils, le plomb teint beaucoup de H...

Dans la 1ʳᵉ copie, page 789, en traitant de la composition des perles artificielles, l'auteur dit : Ceci éclaircit le chapitre de notre

Testament : « Quando tu neuras cell dictes parles est pasta blanc sacram liquefactes per la virtute de laquet. »

Toutes ces phrases sont tirées d'une version provençale du *Testamentum*, probablement fort voisine de l'époque de Raymond Lulle.

Il a existé, d'ailleurs, dès le commencement du XIVe siècle, toute une littérature alchimique en langue vulgaire. On connaît les vers français attribués à Jean de Meung (mort en 1315) : *Remontrances ou la complainte à l'alchymiste errant*, critique des procédés et des illusions alchimiques. La Bibliothèque nationale possède même (nouvelles acquisitions françaises, 4141) un manuscrit qui renferme une alchimie provençale appartenant à l'école d'Arnaud de Villeneuve et du Pseudo-Raymond Lulle, alchimie dont je vais dire quelques mots.

La première partie de ce manuscrit aurait été écrite vers le premier tiers du XIVe siècle, d'après des juges compétents, tels que M. Omont. Cette partie a pour titre les mots latins surajoutés : *Incipit Rosarius alkimicus Montispessulani*. L'ouvrage même est écrit en provençal; il se termine, au folio 25 recto, par ces mots latins : *Explicit liber Rosarii*, etc. Au folio 29, on lit un ouvrage d'une écriture différente et postérieure d'un demi-siècle au moins [1], d'après les mêmes autorités : *Incipit liber fratris Johannis de Rupecisa qui dicitur liber lucis et tribulationis;* c'est un ouvrage de Jean de Roquetaillade, de l'ordre de Saint-François, mis en prison en 1357. Ce dernier ouvrage est connu et a été imprimé : j'ai vérifié la conformité générale du manuscrit avec le texte publié.

Le Rosaire provençal, au contraire, est inédit [2], quoique le titre de Rosaire se retrouve dans beaucoup de manuscrits alchimiques latins,

---

[1] M. L. Delisle a donné la notice de ce manuscrit dans son ouvrage intitulé : *Accroissement des fonds de manuscrits latins et français*. Il l'attribue au XVe siècle, en citant le nom du copiste J. Guode (fol. 38). Ce nom de copiste et cette date s'appliquent seulement au traité de Jean de Roquetaillade; mais le Rosaire est d'une autre main et d'une écriture notablement plus ancienne.

[2] J'ai transcrit, comme plus haut, le texte sans aucune correction.

notamment dans les *Rosaria*, attribués à Arnaud de Villeneuve et à Raymond Lulle, lesquels représentent une doctrine fort voisine de celle du texte provençal. Ce dernier débute par les mots (fol. 4 v°) : « Lo primier regimen de la nostra peyra es dissolvre la en argen vieu per so que se reduga a la siena primieyra materia. » Plus loin (fol. 28 v°) on lit : « Lo rosari dels philosophes lo qual porta rosas mot ben flayrants tant blancas quant vermelhas, » etc. Il a, conformément à la tradition générale, pour objet de changer les corps (métaux) imparfaits en vrai or et vrai argent, et de préparer l'élixir qui guérit toutes les maladies. Suivant la théorie du temps, que l'on trouve dans l'Alchimie attribuée à Albert le Grand et dans d'autres ouvrages, ce Rosaire expose que la matière même des corps ne peut être détruite, mais qu'il convient de les ramener à leur matière première. « Quar sapias que la materia per alcuna manieyra non se pote destruir » (fol. 6). Ce qui est plus caractéristique de la tradition des alchimistes Lulliens, c'est la désignation des substances destinées aux opérations sous les dénominations génériques des éléments : l'air, l'eau, la terre, le feu[1]. « Et sapias que tu distillas lo ayre et la ayga, empero lo ayre es melhor que la ayga », pour blanchir la laine et la terre, « et fassa lo matremoni de las tenthuras, » etc.

Cette nomenclature vague, où les noms des substances individuelles sont remplacés par ceux des éléments, dont elles sont censées être les expressions particularisées, existe déjà chez les alchimistes grecs du vii° siècle. On la trouve notamment dans le traité de Comarius, qui paraît contemporain des écrits de Stéphanus [2]. Elle rendait nécessaires les interprétations ésotériques, si usitées parmi les alchimistes. Elle a passé de là aux Arabes, qui la reproduisent dans leurs textes authentiques. Elle est particulièrement en vigueur dans les écrits alchimiques de l'école qui se rattachait elle-même à Arnaud de Villeneuve et à Raymond Lulle, et elle rend souvent ces écrits à peu

---

[1] Voir aussi *Coll. des Alch. grecs*, trad., p. 328, *Le travail des quatre Éléments*, ou-vrage de date incertaine, mais assez basse.

[2] *Coll. des Alch. grecs*, trad., p. 285.

près incompréhensibles. Plus tard le symbolisme, sans être toujours plus clair, offre une physionomie toute différente. En raison de son vocabulaire, l'alchimie provençale que je signale me semble se rattacher à cette école; cependant je n'y ai retrouvé d'une façon positive aucune des phrases provençales du *Testamentum*. Le Testament et le Rosaire actuel sont rédigés tout différemment et ils ne sauraient être regardés comme traduits l'un de l'autre; mais ils appartiennent à un même système général de doctrines et il m'a paru intéressant d'y signaler l'emploi de la langue provençale, qui rattache plus directement encore ces ouvrages à la tradition des grands docteurs espagnols. Pour arriver à constituer une histoire authentique de la chimie du moyen âge, il importe d'en multiplier et d'en préciser les points d'attache avec les personnages historiques connus et les écrits d'attribution authentique.

II

SUR L'ORIGINE DU NOM DU BRONZE.

On sait à quelles controverses a donné lieu le nom du bronze, qui apparaît dans l'usage courant vers le xv⁰ siècle. J'ai montré précédemment[1] que le nom de cet alliage se lisait déjà sous la forme βρευτή-σιον, dans un manuscrit du xi⁰ siècle, renfermant la collection des alchimistes grecs; et je l'ai rattaché à celui de la ville de Brundusium, où se fabriquait, d'après Pline, un bronze à miroirs fort estimé.

J'ai trouvé récemment plusieurs textes, non signalés jusqu'ici à ce point de vue, qui complètent ma démonstration.

Ces textes sont au nombre de cinq, tirés de trois manuscrits différents : l'un des manuscrits a été découvert dans la bibliothèque du chapitre des chanoines de Lucques et renferme un opuscule, reproduit par Muratori dans ses *Antiquitates Italicæ*[2]; il remonte au temps

---

[1] *Introduction à la Chimie des anciens et du moyen âge*, p. 216 et 279.

[2] Tome II, p. 364-887; *Dissertation* XXIV. — Voir le présent volume, p. 7.

de Charlemagne. Il a pour titre : *Compositiones ad tingenda musiva,*
pelles et alia, etc., *aliaque artium documenta :* « Recettes pour teindre
les mosaïques, les peaux et autres objets. . . et autres documents techniques. » Il est écrit dans un latin barbare, mêlé de mots grecs, et sans
aucun doute sous l'influence de ces traditions byzantines qui se per-
pétuaient alors dans le midi de l'Italie.

Un second traité intitulé : *Mappæ clavicula,* renferme les mêmes
indications, reproduites dans un ordre un peu différent, en même
temps que des recettes d'orfèvrerie plus étendues. Il en existe plusieurs
manuscrits, l'un du XIIe siècle et un autre du Xe siècle[1].

Voici les cinq textes relatifs au bronze que j'ai trouvés dans ces
divers ouvrages :

1° Manuscrit de Lucques[2]. *De compositio Brandisii. Compositio*
brandisii : eramen partes II, plumbi parte I, stagni parte I, c'est-à-dire :
« Composition du bronze : airain (cuivre), 2 parties; plomb, 1 partie;
étain, 1 partie. »

C'est là une formule traditionnelle, qui a passé d'âge en âge jusqu'à
nous. On la trouve exactement dans les mêmes termes dans Du Cange,
au nom *Bruntus : Compositio Brundi : sume aeraminis partes duas; plumbi*
unam; stanni unam. Elle y est rapportée à *Palladius, de Architectura :*
titre reproduit encore ailleurs dans Du Cange, mais dont je n'ai pu
retrouver l'auteur véritable, aucun Palladius dans l'antiquité n'ayant
écrit de traité connu sur l'architecture. Il est probable qu'il s'agit de
quelque ouvrage placé dans un manuscrit du moyen âge, à la suite
de ceux de Vitruve et de son abréviateur Palladius; tel, par exemple,
que l'opuscule de Cetius Faventinus[3]. L'orthographe *Brundi* conserve également une trace d'origine. Quoi qu'il en soit, la formule du

---

[1] Voir le présent volume, p. 26.
[2] Muratori, t. II, p. 386.

[3] Cf. Giry, *Revue de philologie,* jan-
vier 1879.

manuscrit de Lucques est caractéristique. Elle est suivie dans le même manuscrit par celle-ci :

2° Manuscrit de Lucques [1]. *De compositio brandisii. Alia compositio brandisii. Eramen partes II; plumbi partem unam; vitri dimidium et stagni dimidium. Commisces et conflas; fundis secundum mensuram vasorum; facit et agluten eramenti cum afrinitru.*

« Autre composition du bronze : cuivre, 2 parties; plomb, 1 partie; verre, 1/2 partie; étain, 1/2 partie. Mêle et fonds; coule suivant la mesure des vases. On soude le cuivre avec l'aide de l'écume de natron [2]. »

3° Dans le traité *Mappæ clavicula*, n° ccxxi, imprimé dans l'*Archæologia*, p. 230, on lit : *æraminis partes II; plumbi partem I.* C'est la formule d'un bronze. Elle reproduit, incomplètement d'ailleurs, l'une de celles du manuscrit de Lucques, le nom même du bronze n'étant pas donné dans le manuscrit de Way. Dans le manuscrit de Schlestadt, la même recette d'après la collation de M. Giry est inscrite sous le titre : *Compositio Brindisii.*

4° Dans ce même manuscrit de Schlestadt, sur les derniers feuillets, on lit diverses recettes isolées, dont la suivante, relevée par M. Giry : *Compositio brondisono : eramen partes II; plumbi una; stagni una.* C'est toujours la même formule et le même nom.

5° Enfin dans le *Mappæ clavicula*, n° lxxxix, au cours d'un procédé pour argenter, on lit : *Brandisini speculi tusi et cribellati;* c'est-à-dire : métal à miroirs de Brindes, pilé et passé au crible, etc...

Ce dernier texte est tout à fait décisif, si on le rapproche des indications de Pline sur les miroirs fabriqués à Brindes.

---

[1] Muratori, t. II, p. 386.
[2] Fondant destiné à empêcher l'oxyda-tion du métal. C'est un carbonate alcalin (*Introd. à la Chimie des anciens*, p. 263).

III

SUR LES ÂGES DE CUIVRE ET DE BRONZE, ET SUR LE SCEPTRE DE PEPI Ier, ROI D'ÉGYPTE.

L'emploi des métaux dans l'industrie humaine remonte aux temps préhistoriques; aussi la date de leur découverte et leur succession chronologique ne peuvent-elles être établies avec certitude, faute de témoignages authentiques. C'est par des inductions, fondées sur la facilité plus ou moins grande de leur extraction et de leurs manipulations, ainsi que par l'examen des objets venus jusqu'à nous à travers les âges, avec une filiation plus ou moins bien constatée, que l'on a cherché à reconstituer les origines des métaux dans l'histoire de l'humanité.

Passons rapidement en vue les métaux les plus répandus. L'or existe en abondance à l'état natif dans beaucoup de régions, tantôt en place dans les roches quartzeuses, tantôt dans les alluvions résultant de la désagrégation de ces roches. Son éclat et son inaltérabilité ont dû frapper de bonne heure les hommes et les conduire à le recueillir; sa malléabilité a permis aux peuples les plus grossiers d'en fabriquer des ornements et des objets divers. Aussi retrouve-t-on l'or dans les sépultures des époques les plus anciennes, contemporaines des âges de pierre.

Le fer, au contraire, n'existe pas à l'état natif, à l'exception de rares fragments, auxquels on attribue d'ordinaire une origine météorique. Si les minerais ferrugineux sont partout répandus, l'extraction du métal libre est une opération difficile, compliquée, et qui n'a pu être exécutée qu'à une époque où les industries et la science pratique des hommes avaient atteint déjà un degré marqué d'avancement. Ces inductions, fondées sur la chimie et la minéralogie, sont confirmées par l'étude de l'histoire. L'introduction du fer, et surtout son emploi généralisé dans la fabrication des instruments usuels ont eu lieu chez les peuples civilisés à des dates qui sont aujourd'hui connues approximativement. A l'époque homérique, le fer était encore rare et précieux, et ne servait guère à forger les armes; beaucoup de vieilles nécropoles sont antérieures à l'âge de fer :

Et prior æris erat quam ferri cognitus usus.

(Lucrèce.)

Il en a été de même en Amérique.

L'étude des vieux monuments ainsi que les traditions conservées dans les historiens anciens nous apprennent qu'avant l'âge du fer, il a existé partout une période où les armes, les ornements et les outils étaient fabriqués avec le bronze et avec le cuivre, confondus dans toute l'antiquité classique sous les noms de χαλκός et de æs, noms que l'on a traduits indifféremment par les mots d'*airain*, de *bronze* et de *cuivre*. Ces noms comprenaient à la fois notre cuivre moderne et les alliages qu'il forme par son union avec l'étain, le zinc, le plomb et divers autres métaux moins répandus [1].

On s'explique aisément, par des considérations purement chimiques, les motifs pour lesquels l'airain a précédé le fer dans les industries humaines. Les minerais de cuivre purs et mélangés sont, en effet, fort répandus dans le monde; ils attirent l'attention par leurs couleurs tranchées, vertes, jaunes, noires, ou bleues; il suffit de les chauffer sans grande précaution, avec un combustible tel que le bois ou le charbon, pour voir se séparer le métal à l'état fondu et avec son éclat caractéristique.

Les traditions rapportées par les anciens auteurs confirment ces raisonnements. Beaucoup d'entre eux reproduisent un passage de Possidonius, d'après lequel les métaux auraient été aperçus pour la première fois pendant l'incendie des forêts, coulant en ruisseaux brûlants,

[1] Voir mon ouvrage, *Introd. à l'étude de la Chimie des anciens*, p. 230 et 275.

qui ne tardaient pas à se solidifier. Lucrèce, commentant ce passage, dit de même :

> ... flammeus ardor
> Horribili sonitu silvas exederat altas...
> Manabat venis ferventibus in loca terræ
> Concava conveniens argenti rivus et auri,
> Æris item et plumbi; quæ cum concreta videbant
> Posterius claro in terris splendore, colore
> Tollebant nitido capti...

Ce récit, qui se trouve reproduit jusque dans Vincent de Beauvais, est légendaire; mais il paraît avoir été imaginé, en raison de sa conformité supposée avec les faits naturels qui ont dû conduire les hommes à la découverte des métaux. C'est, en effet, dans les incendies des bois, ou bien encore dans les cendres des foyers, mêlées par hasard ou par intention avec des minerais de cuivre, ou de plomb, que ces métaux ont dû être découverts tout d'abord; puis l'industrie humaine a étudié et précisé empiriquement les conditions exactes de leur réduction.

Les métaux inaltérables, tels que l'or et l'argent, étant reconnus et mis à part, une première distinction s'est établie entre les autres métaux : on a rapproché et désigné par un nom commun, d'une part, les métaux (ou alliages) blancs et altérables, appelés du nom générique de *plomb;* et, d'autre part, les métaux (ou alliages) rouges ou jaunes, altérables aussi, mais cependant plus durs et plus résistants aux agents atmosphériques ou autres, appelés du nom générique d'*airain* (χαλκός). C'est avec ces derniers que l'on a fabriqué les instruments dont l'emploi exigeait une certaine résistance : épées, casques, cuirasses, et aussi vases et outils employés dans l'économie domestique, dans l'agriculture et dans l'industrie. Nous retrouvons, en effet, les instruments d'airain dans les sépultures et parmi les restes de tout genre, dès la période historique la plus ancienne, celle qui a précédé l'écriture, et dont les traditions ont pu être conservées avec quelque indice d'authenticité. Il est permis même de préciser davantage, en étu-

IMPRIMERIE NATIONALE.

diant les monuments égyptiens, datés avec certitude par leurs inscriptions.

Il y a 3,500 ans, le bronze, sous ses formes les plus parfaites, était
déjà employé en Égypte, d'après les analyses exécutées sur des objets
de date certaine, tels qu'un miroir que M. Mariette a mis à ma disposition en 1867. Les premiers temps où cet alliage a été usité remontent
certainement beaucoup plus haut. Je chercherai plus loin à fixer une
époque qui les a précédés, vers 5,000 à 6,000 ans avant notre siècle,
époque à laquelle le bronze n'aurait pas été répandu dans le monde
civilisé (Égypte et Chaldée), et où le cuivre seul aurait servi à la fabrication des instruments.

On est conduit à cette recherche par des considérations à la fois
minéralogiques et géographiques.

En effet, les armes et les instruments d'airain soulèvent un nouveau
problème, dont les archéologues n'ont pas cessé de poursuivre la solution. La plupart de ces instruments ne sont pas constitués par du cuivre
pur, mais par ses alliages, et spécialement par son alliage avec l'étain,
alliage auquel nous donnons aujourd'hui le nom de *bronze*. Le bronze
est plus dur, plus résistant aux agents chimiques et mécaniques de
toute sorte que le cuivre pur, et il se prête dès lors mieux aux applications industrielles et militaires.

L'emploi d'un alliage de l'étain avec le cuivre n'est pas, d'ailleurs,
un fait propre à l'ancien continent; on retrouve aussi le bronze dans
les tombeaux du Pérou et parmi les restes des vieilles civilisations
américaines : soit que l'emploi de cet alliage ait été importé d'Asie en
Amérique à une époque inconnue, soit que les populations américaines
aient été conduites à l'employer par la même série d'inductions et de
tâtonnements expérimentaux que les populations du vieux continent.
On sait que le même parallélisme entre les institutions des deux conti-
nents se retrouve dans la plupart des problèmes d'ordre technique, ou
d'ordre moral.

La fabrication du bronze n'est pas plus difficile, en fait, que celle
du cuivre pur. On peut la réaliser aisément, soit en alliant les deux

métaux purs et isolés à l'avance, comme le font d'ordinaire les modernes; soit en mélangeant leurs minerais dans des proportions convenables, avant de les soumettre à l'action réductrice du feu. Ce dernier procédé a dû être employé de préférence par les populations primitives. Il l'a été certainement pour la fabrication des alliages analogues de cuivre et de zinc, alliages spécialement désignés sous le nom de *laitons* par les modernes, mais qui étaient confondus sous le nom commun d'*airain* dans l'antiquité et dont on a constaté l'existence par l'analyse de beaucoup d'objets antiques, réputés en airain. On y trouve d'ailleurs associé au cuivre et au zinc un troisième métal, le plomb, qui communique des propriétés spéciales aux alliages. Les anciens fabriquaient donc des alliages à base de zinc. Or ils ne pouvaient le faire en mêlant le zinc pur avec le cuivre, comme nos fabricants modernes; car, si les anciens connaissaient le plomb pur, aussi bien que le cuivre pur, ils ignoraient l'existence du zinc, en tant que métal particulier. C'est donc uniquement par la fonte des minerais mélangés de cuivre (chalcites) et de zinc (les cadmies naturelles des anciens, ou nos calamines) qu'ils pouvaient obtenir leurs airains zincifères.

Observons que de tels alliages, renfermant du cuivre, du plomb et du zinc associés, étaient susceptibles d'être préparés dans une multitude de pays, les minerais de ces trois métaux étant fort répandus.

Mais il n'en est pas de même du bronze à base d'étain, plus précieux et plus recherché que les précédents, et dont l'usage a été presque universel en Asie et en Europe, aux débuts de l'histoire. En effet, l'étain est rare, concentré dans des gîtes tout à fait spéciaux, fort éloignés et d'un accès difficile [1], tels que ceux du Yunnan, en Chine, des îles de la Sonde et de Malacca, des îles Cassitérides des anciens, c'est-à-dire des îles anglaises, spécialement du pays de Cornouailles; enfin dans quelques gîtes moins abondants, épars dans la Gaule centrale, la Galice(?), la Thrace, la Saxe et la Bohême, gîtes où l'on a retrouvé les

---

[1] *Introduction à la Chimie des anciens*, p. 225.

traces d'anciennes exploitations. Il paraît en avoir existé également dans la Drangiane, d'après Strabon, en des points du Khorassan où ce métal serait encore exploité de nos jours, suivant des voyageurs modernes.

Ainsi l'étain étant rare et concentré dans des localités spéciales, son emploi n'a pu être rendu universel pour la fabrication du bronze que par suite de transports, de commerces, de navigations fort étendus. Or l'existence des voies de commerce de ce genre et des navigations d'aussi longue portée n'a dû être possible qu'assez tard, dans l'histoire de l'espèce humaine, faute de sécurité et faute de vaisseaux propres à la grande navigation, dont la pratique est récente. Aussi beaucoup d'archéologues ont-ils pensé que l'emploi du cuivre pur a dû précéder celui du bronze dans la fabrication des armes et des outils, et ils présentent à l'appui de leur opinion divers objets anciens, fabriqués avec du cuivre pur.

La principale difficulté de ce genre d'études résulte de l'incertitude sur les lieux d'origine des objets et sur les dates relatives auxquelles ils ont été fabriqués. De là l'intérêt qui s'attache à l'examen d'objets bien définis et d'un caractère historique incontestable. J'en ai examiné deux en particulier, pour lesquels ce contrôle est possible : ce qui donne à leur analyse une grande importance.

Je rappellerai d'abord une figurine trouvée à Tello, en Mésopotamie, par M. de Sarzec, et qu'il a rapportée au musée du Louvre, où elle existe à l'heure présente. Cette figurine porte le nom gravé de *Goudeah*, personnage de la plus haute antiquité historique, et que M. Oppert fait remonter vers 4,000 ans avant notre ère. Or j'ai trouvé par l'analyse qu'elle est constituée par du cuivre pur[1].

J'ai désiré étendre cette recherche à la vieille Égypte, et j'ai prié M. Maspero de m'indiquer quels étaient les objets de ce genre les plus anciens, de date authentique à son avis; car beaucoup des objets existant dans les musées n'offrent pas de date absolument sûre, cette date

---

[1] *Introduction à la Chimie des anciens*, p. 225.

résultant d'appréciations dont la démonstration n'a pas toujours été
donnée. Il a bien voulu me signaler, en particulier, le sceptre de
Pépi Ier, roi de la VIe dynastie, appartenant à l'ancien Empire et remontant vers 3,500 à 4,000 ans avant notre ère. Cet objet est con-
servé dans les collections du Musée britannique à Londres. C'est un
petit cylindre de métal creux, long d'une douzaine de centimètres et
ayant probablement été emmanché autrefois sur un bâton de comman-
dement. Il est couvert d'hiéroglyphes, et les égyptologues sont d'accord sur sa date et sur son origine, d'après ce qui m'a été affirmé par
les hommes les plus compétents. M. de Longpérier[1] l'a cité comme
un objet de bronze : affirmation erronée, comme on va le voir, aucune
analyse n'en ayant été faite jusqu'ici.

J'ai eu quelque peine à me procurer un échantillon d'un objet aussi
rare et aussi précieux. Cependant, l'ambassadeur français à Londres,
M. Waddington, qui a bien voulu me prêter son concours avec une
extrême obligeance, a réussi à obtenir cette faveur du Directeur du
Musée britannique. On a détaché de l'intérieur du cylindre quelques
parcelles de métal, à l'aide desquelles j'ai pu exécuter mes analyses.
C'est un acte de libéralité scientifique, dont je dois remercier à la
fois le Directeur du Musée britannique et M. Waddington.

Le poids de ces limailles s'élevait à 0 gr. 0248; elles consistaient
surtout en un métal rougeâtre, en partie oxydé et associé avec quelques poussières étrangères. Elles ne renfermaient pas seulement la
matière pulvérulente, qui avait pu se former sous l'influence du temps
à la surface du métal, matière dans laquelle on aurait pu suspecter
quelque départ entre les composants du métal et la déperdition de
certains d'entre eux. Mais elle était constituée en majeure partie par
de la limaille fraîche, obtenue directement aux dépens de la masse
métallique. L'analyse qualitative et quantitative a pu être exécutée à
0 gr. 0001 près. Elle a indiqué du cuivre pur, exempt d'étain et de
zinc, mais renfermant une trace douteuse de plomb.

[1] *Comptes rendus de l'Académie des Inscriptions*, pour 1875, p. 345.

Cette analyse prouve que le sceptre de Pépi Ier était constitué par du cuivre pur, tel qu'on savait l'extraire à cette époque des mines du Sinaï, mines exploitées par les Égyptiens dès la troisième dynastie, depuis perdues, puis reconquises par Pépi Ier. Les indications publiées dans l'ouvrage de Wilkinson[1], montrent que le bronze à base d'étain existait de bonne heure en Égypte[2], sans pourtant en préciser la date. Ce métal a dû être employé, dès qu'il a été connu, à la fabrication des objets usuels et plus spécialement à la fabrication des objets de valeur destinés à une certaine durée, tel qu'un sceptre royal. J'ai cité plus haut mes analyses d'un miroir appartenant au temps du Moyen Empire. Si cet alliage, plus précieux et plus stable que le cuivre rouge, n'existe pas dans le sceptre de Pépi Ier, n'est-on pas autorisé à admettre par une induction vraisemblable, que le bronze n'était pas encore en usage à cette époque reculée? Cette opinion concorde avec les résultats de l'analyse de la statuette de Goudeah; et il paraît dès lors probable que l'introduction du bronze dans le monde ne remonterait pas au delà de cinquante ou soixante siècles avant l'époque présente. Auparavant l'âge du cuivre pur aurait régné dans le vieux continent, de même qu'il a existé en Amérique, où la fabrication des métaux semble avoir traversé des phases parallèles.

Les premières armes et les premiers outils ont dû être fabriqués avec du cuivre pur. Mais dès que le bronze apparut, les hommes qui en firent usage en tirèrent une certaine supériorité à la guerre. Or l'expérience des siècles prouve que tout perfectionnement dans l'armement se propage avec une grande promptitude; ses avantages étant constatés d'une façon trop évidente par la pratique pour ceux qui en profitent, et en même temps trop périlleux pour ceux qui les nient; de telle sorte que le progrès se généralise presque aussitôt. Il a dû arriver pour le cuivre rouge, opposé au bronze, ce qui s'est produit plus tard pour le bronze, à son tour mis en opposition avec le fer : les armes en cuivre rouge ont disparu rapidement, pour faire place aux armes de

---

[1] *The Customs and Manners*, etc., t. II p. 229-232. — [2] Voir aussi *Histoire de l'art dans l'antiquité*, t. I, *l'Égypte*, par G. Perrot et Ch. Chipiez, p. 630 et 829.

bronze. La substitution s'est opérée d'autant plus vite qu'il a suffi de refondre les objets de cuivre, en ajoutant une petite dose du nouveau métal, l'étain, pour opérer la transformation.

IV

SUR LES NOMS QALAÏ, CALLAÏS, ET SUR CEUX DE L'ÉTAIN.

L'époque à laquelle l'étain a commencé à être employé comme constituant du bronze est fort ancienne; elle remonte au moins à 3,500 ans d'après les objets égyptiens de date certaine, dont l'analyse a été faite par les chimistes (voir l'article précédent) et même à une époque probablement plus ancienne. Cependant les noms par lesquels les auteurs anciens désignent ce métal n'ont pris que fort tard une signification certaine et spécifique : ce qui montre bien que la date de son introduction dans les industries modernes est relativement récente. En effet, l'étain a été longtemps désigné comme une simple variété du plomb, et confondu avec divers alliages sous le nom de *plomb blanc,* opposé au *plomb noir,* ou plomb ordinaire; chacun de ces mots exprimant d'ailleurs non seulement le métal correspondant, mais toute une série d'alliages congénères et plus ou moins complexes[1].

Le mot latin même de *stannum* désigne encore pour Pline, en certains endroits, un plomb argentifère[2], absolument exempt d'étain; tandis que dans d'autres passages du même auteur, il est appliqué à notre étain véritable.

Le nom grec de κασσίτερος, employé dans Homère, paraît signifier un alliage de l'argent avec le plomb, peut-être associé à l'étain : il n'a pris son sens actuel, dans toute sa précision, que vers le temps d'Alexandre et des Ptolémées. Il est arrivé dans cette circonstance, comme dans beaucoup d'autres, qu'un vieux mot a acquis à un certain

[1] *Introd. à l'étude de la Chimie des anciens,* p. 55 et 264. — [2] *H. N.,* l. XXXIV, 47.

moment une acception précise, qui s'est trouvée désormais définie, et qui était parfois d'ailleurs impliquée d'une façon plus ou moins vague parmi ses significations antérieures. A partir de ce moment le sens du mot est fixé; mais on s'exposerait à toutes sortes d'erreurs, en l'appliquant aux auteurs qui ont employé le même mot à des dates plus reculées. L'histoire des sciences est pleine de changements de cette espèce dans la nomenclature scientifique ou industrielle, et ils ont occasionné bien des erreurs parmi les personnes non prévenues.

Ces considérations s'appliquent à un autre nom de l'étain, celui de *Qalaï*, usité parmi les Turcs, d'après ce que M. G. Bapst a rappelé récemment[1], en portant l'attention sur les mines d'étain situées au sud du lac Baïkal, en Sibérie, et sur d'autres mines, placées, assure-t-on, dans la région de Meched en Khorassan. J'avais déjà eu occasion de parler de ces dernières mines[2], signalées par un voyageur russe, et d'en rapprocher la mention d'un passage de Strabon sur les mines d'étain de la Drangiane, dans l'antiquité.

Dans la discussion soulevée par la communication de M. Bapst, on a fait observer au sujet du mot *Qalaï*, que ce nom serait précisément donné par les musulmans à l'étain, et que c'est d'ailleurs le nom attribué par les auteurs arabes à la péninsule de Malacca, centre de la région dont l'étain était tiré en grande quantité chez les anciens, comme il l'est encore aujourd'hui dans les temps modernes. Kassigara (Singapour) était désigné autrefois par les auteurs grecs comme le but de la navigation lointaine des commerçants qui rapportaient l'étain dans l'Occident.

Peut-être me sera-t-il permis de fournir à mon tour quelques indications nouvelles, d'après lesquelles le mot *Qalaï* pourrait être rapproché de mots grecs tous pareils, et qui étaient déjà usités à une époque antérieure aux Turcs et aux Arabes.

Nous trouvons, en effet, dans les alchimistes grecs, les mots χαλκοῦ χαλαϊνοῦ, c'est-à-dire *cuivre de Calaïs*, en tête d'une recette technique

[1] Séance du 3 mai 1889 de l'Académie des inscriptions.

[2] *Introduction à l'étude de la Chimie des anciens*, p. 226.

intitulée : *Diplosis de Moïse*[1]. Cette recette rappelle par sa forme et sa brièveté celles du papyrus X de Leyde : elle a de même pour objet de fabriquer un alliage d'or à bas titre. Le Moïse même, auquel la recette est attribuée, est un auteur pseudonyme, sous le nom duquel nous possédons un petit traité chimique[2], appartenant à la même tradition et probablement à la même époque que les écrits pseud-épigraphes du Moïse cité dans les papyrus de Leyde[3], c'est-à-dire composé vers le IIIe siècle de notre ère[4].

Le mot χαλάϊνον figure également dans le lexique alchimique[5], appliqué à un certain liquide : eau de Calaïs, c'est-à-dire eau de chaux », d'après le mot à mot. Cette désignation est tirée probablement d'un nom de lieu, employé adjectivement et dont le sens technique nous est donné[6] par divers auteurs grecs, notamment par Dioscoride[7]. — Καλάϊνον χρῶμα signifie une couleur vert pâle, ou vert de mer, assimilée au βένετον par l'*Etymologicum Magnum*, et aussi à la couleur de pourpre (ἄνθηρον).

On trouve de même χαλάϊνα σκεύη « vases verdâtres »; κέραμος χαλλάϊνος « poterie verte ». L'eau de Calaïs du lexique alchimique serait dès lors une liqueur verte, c'est-à-dire la solution d'un sel de cuivre : ce qui est conforme à la désignation du cuivre de Calaïs, dans le Pseudo-Moïse.

Observons encore, et ce point va donner lieu à de nouveaux rapprochements, qu'à l'adjectif χαλλάϊνος répond, dans Pline[8], une pierre précieuse, appelée *Callaïs*, qu'il rapproche de l'émeraude. Solin dit pareillement de cette pierre : *Viret pallidum* (chap. XX). Son nom semble l'origine de l'adjectif χαλλάϊνος. Or elle est originaire, d'après Pline, du Caucase indien; ce qui nous reporterait précisément vers

---

[1] *Coll. des anciens Alch. grecs*, texte grec, p. 38; trad., p. 40.

[2] *Ibid.*, texte grec, p. 300-315; trad., p. 287-302.

[3] *Introd. à la Chimie des anciens*, p. 16.

[4] Peut-être plus tôt; car Pline cite déjà un Moïse magicien.

[5] *Coll. des Alch. grecs*, texte grec, p. 9; trad., p. 9.

[6] Voir le *Thesaurus* de Henri Estienne, édition Didot, et *Salmasii Plinianæ exercitationes*, p. 167.

[7] *Mat. méd.*, l. V, chap. CLX.

[8] *H. N.*, l. XXXVII, 33.

IMPRIMERIE NATIONALE.

les lieux d'origine de la race turque. Nous y sommes ramenés aussi
par le nom de *turquoise*, par lequel la plupart des auteurs du moyen
âge et des temps modernes traduisent celui de la pierre précieuse
Callaïs. Il existe en effet diverses variétés de turquoises : les unes
bleues, les autres vertes; ce seraient les dernières qui auraient porté
le nom de Callaïs. Or il est fort remarquable que ce nom spécial
de la turquoise coïncide avec le mot turc *Qalaï*, le lieu d'origine de
la pierre précieuse étant précisément une région occupée par la race
turque.

Quant au χαλϰὸς ϰαλλάϊνος, désigne-t-il un alliage de teinte verdâtre et spécialement une variété de bronze? C'est ce que je ne saurais
décider. Mais il m'a paru de quelque intérêt de rapprocher le mot
Qalaï des mots grecs analogues, qui tendraient à nous reporter
non à l'étain, mais plutôt au cuivre pur, ou allié, source de la couleur verte.

V

DE L'EMPLOI DU VINAIGRE DANS LE PASSAGE DES ALPES PAR ANNIBAL, AINSI QUE DANS LA GUERRE ET LES TRAVAUX DE MINES CHEZ LES ANCIENS.

C'est un vieux récit, qui a souvent excité l'étonnement et l'incrédu-
lité, que celui de l'emploi du vinaigre par Annibal, pour s'ouvrir un
chemin à travers les rochers, pendant son passage des Alpes. Le fait est
rapporté par Tite Live, quoique Polybe n'en dise rien. Après avoir expliqué comment on avait coupé les bois, comment on en avait accu-
mulé les débris au pied des rochers, puis comment on y avait mis le
feu, il ajoute : « Ardentiaque saxa infuso aceto putrefaciunt. Ita tor-
ridam incendio rupem ferro pandunt [1]. » « Ils désagrègent les roches
brûlantes, en y versant du vinaigre; c'est avec son concours qu'ils
fendent au moyen du fer la roche calcinée. » C'était là une tradition

[1] Tite Live, l. XXI.

constante chez les Romains. Juvénal a dit de même, sans parler du feu :

Diducit scopulos et montes rupit aceto [1].

Au contraire, Silius Italicus, mettant en vers les récits des historiens, ne parle que du fer et du feu, sans faire allusion au vinaigre :

Aggessere trabes, rapidisque ascensus in orbem
Excoquitur flammis scopulus : mox proruta ferro
Dat gemitum putris resoluto pondere moles.

(Livre III.)

Dans les temps modernes, tout ce récit a été souvent révoqué en doute et regardé comme fabuleux. D'autres études m'ayant engagé à approfondir le sujet, il me paraît intéressant de donner ici le résultat de mes recherches.

Deux choses sont ici dignes d'attention, l'action du feu et celle du vinaigre. L'action du feu sur les rochers est signalée dans beaucoup de passages anciens; le début même du récit de Tite Live se rapporte à des pratiques encore usitées chez les populations qui ne connaissent pas la poudre de mine. Dans les montagnes de l'Inde, notamment, il existe aujourd'hui des tribus qui ont conservé l'usage des dolmens et des pierres levées, usage préhistorique en Europe. Pour fendre la pierre, ils allument de grands feux à la surface; puis sur la pierre devenue incandescente, ils versent de l'eau fraîche, dans des rigoles tracées à l'avance, et ils déterminent par là des fentes régulières. Il existe un vers de Lucrèce (l. I) parfois mal compris, qui me semble se rapporter précisément à cette pratique :

Dissiliuntque fero ferventia saxa vapore [2].

« Les rochers incandescents se fendent par la force de la vapeur. » Il s'agit de la vapeur émise par l'eau versée à leur surface.

[1] Sat. x, 153. — [2] J'adopte les variantes qui donnent le sens le plus net.

L'action seule du feu suffit d'ailleurs pour décomposer les roches calcaires, en les changeant en chaux vive, que l'eau désagrège ensuite. Les roches siliceuses, sans être décomposées chimiquement comme le calcaire, éclatent, soit par l'action directe du feu, soit et surtout sous l'influence consécutive de l'eau.

Mais tous ces effets peuvent être produits par l'action combinée du feu et de l'eau seuls, et nous ne voyons pas bien jusqu'ici pourquoi les anciens préféraient à l'eau le vinaigre, substance plus rare et plus coûteuse. Cependant les textes sont nombreux et formels à cet égard : j'en vais donner quelques-uns des plus décisifs; puis je rechercherai dans ces textes eux-mêmes quelle série d'idées avait conduit les anciens à employer le vinaigre.

On lit, par exemple, dans Pline [1] : « Occursant in utroque genere silices. Hos igne et aceto rumpunt. » « On rencontre dans les deux espèces de mines, des pierres dures [2]; on les brise à l'aide du fer et du vinaigre. »

On lit de même dans les extraits de Poliorcétique tirés d'Apollodore, au sujet de la pierre des murailles échauffées par le feu : Καὶ ὀρύσσεται ὄξους ἢ ἄλλου τινὸς τῶν δριμέων ἐγχεομένου.

Mais les passages suivants de Vitruve et de Pline sont surtout décisifs, parce qu'ils exposent la suite entière des idées et des analogies, suivies autrefois. D'après Vitruve [3] :

« Ovum in aceto si diutius impositum fuerit, cortex ejus mollescet et dissolvetur; item plumbum... fiet cerusa; æs... fiet ærugo. Item margarita; non minus saxa silicea, quæ neque ferrum, neque ignis potest per se dissolvere, cum ab igne sunt percalefacta, aceto sparso dissiliunt et dissolvuntur. » « Si un œuf est laissé trop longtemps dans du vinaigre, sa coquille se ramollit et se dissout... De même le plomb... se change en céruse; le cuivre... en vert-de-gris. De même

---

[1] *H. N.*, l. XXXIII, 21.

[2] Le mot latin *silices* ne doit pas être traduit par le mot moderne *silex;* il avait un sens plus vague et plus compréhensif, s'appliquant à toute roche dure, aussi bien aux roches calcaires qu'aux roches formées par du quartz, ou par des silicates.

[3] L. VIII, chap. III.

la perle se dissout. Cette action s'exerce également sur les roches dures, que ni le fer ni le feu employés isolément ne peuvent désagréger; mais, lorsqu'elles ont été chauffées fortement à l'aide du feu, il suffit de les arroser de vinaigre pour les briser et les désagréger. »

On voit comment une même généralisation, fondée sur des observations réelles, mais mal comprises, avait rapproché la dissolution par le vinaigre du carbonate de chaux, des coquilles d'œuf et des perles, de l'attaque lente du plomb et du cuivre par ce même agent, qui les désagrège avec le concours de l'oxygène de l'air. Par analogie, on admettait une action spécifique du vinaigre sur les roches échauffées, action d'ailleurs réelle jusqu'à un certain point à l'égard des roches calcaires tendres, et qui avait même été aperçue positivement et utilisée à la guerre, comme il sera établi tout à l'heure.

Mais auparavant donnons un passage de Pline, qui présente certaines analogies avec celui de Vitruve, avec cette indication de plus qu'il s'en réfère d'abord aux actions spéciales du vinaigre dans l'alimentation : « In totum domitrix vis hæc non ciborum modo est, verum et rerum plurimarum, saxa rumpit infusum, quæ non ruperit ignis antecedens » [1], c'est-à-dire : « La force du vinaigre ne s'exerce pas seulement sur les aliments [2], mais sur beaucoup d'autres choses; sa projection brise les pierres qui ont résisté à l'action préliminaire du feu. » La dernière idée est la même que dans Vitruve, et exprimée de la même manière; elle suppose toujours au vinaigre une puissance spécifique, exprimée ailleurs par les mots : « Salis et aceti succos domitores rerum » — « les liqueurs du sel et du vinaigre, qui maîtrisent les choses. »

Galien expose pareillement [3] que le vinaigre agit à la façon du feu pour attaquer les pierres, le cuivre, le fer, le plomb et les pénétrer. L'activité chimique du vinaigre, prototype des acides de la chimie moderne, se trouvait ainsi entrevue et indiquée chez les anciens pour les applications les plus diverses.

---

[1] *H. N.*, l. XXIII, 27. — [2] A la fois comme condiment et comme agent conservateur. — [3] *De fac. simp. med.*, I, 22.

Ajoutons qu'ils ont confondu, sans doute, plus d'une fois le vinaigre avec des solutions salines fort différentes, ayant, comme lui,
une saveur piquante particulière, et qui pouvaient d'ailleurs être mélangées pour l'emploi avec notre acide acétique, dans la saumure par
exemple. C'est dans ce sens probablement que le vinaigre a pu être
indiqué comme très propre à éteindre le feu : « Ignis autem aceto
maxime... restinguitur [1]. »

Théophraste dit aussi [2] que le vinaigre éteint le feu mieux que l'eau.

Dans les recettes de Julius Africanus [3], on lit de même : Σϐέσωμεν
αὐτῷ συντόμως καταχέοντες ὄξος. Et encore : Εἰ δὲ σὺ προγνὼς τὰ
μέλλοντα καίεσθαι, χρῖσον ἔξωθεν ὄξος καὶ τούτοις οὐ προσεῖσι πῦρ.
« Si tu crains qu'on ne mette le feu à un objet, enduis-le extérieurement de vinaigre et le feu n'y prendra pas. »

Ici, il est difficile de ne pas entendre par le vinaigre une solution
saline, analogue à cet alun [1] dont était enduite une tour de bois que
Sylla ne réussit pas à enflammer au siège d'Athènes, d'après Aulu-
Gelle.

Cependant parmi les propriétés du vinaigre des anciens, ils en ont
signalé une qui se rattache davantage à celles de l'acide acétique véritable et à l'attaque des rochers calcaires. C'est l'effervescence qui se
développe, lorsqu'on verse le vinaigre sur la terre : « Ut aceto infuso
terra spumet », dit Pline [5].

De même dans Celse (V, 27) : « Quo fit ut terra aspersa eo spumet. »

Forcellini cite encore dans son Dictionnaire, au mot Acetum, le
proverbe latin suivant : « Acetum in nitro », — « vinaigre sur natron »
(notre carbonate de soude); et il ajoute : « Car le natron (nitrum),
arrosé de vinaigre, bout et se gonfle. »

On pourrait néanmoins douter que cette attaque spéciale du cal-

[1] Pline, H. N., l. XXXIII, 30.
[2] De Igne, 25,
[3] Veteres mathematici, p.302,3.(Paris, 1693.)

[1] Dans le texte d'Aulu-Gelle il s'agit soit de notre alun, soit d'un sel qui lui au-rait été assimilé.
[5] H. N., l., XXIII, 27.

caire par le vinaigre ait joué un rôle efficace dans les applications faites par les anciens, si l'on ne possédait un passage tout à fait caractéristique de Dion Cassius (l. XXXV). Il s'agit du siège d'Éleuthère, ville de Crète, par Métellus : Ἐλεύθεραν τὴν πόλιν ἐκ προδοσίᾳ ἑλὼν ἠργυρολόγησε. Πύργον γὰρ τίνα οἱ προδιδόντες ἔκτε πλίνθων πεποιημένον καὶ μέγιστον δυσμαχώτατόντε ὄντα, ὄξει συνεχῶς νυκτὸς διέβρεξαν, ὥστε θραυστὸν γενέσθαι. « Il prit la ville d'Éleuthère par trahison et la mit à rançon. En effet, une grande tour à faces planes, très difficile à attaquer, fut arrosée de vinaigre par les traîtres pendant la nuit, de façon à la rendre friable. »

On prétend que le duc de Guise eut recours, à Naples, en plein XVIIe siècle, à un procédé analogue, attribuable sans doute à un souvenir de la tradition antique.

En tout cas, le texte de Dion Cassius, où il ne saurait être question du feu, est décisif pour établir que les anciens mettaient en œuvre le vinaigre afin d'attaquer les pierres, en profitant de ses réactions chimiques. Celles-ci se réunissaient, dans d'autres cas, avec l'action réfrigérante brusque du liquide, versé sur une roche ou sur un mur incandescent, pour en déterminer la désagrégation. En général, les textes anciens, quand ils énoncent des faits positifs et attestés par des auteurs divers, qui ne se sont pas copiés les uns les autres, ne doivent pas être légèrement accusés de mensonge ou d'erreur; mais il convient d'en chercher la signification réelle et littérale, en tenant compte du vague des idées et de l'imperfection des connaissances d'autrefois.

VI

LETTRE À M. E. HAVET,
SUR L'EMPLOI DU VINAIGRE DANS LE PASSAGE DES ALPES PAR ANNIBAL.

J'ai appris que vous réclamiez un complément d'information, relativement à l'emploi du vinaigre dans le passage des Alpes par Annibal. Il s'agit spécialement du côté chimique de la question, et je crois devoir, du moment où vous le croyez utile, entrer dans quelques détails subsidiaires à cet égard.

Lorsqu'on emploie le feu pour calciner préalablement les roches, comme le faisaient les mineurs dans l'antiquité, d'après les passages de Vitruve, de Pline et autres auteurs anciens que j'ai cités; dans ce cas, dis-je, l'efficacité du vinaigre versé sur la roche incandescente est à peu près la même que celle de l'eau ordinaire. L'emploi du vinaigre, de préférence à l'eau, dans les cas de ce genre, reposait donc sur un pur préjugé : les explications que j'ai données le montrent, je crois, suffisamment; car l'effet, très réel d'ailleurs, de l'eau ou du vinaigre est dû au refroidissement brusque de la roche échauffée et aux fissures que développe la contraction subite et localisée qui en résulte. Une telle équivalence entre les actions de l'eau et du vinaigre, dans cet ordre d'opérations, est facile à justifier. Le vinaigre, en effet, est un mélange d'eau et d'acide acétique réel, contenant 5 à 6 centièmes de ce dernier composé et 95 ou 94 centièmes d'eau. En raison de cette composition, le vinaigre ne possède ni une chaleur spécifique, ni une conductibilité calorifique, ni une chaleur de vaporisation sensiblement différentes de celle de l'eau pure, laquelle en forme, je le répète, les 94 ou 95 centièmes. L'influence réfrigérante du vinaigre peut donc être assimilée en général à celle de l'eau, sans erreur bien sensible. Il en est particulièrement ainsi dans le cas des roches granitiques, porphyriques, quartzeuses et siliceuses, qui constituent la masse principale de certaines montagnes; lesquelles ne sauraient éprouver d'attaque chimique proprement dite et immédiate de la part du vinaigre.

Mais les roches calcaires, dira-t-on? L'objection paraîtra plus plausible encore, si l'on remarque que le mont Cenis et diverses autres montagnes alpines, situées sur les trajets supposés d'Annibal, sont constitués par des roches calcaires. Examinons donc la chose de plus près, à ce point de vue, en tenant compte en outre de ce fait qu'une roche calcaire calcinée peut être changée en chaux vive.

Or, si la roche a été changée réellement en chaux vive par l'action préalable du feu, l'action de l'eau ordinaire, versée sur cette roche, en même temps qu'elle la refroidira, aura pour effet d'éteindre la chaux, c'est-à-dire de la changer en hydrate. Cette opération désagrège et délite complètement la chaux, qui se réduit, comme chacun sait, en poudre, ou même en bouillie, suivant la dose de l'eau surajoutée. Les agents atmosphériques produisent le même effet, mais plus lentement. Toute roche calcaire fortement calcinée est donc destinée à la destruction : immédiate, si on verse de l'eau sur la roche encore chaude; plus lente, si l'addition de l'eau s'opère après refroidissement et d'une façon progressive. C'est en vertu de ces réactions successives que les murs d'une maison incendiée perdent souvent leur cohésion au bout d'un certain temps, sans qu'il existe aucun artifice pour en maintenir ou en restituer la stabilité. Cette désagrégation est accomplie par l'eau, et le vinaigre agit de même, en raison de l'eau qu'il contient, sans qu'il soit nécessaire d'invoquer la réaction spécifique des 5 ou 6 centièmes d'acide acétique du vinaigre sur la chaux vive de la roche et la formation résultante de l'acétate de chaux. La dernière formation, incontestable d'ailleurs, ne saurait exercer une influence immédiate bien marquée; cependant l'infiltration lente du dernier sel, jointe à ses facultés hygrométriques, pourrait finir par altérer la masse, mais seulement à la longue.

Plaçons-nous maintenant dans le cas où le calcaire n'aurait pas été chauffé assez fortement pour en modifier la composition chimique et pour lui faire perdre son acide carbonique, en le ramenant à l'état de chaux vive. Les effets chimiques de l'eau sur un semblable calcaire, une fois refroidi, seront insignifiants, bien que la roche brûlante puisse être désagrégée aussitôt par le fait physique d'un refroidissement brusque. Quant aux effets chimiques immédiats du vinaigre sur la même roche refroidie, ils seront très minimes avec des calcaires compacts, tels que ceux qui forment la plupart des montagnes des Alpes. En effet, le vinaigre est un acide faible et n'agit que fort lentement sur les calcaires durs, sur les dolomies, etc. Le vinaigre, à la vérité, opère plus promptement à chaud; mais ses résultats sont très loin d'être instantanés. L'action du vinaigre employé comme

IMPRIMERIE NATIONALE.

engin de guerre sur les calcaires compacts, ne saurait donc être que fort limitée. Elle l'est d'autant plus que des acides puissants, tels que l'acide chlorhydrique concentré, exigent un certain temps pour dissoudre les calcaires cristallins, le marbre, et même les calcaires compacts en général. J'ai en main des échantillons de calcaire du Par-melan, montagne calcaire voisine du lac d'Annecy, échantillons que j'ai traités par des acides, et notamment par l'acide chlorhydrique concentré, à la température ordinaire, afin d'essayer de reproduire artificiellement la structure singulière de cette montagne crevassée. Ils ont été creusés par le réactif de sillons et de rainures profondes; mais il a fallu plusieurs heures pour arriver à ce résultat, en opérant sur des masses de quelques kilogrammes, et elles ne se sont pas dés-agrégées.

Est-ce à dire que le vinaigre n'ait dans aucun cas d'efficacité propre pour désagréger les roches? Non sans doute : il peut exister des cas de ce genre, comme je vais l'expliquer; mais ils sont exceptionnels, et l'influence du vinaigre est alors manifeste, même à froid, et sans qu'il soit nécessaire d'échauffer préalablement la roche, avant de l'at-taquer par l'agent chimique. En fait, on peut citer à cet égard ce qui arrive avec les terrains particuliers et friables, à ciment marneux, désignés sous le nom de *molasses*, ainsi qu'avec tout calcaire tendre et poreux. Un calcaire de ce genre s'imbibera d'abord d'eau, ou de vinaigre; puis il fera effervescence et se désagrégera plus ou moins rapidement, par la réaction chimique du vinaigre. Tel a dû être pro-bablement le cas de la fortification d'Éleuthère, dont j'ai rapporté la destruction par le vinaigre, d'après Dion Cassius.

Une semblable désagrégation n'est donc pas impossible; mais il n'est peut-être pas sans intérêt de montrer quelle serait la proportion de vinaigre nécessaire pour détruire ainsi une étendue donnée de mu-railles. 60 parties d'acide acétique pur peuvent dissoudre et saturer exactement 50 parties de carbonate de chaux, d'après les théories et la pratique des chimistes. Cela fait 1,200 grammes d'acide acétique réel, c'est-à-dire 20 à 25 litres de vinaigre, qui seraient nécessaires

pour dissoudre 1 kilogramme de carbonate de chaux. Au lieu de
calculer ces chiffres pour un poids donné, préférons-nous les évaluer
pour un volume déterminé, 1 mètre cube de calcaire par exemple?
Ce mètre cube pèse environ 2,700 kilogrammes et il exigerait, pour
être dissous complètement, environ 5 mètres cubes et demi à 7 mètres
cubes trois quarts de vinaigre, suivant sa force. Cette quantité serait
nécessaire pour dissoudre entièrement une paroi épaisse de 2 déci-
mètres, — ce qui est peu, — mais dont la surface serait égale à
5 mètres carrés. De tels nombres donnent, je crois, une idée plus
précise de l'action possible du vinaigre. La dissolution du calcaire
serait d'ailleurs extrêmement lente; bien que l'attaque commence
immédiatement pour les calcaires ordinaires, avec une effervescence
qui a dû faire illusion aux anciens observateurs.

L'emploi de pareilles masses de vinaigre, avec si peu d'effet utile,
serait fort coûteux et la désagrégation totale d'une roche ou d'un mur
d'une grande étendue, à peu près impraticable. Mais le vinaigre peut
agir, dans certains cas, d'une façon plus efficace, lorsqu'il est versé
sur une roche calcaire tendre et qu'il imprègne : il peut la ramollir,
y creuser des sillons, la rendre friable et dès lors bien plus sensible
à l'influence des béliers et autres engins mécaniques, employés par
les anciens.

Cette opinion, qui pourrait sembler subtile et chimérique si l'on
n'avait pas de faits à l'appui, est au contraire rendue fort vraisemblable
par le passage de Dion Cassius; on ne saurait dès lors contester que
le vinaigre ait pu avoir une efficacité positive à la guerre, dans des
cas exceptionnels. Mais dans les conditions ordinaires, son emploi,
réel d'ailleurs, reposait sur un préjugé; j'en ai donné l'explication et
j'ai montré que l'eau pure devait agir sensiblement de la même façon
sur la plupart des roches calcinées. Quant au cas d'Annibal, l'emploi
du vinaigre paraît probable en fait, d'après les récits des historiens
anciens; mais, pour conclure davantage, il faudrait savoir si ce grand
capitaine a effectué son passage dans une région renfermant des calcaires tendres, ou des molasses. Comme on n'a pas pu éclaircir jus-

qu'ici le lieu précis où le passage des Alpes s'est accompli, il n'y a pas lieu, à mon avis, de discuter si le vinaigre a eu quelque utilité spéciale et distincte de celle de l'eau, dans son expédition.

VII

ANALYSE D'UN VIN ANTIQUE,
CONSERVÉ DANS UN VASE DE VERRE SCELLÉ PAR FUSION.

Ayant eu l'occasion de voir à Marseille, dans la remarquable collection d'objets antiques qui porte le nom de *Musée Borely*, un vase de terre scellé par fusion et renfermant un liquide, il me parut que l'examen de ce liquide conservé depuis tant de siècles à l'abri des agents extérieurs, pourrait offrir un grand intérêt. M. Maglione, maire de Marseille, voulut bien m'autoriser à ouvrir le vase et à en extraire le liquide; ce que je fis, avec le concours obligeant de M. Penon, directeur du musée, et de M. Favre, doyen de la Faculté des sciences. Aucune pression sensible ne s'est manifestée dans cette opération; aucune présence de gaz inflammable, dans l'atmosphère supérieure. Je rapportai le liquide à Paris et j'en fis l'analyse. C'est un échantillon de vin, déposé probablement comme offrande aux mânes, dans un tombeau, et qui nous apporte un curieux témoignage sur la composition des vins fabriqués il y a quinze ou seize cents ans.

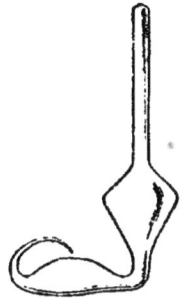

Donnons quelques détails sur la forme et la nature du vase.

C'est un long tube de verre, renflé d'abord comme une ampoule, puis recourbé à angle droit en formant une deuxième ampoule, terminée elle-même en pointe recourbée.

Cette forme a dû lui être donnée, afin de permettre de le déposer à terre dans le tombeau, sans qu'il roulât.

La longueur de l'objet est de 35 centimètres. La capacité totale des ampoules réunies à celle du tube s'élève à 35 centimètres cubes environ; le volume du liquide, à 25 centimètres cubes. Ce tube a été fabriqué en verrerie. Après l'introduction du liquide, il a été fermé à l'origine du tube et à sa partie supérieure, par une fusion nette, limitée à une portion très courte; en un mot tout à fait semblable à celle que nous pourrions produire aujourd'hui à la lampe. Aussi me paraît-il probable que la fusion n'a pas eu lieu sur un feu de charbon, mais précisément dans la flamme d'une lampe.

L'antiquité du vase est manifestée par une patine caractéristique; le verre s'exfolie par places, en feuillets minces et irisés. Ayant essayé, après l'avoir ouvert, de le refermer à la lampe, je n'ai pu y parvenir; le verre, dévitrifié à l'intérieur, se fendillant et devenant d'un blanc opaque sous le jet du chalumeau : c'est là encore un signe d'antiquité.

Cet objet a été trouvé aux Aliscamps, près d'Arles, dans la vaste région qui a servi de cimetière à l'époque romaine, en un lieu où l'on a rencontré beaucoup d'autres objets en verre antique.

D'après une lettre que j'ai reçue de M. Penon, ce tube aurait été trouvé par « des ouvriers travaillant aux chantiers où se trouvent actuellement les ateliers du chemin de fer... Il gisait, nu, dans une motte de terre, qui, en roulant sous le pic, s'entr'ouvrit et le montra intact, recouvert d'une patine assez épaisse, due à la décomposition du verre, et qui s'écailla en partie sous les doigts des ouvriers... ». On aurait aussi trouvé, quelques jours avant, dans le voisinage, cinq bouteilles de verre renfermant un liquide vineux; mais les ouvriers les brisèrent par ignorance. « Les divers objets dont je vous entretiens, ajoute M. Penon, ont été trouvés dans la couche *romaine* et *au-dessous* des terrains où l'on découvre ordinairement des tombeaux de l'époque chrétienne. »

M. Alexandre Bertrand, conservateur du musée de Saint-Germain, a bien voulu m'écrire aussi sur le même sujet; il me dit que les archéologues sont disposés à croire qu'il y avait à Arles une fabrique où l'on travaillait le verre avec beaucoup d'art. Le tube que j'ai étudié « serait un produit indigène, probablement des premiers temps de l'occupation romaine ».

Ce tube fut recueilli et acheté par M. Augier, qui a cédé, depuis, sa collection d'objets de verre à la ville de Marseille, pour le musée Borely.

M. Quicherat l'a signalé en 1874, dans son intéressant article : *De quelques pièces curieuses de verrerie antique* [1]. Il y fait encore mention de divers vases analogues, contenant des liquides enfermés entre deux plaques de verre soudées, l'un trouvé en Angleterre, deux autres à Thionville.

On m'a désigné aussi deux objets de cette espèce, qui existeraient au musée de Rouen. M. de Longpérier connaît des vases de verre analogues, à double rebord circulaire, creux et remplis de liquide. Un flacon antique bouché au feu, et contenant un liquide, trouvé à Pompey (Meurthe), se trouvait au musée lorrain, détruit par l'incendie de 1871 [2].

Ces renseignements prouvent que l'art de sceller le verre par fusion (ce que les alchimistes ont appelé depuis le *sceau d'Hermès*, ou scellement hermétique) était déjà connu des anciens. J'ai cru devoir les rapporter, afin de prévenir tout doute sur l'authenticité du liquide que j'ai analysé.

Le volume total du liquide s'élevait à 25 centimètres cubes environ, et l'espace vide excédant, laissé dans le tube, à une dizaine de centimètres cubes.

---

[1] *Revue archéologique*, nouvelle série, t. XXVIII, p. 80, et pl. XIII, p. 73.

[2] M. A. Bertrand m'ayant encore signalé un liquide contenu dans un vase de verre bleu du musée du Louvre (collection Durand), je me suis adressé à M. Ravaisson et à M. de Villefosse : ils ont bien voulu m'autoriser à extraire ce liquide, qui suintait lentement à travers les fêlures d'un grand vase bleu, entièrement clos au feu, dans les conditions mêmes de sa fabrication. Il n'y avait plus que 5 à 6 centimètres cubes de liquide, formé par de l'eau sensiblement pure. Il semblerait que cette eau se soit introduite autrefois par voie d'infiltration, à travers les fissures du vase, probablement placé sous la terre. En effet, ce dernier n'offrait aucun orifice apparent, qui ait pu être scellé après l'introduction volontaire d'un liquide. Le vase lui-même possédait cependant une légère odeur de vinaigre aromatique. Mais cette odeur doit être due à un dépôt extérieur; car l'eau que j'ai extraite de l'intérieur du vase était neutre, inodore et insipide. Sa distillation n'a rien fourni, si ce n'est de l'eau pure.

Ce liquide est jaunâtre; il renferme une matière solide en suspension, laquelle ne se dépose pas, même à la suite d'un repos prolongé. Cependant on réussit à éclaircir le liquide par des filtrations réitérées : le liquide transparent conserve une teinte ambrée. Le dépôt, d'un jaune brunâtre, ne renfermait pas de résine ou autre matière caractéristique : il résultait, sans doute, de l'altération lente de la matière colorante primitive.

Le liquide possède une odeur franchement vineuse, très sensiblement aromatique et rappelant en même temps celle du vin qui a été en contact avec des corps gras. La saveur en est chaude et forte, en raison à la fois de la présence de l'alcool, de celle des acides et d'une trace de matière aromatique. L'analyse, rapportée à 1 litre, a donné :

Alcool..	45^{cc} 0
Acides fixes (évalués comme acide tartrique libre)....	3^{gr} 6
Bitartrate de potasse...............................	0 6
Acide acétique.....................................	1 2

Tartrate de chaux, notable. Traces d'éther acétique.

Ni chlorures, ni sulfates sensibles. La matière colorante n'existait plus dans la liqueur, du moins en proportion suffisante pour être modifiée par les alcalis ou précipitée par l'acétate de plomb. Il n'y avait que des traces de sucre, ou, plus exactement, de matière susceptible de réduire le tartrate cupropotassique, soit avant, soit après l'action des acides : ce qui prouve que le vin n'avait pas été miellé.

On remarquera que la dose d'alcool est celle d'un vin faible; la proportion d'acide libre est dans les limites normales : elle a dû être diminuée par la réaction des alcalis, provenant de l'altération du verre. La crème de tartre est peu abondante, probablement à cause de la présence de la chaux. L'alcool, dosé d'abord par les procédés alcoométriques ordinaires, a été rectifié de nouveau et séparé de l'eau au moyen du carbonate de potasse cristallisé; ce qui a fourni une quantité correspondant à peu près au dosage primitif. Cet alcool contient une trace d'une essence volatile, qui rendait opalescente la liqueur distillée.

L'alcool séparé par le carbonate de potasse possède une odeur très sensible d'éther acétique [1].

En résumé, le liquide analysé se comporte comme un vin faiblement alcoolique et qui aurait subi, avant d'être introduit dans le tube, un commencement d'acétification : la proportion d'oxygène contenu à l'origine dans l'air de l'espace vide n'eût pas suffi pour produire la dose d'acide acétique observée; car elle équivaudrait au plus à 0 gr. 15 d'alcool changé en acide (pour 1 litre).

On sait que l'acétification à l'air s'opère aisément dans un vin si peu alcoolique. C'est probablement en vue de la prévenir que l'on y avait ajouté, pendant sa fabrication, ou depuis, quelque matière aromatique, conformément aux pratiques connues dés anciens dans la conservation du vin.

Quant au motif pour lequel ce vin avait été si soigneusement enfermé dans un vase de verre scellé par fusion, l'opinion la plus vraisemblable paraît être celle qui l'attribuerait à un usage pieux, tel qu'une offrande aux mânes d'un mort dans son tombeau. Le lieu d'origine du tube, c'est-à-dire les Aliscamps (*Campi Elysii*), endroits de sépulture recherchés pendant plusieurs siècles, est d'accord avec cette opinion.

J'ajouterai que l'on rencontre fréquemment dans les tombeaux romains des fioles et autres vases renfermant des sédiments rougeâtres, qui pourraient bien, dans certains cas, avoir contenu du vin à l'origine [2]; mais le liquide s'est évaporé, n'étant pas préservé, comme le nôtre, par un scellement hermétique.

[1] Dans un liquide aussi ancien, l'équilibre d'éthérification peut être regardé comme atteint : je rappellerai que, d'après les lois que j'ai observées pour cet équilibre (*Annales de chimie et de physique*, 4ᵉ série, t. I, p. 332 et 334), 0 gr. 3 environ d'alcool par litre doivent se trouver combinés aux acides, en partie sous forme d'acides éthérés, en partie sous forme d'éthers neutres. La présence de l'éther acétique est conforme à cette indication; mais j'avais trop peu de matière pour le doser.

[2] Ces vases ont été rencontrés quelquefois dans des tombes renfermant une invocation aux mânes : *Dis manibus.* Voir deux mémoires de M. Edm. Leblant : *Sur le vase*

VIII

SUR LA MANNE DU SINAÏ [1].

« Ils partirent d'Élim et le peuple des fils d'Israël vint au désert de Sin, entre Élim et Sinaï. . . Et toute la multitude des fils d'Israël murmura contre Moïse et Aaron, et les fils d'Israël leur dirent. . . « Pourquoi nous avez-vous conduits dans ce désert pour faire mourir de faim toute cette multitude? » Or Dieu dit à Moïse: « Voici que je ferai pleuvoir le pain du ciel. . . Et on vit apparaître dans le désert une substance menue et comme pilée, semblable à de la gelée blanche. A cette vue, les fils d'Israël se dirent les uns aux autres : *Manhu?* ce qui signifie: Qu'est-ce cela?. . . Et la maison d'Israël appela cette substance *man*. . . Son goût était pareil à celui du miel. . . Or les fils d'Israël mangèrent la manne pendant quarante ans. . . Ils s'en nourrirent jusqu'à ce qu'ils fussent parvenus aux frontières de la terre de Chanaan [2]. »

Ce n'est pas ici le lieu de discuter la valeur historique de ce récit; mais on peut se demander si les faits mêmes qui y sont relatés, c'est-à-dire la production d'une substance blanche et comestible particulière dans la région du Sinaï, ont quelque fondement, et, dans ce cas, quelle serait la nature désignée dans le récit précédent et dont le nom a servi de type à celui d'une multitude de substances sucrées naturelles. Quelle en est la composition? Peut-elle être assimilée à quelque matière sucrée aujourd'hui connue? Ces questions ont fait l'objet de bien des controverses [3]. Saumaise, au XVIIe siècle, dans un petit traité

---

de sang; l'un publié chez Durand, en 1858, p. 23; l'autre extrait de la *Revue archéologique*, 1869, p. 4, 13, 19. Les sédiments de ces vases mériteraient d'être l'objet d'une analyse chimique approfondie, malgré les causes nombreuses d'altération ou de mélange qui ont pu influer, dans le cours des siècles, sur leur composition.

[1] Cet article est la reproduction d'un mémoire que j'ai publié en 1863 dans les *Annales de chimie et de physique*, 3e série, t. LXVII, p. 82.

[2] Exode, ch. XVI.

[3] Virey, *Journal de Pharmacie*, 2e série, t. IV, p. 120 (1818). — Guibourt, *Histoire naturelle des drogues simples*, t. II, p. 534 (1849).

consacré à l'étude de la manne [1]. Déjà Aristote [2] parlait d'un miel
tombé du ciel et que les abeilles récolteraient : μέλι τὸ πῖπῖον ἐκ τοῦ
ἄερος, et Pline a reproduit ses paroles [3]. Virgile le signale aussi :

Aerii mellis celestia dona.

On le supposait contenu par la rosée du matin : ce qui répond en
effet aux apparences, la rosée amollissant les sécrétions sucrées des
feuilles d'un certain nombre de végétaux et en déterminant la chute.
Les feuilles du tilleul en fournissent un exemple bien connu. Théophraste distinguait de même, dans le fragment d'un ouvrage perdu
sur les abeilles : le miel tiré des fleurs, le miel extrait d'un roseau,
c'est-à-dire notre sucre, et le miel aérien. Cette tradition a été reproduite par Avicenne, qui séparait, suivant l'une de ses théories ordinaires, le *mel aerium* en deux genres : le genre caché, *occultum*, contenu
dans les fleurs et les feuilles des plantes, et le genre apparent, *manifestum*, qui tombe à terre et peut être recueilli.

Diverses espèces donnent lieu à cette sécrétion; mais leur énumération, ainsi que celle des sucres divers qui y sont contenus, nous
entraînerait trop loin. Bornons-nous à la manne du Sinaï.

Son existence repose sur des faits d'observation. En effet, la production d'une matière de ce genre aux environs du Sinaï est attestée par
une tradition continue, depuis le temps des croisades. Les pèlerins
et voyageurs qui s'y sont succédé jusqu'à nos jours l'ont fréquemment rapportée.

Saumaise parle des moines d'un couvent situé sur la montagne,
qui récoltaient la manne de son temps [4]. Ils n'ont pas cessé d'en
faire commerce, même au XIXᵉ siècle, et de la vendre aux pèlerins et
aux touristes.

L'origine végétale de cette manne a été déterminée par les re-

[1] De homonymis hyles iatricæ... de
mannd..., p. 245-254. Trajecti ad Rhe-
num, 1689. — Voir aussi Plinianæ exercitationes, p. 717, c.

[1] Hist. des animaux, l. V, ch. XXII.
[2] H. N., l. XI, ch. XI. — Voir aussi
Sénèque (Lettres, l. XII, 85).
[4] De homonymis, p. 246, D.

cherches faites sur place par Ehrenberg et Hemprich[1], et sa composition chimique a été fixée par mes propres analyses, publiées il y a trente ans. Reproduisons les unes et les autres.

« La manne, dit Ehrenberg, se trouve encore de nos jours dans les montagnes du Sinaï; elle y tombe sur la terre, des régions de l'air (c'est-à-dire du sommet d'un arbrisseau, et non du ciel). Les Arabes l'appellent *man*. Les Arabes indigènes et les moines grecs la recueillent[2] et la mangent avec du pain, en guise de miel. Je l'ai vue tomber de l'arbre, je l'ai recueillie, dessinée, apportée moi-même à Berlin avec la plante et les restes de l'insecte. » Cette manne découle du *Tamarix mannifera* (Ehr.). De même qu'un grand nombre d'autres mannes, elle est produite sous l'influence de la piqûre d'un insecte : il s'agit, dans le cas présent, du *Coccus manniparus* (Hemprich et Ehrenberg).

Si l'origine de la manne du Sinaï s'est trouvée ainsi établie. il n'en était pas de même de sa nature chimique. Or c'est là un sujet d'autant plus intéressant, que l'analyse chimique peut seule expliquer le rôle de cette matière dans l'alimentation. La suite de mes recherches sur les matières sucrées m'a conduit à faire, il y a trente ans, quelques expériences à cet égard. J'ai opéré sur les matières suivantes : l'une identique, l'autre analogue à la manne du Sinaï :

1° Manne du Sinaï;

2° Manne de Syrie, ou plutôt du Kurdistan.

1° *Manne du Sinaï.*

L'échantillon provenait du *Tamarix mannifera*. Il avait été recueilli et rapporté par M. Leclerc, qui accompagnait les princes d'Orléans dans un voyage en Orient (1859-1860). Cette manne présente l'aspect d'un sirop jaunâtre, épais, contenant des débris végétaux. D'après mon analyse, elle renferme du sucre de canne, du sucre interverti, de

[1] *Symbolæ physicæ*, etc. *Zoologica II*, *Insecta X*. Article *Coccus manniparus*.

[2] Ces derniers prétendent qu'elle ne tombe que sur le toit de leur couvent.

la dextrine, enfin de l'eau. Le poids de l'eau s'élevait à un cinquantième environ de celui de la masse. La composition de celle-ci, abstraction faite des débris végétaux et de l'eau, était la suivante :

Sucre de canne...............................   55
Sucre interverti (lévulose et glucose)................   25
Dextrine et produits analogues.....................   20

TOTAL....................   100

L'analyse a été faite à l'aide des données que voici :

1° Détermination de l'eau et des matières insolubles;

2° Pouvoir rotatoire primitif;

3° Pouvoir rotatoire, après une ébullition d'une minute avec l'acide sulfurique étendu (inversion);

4° Poids de la matière fixe qui subsiste après la fermentation alcoolique, et examen de cette matière;

5° Pouvoir rotatoire de cette matière;

6° Poids de l'acide carbonique, dégagé dans la formation alcoolique;

7° Pouvoir réducteur de la matière primitive, à l'égard du tartrate cupropotassique;

8° Même pouvoir après inversion;

9° Même pouvoir après fermentation (négligeable).

En comparant 2° à 3°, on calcule le poids du sucre de canne.

En y joignant 4° et 5°, on détermine qualitativement et quantitativement le sucre interverti et la dextrine.

Les données 6°, 7°, 8° 9° servent de contrôle; ce qui est surtout précieux pour le sucre de canne, dont le poids ainsi déterminé peut être comparé avec celui qui résulte des pouvoirs rotatoires.

2° *Manne du Kurdistan.*

L'échantillon m'a été donné par M. L. Soubeiran. Il avait été envoyé à Paris par M. le docteur Gaillardot. Il avait été récolté dans les montagnes du Kurdistan, au nord-est de Mossoul. Voici les renseignements contenus à cet égard dans une lettre adressée à M. Gaillardot par M. Barré de Lancy, alors chancelier du Consulat de France à Mossoul : Cette manne « tombe indistinctement sur toutes les plantes [1] en juillet et en août, mais pas tous les ans; il y en a fort peu depuis trois années. La variété actuelle est recueillie en coupant les branches du chêne à galles, qu'on laisse sécher pendant deux ou trois jours au soleil ; après quoi on les secoue, et on obtient la manne qui tombe comme de la poussière. Les Kurdes s'en servent sans la purifier; ils la mêlent à de la pâte et même à de la viande [2] ».

La matière se présente sous la forme d'une masse pâteuse, presque solide, imprégnée de débris végétaux et surtout de feuilles du chêne à galles. Elle renferme du sucre de canne, du sucre interverti, de la dextrine, de l'eau, enfin une petite quantité de matière cireuse verdâtre.

Voici la composition de la partie soluble dans l'eau :

Sucre de canne.........................	61,0
Sucre interverti (lévulose et glucose).............	16,5
Dextrine et matières analogues...................	22,5
TOTAL...............	100,0

D'après les résultats précédents, on voit que la manne du Sinaï et celle du Kurdistan sont constituées essentiellement par le sucre de canne, par la dextrine et par les produits de l'altération, sans doute consécutive, de ces deux principes immédiats. Leur composition est

---

[1] Ceci est une illusion. — [2] Ces renseignements concordent avec ceux de Virey, *loco citato*, p. 125.

presque identique : résultat d'autant plus singulier, que les végétaux qui produisent ces deux mannes et dont elles renferment les débris très reconnaissables, appartiennent à deux espèces extrêmement différentes. Cependant ce phénomène n'est pas sans analogue. On sait, en effet, que le miel recueilli par les abeilles sur des fleurs très diverses possède une composition à peu près identique. Ce n'est pas le seul rapprochement que l'on puisse faire entre le miel et les mannes dont il s'agit[1]. Non seulement des insectes concourent également à la formation du miel et à celle de la manne du Sinaï, mais encore cette manne, aussi bien que le miel, est constituée par du sucre de canne et du sucre interverti : la manne du Sinaï renferme en outre la dextrine et les produits de son altération.

Si l'on se reporte maintenant au rôle historique qu'a pu remplir la manne du Sinaï, il devient facile d'expliquer l'emploi de cette substance comme aliment. En effet, c'est un miel véritable, complété par la présence de la dextrine. On voit en même temps que la manne du Sinaï ne saurait suffire comme aliment, puisqu'elle ne contient point de principe azoté. Aussi les aliments animaux lui sont-ils associés, aussi bien dans les usages actuels des Kurdes que dans le récit biblique[2].

----

[1] Le μέλι ἄγριον de divers auteurs anciens est un produit végétal analogue ou identique. Voir plus haut, p. 386. — [2] Voir Exode, chap. xvi, 8 et 13.

IX

SUR QUELQUES OBJETS EN CUIVRE, DE DATE TRÈS ANCIENNE, PROVENANT DES FOUILLES DE M. DE SARZEC EN CHALDÉE.

Dans ses fouilles, M. de Sarzec a trouvé des objets de date extrêmement reculée et qui remontent aux origines de l'ancienne Chaldée. Parmi ces objets, il en est quelques-uns qui fournissent de nouveaux documents pour éclaircir la question de l'existence d'un âge de cuivre pur, ayant précédé l'âge du bronze dans l'humanité[1]. J'ai déjà publié[2] l'analyse de la statue du roi Goudéah, découverte à Tello et constituée par du cuivre pur.

Voici de nouveaux faits propres à éclairer la question. En effet, M. Heuzey a eu l'obligeance de confier à mon examen une figurine votive, trouvée dans les fondations d'un édifice plus ancien que les constructions dont les briques portent le nom du roi Our-Nina, aïeul d'Ennéadou, le roi de la stèle des Vautours : il s'agit d'une époque estimée antérieure au XL° siècle avant notre ère et qui a précédé de plusieurs dynasties celle du roi Goudéah. Cette figurine est semblable à celles qui ont été publiées dans les *Découvertes en Chaldée*, par MM. de Sarzec et Heuzey (pl. I).

Le métal est recouvert d'une épaisse patine et profondément altéré, jusque dans le cœur de la figurine. On a fait l'analyse d'un fragment détaché, pesant quelques grammes. A cette fin, une portion a été dissoute dans l'acide azotique, et l'on a dosé ainsi le cuivre et le chlore : il n'y avait ni argent, ni bismuth, ni étain, ni antimoine, ni zinc, ni magnésie; mais seulement des traces de plomb, d'arsenic et de soufre, ainsi qu'un peu de chaux et des carbonates.

Une autre portion a été chauffée, d'abord au rouge, dans un courant d'azote, de façon à doser l'eau préexistante (recueillie sur de la

---

[1]. Voir la page 359. — [2]. *Introd. à la Chimie des anciens*, p. 226.

pouce sulfurique et pesée). Il s'est sublimé du chlorure cuivreux. Cela fait, on a pesé le résidu; puis on l'a chauffé de nouveau dans un courant d'hydrogène, afin d'enlever l'oxygène combiné et de peser l'eau produite, ainsi que le poids du résidu métallique.

Voici les résultats obtenus, sur 100 parties :

Cuivre....................................	77,7
Eau.......................................	3,9
Oxygène..................................	6,1
Soufre....................................	Traces
Chlore....................................	1,1
Plomb.....................................	Traces
Arsenic...................................	Traces
Étain, antimoine........................	0
Zinc, fer, argent........................	0
Magnésie.................................	0
Silice....................................	3,9
TOTAL.................	92,7
Carbonate de chaux, alumine, etc., matières diverses...	7,3

Le métal originaire ne renfermait donc pas d'étain, et il peut être regardé comme constitué par du cuivre industriellement pur. La figurine, immergée pendant des siècles dans des eaux saumâtres, a formé un oxychlorure de cuivre, qui apparaît par places, mêlé de carbonate, à l'état d'efflorescences verdâtres. Le chlore répondrait à 2 centièmes de cuivre environ, supposé à l'état de chlorure cuivreux, et il reste des doses relatives de cuivre et d'oxygène, répondant à un sous-oxyde : Cu^3O, ou, si l'on aime mieux, à un mélange de cuivre et d'oxyde cuivreux : $Cu+Cu^2O$. Ce sous-oxyde offre un aspect cristallin.

Ce degré d'oxydation représente le produit de l'altération lente du métal, au bout de six mille ans.

L'analyse présente tend à établir que, à cette époque lointaine, on fabriquait les objets d'art en cuivre rouge; l'étain, et par conséquent le bronze, étant encore inconnu. Elle vient à l'appui de celle de la statuette du roi chaldéen Goudéâh, et elle est conforme à l'analyse du sceptre du roi égyptien Pépi Ier, de la VIe dynastie, sceptre dans lequel je n'ai trouvé également que du cuivre, sans étain. Le bronze et l'étain n'étaient alors fabriqués ni en Chaldée, ni en Égypte, c'est-à-dire dans aucun des foyers des plus vieilles civilisations.

ADDITIONS ET CORRECTIONS.

P. 59, au milieu de la page. *Après :* le borax, *ajoutez :* c'est-à-dire un sel alcalin jouant le rôle de fondant (voir p. 82, note 4). — La même remarque doit être faite partout où le nom de borax est prononcé par les anciens auteurs.

P. 69, dernière ligne des notes. *Au lieu de :* Joh, *lisez :* Jo.

P. 69. Le *Livre des Soixante-dix*, cité à la page 283, est étudié plus en détail p. 320 à 335 du présent volume.

On y verra la preuve que ce livre est réellement traduit des œuvres arabes de Djâber ou Geber; le nom de Jean mis en tête résulte donc d'une erreur.

Sur les recettes techniques portant un titre analogue et citées dans le ms. 6514, notamment dans le *Liber sacerdotum*, voir le présent volume, p. 179, 184, 192, 204, 206 et 320.

P. 70, l. 2. *Au lieu de :* Judicum, *lisez :* Indicum.

P. 70, l. 11. *Au lieu de :* ms. 7153, *lisez :* 7156.

P. 70. Sur le *Livre des douze eaux*, voir l'analyse d'un autre ouvrage portant le même titre, mais avec un contenu tout différent, dans le présent volume, p. 315.

Le ms. 6514 ayant été écrit vers l'an 1300, l'ouvrage qu'il renferme est antérieur à ceux du Pseudo-Raymond Lulle, auteur pseud-épigraphe qui a écrit après la mort du véritable Raymond Lulle, survenue en 1314.

P. 72, dernière ligne des notes. *Au lieu de :* intercalation, *lisez :* interpolation.

P. 74, l. 7 du texte, en remontant. De meilleures lectures de ces cryptogrammes, avec interprétation probable, sont présentées aux p. 226, 227 et 228 du présent volume.

P. 76, au milieu : *azurum,* azur. Ces mots signifient couleur rouge ou cinabre, ainsi qu'il est expliqué à la page 82, note 2.

P. 80, l. 5 du texte, en remontant. *Au lieu de :* Mésie, *lisez :* Moïse.

P. 81. Le *Livre des prêtres,* analysé ici (p. 81 à 88), m'a paru assez important pour mériter une publication complète : on la trouvera plus loin, précédée d'une analyse plus étendue, p. 179 à 228.

P. 82, l. 13. *Au lieu de :* nitre, *lisez :* natron (voir p. 163, note 3).

P. 96. Des recettes de mélanges pyrophoriques, formés de chaux vive, de soufre et de pétrole, et que l'addition de l'eau enflamme, figurent également dans le manuscrit de Jehan le Bègue, publié par Mrs. Merrifield, *Ancient practice of painting,* t. I, p. 73 à 79. L'indication de l'action de la salive (*sputo*) pour produire cet effet y est spécialement signalée.

P. 131. On peut rapprocher du 5ᵉ groupe de recettes (Prestiges, etc.) celles qui se trouvent dans un manuscrit latin de Darmstadt, n° 2777, du XIIIᵉ siècle. Il y est question de procédés pour faire paraître, avec certaines flammes, les hommes noirs comme des Éthiopiens; pour tenir un œuf suspendu en l'air (à l'aide d'un aimant, en le remplissant de limaille de fer); pour tenir un œuf debout (en y mettant du mercure); pour écrire en lettres dorées, cuivrées ou bronzées, pour faire brûler une chandelle sous l'eau (en la mettant dans un vase renversé et plein d'air), etc. Ces tours de physique amusante étaient alors à la mode et réputés œuvres de magiciens.

P. 132, l. 5, en remontant. *Au lieu de :* VI. 1ᵉʳ groupe, *lisez :* VI. 6ᵉ groupe.

P. 133, au milieu. *Au lieu de :* ms. 297, *lisez :* ms. 197.

P. 136. Découverte de l'alcool. On trouvera quelques détails de plus, spécialement en ce qui touche la découverte de la distillation, dans un article que j'ai publié en 1892 dans la *Revue des Deux-Mondes*, t. CXIV, p. 286 et suiv. Je signalerai spécialement les indications de Porta (p. 293) sur le serpentin et sur la distillation fractionnée.

P. 197, n° 49. *Au lieu de :* dragmam, stagni granos ordei, *lisez :* dragmam stagni, granos ordei.

P. 207, n° 104, 3° paragraphe. *Au lieu de :* auri, scoria, *lisez :* auri scoria.

P. 207, n° 105, *Au lieu de :* turbic, *lisez :* tuthic.

P. 208, l. 10. *Au lieu de :* limarcasida, *lisez :* si marcasida.

P. 209, n° 109. *Au lieu de :* vitreolum sal, armoniacum, *lisez :* vitreolum, sal armoniacum.

P. 211, n° 119. *Au lieu de :* argenti, scorie, *lisez :* argenti scorie.

P. 213, l. 2. *Après :* gemini, *mettez :* une virgule. Avant ce mot, *ajoutez* entre parenthèses : (aluminis).

P. 247, dernière ligne. *Au lieu de :* Hebuæ habes, *lisez :* Hebuhabes.

P. 248, l. 2. *Au lieu de :* Th. ch. t. IV, p. 140, *lisez :* Th. ch. t. V, p. 121. Cet ouvrage du Pseudo-Platon existe dans le manuscrit 6514 (fol. 88-101) de Paris, écrit vers l'an 1300.

P. 248, l. 3. *Après :* Pythagore, *ajoutez :* (p. 167, 175, 183, etc.). — Après Homère, *au lieu de :* p. 186, *lisez :* p. 185 au bas. Il est question dans cet ouvrage du pays des Babyloniens et du fleuve Euphrate, à la page 116. Ailleurs, l'auteur nomme les stoïciens. Il emploie quelques mots grecs, tels que σχαραλαχιχή (p. 143) [préparations brûlées?] et ἐξουλμα, instrument de sublimation (p. 164), mots reproduits dans le *Theatrum chemicum*. Dans le ms. 6514 ces mots sont transcrits en caractères latins; mais le premier est défiguré.

P. 248, l. 5. On trouve dans ce Pseudo-Platon la phrase suivante (p. 179), qui rappelle les théories de la physique moderne : *Ether est substantia lucis vacua accidentibus.*

P. 248, note 1. *Après :* Aron noster, *ajoutez :* (p. 120).

P. 256, l. 6, en remontant. Effacer la virgule entre *constare* et *diversis.*

P. 257, au milieu. *Au lieu de :* Agathomedon; *lisez :* Agathodemon.

P. 312, note 1. *Au lieu de :* ms. 7162, *lisez :* ms. 7156.

P. 330, l. 11. *Au lieu de :* chevaux, *lisez :* cheveux.

P. 336-337. Les noms de *Livre de la miséricorde* et *Livre de la clémence* sont deux traductions différentes d'un même titre arabe.

P. 360, au bas. *Au lieu de :* Possidonius, *lisez :* Posidonius.

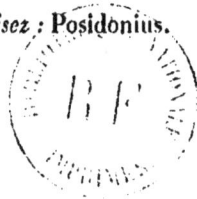

TABLE ANALYTIQUE DU TOME I.

ESSAI
SUR LA TRANSMISSION DE LA SCIENCE ANTIQUE AU MOYEN ÂGE.

DOCTRINES ET PRATIQUES CHIMIQUES.

SECONDE PARTIE.

LES TRADUCTIONS LATINES DES AUTEURS ARABES ALCHIMIQUES.

IMPRIMERIE NATIONALE.

IMPRIMERIE NATIONALE.

INDEX ALPHABÉTIQUE DU TOME I.

TRANSMISSION DE LA SCIENCE ANTIQUE.

A

B

Babylone, 301.
Babylonien, 275.
Bacchanales, 95.
Bacsen, Bacoscus, 258.
Baculus, 150.
Badigeonneur (Crépi de), 166.
Bagdad, iv.
Baïkal, 368.
Bain de sable ou de cendre, 154, 157, etc.
Balance hydrostatique, 6, 17, 58, 65, 98.
Balances (Livre des), 97, 337, 338.
Balgus, 257.
Baliste, 108, 124, 125.
Balistique incendiaire, 19, 38, 62.
— militaire, 38.
Bapst, 368.
Barré de Lancy, 389.
Bâtons creux, 105, 109.
Baume, 11, 101, 107, 137, 162.
Bauras, 232. — *Voir* Borax.
Bausan, 247.
Bélier (guerre), 19, 62, 329, 379.
— (pour y mettre le feu), 62.
Bélier (signe), 325.
Belle teinte, bel œil, 42.
Belus (orthographes diverses) = Apollonius, 257.
Béril = peinture rouge des murs, 217.
Bertrand (Alex.), 381,382.
Béryl, 186, 187, 223.

Beurre, 101, 226.
Bibliotheca chemica, vii, 3, 54, 68, 148, 149, 161, [229], 232, 234, 236, 237, 238, 342, 243, 247, 249, 254 et *passim*.
Bibliothèque nationale de Paris, iii, vii, 5, etc. — *Voir* Manuscrits.
Bilancetta, 169.
Bile, 17. — *Voir* Fiel.
— (belette), 112.
— (bœuf), 36, 199.
— (bouc), 34.
— (furet), 112.
— (lièvre marin, ou loup d'eau), 112.
— noire, 332.
— (oie), 223.
— (poissons et reptiles), 97.
— (taureau), 36, 48, 194.
— (tortue), 17, 48, 49, 111, 112, 113, 130.
— (vautour), 35.
Bilieux, 328.
Bilonius, 250. — *Voir* Apollonius.
Biringuccio, 92.
Bismuth, 391.
Bitartrate de potasse, 383.
Bitume, 11, 18, 46, 82, 95, 101, 102, 107, 125, 308.
Blanc d'œuf, 17, 94, 123, 205. — *Voir* Œuf.
Blanc laiteux (Verres), 8, 11.
Blanchetum, 223.
Blasphèmes, 302.

Bleu, 14, 18, 39, 218, 289.
— mâle et femelle, 12.
Bodléienne (Bibliothèque), 248.
Bohème, 363.
Bois, 15, 20, 87, 212.
— (collages), 9.
— (dorure), 20, 55.
— sculpté, 9.
— sec ou vert, 143.
— teint, 8, 50.
— (teinture), 18.
Bonaventure de Yseo, 75, 76.
Bonus de Pola, 272.
Boraga, boroga ou borax, 196, 217.
Borax, 59, [82] et note, [164], 197, 214, 215, 218, 219, 305, 306, 307, 345. — *Voir* Fondant, Soudure, Alcalins (Sels), Tincar, Boraga.
Borély (Musée), 380, 382.
Borith, 254.
Borrichius, 99.
Botanique, 19.
Bouc, 64. — *Voir* Bile.
— (sang), 223.
Brandisii, 21, 357, 358. — *Voir* Brundisii, Brindes, Briudisii.
Brescia, 78.
Brindes, 21.
— (métal), 21.
Brindisii, brondisono, brundisini, 358. — *Voir* Brandisii.
Briques (huile), 102, 132.

C

IMPRIMERIE NATIONALE.

D

E

G

IMPRIMERIE NATIONALE.

H

M

Magie naturelle, 85, 92, 96,
131. — *Voir* Porta.
Magistère, 273, 295, 296,
298, 300.
Magisterio (De Perfecto),
237, 277, 284, [311],
312, 314, 316. — *Voir*
Aristote.
Maglione, 380.
Magnésie, 56, 151, 183,
187, 189, 193, 199,
201, 207, 208, 210,
211, 213, 217, 262,
263, 264, 265, 271,
273, 307, 312, 331,
347, 391.
— (blanchie), 265, 266.
— (corps), 36, 51, 52,
182, 193, 249, 252.
— (mâle et femelle), 307.
— (noire, ferrugineuse),
307.
Magnétique (Pierre), 39.—
Voir Aimant, Hématite.
Mahomet, 250.
Maître hospitalier de Jérusalem, 302, 303.
Maître Albert, Jean, Marc,
Pierre, etc. — *Voir* ces
mots.
Malacca, 363, 368.
Maladies, 338.
Mâle, 263, 264.
— (Enfant), 248.
— et femelle (Minerais,
métaux, etc.), 12, 244,
262. — *Voir* Plomb, Ma-
gnésie.
Malléables (Six choses),
297.
Malleolus, 102.
Malvaviscum, 212.

Man, 387.
Mânes des morts, 384.
Manganèse (bioxyde), 307.
— *Voir* Magnésie noire.
Manget, 3, 68, 229. —
Voir Bibliotheca Chemica.
Mangonneau, 129.
Manhu, 385.
Manilius, 41, 57, 65.
Manipulations, 156.
Manne, 385 et suiv.
Mantoue (Frère prêcheur
de), 75.
Manuel de chimie byzan-
tine, 13.
Manuels, 230.
Manuscrits latins de Paris.
— 6514 : 27, 38, 67, 68,
69, 70, 71, 72, 73, 75,
78, 81, 82, 87, 128,
145, 148 (figures), 165,
180, 232, 247, 287,
290, 293, 300, 304,
311, 314, 316, 317,
318, 319, 344, 366.
— 7156 : 68, 69, 70, 71,
72, 73, 76, 77, 79, 82,
91, 93, 143, 155 (fi-
gures), 232, 283, 306,
314, 320.
— de Munich 197 : 91,
92, 121, 130, 131, 132,
134, 135, 137, 138,
142, 227.
— de Paris 12292 : 58,
171, 175.
— de Saint-Marc, 27.
Mappæ clavicula, vii, 5 et
passim.
Marbod, 71.
Marbre, 37, 48, 49, 227,
378.

Marbre pour broyer, 106,
308, etc.
— (Préparation pareille au),
251, 261, 266.
Marc (Maître), 77.
Marc de Secà, 77.
Marcasida, 208.
Marcassite, 183, 207, 210,
211, 213, 217, 223,
291, 301, 307, 312,
314, 331, 347. — *Voir*
Pyrite, Sulfures.
— blanche, rouge, noire,
dorée, 307.
— (pierre de chien), 217.
— (sublimation), 310.
Marcassite dorée, 195.
Marcos, 89, 90, 249. —
Voir Marcus.
Marcouch ou Marcouneh,
89.
Marcus Græcus, vii, 6, 63,
65, 71, 77, [89] et suiv.,
163, 164.
— (date de son livre), 93.
Mardeck, 254.
Marianos. — *Voir* Morienus.
Marie, 82, 97, 130, 139,
140, 243, 245, 249,
250, 251, 256, 257,
260, 270.
Mariette, 362.
Marines (Matières), 18.
Marmite, 153.
— d'airain, 139, 140.
Marrube (Bois de), 104.
Mars, 73, 181, 312.
Marseille, 380, 382.
Martac, 211.
Masculin (Minerai), 12. —
Voir Mâle.
Maspéro, 364.

Q

R

S

T

U

V

www.ingramcontent.com/pod-product-compliance
Lightning Source LLC
Chambersburg PA
CBHW031626210326
41599CB00021B/3323